Technologies of Livestock and
Poultry Manure for Fertilizer

畜禽养殖粪污
肥料化技术

李再兴　王占武　主编
刘双　胡栋　副主编

化学工业出版社
·北京·

内容简介

本书以畜禽养殖粪污肥料化技术为主线，详细介绍了我国畜禽养殖业发展现状、畜禽养殖粪污产生及资源化利用情况，全面梳理了国内外畜禽养殖粪污的相关管理政策、处理模式和我国发布实施的相关标准、规范等情况，从畜禽养殖粪污肥料化利用的全链条角度系统介绍了固态粪污堆肥、液体粪污处理、有机肥高值化生产、堆肥产品田间施用的相关理论知识、工艺原理、关键设备、技术应用等内容，同时介绍了畜禽养殖粪污肥料化工程设计要点及应用案例；另外，结合编者及其团队多年工作实践及相关科研成果，梳理总结了河北省畜禽养殖粪污肥料化利用的三种模式及典型案例，以期使读者能深入了解我国畜禽养殖粪污肥料化利用现状及未来发展方向。

本书具有较强的技术应用性和可操作性，可供从事畜禽养殖粪污处理处置及肥料化利用等的工程技术人员、科研人员和管理等人员参考，也可供高等学校环境科学与工程、资源循环科学与工程、生态工程、农业工程及相关专业师生参阅。

图书在版编目（CIP）数据

畜禽养殖粪污肥料化技术 / 李再兴，王占武主编；刘双，胡栋副主编 . — 北京：化学工业出版社，2025.4. -- ISBN 978-7-122-47585-5

Ⅰ．X713

中国国家版本馆CIP数据核字第2025XH6770号

责任编辑：刘兴春　刘　婧　　　　　　　文字编辑：杜　熠
责任校对：刘　一　　　　　　　　　　　装帧设计：王晓宇

出版发行：化学工业出版社（北京市东城区青年湖南街13号　邮政编码100011）
印　　装：北京印刷集团有限责任公司
787mm×1092mm　1/16　印张20½　字数456千字　2025年5月北京第1版第1次印刷

购书咨询：010-64518888　　　　　　　　售后服务：010-64518899
网　　址：http://www.cip.com.cn
凡购买本书，如有缺损质量问题，本社销售中心负责调换。

定　　价：168.00元　　　　　　　　　　　　　　　　版权所有　违者必究

前 言

　　我国是畜禽养殖大国，畜禽养殖产业在提供大量肉蛋奶产品的同时会产生数量庞大的畜禽粪污。根据 2020 年发布的《第二次全国污染源普查公报》，畜禽养殖粪污年产生量达到 30.5 亿吨，成为我国第一大污染源。近年来，国家高度重视畜禽养殖粪污综合利用，出台了一系列管理政策，通过集约化经营、种养循环、划区轮牧、综合治理等措施，取得了显著成效。据农业农村部介绍，2023 年全国畜禽养殖规模化率达到 73%，畜禽养殖粪污综合利用率超过 79%。

　　自古以来，畜禽养殖粪污就是种植农作物的肥料来源，经有效处理后还田既可以为农作物提供养分，也可为耕地提供大量有机质。近年来，国家以推动畜禽养殖粪污就地就近还田利用为重点，规范畜禽养殖粪污资源化处理和安全利用，着力打通畜禽养殖粪污还田"最后一公里"，推动畜禽养殖粪污由"治"向"用"的转变。因此，畜禽养殖粪污肥料化的相关技术及模式成为了现阶段关注的重点。

　　我国幅员辽阔，区域气候、资源与环境禀赋差异较大，现有的畜禽养殖粪污管理体系、肥料化技术及装备水平、标准体系还不够健全，如何精准实现"以地定养、种养循环"还有很多需要解决的问题。加快提高畜禽养殖粪污资源化利用标准化、规范化、科学化水平，对促进畜牧业绿色发展、治理畜禽养殖污染、改善提升耕地质量和助力碳达峰碳中和具有重要意义。

　　本书是笔者及其团队根据多年从事畜禽养殖粪污资源化利用方面的管理、技术研发和工程实践等经验，在广泛吸收了国内外有关技术资料的基础上编写而成的，其中第 1 章详细介绍了我国畜禽养殖业发展现状、典型畜禽养殖粪污的排放特征以及畜禽养殖粪污产生及资源化利用情况；第 2 章全面介绍国外发达国家畜禽养殖粪污的相关管理政策、处理模式，梳理了我国在畜禽养殖粪污管理上的政策、指南和技术模式演替情况，系统整理了国家、行业及地方发布的相关标准、规范情况；第 3 章~第 6 章从畜禽养殖粪污肥料化利用的全链条角度系统介绍了固态粪污堆肥、液体粪污处理、有机肥高值化生产、堆肥产品田间施用的相关理论知识、工艺原理、关键设备、技术应用等内容；第 7 章介绍了畜禽养殖粪污肥料化工程设计要点及应用案例；第 8 章结合笔者多年工作实践，介绍了河北省畜禽养殖粪污肥料化利用的"大、中、小"三种循环模式及典型案例；第 9 章总结和展望了我国畜禽养殖粪污肥料化利用未来的发展方向。全书具有较强的技术应用性和可操作性，旨在为从事畜禽养殖粪污处理处置及肥料化利用的政策研究、管理、技术研发、工艺设计和运行管理人员提供参考，也可作为高等学校环境科学与工程、生态工程、农业工程及相关专业师生的专业参考书。

　　本书由李再兴、王占武主编，刘双、胡栋副主编。全书具体编写分工如下：申瑞霞、武肖莎、梁依、张望编写第 1 章；李再兴、刘双、王占武、李佳编写第 2 章；黄亚丽、李雪梅、袁兴茂、秦学编写第 3 章；李再兴、宁志芳、王铱、李佩琪编写第 4 章；胡栋、王占武、彭杰丽、王旭编写第5章；刘双、胡栋、张伟涛、张鹤平编写第6章；刘世虎、李再兴、郝彦龙、姚惠娇编写第7章；王占武、刘双、黄亚丽、吴楠编写第8章；王占武、李再兴、刘双编写第9章；全书最后由李再兴、王占武统稿并定稿。

感谢北京石油化工学院、河北省畜牧总站、河北省农林科学院农业资源环境研究所、河北科技大学、河北国控环境治理有限责任公司等单位的专家学者、工程技术人员的大力支持和帮助，使得本书能够顺利出版。同时对化学工业出版社为此书策划组织和出版所做的精心细致的工作表示诚挚的感谢。本书在编写过程中引用了部分国内外文献和图片资料，在此谨向对书中被引用资料的作者和网站表示深深的谢意！

由于本书参与编写人员较多，涉及内容较广，加上学识水平的局限，难免存在文字风格、论述深度和学术见解等方面的差异，书中不足及疏漏之处在所难免，敬请各位读者批评指正。

编 者

2024 年 12 月

目录

第 5 章　有机肥高值化生产技术　　　187

第6章　堆肥产品田间施用技术　　207

第7章　畜禽养殖粪污肥料化工程设计　　237

第8章 河北省畜禽养殖粪污肥料化利用模式   260

第1章

绪论

1.1 我国畜禽养殖业现状及发展趋势

1.1.1 我国畜禽养殖业现状

畜禽养殖业是指利用畜禽等已经被人类驯化的动物，通过人工饲养、繁殖，使其将牧草和饲料等植物能转变为动物能，以取得畜禽肉、蛋、奶、毛、绒等畜禽产品的产业。畜禽养殖业是农业生产的重要组成部分。近年来，我国畜禽养殖业迅猛发展，畜禽养殖业已经成为我国农业农村经济发展和农民收入的重要支柱产业，直接关系着我国的国计民生问题。当前，养殖方式正在向专业化、集约化和规模化方向发展，以蛋鸡、肉鸡养殖为例，其规模化养殖比重已分别达到 79.7%、83.9%，已成为禽蛋、禽肉的主要生产模式。为进一步保障畜禽养殖业的健康发展，"十三五"以来，农业农村部在全国范围开展了畜禽养殖标准化示范创建活动，发布了《畜禽养殖标准化示范创建活动工作方案（2018—2025 年）》，目标是以生猪、奶牛、蛋鸡、肉鸡、肉牛和肉羊规模养殖场为重点，兼顾其他特色畜禽规模养殖场，按照生产高效、环境友好、产品安全、管理先进的要求，每年创建 100 个左右现代化的畜禽养殖标准化示范场，共创建 1000 个。2018 ～ 2023 年全国已建设畜禽标准化示范场 947 家，其中生猪示范场 465 家，蛋鸡、肉鸡标准化示范场 353 家。养殖规模化、标准化正在成为我国畜禽养殖业发展的主流。

1.1.1.1 主要畜禽养殖量

我国是农业大国，更是世界畜禽第一生产大国和消费大国，在农业（农林牧渔）总产值中，畜牧业产值约占 26%，是农业的重要支柱产业之一。

我国畜牧业生产规模居世界前列，其中生猪养殖量占世界总量的 1/2，禽类养殖占世界总量的 1/3，牛类养殖占世界总量的 1/11，肉类总产量约占世界总量的 30%。据《中国统计年鉴 2023》统计，2022 年我国肉类总产量 9328.4 万吨，连续 33 年居世界第一位；禽蛋总产量 3456.4 万吨，连续 38 年世界排名第一；牛奶产量 3931.6 万吨，位居世界前列。2022 年畜牧业产值达 4 万亿元。随着社会经济高速发展，以及人民生活水平的日益提高，对畜禽产品的需求也逐年增大，促使畜禽养殖业逐步向专业化、规模化方向发展。

通过查阅历年的《中国畜牧业统计年鉴》，对我国 2014 ～ 2023 年主要畜禽养殖情况进行了统计，详见表 1-1。

表 1-1 2014 ～ 2023 年全国主要畜禽养殖情况

年度	2014 年	2015 年	2016 年	2017 年	2018 年	2019 年	2020 年	2021 年	2022 年	2023 年
生猪出栏量 / 万头	74951.5	72825	68502	68861	69382	54419	52704	67128	69994	72662
肉牛出栏量 / 万头	4200	4211	4265	4340	4397	4533	4565	4707	4839	5023
奶牛存栏量 / 万头	840	840	800	700	620	610	615	620	580	660
羊出栏量 / 万只	28742	29473	30005	30797	31011	31699	31941	33045	33624	33864
家禽出栏量 / 百万只	115.4	119.8	123.7	130.2	130.9	146.4	155.7	157.4	161.3	168.2

由表 1-1 可知，在 2014 ～ 2023 年的 10 年间，生猪养殖规模虽然在某些时段受市场影响有所波动，但总体趋于平稳；肉牛出栏量由 4200 万头增长至 5023 万头，增长

了 19.60%；奶牛存栏量有所下降，但最近 6 年一直稳定在 600 万头左右；羊出栏量由 28742 万头增长至 33864 万头，增长率为 17.82%；家禽出栏量由 115.4×10^6 只增长至 168.2×10^6 只，增长率达 45.75%。从近 10 年来的主要畜禽养殖数据可见，我国畜禽养殖业一直呈现良好的发展态势，其中家禽的增长尤为显著。

1.1.1.2 主要畜禽养殖区域分布

通过查阅 2023 年《中国畜牧业统计年鉴》，2023 年我国各省、自治区、直辖市四类畜禽养殖的区域分布情况详见图 1-1。

由图 1-1 可见，我国生猪养殖主要分布在中部、中东部地区，其中四川省、湖南省、河南省、山东省、云南省养殖量最多，北部地区以辽宁、河北两省养殖量最多，西部地区整体养殖量偏少，青海省、宁夏回族自治区养殖量最少。肉牛养殖量以内蒙古、云南、四川 3 个省份养殖量最多，北部地区以及新疆、青海、甘肃、贵州等省份居其次，北京

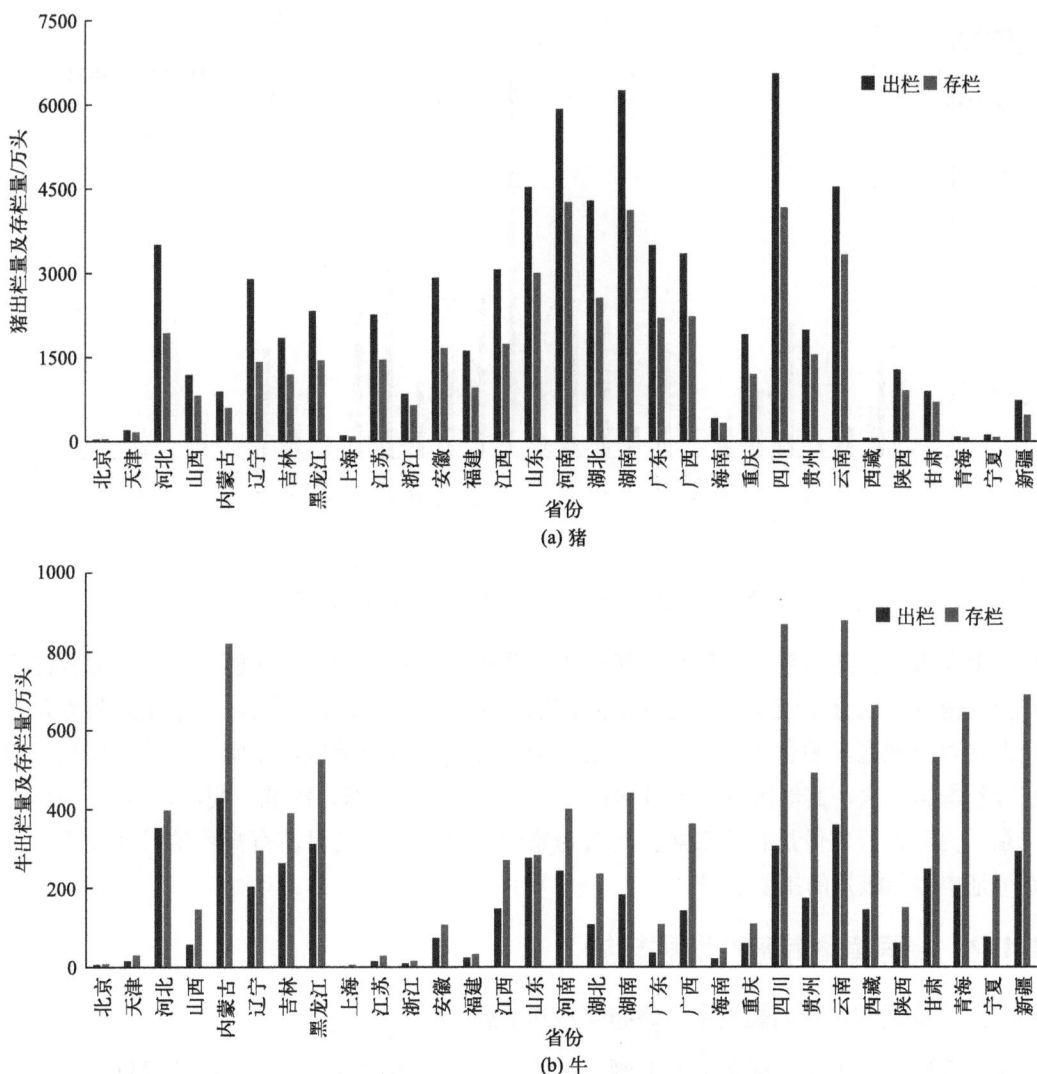

图 1-1

(c) 羊

(d) 家禽

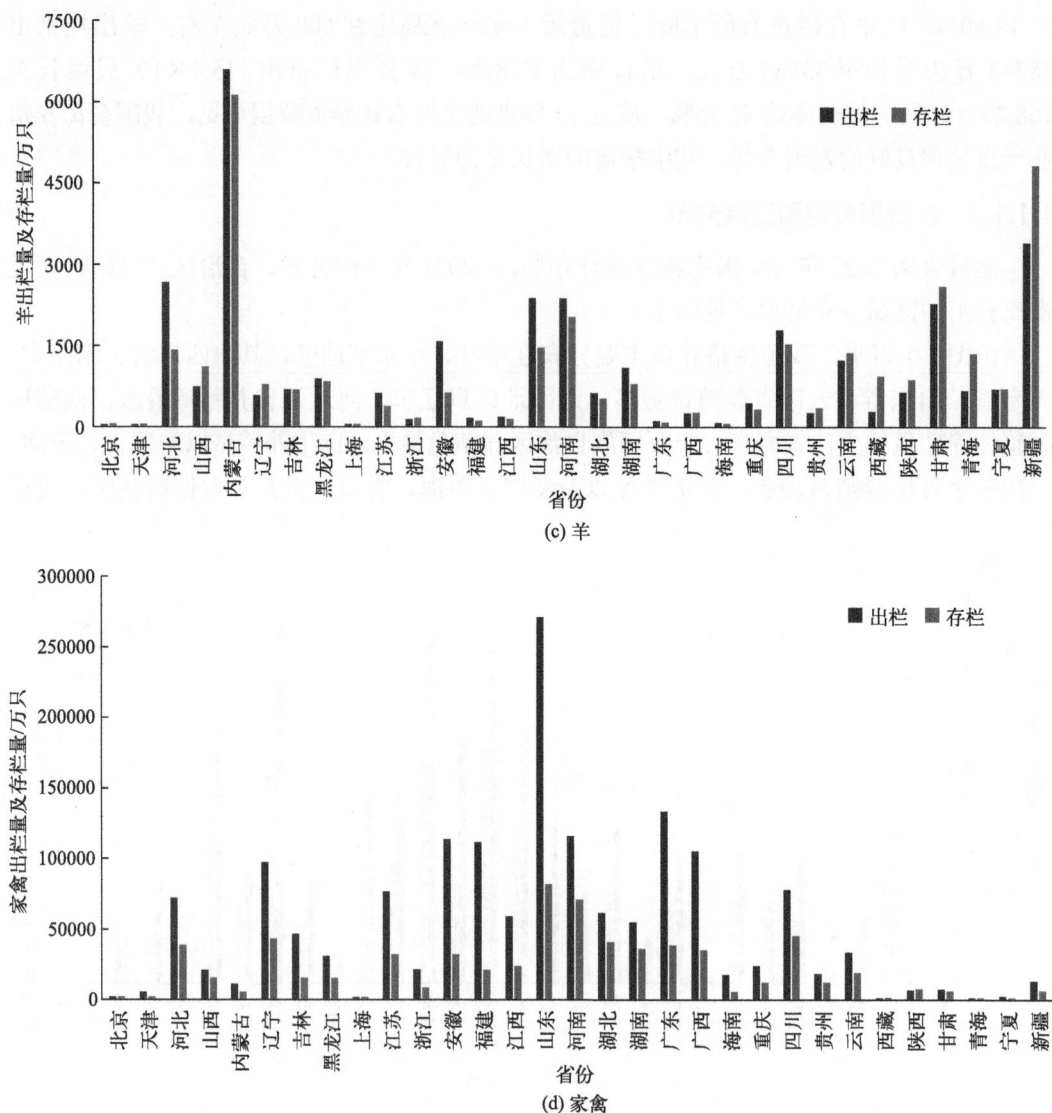

图1-1 2023年全国主要畜禽养殖区域分布情况

市、上海市、天津市养殖量最少。奶牛养殖集中分布在内蒙古、新疆、河北、黑龙江等省份，南方地区分布较少。家禽养殖同样以中部、中东部地区为主，其中山东省养殖量最大，西部地区养殖量最少。羊养殖集中分布在内蒙古自治区，新疆、甘肃、四川、山东等省份居其次，其他区域养殖量均较少。综合而言，山东、河北、河南、四川、湖南、广东、内蒙古等省份是我国畜禽养殖较为集中的区域，也是目前畜禽养殖行业要求排污许可证申请与核发的主要省份。

1.1.2 我国畜禽养殖业发展趋势

1.1.2.1 畜禽养殖业向规模化、集约化方向发展

随着科技进步和市场竞争的加剧，畜牧产业正逐步向规模化、集约化发展。大型养殖企业凭借其资本、技术和市场优势，不断扩大生产规模，提高生产水平和效率，生产

成本不断下降，产品产量和质量不断提高，市场竞争力日渐增强。

按照农业农村部的相关规定，规模化养殖场的认定条件为：生猪年出栏量≥500头，肉牛年出栏量≥100头，奶牛存栏量≥100头，肉鸡年出栏量≥50000只、蛋鸡存栏量≥10000只，羊年出栏量≥100只。通过查阅历年《中国畜牧兽医年鉴》，对2019～2023年我国主要畜禽（生猪、奶牛、肉牛、蛋鸡、肉鸡、羊）规模化养殖场（户）数量进行了统计，结果如下。

（1）规模化生猪养殖场（户）数量统计分析

2019～2023年全国年出栏500头以上的规模化生猪养殖场（户）数量的变化见表1-2。

表1-2 2019～2023年我国规模化生猪养殖场（户）数量变化　　　　　　单位：个

年度	年出栏 500～999头	年出栏 1000～2999头	年出栏 3000～4999头	年出栏 5000～9999头	年出栏10000～49999头	年出栏50000头以上	规模化养殖场（户）总数
2019年	112628	52770	10990	6228	3630	443	186689
2020年	90508	44360	9849	5373	3101	373	153564
2021年	92176	47346	11804	6 507	3729	554	155609
2022年	95304	53276	14508	8072	4854	849	176863
2023年	95893	54123	15699	8568	5247	993	180523
5年增长率/%	-14.86	2.56	42.85	37.57	44.55	124.15	-3.30

由表1-2可知，我国2019～2023年规模化生猪养殖场（户）总数在2020～2022年期间有所下降，到2023年基本恢复到2019年水平。其中年出栏3000～4999头、年出栏5000～9999头、年出栏10000～49999头、年出栏50000头以上的规模化生猪养殖场（户）5年间增长率分别达到了42.85%、37.57%、44.55%和124.15%，尤其年出栏50000头以上的超大规模化生猪养殖场（户）增长迅速，说明我国规模化生猪养殖场呈集约化特征。

（2）规模化肉牛养殖场（户）数量统计分析

2019～2023年全国年出栏100头以上的规模化肉牛养殖场（户）数量的变化见表1-3。

表1-3 2019～2023年我国规模化肉牛养殖场（户）数量变化　　　　　　单位：个

年度	年出栏 100～499头	年出栏 500～9999头	年出栏 1000头以上	规模化总养殖场（户）总数
2019年	17369	2055	710	20134
2020年	17060	1954	729	19743
2021年	20632	2207	782	23621
2022年	23597	2530	902	27029
2023年	26074	2786	1015	29875
5年增长率/%	50.12	35.57	42.96	48.38

由表1-3可知，我国2019～2023年规模化肉牛养殖场（户）数总体呈现增长趋势，5年间养殖场（户）数量总体增幅达到48.38%，间接体现了居民饮食消费习惯的变化。

其中年出栏 100～499 头肉牛养殖场增长率为 50.12%；年出栏 500～999 头肉牛养殖场（户）数增长率为 35.57%；年出栏 1000 头以上的规模化肉牛养殖场增长率为 42.96%。通过对 5 年间年出栏 100 头以上的肉牛养殖场（户）数据分析可知，我国肉牛养殖仍以年出栏 100～499 头的小规模养殖为主，以 2023 年为例其数量占比为 87.28%。

（3）规模化奶牛养殖场（户）数量统计分析

2019～2023 年全国年存栏 100 头以上的规模化奶牛养殖场（户）数量的变化见表 1-4。

表 1-4　2019～2023 年我国规模化奶牛养殖场（户）数量变化　　　　单位：个

年度	年存栏 100～499 头	年存栏 500～999 头	年存栏 1000～1999 头	年存栏 2000～4999 头	年末存栏 5000 头以上	规模化总养殖场（户）总数
2019 年	3430	1411	663	378	124	6006
2020 年	3855	1285	698	388	140	6366
2021 年	3904	1257	754	419	165	6499
2022 年	3772	1265	803	484	204	6528
2023 年	3933	1202	792	547	265	6739
5 年增长率 /%	14.66	−14.81	19.46	44.71	113.71	12.20

由表 1-4 可知，我国 2019～2023 年规模化奶牛养殖场（户）数量总体增量不大，5 年增长率为 12.20%。其中：年存栏 500～999 头的规模化奶牛养殖场（户）数量减少 209 个，降低 14.81%；年存栏 1000～1999 头、年存栏 2000～4999 头和年末存栏 5000 头以上的规模化奶牛养殖场（户）5 年增长率分别为 19.46%、44.71% 和 113.71%。

（4）规模化肉鸡养殖场（户）数量统计分析

2019～2023 年全国年出栏 5 万只以上的规模化肉鸡养殖场（户）数量的变化见表 1-5。

表 1-5　2019～2023 年我国规模化肉鸡养殖场（户）数量变化　　　　单位：个

年度	年出栏 50000～99999 只	年出栏 100000～499999 只	年出栏 500000～999999 只	年出栏 100 万只以上	规模化总养殖场（户）总数
2019 年	17271	7781	979	992	27023
2020 年	17603	8848	1127	1177	28755
2021 年	18684	9656	1378	1456	31174
2022 年	18233	10544	1443	1792	32012
2023 年	18779	11830	1526	1929	34064
5 年增长率 /%	8.73	52.04	55.87	94.46	26.06

由表 1-5 可知，我国规模化肉鸡养殖场（户）数量在 2019～2023 年期间整体呈增长趋势，增幅为 26.06%。其中：年出栏 50000～99999 只、年出栏 100000～499999 只、年出栏 500000～999999 只和年出栏 100 万只以上的养殖场（户）数量 5 年增长率分别为 8.73%、52.04%、55.87% 和 94.46%。这与目前居民的消费习惯变化相吻合。总体来看，我国以年出栏 50000～99999 只、年出栏 100000～499999 只的规模化肉鸡养殖场为主，以 2023 年数量为例，其占比分别达到 55.13% 和 34.73%。

（5）规模化蛋鸡养殖场（户）数量统计分析

2019～2023 年全国年存栏 10000 只以上的规模化蛋鸡养殖场（户）数量的变化见表 1-6。

表 1-6 2019～2023 年我国规模化蛋鸡养殖场（户）数量变化 单位：个

年度	年存栏 10000～49999 只	年存栏 50000～99999 只	年存栏 100000～499999 只	年存栏 50 万只 以上	规模化总养殖场 （户）总数
2019 年	32601	2292	1047	72	36012
2020 年	33873	2578	1241	95	37787
2021 年	35456	2954	1449	115	39974
2022 年	35912	3264	1633	162	40971
2023 年	36132	3494	1853	179	41658
5 年增长率 /%	10.83	52.44	76.98	148.61	15.68

由表 1-6 可知，我国年存栏 10000 只以上的蛋鸡养殖场（户）数量在 2019～2023 年期间数量稳步上升，增长趋势明显，5 年间增长了 15.68%。其中：年存栏 50000～99999只、年存栏 100000～499999 只和年存栏 50 万只以上的规模化蛋鸡养殖场增长尤为明显，分别增长了 52.44%、76.98% 和 148.61%。总体来看，我国以年存栏 10000～49999 只的规模化蛋鸡养殖场为主，以 2023 年数量为例，其占比达到 86.73%。

（6）规模化羊养殖场（户）数量统计分析

2019～2023 年全国年出栏 100 只以上的规模化羊养殖场（户）数量的变化见表 1-7。

表 1-7 2019～2023 年我国规模化羊养殖场（户）数量变化 单位：个

年度	年出栏 100～499 只	年出栏 500～999 只	年存栏 1000～2999 只	年出栏 3000 只以上	规模化总养殖场 （户）总数
2019 年	346724	24802	7646	1876	381048
2020 年	369350	24114	7441	1850	402755
2021 年	410097	25561	8239	2080	445977
2022 年	440623	28018	8689	2395	479725
2023 年	466285	29391	9387	2677	507740
5 年增长率 /%	34.48	18.50	22.77	42.70	33.25

由表 1-7 可知，我国年出栏 100 只以上的规模化羊养殖场（户）数量在 2019～2023年期间大幅度上升，5 年间增长了 33.25%。其中：年出栏 100～499 只、年出栏 500～999 只、年存栏 1000～2999 只和年出栏 3000 只以上的 5 年增长率分别为 34.48%、18.50%、22.77% 和 42.70%。总体来看，我国以年出栏 100～499 只的规模化羊养殖场为主，以 2023 年数量为例其占比达到 91.84%。

从近 5 年我国六类主要畜禽规模化养殖场（户）发展变化来看，规模化养殖场（户）数量增长迅速，尤其以中大规模化养殖场增长比例较高，小规模化养殖场增长较缓慢，说明近几年我国规模化养殖场集约化程度得到较大提升。2024 年 9 月 29 日，农业农村部在四川省绵阳市召开全国畜牧业绿色安全发展工作会议指出全国畜禽养殖规模化率已达到 73%。

1.1.2.2 畜禽养殖业向绿色生态方向发展

我国是畜禽养殖大国，畜禽养殖产业在提供大量肉蛋奶产品的同时会产生数量庞大的畜禽粪污。畜禽粪污在堆制和利用过程中会对土壤、水体和空气造成污染，养分得不到有效利用又会导致资源浪费。根据 2020 年《第二次全国污染源普查公报》，畜禽养殖污染已经超过工业污染，成为我国第一大污染源。随着人们对生态安全意识的提升，在畜禽养殖领域贯彻绿色发展理念，实现种养结合、生态循环，发展绿色、生态养殖成为我国畜禽养殖业的发展方向。通过推广循环农业、废弃物资源化利用等措施，可以实现畜牧业的可持续发展。同时，绿色、生态养殖也有助于提升畜禽产品的品牌形象和市场竞争力。

近年来，国家和地方政府出台了一系列政策法规，持续推进畜牧业向绿色循环发展。2017 年国务院办公厅印发《关于加快推进畜禽养殖废弃物资源化利用的意见》（国办发〔2017〕48 号）指出，要坚持保供给与保环境并重，坚持政府支持、企业主体、市场化运作的方针，坚持源头减量、过程控制、末端利用的治理路径，以畜牧大县和规模养殖场为重点，以农用有机肥和农村能源为主要利用方向，健全制度体系，强化责任落实，完善扶持政策，严格执法监管，加强科技支撑，强化装备保障，全面推进畜禽养殖废弃物资源化利用，为全面建成小康社会提供有力支撑。

农业部印发《畜禽粪污资源化利用行动方案（2017—2020 年）》要求，到 2020 年，建立科学规范、权责清晰、约束有力的畜禽养殖废弃物资源化利用制度，构建种养循环发展机制，畜禽粪污资源化利用能力明显提升，全国畜禽粪污综合利用率达到 75% 以上，规模养殖场粪污处理设施装备配套率达到 95% 以上，大规模养殖场粪污处理设施装备配套率提前一年达到 100%。要求畜牧大县、国家现代农业示范区、农业可持续发展试验示范区和现代农业产业园要率先实现上述目标。

为推动落实农业农村部办公厅、生态环境部办公厅《关于促进畜禽粪污还田利用依法加强养殖污染治理的指导意见》（农办牧〔2019〕84 号），农业农村部办公厅、生态环境部办公厅印发《关于进一步明确畜禽粪污还田利用要求强化养殖污染监管的通知》（农办牧〔2020〕23 号），进一步明确畜禽粪污还田利用有关标准和要求，全面推进畜禽养殖废弃物资源化利用，加大环境监管力度，加快构建种养结合、农牧循环的可持续发展新格局。

2020 年 9 月，国务院办公厅《关于促进畜牧业高质量发展的意见》（国办发〔2020〕31 号）强调，牢固树立新发展理念，以实施乡村振兴战略为引领，以农业供给侧结构性改革为主线，转变发展方式，强化科技创新、政策支持和法治保障，加快构建现代畜禽养殖、动物防疫和加工流通体系，不断增强畜牧业质量效益和竞争力，形成产出高效、产品安全、资源节约、环境友好、调控有效的高质量发展新格局，更好地满足人民群众多元化的畜禽产品消费需求。

2021 年农业农村部办公厅、财政部办公厅印发了《关于开展绿色种养循环农业试点工作的通知》(农办农〔2021〕10 号),从 2021 年开始,在畜牧大省、粮食和蔬菜主产区、生态保护重点区域,选择基础条件好、地方政府积极性高的县(市、区),整县开展粪肥就地消纳、就近还田补奖试点,扶持一批企业、专业化服务组织等市场主体,提供粪肥收集、处理、施用服务,以县为单位构建 1～2 种粪肥还田组织运行模式,带动县域内粪污基本还田,推动化肥减量化,促进耕地质量提升和农业绿色发展。通过 5 年的试点,形成发展绿色种养循环农业的技术模式、组织方式和补贴方式,为大面积推广应用提供经验。同时,将环境保护与畜禽粪污资源化利用、优化施肥用药结构、实现农药使用量零增长、推进有机肥替代化肥等措施相结合,加快推进畜牧业绿色转型。加强种业"芯片"建设,推行饲用豆粕减量替代,优化现代农业产业布局,推进秸秆资源化利用。2023 年饲料企业豆粕消耗量同比减少 430 万吨,减少大豆饲用需求 550 万吨。通过集约化经营、种养循环、划区轮牧、综合治理等模式,加强畜禽粪污资源化利用,2023 年全国畜禽粪污综合利用率超过 79%。

党的十九大首次提出实施乡村振兴战略,并将其总要求明确为"产业兴旺、生态宜居、乡风文明、治理有效、生活富裕"。作为排在首位的"产业兴旺",是实施乡村振兴战略的首要任务和工作重点,更是乡村振兴的基础和保障。只有做大、做强、做优乡村产业才能保持乡村经济发展的旺盛活力,为乡村振兴提供不竭动力。产业兴旺应以农业为基础产业振兴,不仅要五谷丰登、六畜兴旺,更要产业融合、百业兴旺。畜禽养殖业是现代农业产业体系的重要组成部分,也是乡村振兴的基础性、支撑性产业。因此,因地制宜、大力发展生态畜牧业,对促进农业结构优化升级,增加农民收入,稳定城乡居民"菜篮子"供应,推进农业高效、健康发展具有重要意义。今后要通过科技赋能养殖模式创新,全面推进废弃物资源化利用。加强种业创新、智慧养殖、精准饲喂等集成技术研发,探索生态养殖、立体养殖、种养结合、农牧结合等模式,减少饲料消耗,降低污染物排放。建立分区分层全面立体的畜禽粪污收集处理循环利用工作管理体系,有效提高资源化利用覆盖率和效率。

1.1.2.3　畜禽养殖业向高质量方向发展

畜牧业是关系国计民生的重要产业,肉蛋奶是百姓"菜篮子"的重要构成。近年来,我国畜牧业综合生产能力不断增强,在保障国家食物安全、繁荣农村经济、促进农牧民增收等方面发挥了重要作用,但也存在产业发展质量效益不高、支持保障体系不健全、抵御各种风险能力偏弱等突出问题。为促进畜牧业高质量发展、全面提升畜禽产品供应安全保障能力,2020 年 9 月国务院办公厅印发《关于促进畜牧业高质量发展的意见》(国办发〔2020〕31 号)(以下简称《意见》),围绕加快构建现代养殖体系、动物防疫体系、加工流通体系以及推动畜牧业绿色循环发展等作出了全面部署。《意见》指出要以实施乡村振兴战略为引领,以农业供给侧结构性改革为主线,转变发展方式,强化科技创新、政策支持和法治保障,加快构建现代畜禽养殖、动物防疫和加工流通体系,不断增强畜牧业质量效益和竞争力,形成产出高效、产品安全、资源节约、环境友好、调控有效的高质量发展新格局,更好地满足人民群众对畜禽产品多元化的消费需求。《意见》提出具体发展目标:畜牧业整体竞争力稳步提高,动物疫病防控能力明显增强,绿色发展水平显著提高，畜禽产品供应安全保障能力大幅提升。猪肉自给率保持在 95% 左右，牛羊肉自给率保持在 85% 左右，奶源自给率保持在 70% 以上，禽肉和禽蛋实现基本自给。到 2025 年畜禽养殖规模化率和畜禽粪污综合利用率分别达到 70% 以上和 80% 以上，到 2030 年分别达到 75% 以上和 85% 以上。

1.1.3　我国畜禽养殖业的发展成效

近年来，为促进畜牧业高质量发展，国家出台了一系列支持政策，例如《关于加快畜牧业机械化发展的意见》《关于促进畜牧业高质量发展的意见》《非洲猪瘟等重大动物疫病分区防控工作方案（试行）》《金融助力畜牧业高质量发展工作方案》《"十四五"全国饲草产业发展规划》等，通过强化科技创新、法治保障和资金支持，加快构建现代畜禽养殖、动物防疫、加工流通体系，并推进粪污资源化利用，加强饲草饲料安全监管，不断增强畜牧业质量效益和竞争力。据《经济日报》（2024 年 9 月 13 日第 11 版）报道，在各项政策的加持下，我国畜牧业发展快速，取得显著成效。具体体现在以下几个方面。

（1）产业规模不断扩大，生产能力显著提升

我国主要畜禽产品产量总体呈上升趋势，随着向规模化和集约化发展，现代畜牧业的产业体系、生产体系、经营体系基本形成。肉蛋奶产量持续增长，单产水平不断提升。2023 年，猪肉产量 5794 万吨、牛肉产量 753 万吨、牛奶产量 4197 万吨、羊肉产量 531 万吨、禽肉产量 2563 万吨和禽蛋产量 3563 万吨，分别较 2022 年增长 4.6%、4.8%、6.7%、1.3%、4.9% 和 3.1%。

（2）畜禽种类不断丰富，产品结构不断优化

我国形成了多样化畜禽产品生产体系，不只限于传统的猪、牛、羊、鸡、鸭等，还包括骆驼、梅花鹿、鸽子、鹌鹑等多种特种畜禽。种类多样性有助于满足不同消费者的需求，并且可根据市场需求调整生产结构，增加优质、特色差异化产品供给。在产品结构中，肉蛋奶结构持续调整，猪肉占肉类比重下降到 62%，更加贴近市场需求，生鲜乳和牛羊肉产销两旺。此外，家禽和牛羊等草食畜牧业加快发展，使得畜禽产品供给结构更趋合理，城乡居民膳食结构持续改善。

（3）质量安全更有保障，注重生态保护和可持续发展

传统养殖模式和技术逐渐被淘汰，转向推广绿色、生态、有机养殖技术，畜牧业向生态化方向发展。兽药质量抽检合格率、畜禽产品兽药残留抽检合格率以及饲料产品抽检合格率均保持在较高水平。我国畜禽产业逐渐实现从规模扩张向结构优化转变，通过建立畜禽养殖标准化示范养殖场和生态养殖示范区，在提高养殖效益的同时，减少环境污染。

（4）机械化和智慧化水平提升

随着畜牧业规模化发展，我国畜牧业机械化技术体系更加完善，科技服务创新能力不断增强，自动化、信息化、智能化畜牧机械产品供给持续增加。养殖装备企业充分发挥创新主体作用，自主创新和应用能力明显提升，研发一批先进科技创新成果和智能化装备加速应用于畜牧业。例如，智能巡航系统可对猪舍内环境和猪只数量、体态、健康状态等进行实时监测，有效反映当前猪只的生活和身体情况。封闭式模块化智能化生猪养殖系列设施设备不仅实现了饲养环境、料线、水线、粪污处理等自动化管理，同时实

现了粪污全量集中收集处理和发酵床模式无害化处理。远程饲料监测精准饲喂系统可以根据奶牛的不同生长阶段制定标准营养配方，并投放至不同的牛群，确保奶牛全天能够自由采食新鲜日粮，同时还能控制成本，减少饲料浪费。

1.2　典型畜禽养殖粪污的排放特征

1.2.1　养猪场生产流程及粪污特征

我国养猪业一直保持着养殖方式多元化的特点，目前生猪养殖有散养、一般舍饲和工厂化集约养殖 3 种方式。目前我国的生猪养殖规模化率已经达到 53%，但仍然有 47% 生猪在中小规模专业化养猪场和养猪农户中饲养。规模化养猪场根据栏圈形式分为地面平养和网床饲养。网床饲养多用于产房和培育仔猪舍。喂养方式多采用料槽饲喂，也有采用设档料坎无槽地面撒喂方式、自动料箱（桶）饲喂方式。

1.2.1.1　养猪场生产流程

养猪场生产工艺包括配种妊娠、分娩哺乳、仔猪培育和生产育成 4 个阶段。养猪场生产工艺流程简述如下。

（1）饲料配送

养殖场有自行配料和直接购买生猪养殖饲料两种方式。养猪场常采用全自动配送上料系统和限位猪槽，机械化操作，定时定量供应饲料，保证生猪饮食需求。该方式可减少浪费，节约人力和饲料用量，降低生产成本。

（2）养殖过程

1）配种妊娠阶段

在配种妊娠阶段，要完成母猪配种并度过妊娠期。配种周期为 1 ~ 1.5 周，确认受孕后的母猪在怀孕舍进行饲养，怀孕舍母猪单头限位栏饲养。怀孕猪饲养周期为 14 ~ 15 周。

2）分娩哺乳和保育阶段

产仔哺乳阶段要完成分娩和对仔猪的哺育。断奶后仔猪转入保育舍，断奶日龄一般为 28d。仔猪在保育舍经 30d 保育，体重达 15 ~ 20kg 即可进入育肥舍。

3）培育和育成阶段

仔猪断奶后原窝转入仔猪培育舍。舍内温度控制在 20 ~ 25℃，相对湿度 50% ~ 70%，保持空气新鲜。当仔猪在仔猪培育舍饲养 5 周时转入生长肥猪育舍。按猪的品种、体重、体质强弱等相近的原则组群，每群 10 ~ 20 头。当肥猪体重达 100 ~ 125kg 时出栏。

养猪场生产工艺流程及产污环节见图 1-2。

1.2.1.2　养猪场粪污排放特征

（1）废水

养猪场废水主要包括猪尿、猪舍冲洗废水、猪粪干湿分离废液、粪便发酵渗滤液、生活污水等。养猪场废水由于污染物浓度较高，通常采用厌氧消化工艺进行处理，反应后的物料经固液分离，形成的沼液和沼渣全部用作肥料还田。

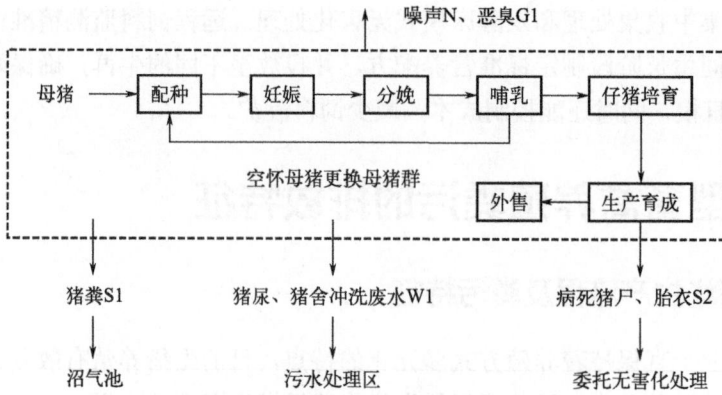

图 1-2　养猪场生产工艺流程及产污环节

养猪场废水主要污染特征见表 1-8。

表 1-8　养猪场废水主要污染特征

养殖种类	清粪方式	日产生量/（kg/头）	COD/（mg/kg）	NH₃-N/（mg/kg）	TP/（mg/kg）	TN/（mg/kg）	pH 值
猪	水冲粪	18	15600～46800 平均 21600	127～1780 平均 590	32.1～293 平均 127	141～1970 平均 805	6.3～7.5
	干清粪	8	2510～2770 平均 2640	234～288 平均 261	34.7～52.4 平均 43.5	317～423 平均 370	

注：表中数据为统计均值。

（2）废气

养猪场恶臭主要来自猪粪便、污水、垫料等的腐败分解。恶臭气体主要成分是氨和硫化氢。一般采取清洁管理、低氮饲料、喷洒环保型生物除臭剂等一种或多种措施结合进行控制。

（3）固体废物

养猪产生的固体废物包括粪便、病死猪尸体及分娩胎衣、沼渣、生活垃圾以及医疗废物。

1）粪便

养猪场清粪方式包括湿清粪和干清粪两种方式。干清的或经干湿分离后的粪便，进发酵池后，加入菌种进行高温好氧发酵，期间进行翻倒促使粪便腐熟，同时杀死粪便中的病原菌、病毒、虫卵、寄生虫及其他有害元素，将其转变为有机肥料。

养猪场粪便主要污染特征见表 1-9。

表 1-9　养猪场粪便主要污染特征

养殖种类	日排泄量/（kg/头）	COD/（mg/kg）	NH₃-N/（mg/kg）	TP/（mg/kg）	TN/（mg/kg）	TS/（mg/kg）
猪	2.0～3.0	52000	3100	3400	5900	9400

注：表中数据为统计均值。

2）病死猪尸体及分娩胎衣

根据《关于进一步加强病死动物无害化处理监管工作的通知》（农医发〔2012〕12 号）、《病死畜禽和病害畜禽产品无害化处理管理办法》（农业农村部令 2022 年第 3 号）、《病死及病害动物无害化处理技术规范的通知》（农医发〔2017〕25号）及当地的管理要求，在养殖过程产生的病死猪及分娩胎衣要及时送至有资质的危险废物处理机构进行处置，不能在场内暂存。

3）沼渣

如果养殖场采用厌氧发酵工艺处理养殖粪污，会产生部分沼渣，全部用作农肥施用。

4）生活垃圾

养殖场产生的生活垃圾一般委托当地环卫部门统一收集处理。

5）医疗废物

在生猪注射疫苗及治疗疾病时会产生医疗废物，包括注射器、药瓶、一次性手套等，属于危险废物。可以在厂区内的危险废物库暂存，但需要定期送有资质的危险废物处理单位进行处置。

1.2.2 养牛场生产流程及粪污特征

根据饲养管理方式的不同，牛舍可以分为拴系牛舍和散放牛舍两种。也有实行半放牧、半舍饲的，即在放牧归来之后补喂青储饲料、饲草以及精料，该方式比全放牧饲养的产奶或产肉量要高。

1.2.2.1 养牛场生产流程

养牛场包括肉牛和奶牛两种养殖类型，其日常运行主要包括饲料备料和奶牛场运行两个工序。

（1）饲料备料

备料工序包括饲料原料加工、调制与贮存管理。之后是日粮配置和饲喂工序。

（2）奶牛场运行

主要包括基础母牛选择、奶牛饲养、牛体消毒和收奶4个工序。

1）基础奶牛选择

选用的母牛经过严格的消毒、隔离、防疫准备工作之后，入栏。

2）奶牛饲养

奶牛饲养工艺流程包括饲养管理、配种繁殖和信息化管理。

① 饲养管理。主要包括犊牛、青年牛、泌乳牛、干乳奶牛的管理。选用优秀种公牛的冷冻精液，采用人工授精的方式，培育品种优良、单产水平高的奶牛。围产期母牛生犊牛后，经过3个月哺乳后断奶，断奶犊母牛再经过3个月的饲养，奶牛发育为育成母牛（7～15月龄），此阶段是奶牛性成熟时期，当奶牛生长到青年母牛（16～26月龄），奶牛即到达适宜配种时期，当奶牛初产以后即进入生产周期阶段。一般采用TMR（全混合日粮）加料法喂养。犊公牛直接外售，不再继续饲养。

② 配种繁殖。选用优秀种公牛的冷冻精液进行人工授精，育成牛始配月龄14～18月龄，体重≥350kg时进行，母牛产后首次配种时间在产后60～80d。

③ 信息化管理。牛群资料进入计算机管理系统，牧场生产经营活动实现信息化管理。

3）牛体消毒

在进行挤奶、助产、配种及任何对奶牛有接触的操作前，必须先对牛有关部位进行擦拭消毒，防止人为传播疾病。

4）收奶

每头奶牛每天挤奶 3 次，挤奶方式采用机械挤奶。每次挤完奶，将奶杯组安装于清洗杯托上，挤奶器自动清洗，清洗机自动控制水温、水量、清洗剂、冲刷力度和清洗时间。

（3）肉牛场运行

饲养犊牛从当地购入，经兽医卫生部门监督，确认其健康合格后开始饲养。外购架子牛，牛入场后观察牛适应新环境的情况及健康情况，并进行健胃、驱虫等。日粮开始以品质较好的粗饲料为主，适当增加食盐，充足饮水；逐渐增加精饲料，搭配好精、粗饲料比例。经历 2 个月适应期后，健康牛迁入牛舍，患病牛进入隔离舍观察隔离。之后健康牛进入育肥中期，开始增加各种饲料的喂给量，补充蛋白质，一般日增重达到 1.5 ～ 2kg。牛体重达到 600kg 左右后进入育肥后期，调整日粮的能量和蛋白质比例，体重达到 900 ～ 1200kg 育肥结束，可以外售。

养牛场生产工艺流程及产污环节见图 1-3。

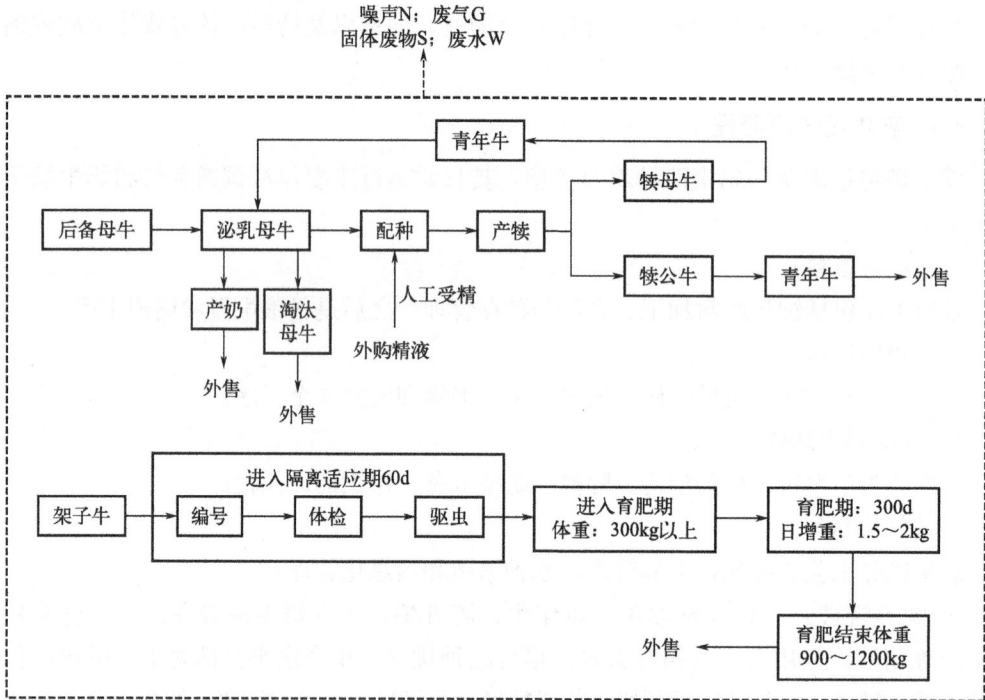

图 1-3　养牛场生产工艺流程及产污环节

1.2.2.2　养牛场粪污排放特征

（1）废气

1）恶臭气体

恶臭气体主要来自牛舍、废水处理设施、堆肥车间等，主要成分为氨、硫化氢、三甲胺等。一般采用集气罩或密闭的方式负压收集恶臭气体，经两级喷淋塔（一级水喷淋 + 一级生物除臭剂喷淋）处理或者其他净化工艺处理。

2）饲料加工含尘废气

在饲料加工以及饲料投料时会产生含尘废气，通过加工设施加装集尘罩、在投料口处设置喷雾器喷淋降尘等措施，可有效控制含尘废气。

（2）废水

养牛场排水采用雨污分流措施。废水主要包括饮水槽和饲料槽清洗水、牛舍地面清洗水、挤奶厅及挤奶器具清洗水、牛的尿液以及生活污水等。通常上述废水采用厌氧发酵工艺进行处理，沼液做肥或进一步达标排放处理，沼渣做肥。

养牛场废水主要污染特征见表1-10。

表1-10 养牛场废水主要污染特征

养殖种类	清粪方式	日产生量 /（kg/ 头）	COD/（mg/kg）	NH_3-N/（mg/kg）	TP/（mg/kg）	TN/（mg/kg）	pH 值
奶牛	干清粪	20	887	22.1	41.1	5.33	7.1～7.5
肉牛	干清粪	50	918～1050 平均 983	41.6～60.4 平均 51	16.3～20.4 平均 18.6	57.4～78.2 平均 67.8	

注：表中数据为统计均值。

（3）固体废物

养牛场产生的固体废物主要为牛粪、废卧床垫料、病死牛尸体及胎盘等分娩物、生活垃圾、医疗废物等。

1）牛粪

牛舍采用干法清粪工艺。从牛舍粪道清理出的粪便首先进行固液分离。分离出的粪便有2种处理方式：

①进入堆肥车间好氧发酵，部分作为卧床垫料，剩余部分作肥料；②进行厌氧发酵，回收清洁能源——沼气，产生的沼渣和沼液作肥料还田。

养牛场粪便主要污染特征见表1-11。

表1-11 养牛场粪便主要污染特征

养殖种类	清粪方式	日产生量 /（kg/ 头）	COD/（mg/kg）	NH_3-N/（mg/kg）	TP/（mg/kg）	TN/（mg/kg）	pH 值
奶牛	干清粪	20	890	22	40	5	7.1～7.5
肉牛	干清粪	50	920～1050	40～60	16～20	57～80	

注：表中数据为统计均值。

2）废卧床垫料

废卧床垫料每天都会产生，一般随牛粪进入粪污处理系统。

3）病死牛尸体及胎盘等分娩物

根据《关于进一步加强病死动物无害化处理监管工作的通知》（农医发〔2012〕12 号）、《病死畜禽和病害畜禽产品无害化处理管理办法》（农业农村部令 2022 年第 3 号）、《病死及病害动物无害化处理技术规范的通知》（农医发〔2017〕25 号）及当地的管理要求，养殖过程产生的病死牛尸体及胎盘等分娩物要及时送有资质的危险废物处理机构进行处置，不能在场内暂存。

4）生活垃圾

养殖场产生的生活垃圾一般委托当地环卫部门统一收集处理。

5）医疗废物

在注射疫苗及治病时均会产生医疗废物，主要为用过的注射器、药瓶和废一次性手套等，属于危险废物。可在厂区危险废物库暂存，定期送有资质的危险废物处理单位进行处置。

1.2.3　养鸡场生产流程及粪污特征

养鸡场分蛋鸡场和肉鸡场。鸡的饲养方式一般为散养、平养（地面平养和网上平养）和笼养。蛋鸡以平养和笼养为主。肉鸡以地面平养为主，而且大都采用厚垫料方式。对于父母代种鸡，一般采用平养。

1.2.3.1　养鸡场生产流程

养鸡场生产包括鸡舍准备、饲养过程和鸡舍清理 3 个工序。养鸡场生产工艺流程简述如下。

1）鸡舍准备

将消毒过的饲槽、饮水器移入鸡舍，使用消毒液对鸡舍进行整体消毒。

2）饲养过程

鸡苗到达后，饲养期应定时喂料，早期（0～21d）生长速度快，需喂养营养丰富的破碎料，后期喂养颗粒饲料。饮水保持清洁。注重鸡舍通风换气，保持空气清新；定期检查鸡群的粪便、羽毛等，判断鸡的健康状况，挑出病鸡、弱鸡；鸡舍定时光照，日照在 12h 左右；当气温高于 33℃时，养殖场鸡舍采取降温措施，使用水帘降温系统，降温用水循环使用。肉鸡的饲养周期为 40d，合格的肉鸡即可出售。

3）鸡舍清理

待鸡全部出栏后，鸡舍内外设备及所有用具均要严格彻底地消毒，冲洗时按照先上后下、先里后外的原则，防止冲洗好的区域被再度污染，保证冲洗效果和工作效率，节约成本；然后用高压水冲洗鸡舍，待鸡舍充分干燥后，关好门窗，喷洒消毒液。最后，鸡舍空置 20d，以确保不会向下批次肉鸡传播病毒。

养鸡场生产工艺流程及产污环节见图 1-4。

1.2.3.2　养鸡场粪污排放特征

（1）废水

养鸡场产生的废水包括鸡舍冲洗废水、职工生活污水。通常生活污水经化粪池预处理后与冲洗废水一并进入废水处理设施进行处理，后用于周边农田灌溉。

养鸡场废水主要污染特征见表 1-12。

（2）废气

项目产生的废气主要包括鸡舍恶臭气体、废水处理设施产生的恶臭气体。

1）鸡舍恶臭气体

鸡舍养殖过程的恶臭气体来自粪便、呼吸、动物皮肤、鸡粪贮存场等的散逸。养殖

消毒液 ----→ 鸡舍消毒 　　恶臭 G1
　　　　　　　　　　　　　病死鸡 S1
鸡苗、饲料、水 ----→ 饲养 40d ----→ 肉鸡出售
　　　　　　　　鸡舍清理 ----→ 鸡粪 S2
水、消毒液 ----→ 鸡舍冲洗消毒 ----→ 冲洗废水 W1
　　　　　　　　鸡舍空置 20d

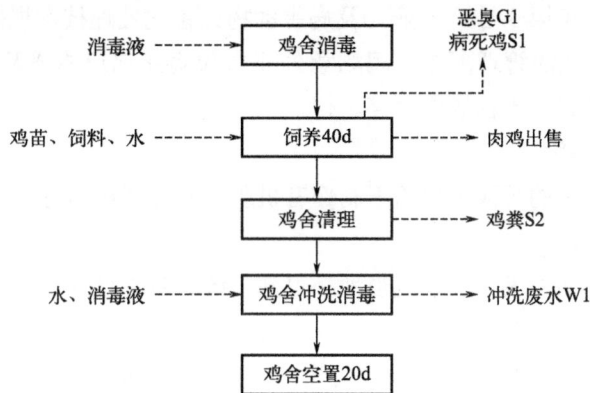

图 1-4　养鸡场生产工艺流程及产污环节

表 1-12　养鸡场废水主要污染特征

养殖种类	清粪方式	日产生量/(kg/只)	COD/(mg/kg)	NH₃-N/(mg/kg)	TP/(mg/kg)	TN/(mg/kg)	pH 值
鸡	干清粪	0.25	$2740 \sim 10500$ 平均 6060	$70 \sim 601$ 平均 261	$13.2 \sim 59.4$ 平均 31.4	$97.5 \sim 748$ 平均 342	$6.5 \sim 8.5$

注：表中数据为统计均值。

臭气的成分比较复杂，主要成分包括 NH_3、H_2S 等。

2）废水处理设施产生的恶臭气体

废水处理设施产生恶臭气体的量很小，属于无组织排放面源。

（3）固体废物

固体废物包括鸡粪、废弃包装材料、病死鸡尸体、职工生活垃圾、污水处理站污泥和医疗废物等。

1）鸡粪

鸡舍产生的鸡粪常采用干清粪工艺，日产日清，当日外运，不在厂区内停留。养鸡场一般采用层叠式鸡笼养殖，在每层鸡笼下方设置一条纵向清粪带，鸡粪散落在清粪带上，由输送带输送到鸡舍的另一端，由末端的刮粪板将鸡粪刮下，落入横向清粪带上，再由输送带送至运粪车。鸡粪最终由运粪车转至有机肥厂家生产有机肥。鸡粪不在厂区内堆存。

养鸡场鸡粪主要污染特征见表 1-13。

表 1-13　养鸡场鸡粪主要污染特征

养殖种类	日排泄量/(kg/只)	COD/(mg/kg)	NH₃-N/(mg/kg)	TP/(mg/kg)	TN/(mg/kg)	TS/(mg/kg)
鸡	$0.10 \sim 0.15$	45000	4800	5400	9800	16300

注：表中数据为统计均值。

2）废弃包装材料

废弃包装材料主要是饲料包装物，一般返回饲料厂家回收再利用。

3）病死鸡尸体

主要为鸡场意外死亡和病死鸡尸体。根据《关于进一步加强病死动物无害化处理监管工作的通知》（农医发〔2012〕12 号）、《病死畜禽和病害畜禽产品无害化处理管理办法》

（农业农村部令 2022 年第 3 号）、《病死及病害动物无害化处理技术规范的通知》（农医发〔2017〕25 号）及当地的管理要求，鸡场意外死亡和病死鸡尸体要及时送有资质的危险废物处理单位进行处置，不在场内暂存。

4）污水处理站污泥

废水处理过程产生的污泥主要用于制作有机肥，不在场内暂存。

5）职工生活垃圾

养鸡场产生的生活垃圾一般委托当地环卫部门统一收集处理。

6）医疗废物

在注射疫苗及治病时均会产生医疗废物，主要为用过的注射器、药瓶、废一次性手套等，属于危险废物。可在厂区危险废物库暂存，但需定期送有资质的危险废物处理单位进行处置。

1.3 我国畜禽养殖粪污概况

1.3.1 我国畜禽养殖粪污产生情况

根据《第二次全国污染源普查公报》，2017 年纳入普查范围的生猪、奶牛、肉牛、蛋鸡和肉鸡 5 种主要畜禽粪尿的年产生总量约 10.5 亿吨，加上产生的废水，畜禽粪污年产生量可达 30.5 亿吨。从养殖粪污种类看，生猪粪污的年产生量最大，约 15.5 亿吨，占畜禽粪污产生量的 50.8%。牛粪约 10.1 亿吨（奶牛粪 2.1 亿吨、肉牛粪 8.0 亿吨），约占畜禽粪污产生量的 33.1%。鸡粪约 4.5 亿吨（蛋鸡粪 1.1 亿吨、肉鸡粪 3.4 亿吨），约占畜禽粪污产生量的 14.8%。

我国主要省份畜禽粪污产生量情况见图 1-5。

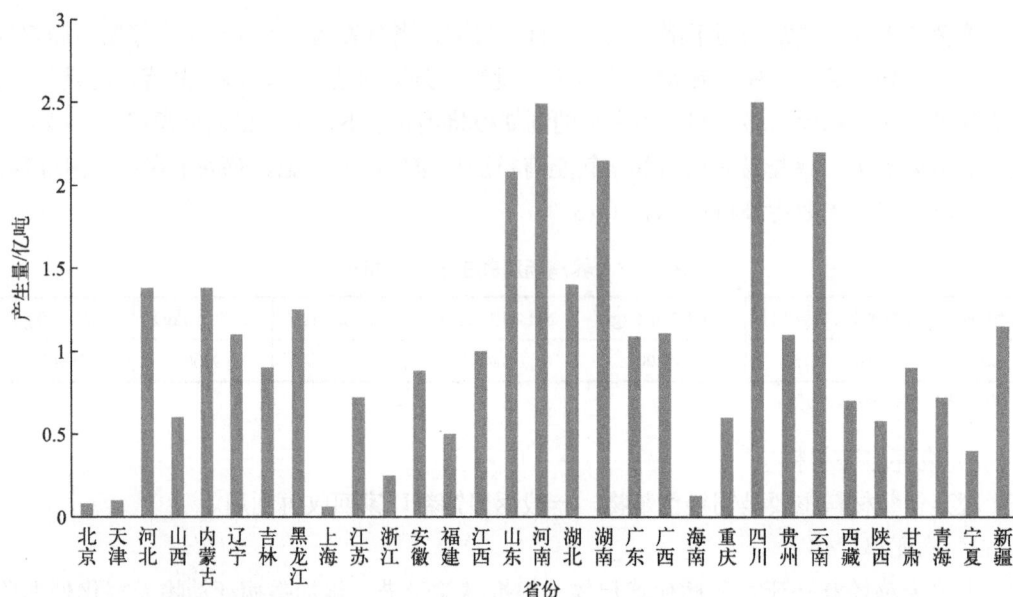

图 1-5　主要省份畜禽粪污产生量（数据来源：第二次全国污染源普查公报）

我国畜禽养殖区域分布差异较大，以生猪为例：华南地区占全国总量 10% ~ 15%，华东地区占 20% ~ 25%，华中地区占 20% ~ 25%，华北地区占 5% ~ 10%，东北地区占 10% ~ 15%。生猪出栏大省为四川省、湖南省、河南省、云南省和山东省，占比分别为 9.17%、8.65%、8.40%、6.37% 和 6.41%。共有 15 个省份粪污产量超过了 1.0 亿吨，其中河南省和四川省的养殖粪污产生量最大，均超过 2.5 亿吨，区域承载量分别达到 6.2t/hm² 和 16.9t/hm²。

根据《第二次全国污染源普查公报》，畜禽养殖污染已经超过工业源污染，成为我国第一大污染源。畜禽养殖污染年 COD、TN 和 TP 产生量分别为 9692.2 万吨、463.28 万吨和 108.56 万吨，排放量分别为 1000.53 万吨、59.63 万吨和 11.97 万吨，分别占农业污染源排放量的 94%、42% 和 56%，占全国各类污染源排放总量的 47%、20% 和 38%。可见，畜禽养殖业 COD 和 TP 排放量占比依然偏高。

1.3.2　畜禽养殖粪污对环境的影响

（1）对大气环境的影响

1）恶臭气体

在畜禽粪便堆放过程中会生成硫化氢、氨、甲基吲哚、甲基硫醇等多种低级脂肪酸，这些物质都会产生强烈的刺鼻气味，长期吸入会对人体和动物造成伤害。如果过量吸入这些物质会使人体发生结膜炎、气管炎等疾病，而动物则会出现体质和免疫力下降的现象，甚至会危及动物的存活。

国际上许多发达国家都对恶臭气体的排放有严格的规定，如日本在《恶臭法》中确定了 8 种恶臭物质，其中有 6 种与畜牧业密切相关，包括氨、甲基硫醇、硫化氢、二甲硫、二硫化甲基、三甲胺。畜禽养殖场的恶臭不仅危害饲养人员及周围居民身体健康，并且也影响畜禽的正常生长。

2）含尘气体

由畜禽养殖场排出的大量粉尘携带数量和种类众多的微生物。粉尘会造成养殖场周围大气和环境的卫生状况恶化，微生物污染可引起疫病的传播，危害人和动物的健康。

3）甲烷

温室效应已成为国际社会关注的全球性环境问题之一。畜禽养殖业的甲烷排放量贡献最大，约占全球甲烷气体释放总量的 1/5，其中牛羊等反刍动物的甲烷产生量最大。随着畜牧业产业化的发展，畜禽养殖业的甲烷释放量呈增长趋势，对环境造成的影响也将更大。

（2）对水环境的影响

畜禽粪便和冲洗污水中含有大量的氮、磷和有机物，进入地表水体会造成 COD、BOD$_5$、TP 和 TN 等指标超标，导致水体富营养化，粪污中有机物的生物降解和水生生物的繁衍会大量消耗水体中的溶解氧（DO），使水体变黑发臭，导致水生生物死亡。粪污中含有的大量病原微生物，会通过水体或水生动植物进行扩散传播，危害人畜健康。畜禽粪便污染物中的有毒、有害成分进入地下水后极难治理和恢复。

（3）对土壤和作物的影响

适量的粪污排入土壤中，通过土壤微生物的作用会实现自然净化并为植物提供养分，不会对土壤质量造成影响。如果污染物的排量超过了土壤本身的自净能力，便会出现有机肥降解不完全和厌氧腐解，产生恶臭气体和亚硝酸盐等有害物质，导致土壤污染和理化性质的改变，破坏其生态、生产功能。土壤受到污染后，还易引起病菌传播，若污染物渗漏则会造成地下水污染。

（4）对人畜健康的影响

畜禽粪便、垫料、病死尸体等废弃物含有大量的病原微生物和寄生虫卵，如不及时处理或处理不当会滋生蚊蝇，造成有害生物的传播，危害人畜健康。

（5）重金属及新型污染物

畜禽养殖饲料或在动物疫病防治过程中，会使用铜、锌等重金属及抗生素等，这些物质会通过动物粪便进入农田，并在土壤中富积，日积月累会危害作物生长，甚至导致农产品残留，进入食物链，危害人体健康。畜禽养殖粪污中已报道的重金属种类及检出浓度范围见表1-14。

表1-14　畜禽养殖粪污中重金属种类及检出浓度范围

重金属元素	检出浓度（干重）/（mg/kg）
铜	100～1000
锌	200～2000
砷	0.1～10
镉	0.05～5
铅	0.1～10

畜禽养殖过程常用的抗生素包括：

① 四环素类，如四环素、土霉素、金霉素等；

② 磺胺类，如磺胺嘧啶、磺胺甲噁唑等；

③ 氟喹诺酮类，如诺氟沙星、环丙沙星等；

④ 大环内酯类，如红霉素、泰乐菌素等。

氯霉素类曾被广泛使用，但因残留危害大现已严格限制使用，但仍可能因历史残留在农产品中检测时被发现。抗生素在畜禽养殖过程使用后，大部分未被吸收而随粪便排出。畜禽养殖粪污中已报道的抗生素种类及检出浓度范围见表1-15。

表1-15　畜禽养殖粪污中抗生素种类及检出浓度范围

抗生素种类	检出浓度（干重）/（mg/kg）
四环素类（以四环素为例）	10～1000
磺胺类（以磺胺嘧啶为例）	5～500
氟喹诺酮类（以诺氟沙星为例）	1～100
氯霉素类（历史残留检测情况）	0.1～10
大环内酯类（以红霉素为例）	5～500

1.3.3　畜禽养殖粪污处理的价值

（1）社会经济价值

第二次全国污染源普查结果显示，全国畜禽粪污年产生量 30.5 亿吨，有机质、总氮和总磷产生量分别为 9692.2 万吨、463.28 万吨和 108.56 万吨。畜禽粪污的资源化利用不仅有助于净化养殖环境、降低养殖业带来的环境污染，同时给种植业提供了有机肥料资源，减少化学肥料的投入，改善土壤肥力，提高农产品产量，改善品质，促进绿色循环农业的发展。在畜禽废弃物的肥料化和能源化利用过程中，还可以带动堆肥发酵、沼气发酵、肥料造粒、生物肥料生产、有机肥还田等机械设备和有机类肥料产业的发展和技术进步，形成新的经济增长点，将产生显著的社会效益和经济效益。

（2）生态环保价值

第二次全国污染源普查公报结果显示，养殖业是农业乃至全国主要污染源之一，生态环保问题十分严峻。因此，通过科学处理畜禽养殖粪污可以转化为高效有机肥、沼气和生物质能源，减少化肥生产和日常生活对煤炭、化石能源的消耗，减少磷、钾矿等不可再生资源的开发。生产的有机肥还田后，可提高土壤有机质含量，提高微生物活力，改善土壤生态环境，提升土壤综合肥力。

（3）农业发展价值

农业是我国社会经济的支柱产业，也是保障食物安全，关乎社会稳定和谐的重要产业。多年来，我国种植业和养殖业都在朝着集约化和规模化发展，大幅度提高了生产效率，降低了生产成本，产生了显著的社会效益和经济效益，对保障我国的粮食安全以及"菜篮子"的有效供给做出了重要贡献。与此同时，也出现了废弃物产生量大，不能及时无害利用而污染环境的问题。畜禽养殖粪污处理技术的推广，将废弃物转化为土壤改良剂、清洁能源或其他有用产品，使农业系统内的养分循环更加高效。这种处理方式减少了外部投入的依赖，提高了农业的生产效率，同时推动了农业产业从传统高污染模式向绿色、循环和可持续发展模式转型。这不仅有助于农业生产体系的稳定发展，还为全球粮食安全提供了保障。

（4）碳减排价值

畜禽粪污在处理过程中，如通过厌氧发酵技术，可将高温室效应潜力的甲烷转化为可利用的沼气，减少温室气体的排放；粪污堆肥和还田也能将有机碳固定在土壤中，降低大气中的碳排放水平。同时，通过减少化肥用量和能源消耗，实现农业生产的低碳化，推动碳中和目标的实现。通过整合粪污处理与循环农业模式，畜禽养殖废弃物从环境负担转变为资源优势，为实现农业领域的绿色低碳发展提供了重要解决方案。

1.4　我国畜禽养殖粪污资源化利用方向

（1）肥料化

畜禽粪便中含有丰富的农作物生长所需的营养成分，因此自古以来人们都是将粪便当作宝贵的肥料资源还田利用。20 世纪前叶化学肥料出现以前，人畜粪尿和日常农业生产废弃物、生活垃圾是农田肥料的来源。如今养殖业呈专业化和规模化发展，粪污的产生量也随之增大，对生态环境造成了压力，但将畜禽粪便作为肥料还田依然是解决问题最合理最有效的途径，符合耕地质量涵养的需要，也符合地球物质和能量循环这一自然规律。

1）畜禽粪便堆肥

畜禽粪便肥料化并不是简单地将养殖场产出的粪污施到农田就可以了，而是要进行堆沤腐熟无害化处理，鲜粪尿直接用到农田会滋生蛆虫，出现烧苗等不良现象。因此，畜禽粪便肥料化利用的第一步就是要进行发酵腐熟，也就是利用微生物的发酵分解作用，将粪污中的有机物分解腐化，将其中的营养元素释放出来，转变为便于植物吸收的状态，同时去除臭味，杀灭虫卵、草籽和病原菌等。通过发酵腐熟的有机肥施入土壤后，可增加土壤的有机质含量，提高保水保肥能力，增强地力，提高农作物生产水平，改善农产品品质。

当前，历经各级政府多年的支持和业内人士的努力，我国畜禽粪污肥料化利用从收储、运输、发酵腐熟到还田利用，涉及的工艺技术和设备等都日渐成熟。总体上，养殖粪污肥料化利用主要包括堆沤还田和转化商品肥料还田两种模式。堆沤还田就是对畜禽粪便进行简单的堆沤处理，待腐熟后直接还田；转化商品肥料还田就是专门从事有机肥料生产的企业，依照《有机肥料》（NY/T 525—2021）标准，将畜禽粪便发酵腐熟，转化为商品有机肥料，合格产品进入农资流通领域使用。

2）生物发酵床生产有机肥

生物发酵床技术是按一定比例将发酵菌种与秸秆、锯末、稻壳以及辅助材料等混合，通过发酵形成有机垫料，将有机垫料置于特殊设计的猪舍内，利用微生物对粪尿进行降解、吸氨固氮而形成有机肥。其生产工艺为：首先利用高效复合微生物菌，按一定比例将菌种、锯末以及一定量的辅助材料混合、发酵形成有机垫料，然后将有机垫料填充到经过特殊设计的猪舍里，生猪在有机垫料上活动，排放的粪尿与有机垫料充分混合，被添加的微生物迅速降解除臭，转化为有机肥料，实现养殖过程的清洁化。

（2）能源化

能源化就是利用厌氧发酵技术将畜禽粪污中的有机质转化为沼气（CH_4和CO_2）的过程。畜禽粪污发酵生产沼气是最为成熟的畜禽粪便能源化利用技术。该技术可降低畜禽粪污中有机物的含量，并可产生沼气作为清洁能源。发酵后的沼气经脱硫脱水后通过发电、直接燃烧等方式实现高值化利用，沼液、沼渣等可以作为有机肥料还田，改善土壤质量，促进植物健康生长。我国畜禽粪便资源丰富，沼气生产潜力巨大。据估计，2060年我国沼气生产潜能将达到3710亿立方米，相当于2020年全国68%的天然气消费量，若折算成能源，则相当于2020年全国近6%的能源消费量，折算成电能相当于2020年全国用电量的近10%。

（3）基料化

基料化利用是指将畜禽养殖粪污和农作物秸秆等废弃物经过发酵、干燥、去杂、除臭等处理后，作为种植食用菌或养殖蚯蚓的基料。利用畜禽粪便生产食用菌栽培基质的主要工艺为，原料选择、原料预处理、原料混合、原料发酵和废气处理。原料发酵包括一次发酵、二次发酵和三次发酵，可根据所栽培食用菌种类的需要进行不同发酵阶段的选择。原料发酵的目的是将原料充分腐熟，并杀灭有害微生物，使基料符合卫生学标准；灭菌可直接杀灭有害微生物和病虫卵，在实际生产过程中可根据不同食用菌基质的生产要求进行工艺步骤的选择。如用作蚯蚓养殖的基料，经一次发酵后已不再产生高热即可用于蚯蚓养殖。

（4）饲料化

所谓饲料化利用是指将畜禽粪便作为再生饲料加以二次利用。一般禽类的饲料消化率较低，其粪便中往往含有较丰富的营养物质，经过无害化处理后可作为其他动物的饲料原料利用。例如，新产出的鸡粪，特别是养分残留较高的鲜雏鸡粪，经乳酸菌厌氧发酵后可转化用于牛、羊等反刍动物的饲养。此外，畜禽粪便经高温堆肥腐熟后可用于水产养殖，主要是用作有机肥肥塘，培植易于幼小鱼虾消化吸收的藻类，间接为鱼虾提供饵料。

畜禽粪污饲料化利用推广度较低，主要是因为畜禽粪污中往往含有致病或条件致病菌、寄生虫、重金属及抗生素等，如果处理不当，有一定安全隐患。

（5）垫料化

垫料化利用主要是基于奶牛粪便纤维素含量高、质地松软的特点，将奶牛粪便经固液分离后，固态粪便进行高温好氧发酵处理，之后用作奶牛卧床的垫料，污水收集作为肥料进行农田利用。此举不仅可以节约传统的砂子、秸秆等垫料，还可以大幅度提高奶牛的舒适度，减少乳房炎、口蹄疫等的发生，提高牛奶产量。用过的垫料经腐熟发酵可作为肥料还田。畜禽养殖粪污利用途径对比如表 1-16 所列。

表 1-16　畜禽养殖粪污利用途径对比

利用途径	肥料化	能源化	基料化	饲料化	垫料化
优点	为农田必需，需求广泛，可用于多种农田，改善地力，提高产量和品质	提高附加值；粪便和污水可一并处理；可实现自动化管理	提高利用价值；提高资源综合利用率	提高利用价值；提高资源综合利用率	替代砂子、壤土，提高舒适度，减少病害发生
缺点	需要发酵场和专用设备；二次发酵或陈化周期长	一次性投资高；能源产品利用难度大；沼渣沼液产生量大、集中，处理成本较高	生产链较长；需要专用场地；对生产者整体素质要求高	有病原菌传播风险，必须进行无害化处理	需要彻底无害化处理，防止传染病发生
适用范围	鸡、羊等规模养殖场或养殖集中区域；猪、牛养殖干清粪或配套干湿分离设备；有场地、专用设备和适当面积耕地	适用于大型规模养殖场或养殖密集区；沼气发电并网或生物天然气入管网	适于各种养殖场、农场或联合经营体	雏鸡粪、青年鸡粪和鸽子粪等粗蛋白含量较高，加工后用于反刍动物饲料	适用于规模奶牛场

参考文献

[1] 中国畜牧兽医年鉴编辑委员会.中国畜牧兽医年鉴[M].北京：中国农业出版社，2014—2023.

[2] 程方方，李博文，刘昱宏.畜禽养殖粪污的处理及资源化利用[J].吉林畜牧兽医，2022，43（3）：103-104.

[3] 孙家英，张志国，孙家慧.畜禽养殖粪污资源化利用技术模式探析[J].吉林畜牧兽医，2021，42（9）：118，123.

[4] 周强，蒋菱玉，杨燕，等.畜禽养殖业污染防治发展现状、问题及对策[J].养殖与饲料，2022（11）：81-83.

[5] 刘志林. 畜禽粪污处理利用现状及对策 [J]. 山东畜牧兽医, 2022, 43（7）：47-49.

[6] 范敏其. 畜禽规模养殖污染治理与环境保护探究 [J]. 畜禽业, 2021（11）：78-79.

[7] 张斯颀. 畜禽养殖粪污的处理及资源化利用 [J]. 农业灾害研究, 2022, 12（9）：56-58.

[8] 魏甜甜, 李莉, 孙晓. 畜禽养殖粪污资源化应用策略 [J]. 中国畜禽种业, 2022（1）：74-75.

[9] 王锐. 我国畜禽养殖废弃物污染防治法律问题及完善 [J]. 环境保护与循环经济, 2021, 41（11）：89-92.

[10] 高程, 王荣, 王敏. 畜禽养殖污染现状与防治措施研究进展 [J]. 家畜生态学报, 2022, 44（8）：8-12.

[11] 张鹏. 南方畜禽养殖业粪污处理及资源化利用模式 [J]. 畜牧兽医科学, 2021（9）：188-189.

[12] 豆志杰, 钟明艳, 孟飒. 区域畜禽养殖环境承载力评价及预警研究 [J]. 中国农机化学报, 2021, 42（12）：214-221.

[13] 程兆康, 杨金山, 吕敏, 等. 我国畜禽养殖业抗生素的使用特征及其环境与健康风险 [J]. 农业资源与环境学报, 2022, 39（6）：1253-1262.

[14] 谷小科, 杜红梅. 畜禽粪污资源化利用的政策逻辑及实现路径 [J]. 农业现代化研究, 2020, 41（5）：772-782.

[15] 唐志才, 王爽. 规模化畜禽养殖粪污利用与处理模式分析 [J]. 中国畜牧业, 2020（17）：52-53.

[16] 李艳, 任雅楠, 王晨星, 等. 畜禽粪污对生态环境的影响及综合治理措施 [J]. 今日畜牧兽医, 2024, 40（1）：56-58.

[17] 李霞. 农村畜禽粪污对生态环境的影响及其综合治理对策分析 [J]. 中兽医学杂志, 2022（3）：85-87.

[18] 陈贺亮. 畜牧养殖环境污染的不同类型及其治理对策研究 [J]. 畜牧兽医科技信息, 2024（8）：65-68.

[19] 吴金岸. 畜禽粪污资源化利用的现状及问题探讨 [J]. 畜牧兽医科技信息, 2024（9）：64-66.

[20] 安军, 刘兰. 畜禽养殖粪污资源化利用现状与对策 [J]. 北方牧业, 2024（17）：17.

[21] 管明江. 畜禽养殖污染现状及防治对策分析 [J]. 山东畜牧兽医, 2024, 45（9）：63-64, 67.

[22] 马力通, 孙慎光, 李丽萍, 等. 畜禽养殖废弃物能源化利用研究进展 [J]. 现代畜牧科技, 2023（10）：97-101.

[23] 毛亚岚. 高质量绿色发展下推动中国农村沼气产业升级的机遇与挑战 [J]. 农业展望, 2023, 19（6）：67-70.

[24] 吴浩玮, 孙小淇, 梁博文, 等. 我国畜禽粪便污染现状及处理与资源化利用分析 [J]. 农业环境科学学报, 2020, 39（6）：1168-1176.

[25] 陈铭哲, 印遇龙, 何流琴. 畜禽粪污资源化处理与种养循环一体化研究与思考 [J]. 中国科学：生命科学, 2024, 54（7）：1211-1225.

[26] 窦莉蓉. 蚯蚓养殖与猪粪污资源化利用高效结合 [J]. 猪业科学, 2023, 40（11）：38-40.

[27] 张佐忠, 高燕云, 刘念, 等. 粪污循环利用模式构建 [J]. 内蒙古农业大学学报（自然科学版）, 2021, 42（3）：32-34.

[28] 高燕云, 刘建, 齐强, 等. 奶牛粪便养殖蚯蚓的研究进展 [J]. 内蒙古农业大学学报（自然科学版）, 2019, 40（1）：96-100.

[29] 熊茂鹏. 畜禽粪污资源化利用与畜禽养殖污染防治技术 [J]. 中国畜牧业, 2024（7）：69-70.

[30] 苏丽娟. 畜禽粪污资源化利用 [J]. 中国畜牧业, 2023（20）：75-76.

[31] 李雯丽, 刘艳莉, 吴志勇, 等. 畜禽养殖粪污资源化利用技术及措施 [J]. 北方牧业, 2023（5）：16.

[32] 张雯. 规模化畜禽养殖粪污综合利用与处理技术模式 [J]. 畜牧兽医科学（电子版）, 2022（24）：47-49.

[33] 邓玉娟, 黄乃合. 畜禽粪污资源化利用推进项目现状及建议 [J]. 畜牧兽医科学（电子版）, 2022（24）：221-224.

[34] 马如意, 肖海峰. 中国畜牧业碳排放：内涵特征、研究进展与前瞻启示 [J]. 中国农业大学学报, 2024, 29（12）：185-195.

[35] 潘有萍. 碳中和背景下畜牧业种养结合发展路径研究 [J]. 畜牧兽医科技信息, 2023（5）：33-36.

[36] 李宗丽. 畜禽养殖行业的碳减排和资源化利用探索 [J]. 节能与环保, 2023（4）：59-61.

[37] 保障肉蛋奶供应, 促进畜牧业高质量发展 [J]. 北方牧业, 2024（19）：1-2.

[38] 中央财政支持 17 个省份试点绿色种养循环农业 [J]. 湖南农业, 2021（8）：11.

[39] 国务院办公厅关于加快推进畜禽养殖废弃物资源化利用的意见 [J]. 猪业观察, 2019（Z1）：9-12.

[40] 王嘉先. 生猪饲养与环境控制技术 [J]. 中国畜牧业, 2022（24）：71-72.

[41] 王文杰. 优化饲养管理方式提升养猪生产效益 [J]. 猪业科学, 2021, 38（6）：42-45.

[42] 李密林. 农村专业户养猪技术要点 [J]. 新农业, 2000（1）：22-23.

[43] 李晓波. 小型猪场的饲养管理措施 [J]. 中国畜牧兽医文摘, 2013（7）：63.

[44] 施正香，许云丽，李保明，等 . 我国奶牛养殖小区生产工艺与工程配套技术体系研究 [J]. 农业工程学报，2006，（S2）：50-55.

[45] 陈红林 . 挤奶机引起奶牛乳房炎的主要原因 [J]. 养殖与饲料，2012（2）：25-26.

[46] 王开军，李龙金 . 畜牧养殖粪便污染危害及治理措施 [J]. 乡村科技，2021，12（17）：110-111.

[47] 江传杰，王岩，张玉霞 . 畜禽养殖业环境污染问题研究 [J]. 河南畜牧兽医，2005（1）：28-31.

[48] 张军民 . 中国畜牧业环境污染现状及应对措施 [J]. 中国农业科技导报，2003（5）：71-74.

[49] 李玉 . 畜禽粪污对环境的危害及治理措施 [J]. 中国畜牧业，2022（16）：78-80.

[50] 薛灏，钟为章，秦焱，等 . 规模化猪牛养殖业粪污处置技术现状分析 [J]. 畜禽业，2020，31（9）：22-23.

[51] 张立新 . 畜禽养殖粪污资源化处理现状及对策 [J]. 畜牧兽医科学（电子版），2019（19）：54-55.

第 2 章

国内外畜禽养殖粪污管理

2.1　国外畜禽养殖粪污管理

2.1.1　美国畜禽养殖粪污管理

美国是畜牧业生产大国，其畜牧业产值约占全国农业总产值的 48%。美国肉牛存栏量居世界首位，牛肉产量和人均占有量均居世界首位。美国是世界第二大禽肉生产国，禽肉产量超过整个欧洲产量，鸡蛋产量列世界第二位。美国也是世界生猪养殖大国，生猪存栏量和猪肉产量占世界第二位。据美国农业部统计，2022 年，美国畜禽肉类中，鸡肉产量最高，约为 2085 万吨，产量占比为 45%；牛肉和猪肉产量相当，分别在 1280 万吨和 1230 万吨以上，产量占比在 27% ～ 29% 范围内。

2.1.1.1　管理政策

美国国土辽阔、农田面积大，规模化养殖场都采用种养结合全量利用模式，并形成了以综合养分管理计划（CNMP）为核心的政策体系。美国在畜禽养殖粪污资源化利用方面已建成一套较成熟的法律体系，按照机构分类可分为联邦政府、州以及地方政府法规。联邦政府制定和颁布面向全国的法律条例，州政府和地方政府根据地方实际情况制定更具有针对性的粪污防治法律条款，既可以统筹兼顾又可做到因地制宜。联邦政府层面的主要法律为《清洁水法案》《联邦水污染法》以及《清洁空气法》。州级政府法律法规更加详细和有针对性，州政府颁布适用于当地条件且更严格的地方性环境保护法。

为了便于管理，美国将养殖业划分为点源污染和非点源污染。美国将"没有植被的密集的设备养殖、动物被圈养 45d 或 1 年以上"的养殖场界定为点源污染；对于养殖规模在 1000 个动物单位以上的养殖场，均被视为点源；1000 头以下的养殖场，要根据其规模、养殖设施、排放状况，由环境管理人员通过现场考察来确定其点源或非点源属性。点源污染被纳入排放许可证的管理范畴，必须满足排污许可证的要求，否则即为非法。非点源污染主要通过最佳管理实践（BMPs）控制农业面源污染。BMPs 是指任何能够减少或预防水污染的方法、措施或操作程序。

美国近期在畜牧养殖废弃物管理和营养物控制方面采取了一系列综合性政策，旨在提升资源利用效率、减少污染并应对气候变化。美国农业部（USDA）通过《环境质量激励计划》（EQIP）推动 CNMP，提供经济支持用于建设废弃物存储设施和优化土地施肥，以确保粪便管理科学化，同时减少水体污染和氨气排放。美国国家环境保护署（EPA）进一步加强《清洁水法案》的执行，要求大型养殖场实现"零排放"，并通过 BMPs 控制非点源污染。此外，《通胀削减法案》提供了 195 亿美元用于支持气候智能型农业技术应用，如厌氧消化和牧场管理优化，从而减少甲烷排放并提升适应能力。在联邦指导下，各州政府制定更细化且严格的法规，加强地方资源保护和污染控制措施，以实现畜牧业的可持续发展。美国规定所有的大型养殖场不能排污至公共水体（如湖泊和河流），这是通常被称为"零排放"的要求。而城市所产生的废水和工业废水要把水中的污染物处理到特定限值，然后排放至小溪或河流，但养殖场不采用处理废水达到排放标准的做法，将其作为养分供作物、果蔬生产施用。

　　美国州一级政府的环境污染控制法规是由联邦政府制定的，原则上联邦政府的政策只是对某些州的环境提出质量标准。而对实现环境质量标准需要采取哪些政策措施，州一级政府则会制定出更为详细的规章制度。也就是说州一级政府在制定和执行这些法律中发挥着重要作用。各州政府也有自己的环境保护法，部分州政府的环境保护法比联邦政府的法规更加严格。

　　在美国，许多市级和县级政府都制定了一系列的地方环境保护法。这些法律构成了继联邦政府和州政府环境法之后的第三层法规。这些法规更能反映当地社会团体的环境保护意愿和要求。如区划和土地利用原则对控制牲畜饲养数量提出了一系列的具体要求，以防止性畜粪便的集中生产。

　　在畜牧业环境污染控制方面，美国的政策可以归纳为国家在总的法律条文中进行概括性陈述，在各州一级的环境立法中制度化，在下一级的地方政府法律法规条文中突出并细化，从而构成了控制畜牧环境污染的三位一体式的环境管理框架，使得畜牧业环境污染得到有效控制。

　　美国各级政府畜禽粪污处理利用主要环保政策简述见表2-1。

表2-1　美国各级政府畜禽粪污处理利用主要环保政策简述

政府级别	政策法规	主要内容
联邦政府	净水法案（CWA）	不经国家环境保护署（EPA）批准，任何企业不得向任一水体排放任何污染物，并将畜禽养殖场列入污染物排放源。畜禽存栏头数在1000个畜牧单位以上的（相当于2500头肉猪），被定义为集中饲养畜牧业（点污染源）；通过人为或间接地将污染物排入水域的企业需要领取排污收费许可证
	联邦水污染法	侧重于养殖场建场管理，规定1000个畜牧单位（1000头肉牛、700头奶牛、2500头体重25kg以上的猪、12000只绵羊或山羊、18000只蛋鸡或29000只肉鸡）及以上者，必须得到许可才能建场；1000标准头以下、300标准头以上的畜牧场，其污水无论排入贮粪池，还是排入水体中均需得到许可；300标准头以下，若无特殊情况，可不经审批
	可持续农田和畜牧业饲养场实施法规	该法规拟将畜牧饲养场的阈值削减50%，从而使更多的畜牧饲养场列为点污染源。拟在10年内逐步淘汰密集型养殖场所使用的露天氧化塘，并确保3～5年内一切现有和新建的氧化塘以及其他粪污处理系统将加以衬垫或予以妥善设置，从而防止这些设施对地面和地下水产生影响；要求大型饲养场采用干燥的粪便贮存系统。要求EPA制定可在土地上与肥料同时施用畜牧废物的限值，使所施用的有机和无机物总量不超过作物的营养物阈值
州级政府（以艾奥瓦州为例）	自然资源局和环境保护委员会负责制定和监督全州水和空气的质量标准	露天开放式畜舍畜禽养殖量在1000个畜牧单位以上的需要申请畜牧业经营许可证；畜禽养殖量达200个畜牧单位以上并用土坑作为粪便贮存设施的需要申请建筑许可证，采用厌氧粪便池作为粪便贮存设备的必须申请建筑许可证；对粪肥土地施用标准提出了具体要求：第一年土地施用氮肥的最大数量不得超过2722kg/hm²，以后每年氮肥的施用量应控制在1701kg/hm²以下，磷肥的施用量不能超过作物需求量
市级和县级政府	主要在区划和土地利用原则方面对控制畜禽养殖数量提出了一些具体要求	（1）畜禽养殖规模应与农场主拥有的土地面积相适应，以保证有足够的土地消纳畜禽粪便； （2）规定禁养区域和其他农业生产活动区域； （3）缴纳环境污染债券，在修建猪舍之前交付一定数量的债券，用于治理由环境污染可能带来的破坏后果

2.1.1.2　主要处理利用方式

为了落实各项政策法规，美国建立了多样的粪污处理技术模式。其中以自然发酵肥料化利用技术模式应用最为广泛。美国通过农牧结合来防治养殖污染，畜禽养殖液体废弃物不允许排放，在农场内部形成"饲草、饲料、肥料循环"的体系，实现粪污的农田回用。除农田利用外，当畜禽粪便的养分供应量超过农作物的养分需求或土地承载力时，为避免产生环境污染风险，养殖场会选用其他的粪污处理利用方法，如堆肥处理、厌氧发酵处理等，但这些技术在美国养殖场粪污处理中所占比重很小。

（1）自然发酵肥料化利用技术

首先建设与养殖规模、粪污存放时间、降雨量相配套的粪污贮存池，粪便和污水通过自然发酵处理，全部施到农田。这种处理利用方式在美国占到95%以上。

在美国，养殖场几乎都是采用自动刮粪、水冲粪方式，将冲洗污水多次循环利用冲刷圈舍，畜禽粪污和圈舍冲洗污水排入粪便贮存池贮存，堆积发酵，发酵时间一般在0.5～1年，之后通过管网还田。还有的养殖场甚至没有贮存设施，直接将畜禽粪污和圈舍冲洗污水通过管网进行还田利用。为减少粪便中的氮磷等养分损失，美国的养猪场主要采用水泡粪方式，猪粪尿及污水长期贮存于猪舍下部的粪坑直至农田利用，或定期从猪舍下的粪坑转移到舍外专用贮存池直至农田利用；奶牛场采用干清粪方式，清理出的奶牛粪尿进入舍外的专用贮存池存放，然后进行农田利用；鸡场则采用机械干清粪方式，通过堆肥后利用或直接利用。

（2）沼气工程能源化利用技术

美国采用沼气发电进行畜禽粪污处理的比例很低，不足2%。主要是由于沼气工程投资大、技术含量高、工艺复杂、故障率高、劳动用工多、效果不理想等原因，从而影响了沼气工程的推广应用。

（3）固液分离技术

美国采取的固液分离措施有固液分离机、沉淀池等方式。固液分离的粪污除部分作为牛粪作垫料外，其余还田利用。

2.1.2　欧洲畜禽养殖粪污管理

欧盟畜牧业比较发达。20世纪中叶以后，依靠新繁育技术和现代化管理模式，欧盟畜牧业不断向规模化集约化方向发展，形成了专业化程度高、精准管理水平高的畜牧产业。牲畜产量及生产效率不断提高，畜牧业占农业的比例不断攀升，极大地满足了人们对肉蛋奶的需求。目前，欧洲的鸡蛋产量居世界第二，约占世界总量的19%。所有欧盟国家都生产商品鸡蛋，最大的鸡蛋和鸡肉生产国是法国，分别约占欧盟产量的17%和26%。欧盟猪肉产量（以屠宰后重量表示）约占世界的20%。猪肉的主要生产国是德国（20%），其次是西班牙（17%）、法国（13%）、丹麦（11%）和荷兰（11%），其生产量超过欧盟总生产量的70%。欧盟肉牛的存栏量和出栏量在世界的占比不到10%。

由于畜禽养殖废弃物产量大且集中，对周围土壤、水和空气等产生了严重的环境污染。欧盟在控制环境污染方面的要求逐渐提高，出台了一系列政策，主要有《水框架指令》《硝酸盐法令》《农业环境条例》《动物副产品条例》《可持续使用农药指令》《碳排放交易体系》等。

欧盟国家畜牧业生产专业化程度高、精准管理水平高、环保要求高。欧盟各成员国必须严格执行欧盟在控制畜禽养殖环境污染方面出台的系列法规及政策，如《硝酸盐指令》《欧盟共同农业政策》《良好农业规范》等。1991年，欧盟颁布实施的《硝酸盐指令》要求所有成员国采取措施减少农业源氮引起的水体污染，主要内容包括：控制农田非有机氮肥的施用，控制粪肥的施用，控制污泥和粪肥的施肥时间和土壤类型，保持农户种植、养殖和肥料管理的台账记录等。《欧盟共同农业政策》基本思路和原则是：种植业规模决定着养殖业结构的调整。因此，从20世纪80年代开始不再允许养殖户扩大经营规模，并且制定了畜禽养殖业准入政策，规定现有养殖场计划扩大养殖规模必须购买或租用土地来支持动物数量的增加，或者与其他农场企业签订粪污购买合同，以保证增加的动物数量所产生的粪污有足够的土地进行消纳及合法去向。在一些欧盟成员国，例如德国和荷兰，已经不支持新建养殖场并限制养殖场的扩大经营。为了减少农田粪肥的过量施用，减少对水体污染，欧盟实施以养分平衡为基础的生态利用模式，欧盟各成员国需要根据自身情况并且基于《硝酸盐指令》制定单位耕地的畜禽承载量。此外，欧盟各成员国还严格限定了畜禽粪便施肥时间和施肥量。

20世纪90年代，欧盟各成员国通过了新的环境法，规定了每公顷动物单位（载畜量）标准、畜禽粪便废水用于农用的限量标准和动物福利（圈养家畜和家禽密度标准），鼓励进行粗放式畜牧养殖，限制养殖规模的扩大，凡是遵守欧盟规定的牧民和养殖户都可获得养殖补贴。根据农场的耕作面积安装粪便处理设备，通过减少载畜量、选择适当的作物品种、减少无机肥料的使用、合理施肥等良好的农业实践减少对环境造成的负面影响。

欧盟的环境技术管理主要是根据欧盟综合污染预防与控制（IPPC）指令96/61/CE的规定，以采用最佳可用技术（BAT）作为能够达到对整个环境进行高水平保护的重要工具。为配合欧盟IPPC指令的有效实施，2003年6月欧盟发布了《集中式畜禽养殖（intensive rearing of poultry and pigs）最佳可行技术》支持文件，详细介绍了养殖、畜禽粪污收集处理以及土地利用的最佳可行技术，为从事畜禽养殖场废物管理的人员和废物利用与处置企业人员提供参考。

2.1.2.1 丹麦

丹麦地处北欧地区，农业高度发达，丹麦的畜牧业产值占农业产值的77%，从事畜牧业的人口也约占农业人口的80%，近几十年来丹麦的粪污治理理念根据实际情况不断调整。丹麦在畜牧业发展上取得的成功，得益于农民均具有较高的专业素质、政府对环境保护的严格立法、种养结合的农业发展模式、高效的农业组织管理体系、有机废物的科学处理方法、政府对先进高效农业技术和设备研发的大力支持及合理的农业补贴政策等。

（1）管理政策

为了减少畜禽粪污的污染，从1988年开始，丹麦严格执行欧盟在控制畜禽养殖环境污染方面出台的系列法规及政策，主要有《水框架指令》《硝酸盐法令》《欧盟共同农业政策（common agricultural policy，CAP）《良好农业规范（good agricultural practices，GAP）》《农业环境条例》等。

同时，丹麦根据自身情况需要，制定了《NPO 计划》《水环境行动方案》《流域管理计划 RBMPs》以及粪污管理和利用等方面的法律法规，涵盖畜舍规范化建设、畜禽粪污贮存及施用全过程，以严格的法律法规为约束手段和多种政策鼓励措施相结合的方式，以达到降低污染排放、提高资源利用率的目的。

（2）主要处理利用方式

1）以地定畜，种养结合

目前丹麦政府积极发展种养结合循环畜牧业经济，大力发展种养加循环、林养加循环等循环经济模式，实现粪污就地消纳。在畜禽粪污资源化利用方面，丹麦所建立的畜禽粪污资源化利用模式均与本国资源禀赋与产业发展特点相适应。畜禽养殖场将种植业和养殖业有机结合，种养结合农业系统在生产上呈现出很强的互补性，作物肥料和灌溉用水来自无害化处理后的畜禽粪便和冲洗废水，农场优先考虑将畜禽粪便作为肥料来源，粪肥施用量不能高于农作物生长所需要的量，不足部分再添加化学肥料，在保证畜牧业健康发展的同时，既大大降低了养殖业粪污、废水和其他农业废弃物处理的成本，又促进了种植业的发展，是实现耕地作物系统和畜禽养殖系统双赢的一个可行解决方案。

丹麦对畜禽粪肥的利用强调粪污的过程管理和合理消纳，规定养殖场必须满足"和谐原则"（harmony rules），这是丹麦在规范粪污产生、管理与利用各个环节所坚持的基本原则（Danish Ministry of Environment，2012），即养殖场的规模必须与可消纳粪肥的土地面积相适应。"和谐原则"要求粪肥需施用于正在种植农作物的并需要肥料的农用地中，且粪肥的施用量不能多于农作物生长的需求量。此外，养殖场还需根据作物对养分的需求及生长周期，结合土壤的养分状况，严格测算肥料用量，确定合理的施肥方案，以保证在作物最需要肥料的生长阶段能获得足够的肥料。

基于以上原则，丹麦农业部门制定了一个换算因素——动物单位（animal unit，AU），1AU 相当于 1 头奶牛的年粪便产生量，折合粪肥中年氮素产生量为 100kg，以此来计量不同种类畜禽对环境的影响。欧盟规定养殖场必须有 $1hm^2$（$1hm^2=10^4m^2$）种植农作物的土地才能饲养 1.7 个动物单位的动物，同时允许其成员国根据各国具体情况制定更高的环保标准。2002 年，丹麦决定对养殖业制定更加严格的标准，即 $1hm^2$ 种植农作物的土地允许饲养 1.4 个动物单位的动物，同时规定养殖场饲养畜禽的数量不超过 500 个动物单位（1 个动物单位相当于 1 头奶牛或 3 头种猪或 30 头生猪或 2500 只肉鸡）。但一般农场在达到 250 个动物单位时，相关部门就要对其环境效应进行评估，根据评估结果再决定是否同意其扩大规模。当难以达到耕作面积与粪肥平衡的标准时，养殖户会出售多余的粪肥给其他种植户。

据此，结合饲料、饲喂方式、畜禽生长阶段等各种因素，便可以对各类畜禽粪污的氮素含量进行精确计算，结合作物在不同生长期的氮素需求量，即可计算出当前农用土地面积下所能消纳的畜禽养殖量。如果养殖场需要扩大养殖规模，则必须购买更多的农用土地或与其他农场主签订粪肥施用合同方可扩大规模，不能违反和谐原则。目前，在丹麦，大约 80% 的有机农场和约 70% 的有机奶牛场建立了粪肥交易合作伙伴关系。

丹麦政府规定所有畜禽粪便应施用于农用地，农场应根据畜禽粪肥特性（表2-2）以及不同作物对氮、磷、钾的需求量（表2-3）制定粪肥施用标准，结合土壤养分含量计算作物对营养元素的实际需求量，当粪肥中磷、钾元素不能满足植物需求时则施用化学肥料进行补充。

表2-2　丹麦畜禽粪肥特性

粪肥种类	干物质质量分数/%	磷质量分数/(g/kg)	钾质量分数/(g/kg)	总氮质量分数/(g/kg)	氨氮占总氮比例/%	C/N值	生物降解能力
垫料	25～30	1.5	10～12	7～10	10～25	20～30	中
猪粪	20～25	4～5	8～9	9	30～45	12～15	中
牛粪	18～20	1.7	3	6	20～30	15～20	低
肉鸡粪便	45～50	7～9	13～16	20	10～25	5	高
蛋鸡粪便	50～60	7～12	9～16	20～30	5～35	10	中
猪场粪水	4～7	1	2～3	3～5	70～75	5～8	中
牛场粪水	7～10	0.9	4～6	4～5	50～60	8～10	低
家禽粪水	10～15	1～2	2～3	6～10	60～70	4	中

表2-3　作物主要营养元素需求量

作物	前茬作物	营养元素需求量/(kg/hm²)		
		氮	磷	钾
冬小麦	冬小麦	195	25	65
冬小麦	豌豆	160	25	65
冬小麦	苜蓿（牧草）	145	25	65
冬小麦	草（草籽）	180	25	65
冬油菜	不限	190	25	80
春油菜	不限	115	20	75
豌豆	不限	0	25	70
土豆	不限	150	25	180
甜菜	不限	120	35	150
玉米	不限	175	35	160
牧草（青储饲料，质量分数11%～30%苜蓿）	不限	300	40	240
牧草（青储饲料，苜蓿质量分数>50%）	不限	0	35	200
牧草（放牧）	不限	160	25	120

丹麦政府允许的动物粪便的施用方式只有注入式施肥和软管浇施两种，为提高肥料利用率，减少氮、磷营养物质向水体的流失，政府制定的施肥指导方案中，还提供了不同季节、不同施肥方法的氮素利用率（表2-4），据此可选择推荐的施肥季节、施肥方法和粪肥种类。同时丹麦政府规定施入裸露土地上的粪肥必须在施用后12h内犁入土壤中，在冻土或被雪覆盖的土地上不得施用粪便，每个农场的储粪能力要达到储纳9个月的产粪量。

表 2-4　丹麦推荐的不同季节及施肥方式下粪肥的氮素利用率　　　　　单位：%

粪便种类	作物	春季		夏季		秋季	
		注入式施肥	软管浇施	注入式施肥	软管浇施	注入式施肥	软管浇施
养猪粪水	春季作物	75	70	—	45	—	—
	甜菜、玉米	75	70	70	40	—	—
	冬季谷物	70	65	—	65	—	—
	冬油菜	—	65	—	—	65	65
	草籽	—	60	—	—	—	60
	牧草	60	60	55	45	—	55
养牛粪水	春季作物	70	50	—	35	—	—
	甜菜、玉米	70	55	60	35	—	—
	冬季谷物	55	45	—	40	—	—
	冬油菜	—	45	—	—	50	35
	草籽	—	45	—	—	—	45
	牧草	50	45	45	35	—	40

通过环境保护立法和多年的粪肥还田实践，截至 2017 年年底，丹麦化肥使用量较 20 世纪 90 年代降低了 60%，农产品品质提高且产量保持稳定，地下水由 3 ～ 4 类提升 至 2 ～ 3 类水质，实现了粪肥科学利用和化肥有效减施，切实改善了生态环境。

2）其他模式

丹麦的畜禽粪污处理及利用技术已经较为成熟，每个养殖场基本上都配备了粪肥处 理设施。为加大畜禽养殖废弃物资源化利用力度，丹麦政府还积极发展有机肥加工等新 兴产业，鼓励大型养殖小区利用沼气发电，实现节能减排。现阶段丹麦采用的畜禽粪污 资源化利用技术模式包括牛床垫料＋还田利用模式、沼气工程＋还田利用模式等。同时 政府还大力推广粪肥精准施用技术。2016 ～ 2017 年间，丹麦沼气产量增加 40% ～ 45%。 与未经处理的粪便相比，粪便的共同消化有助于减少与氮相关的排放，并产生具有改良 肥料特性的消化液。

2.1.2.2　荷兰

荷兰是农业畜牧业大国，也是全球第二大农业出口国，仅次于美国。荷兰农业畜牧 业高速发展的同时，也造成了较严重的氮氧化物污染问题，同时，随着荷兰农业生产专 业化程度的加深，农业投入资源的比较效益逐步下滑，环境污染问题也愈发突出，如大 量畜禽粪便的排放造成了严重的水体污染，化肥农药的过度施用造成土壤板结酸化等问 题。荷兰为了防止畜禽粪便污染，1971 年立法规定直接将粪便排到地表水中为非法行 为。20 世纪 80 年代开始，荷兰政府意识到农业环境污染问题的严重性，开始调整农业 政策的目标导向，从最初的以增产为目标调整为追求绿色可持续的农业发展思路。从 1984 年起，荷兰不再允许养殖户扩大经营规模，并通过立法规定每公顷 2.5 个畜牧单位， 超过该指标农场主必须缴纳粪便处理费。作为欧盟成员国，积极参与了欧盟畜禽养殖产 业及环保政策的制定，在欧盟倡导的"多功能农业"之下，荷兰通过颁布有关粪便排放与处理、化肥使用、土壤保护等方面的政策，形成了具有本土特色的清洁生产技术政策、循环农业发展模式、污染防治管理政策等政策和模式，实现本国农业的绿色发展。

（1）管理政策

在荷兰，粪肥政策的总体目标是将农业中氮元素和磷元素对环境（主要是大气和水体）的损耗降至可接受水平。其中，一个重要的制约因素是社会经济影响。粪肥政策不得损害农业部门的社会经济实力。此外，粪肥政策必须有效且高效执行。在实践中，粪肥政策的措施必须同时实现以下3个目标：

① 在所有农场，氮元素和磷元素的流失必须降低到环境可接受的水平；

② 在密集型的养殖场，过剩的畜禽粪便必须运往可以消耗粪肥的（耕地）农场，或者（加以处理后）出口；

③ 在可以消耗粪肥的（耕地）农场，氮和磷元素的流失也不得超过环境可接受的水平。

荷兰农业绿色发展大致可划分为3个阶段。

1）严控畜禽养殖量时期（20世纪70年代末至20世纪80年代中期）

荷兰政府颁布了《动物粪便法案》，强调粪污还田利用，规定粪肥施用时间、污染控制及重复利用等；实行欧盟牛奶配额制度，控制牛奶产量；提出《生产权》，限定生猪、家禽和牛奶的养殖数量，禁止新建养殖场，同时规定禽舍、牧场、粪便贮存场的粪便排放标准，超标农场主需缴纳粪便费；建立畜禽粪便生产和粪肥使用许可证机制，对生产和使用数量进行规范。

2）严控肥料和土壤保护时期（20世纪80年代中期至21世纪00年代中期）

荷兰政府发布《土壤保护法》限制化肥使用，要求各省制定地下水质控制规划，提出土壤修复标准值；颁布《化肥法案》，提倡发展循环经济，减少工业化学品投入；出台《磷肥施用标准》，规定耕地、草地、玉米地的磷肥最大使用量及施用方式；1998年推出养分核算系统（MINAS），对农地营养物质的入量与出量进行核算，对超出标准部分征税。

3）农业资源整体管理时期（21世纪00年代中期至今）

荷兰颁布《新建动物圈舍低排放标准》，将养殖业污染控制要求拓展到全生产链条；修订《土壤修复通令》，引入风险评估制度；发布《可持续畜牧业实施纲领》《循环经济2050计划》《循环农业发展行动规划》等政策文件，推动循环农业发展，提高废弃物利用率。

在这一时期，荷兰各类畜禽粪污处理配套法律法规逐步建立，构建了结构合理、行之有效的法规体系，其主要政策见表2-5。《动物粪便法案》《空气质量计划》《自然保护法案》《恶臭气体法案》等国家法规，明确规定了国家、省、农场、养殖企业的环境保护责任和义务，限定了禽舍、牧场、粪便贮存场的有害气体排放标准阈值或排放总量要求。同时，荷兰政府发布了《畜禽养殖污染防治可行技术》来指导和规范技术应用和工程建设。

为解决过剩粪肥的处理，政府制定了粪肥运输补贴计划和脱水加工成粪丸出口计划，并由国家补贴建立粪肥加工厂。同时，政府还协助建立畜禽粪便交易市场，支持建立大型粪便处理厂，集中处理过剩粪便，对于剩余粪便采取统一管理、定向分流，将畜牧业发达地区过剩的粪便向需要粪肥的大田作物生产区输送，甚至出口到国外。

表 2-5　荷兰营养物控制政策一览表

具体政策	主要目的
补贴政策	主要针对多余粪肥运输给以补贴，鼓励农民将多余粪肥运送到国内缺肥地区。政府根据运输距离的不同给予不同的运输补贴，补贴额随运输距离延长而增加
新建农场报批制度	避免"扰民"，除了申请环保执照外，农场主还需得到当地政府的"扰烦居民"证书，该证书规定了该农场允许养殖动物的最大数量，而这个数量由该养殖场与邻居的距离决定
畜禽粪便处置协议	促使那些拥有很少或无土地的养殖场将粪便卖给需要粪便的农民，要求生产过剩粪便的农民必须与种植或粪肥加工厂签订处置协议，否则将面临缩减饲养规模或变卖农场的选择
限制农田施肥量	力图与《欧共体硝酸盐控制法令》保持一致

荷兰实行覆盖广泛的鞭策性监管政策和积极稳健的引导性财税政策。荷兰的畜禽养殖污染防治鞭策性政策覆盖动物生产、物质流通、治污设施、施肥控制等各个方面，重点针对减少动物圈舍污染物排放量、减少动物粪便贮存流失量、减少施肥操作损失量、减少作物生长氮肥流失量 4 个方面。

2007 年，荷兰政府出台新建动物圈舍低排放标准，将农业生产的环境保护要求由传统的种养环节进一步延伸到圈舍设计、种养殖管理、废弃物处理等全生产链条中。政府也鼓励农户采取先进的饲养技术，改进饲料配方，改善畜禽舍条件，采用配方施肥，提高管理水平，促进种养殖业向清洁生产方向发展。

在控制禽舍污染物排放方面，禽舍氨气排放指令规定了每个动物单位（AU）每年排放污染物的限值，最佳可行技术（BAT）中规定了单独设计每个禽舍与污染物排放相关的参数。在控制粪便存储流失量方面，法令要求粪污存储设施必须密封以阻止氨气排放，饲料配比需要精准化以减少营养物质流失，同时要求只有在耕作季节施入动物粪肥。在作物生长的养分管理方面，荷兰根据土壤类型和作物情况制订了氮肥施入标准，耕地是 $60kg/hm^2$，牧草地是 $90kg/hm^2$，目标是将土壤中氮、磷元素控制在适中水平，提高畜禽粪污中营养元素的利用率。

荷兰的畜禽养殖污染防治引导性政策覆盖生产技术革新、治污设施建设补贴、动物福利改善等方面。通过国家财政资金支持，开展技术创新实验、应用技术研发和技术示范工程等项目，鼓励校企合作开展中试工程建设，重点开展畜舍绿色建设技术、温室气体减量化技术、沼液微生物有机质提取技术、沼气发电技术等创新性技术研发，以及技术示范工程和技术比选工程建设。

（2）主要处理利用方式

1）以地定畜，种养结合，营养循环

荷兰实行种养结合、优化资源配置的宏观调控政策。应对畜禽粪污这一突出农业污染问题，从全国层面的宏观政策制定，到各地区层面的具体执行操作，荷兰始终坚持"以地定畜、种养结合"的畜禽养殖污染防治理念，使畜禽数量与区域内牧草种植面积及土地的自净能力相匹配。在产业结构宏观布局层面，根据各区域土壤结构及作物类型等因素，在荷兰北部、中部和南部地区，重点布局生猪、奶牛、蛋鸡和肉鸡养殖区域；此外，国家制定宏观调控政策，加快构建种养结合的大循环体系，促进跨区域种养平衡，建立养分交易市场，通过财政补贴支持农场主将多余的粪便进行处理，或者通过运往粪肥短缺地区或者国外其他地区，促进畜禽粪肥在国家内部区域之间以及荷兰与欧盟其他国家之间的流动，以期达到粪肥生产量和可用农业用地之间的理想平衡。目前荷兰的大中型农场分散在全国 13.7 万个家庭，产生的畜禽粪便基本由农场进行消化。

荷兰政府与科研部门合作研究颁布了完整详细的氮、磷营养元素循环表，采取精细化管理与全程化的管控手段，明确农业生产过程中的氮、磷元素转化与损失环节，用于指导全国开展相关政策设计、技术研发和循环经济发展。除了末端的粪污综合利用技术，荷兰农业科研部门还关注禽舍设计、饲料养分改进、养殖管理、粪污收集、养分提取等全过程的控制技术研发。

荷兰严格执行农业生产标准，先后发布《畜禽养殖污染防治可行技术》《土壤环境质量标准》等一系列的规范性技术指导和应用手册，推动实施硝酸盐指令行动计划、农药削减计划、农业自然保护行动计划等各类农业环境治理行动。荷兰政府还建立了全方位的监测体系，既有农场层面的登记、监测系统，又有全国层面的总量监测系统。例如，经济事务部采用行政手段和实地监督的手段对粪肥运输业务、数据登记、粪肥和化肥的应用以及经认证的实验室对粪肥中的氮元素和磷元素进行的强制化学分析结果进行监测，将所有数据输入数据库以便进行记录并将所有的数据进行关联。违反基本的规则会被视为经济犯罪行为，可能会受到调查，而且依据刑法，可能会被起诉。相关的农民和运输方须上报相关农场和粪肥的运输数据，政府将农场和肥料互相联系在一起尽可能最大程度地让企业家、农民和粪便运输公司来承担履行法规的责任。

2）其他模式

荷兰养殖农场主要分为传统型农场和专业化养殖场两种类型。传统型农场的农场主拥有养殖场和土地，产生的畜禽粪污除满足自己土地种植作物的养分需求外，其余粪污以协议方式施用于其他农场或做成固体肥料；专业化养殖场干粪基本用于生产动物粪肥，液体经发酵后用于生产沼气和培养绿藻（动物饲料）。此外，荷兰政府积极支持小规模农户发展有机农业、休闲农业等生态环境友好型农业，有效发挥农业的生态功能，并解决小农的失业问题。

2.1.2.3 德国

德国是一个高度发达的工业国，也拥有高效的农业。全国约 1/2 土地用于农业，农业人口约占总人口的 2%，农业机械化程度很高。德国农业土地中，大约 70% 种植粮食作物。近年来，受市场导向和政策调节的影响，畜群数量有所减少，但畜牧业产值仍占农业产值的 60% 以上。德国是欧盟成员国之一，在欧盟的农业政策框架下，从本国的实际出发，在促进农业可持续发展方面取得了很好的成效。

（1）管理政策

第二次世界大战之后，德国畜禽养殖业迅速发展，也曾导致环境污染。为解决这一问题，欧盟和德国相继出台了一系列法规和政策，以严格的法律法规和配套合理的奖励措施，采取多种手段相结合的方式来保证畜禽养殖废弃物得到合理处理和利用。德国的法律很多，涉及方方面面，很多规定极其细微、实用。

德国自 1996 年实施《施肥条例》以来，开始规范肥料使用以减少环境污染，确保肥料养分最大化被作物利用，减少流失。施肥应遵循适时、适量原则，依据耕作条件和作物需求进行。禁止在秋冬休耕期和距离水体过近的区域施肥。氮肥施用需考虑土壤状况，避免在淹没或冻结土壤中施用。施氮量的具体规定包括：冬小麦不超过 210kg/hm²，一般作物不超过 170kg/hm²，间歇期草类作物不超过 80kg/hm²，有机肥施用量不超过 40t/hm²。每年春季和秋季为施肥期，当年 11 月 15 日至次年 1 月 15 日禁止施肥。新的《肥料条例》进一步限制了有机肥施用时段。畜禽粪便需在专用设施中贮存至少 6 个月，设施需防渗防漏，并制定应急预案，以确保粪污的安全贮存和合理利用。

德国于 1999 年 3 月 1 日开始实施《土壤保护法》，对土壤的保护主要体现在以下几个方面：

① 在土壤管理方面，防止土壤紧实和水土流失，加大已有防风的种植密度和面积；尽可能采用轮作方式，保持土表的高覆盖度，减少土表的机械使用；作物残留物和有机物均衡处理，保持土壤适宜的酸碱度，以保证土壤微生物活力。

② 在肥料管理方面，对施肥方式、措施，不同肥料的应用与管理，不同肥料与土壤的关系，以及保障土壤的肥力、酸碱度平衡等方面提出了明确的要求。

③ 对于肥料中重金属的含量做出了明确的限制性规定。德国的土壤保护对可能造成土壤污染或土壤退化的相关规定比较具体，因此具有较强的实践性和可操作性。

德国畜禽养殖场在规划设计之初就需要报农业部门进行审批，需要审批的内容之一就是畜禽粪便处理的做法和计划。德国一般是根据农场的土地面积来确定动物的饲养头数，例如平均每公顷土地允许饲养动物头数为牛 3 ～ 9 头、马 3 ～ 9 匹、羊 18 只、猪 9 ～ 15 头、鸡 1900 ～ 3000 只和鸭 450 只。因此，如果畜禽养殖场采用农田利用的方式来处理和利用畜禽粪便，则需要审查养殖场配套农田的面积、种植作物种类、农田的地势、坡度以及土壤类型等各种内容，以确定配套的农田是否能够满足该养殖场畜禽粪便的处理。在养殖场建成后，养殖场需要定期对畜禽粪便处理情况进行上报，同时根据动物数量和环境条件的变化及时调整最初的畜禽粪便管理计划，以保证不对周边的生态环境产生负面影响。

德国合理的补偿政策是保证畜禽养殖废弃物综合循环利用的重要手段之一。德国养殖业利润普遍不高，但沼气发电是国家定价入网（高价购买），因此利用畜禽废弃物作为原料来生产沼气，利用沼气来发电赚钱是很多养殖场的普遍做法。首先，政府是实行补偿的主体，市场调节作为补偿客体，补偿对象是按照流程规定进行申报获得审批的养殖场主等。2000 年出台的德国《可再生能源法》有两个关键性的规定：一是可再生能源上网电价 20 年不变；二是强制电网采购，可再生能源优先上网。目前德国常规火力发电的上网价格仅为 2 欧分 /(kW·h)，而沼气发电上网电价则很高。对于装机容量 150kW 以下的电站，沼气发电上网为至少 11.5 欧分 /(kW·h)；150 ～ 500kW 的电站，为至少 9.9 欧分 /(kW·h)；500kW 到 5MW 的电站，为至少 8.9 欧分 /(kW·h)；5MW 以上的电站，为至少 8.4 欧分 /(kW·h)。对于热电联产（供热）的沼气发电，增加 2.0 欧分 /(kW·h)；对于采用新技术（如干式发酵、小型燃气轮机和燃料电池等）的沼气发电，增加 2.0 欧分 /(kW·h)。即生物质能源发电比火力发电上网价格高 4 ～ 6 倍。《可再生能源法》保障了可再生能源发展零风险，对沼气起到了非常重要的推动作用，促进德国沼气工程在过去 10 ～ 15 年的时间内飞速发展，2015 年沼气发电站数是 2000 年的 8 倍多。沼气工程公司特意选择在养殖场附近建设沼气工程，以便能获取畜禽粪便作为沼气发酵的原料，沼气发电入网终端补贴，保障了废弃物利用的可持续性。

德国巴伐利亚州奶牛养殖场是一个很好的案例。养殖场存栏奶牛 770 头，农田面积 800hm²，奶牛粪便全部生产沼气，发电上网，沼液全部还田，用于种植 200hm² 草、250hm² 玉米、350hm² 油菜和甜菜。奶牛场配套沼气池 2 座，发酵池容积分别为 2306m³ 和 2612m³，合计约 5000m³，二级发酵后沼液依次进入 3 个沼液贮存池，贮存容积分别为 2702m³、2105m³ 和 1588m³，沼液贮存过程产生的沼气收集后同样进入沼气发电机组进行发电。日产沼气约 7500m³，沼气中甲烷含量约 50%。沼气发电机装机容量共 800kW，24h 运行（检修除外），年工作 8500h，年发电 6600MW，上网价格 25 欧分 /（kW·h），发电余热售价 3 欧分 /kW。据农场主介绍，目前奶牛场牛奶价格仅为 0.2 欧元 /L，如果奶牛场仅仅依靠出售牛奶，则是不赚钱的，但通过沼气发电上网将获得 165 万欧元 / 年的收入，同时利用发电余热供场内使用，沼液作为肥料种植作物，成为奶牛的优质饲料，实现种养的循环发展，整个农场盈利水平较高。

德国为贯彻《欧共体生态农业条例》，于 2003 年 4 月实施了《生态农业法》。它主要规定了对哪些经过注册的生态农业企业的经营活动及其产品的监测、检查或检测，对哪些违反"条例"的经营者的处罚等。为保证生态农业的健康发展，德国政府规定，生态农场必须达到以下要求：a. 耕作过程中禁止施用化肥、农药和各类植保素；b. 必须以常规方式饲养的畜禽的粪便作肥料；c. 饲养猪、牛、鸡等畜禽的农场必须改栏笼饲养为放养；d. 必须自己种植和加工饲料。此外，农场在转为生态方式生产 6 个月后才能申请验收，然后再经过两年接受检查的过渡期，其产品才能贴上生态农产品的标志到市场上公开出售。同时，政府还明确规定，市场中的进口农产品和食品必须经过严格的检验，不得出现任何德方认为可疑或不明的成分。

（2）主要处理利用方式

德国关于畜禽粪便处理和利用的规定可操作性非常强、非常详细，畜禽废弃物的管理每一步都有明确的操作程序，以保证养殖场能够严格执行。法律条款制定得很细，而且不断完善和更新。

1）厌氧发酵

德国是能源缺乏的国家，政府一直致力于支持可再生能源的发展，鼓励采用沼气发酵工艺解决粪污处理问题。2004 年修订的《可再生能源法》规定：对沼气发电采用增值税全额退税的政策，增值税率为 16%；同时对沼气池建设提供 20% ～ 30% 的无偿补助费。沼气工程发酵原料多采用混合式，能源植物与畜禽粪便混合发酵，能保证系统稳定，采用全混合发酵法处理猪粪便的比例高达 94%。2008 年后，提纯后的沼气可直接并入天然气管道，多余沼气通过火焰燃烧器直接烧掉，严格杜绝直接排入大气。沼气工程都建有沼渣、沼液贮存池，贮存的沼渣、沼液经过 3 ～ 6 个月的存放后作为农作物肥料利用。

目前，德国的畜禽废弃物处理利用主要以沼气发酵农田利用为主。政府定价发电入网以解决产生的沼气，基本实现了废弃物能源化、肥料化利用，基本不产生环境问题。德国从沼气工程的建设、管理到发电再到沼液的贮存和利用，都有非常明确的操作规范，并能严格执行，保证了畜禽粪便处理和利用法律的有序实施。为了产生更多的沼气，几乎所有沼气工程均采用高温发酵工艺，既杀灭沼液中可能存在的多种病原微生物，也保障了农田土壤等生态环境的安全。可以说德国关于沼气发电的政策使畜禽废弃物变成一种沼气发酵原料，鼓励很多从事沼气工程的企业参与到养殖废弃物的处理中，配套政策的完整性使得畜禽粪便合理处理得到了保证。

2）还田利用

德国的养殖业以家庭农场为主，其养殖总量根据土地承载力进行控制。根据不同地区的土壤类型和种植制度，对每公顷土地能够饲养的最大动物头数都有详细的规定并核查，使得可操作性很强。德国关于畜禽养殖废弃物处理的规定中，并没有要求必须实现农田利用，但是如果没有足够的土地来消化畜禽粪便，则必须实现达标排放或者委托其他企业处理，由畜禽养殖场缴纳一定的处理费用，由于实现达标排放或者委托其他企业处理的成本非常高（有的养殖户需支付 15 欧元 /t 的处理费用），因此，绝大部分养殖场都采用农田利用的方式来处理畜禽粪便，即采用与种植业相结合的方式来实现种养循环发展。

德国是养殖业发达国家，主要饲养猪、奶牛和蛋鸡。其中，奶牛、生猪主要采用深粪坑系统，一般将粪尿集中存放在畜舍下的粪坑中，长期存放（一般 6～9 个月）腐熟以后直接用于农田。近年来，浅粪坑系统及与之相配套的自动刮粪技术在德国得到快速推广应用，通过固液分离将固体做堆沤处理或加工成垫料使用，而液体部分则采用加盖的粪污贮存设施，对贮存设施的容积、防渗漏都有非常严格的要求。

2.1.3　日本畜禽养殖粪污管理

日本作为世界经济发达国家之一，虽然其农业在国民经济中的比重较低，但畜牧业在其中扮演着不可忽视的角色。日本地域包括北海道、本州、四国和九州 4 个大岛和周边近 7000 个小岛，国土总面积 $3.78×10^5km^2$。日本耕地面积 $6.8×10^4km^2$，仅占国土总面积的 17.99%，而总人口 1.26 亿左右，人均耕地面积少，在一定程度上也制约了日本生态畜牧业的发展，使得日本的生态畜牧业向集约型方向发展。目前，日本主要的畜禽品种有鸡、牛、猪等，虽然养殖户数量在逐年减少，但是畜禽产量却在逐年增加，这说明日本畜牧业的集约化发展程度越来越高。

2.1.3.1　管理政策

由于日本土地资源紧张，因此对畜禽粪污的治理主要以管理为主，相继出台了 10 余个关于粪污排放管理、臭气管理、养殖量管理、有机肥还田等的管理政策法规，包括《废弃物处理法》《水污染防治法》《恶臭防治法》等。

日本畜禽养殖场以中小规模为主，《废弃物处理与消除法》为了推动小规模养殖向规模化、集约化的养殖方式转变，日本于 1961 年适时出台了《农业基本法》，拉开了以农户家庭为基本单元的畜禽规模化养殖的序幕。因其地域条件、资源属性等原因形成了独具特色的畜牧业发展模式，畜牧业发展总趋势是养殖场户持续减少、养殖规模适度扩大、养殖优势区域集中度持续提高和畜禽产品总量保持增长，主要是走资源节约型道路。

但是，由于日本地域条件的限制，大部分养殖场周围没有足够的农田消纳畜禽粪便，因而造成了较为严重的"畜产公害"。此后日本制定了《废弃物处理与消除法》《水污染防治法》《恶臭防止法》《家禽排泄物法》《传染病防治法》《畜牧场法》《肥料管理法》《水质污浊防治法》8部法律，对畜禽粪污管理做了明确的规定（表2-6）。与畜牧业直接相关的法律有1970年颁布的《废弃物处理与消除法》《水污染防治法》《恶臭防止法》，间接相关的有《湖泊水质保全特别措施法》《河川法》《肥料管理法》，为促进有机肥还提出了《化肥限量使用法》。为发展"环境保全型农业"，日本制定了一系列促进环保型农业的法律，如统称"农业环境三法"的《可持续农业法》《家畜排泄物法》《肥料管理法（修订）》。这些法律也都对畜禽养殖污染防治做出了相应规定。总体而言，日本法律的一大特色是法规制定的量化细致性与可操作性。日本对危害农业环境的处罚提升到刑罚的高度。此外，日本立法十分重视利用财政补贴、税收等手段引导公众参与污染防治。

表2-6 日本针对畜禽养殖污染防治法规的要点

法律法规	具体内容
《废弃物处理与消除法》	在城镇等人口密集地区，畜禽粪便必须经过处理，处理方法有发酵法、干燥或焚烧法、化学处理法、设施处理等
《水污染防治法》	规定了畜禽养殖场的污水排放标准，即达到一定规模的畜禽养殖场排出的污水必须经过处理，并符合规定要求
《恶臭防止法》	规定畜禽粪便产生的腐臭气中8种污染物的浓度不得超过工业废气浓度
《家畜排泄物法》	一定规模以上的养殖户，禁止畜禽粪便在野外堆积或者直接向沟渠排放，粪便贮存设施的地面要用非渗透性材料
《传染病防治法》	畜禽养殖过程中，养殖户有责任预防和控制畜禽传染病的暴发和传播，包括及时报告疫情、采取隔离措施、进行消毒等，防止因传染病导致的畜禽死亡和污染物扩散对环境造成污染
《畜牧场法》	对畜牧场的选址、建设、设施配备等方面进行了规定，要求畜牧场的建设和运营必须符合环保要求，采取有效的污染防治措施，防止畜禽养殖对周边环境造成污染
《肥料管理法》	规范了畜禽粪便作为肥料的使用，包括粪便的处理标准、施肥的时间和方法、每公顷土地的施肥量等，确保畜禽粪便的合理利用，减少因过量施肥导致的土壤和水体污染
《水质污浊防治法》	该法旨在防止因各种污染物排放导致的水质恶化，畜禽养殖场的污水排放必须符合该法规定的水质标准，同时要求养殖场采取措施减少污水中的污染物含量，保护水体环境

日本规定1个养殖场猪超过50头、牛超过20头和马超过50匹时，必须向所在地政府提出申请得到许可方能经营。《水污染防治法》则规定了畜禽场的污水排放标准，即一个畜牧养殖场养猪超过2000头、牛超过800头和马超过2000匹时，排出污水必须经过处理，使之符合水质保护法规定。养殖场日排水量在50m³以上的，对硝酸盐类等有害物质控制排放标准为900mg/L，pH5.8～8.6，BOD、COD浓度控制在160mg/L，浮游物质含量200mg/L，大肠菌群数3000个/mL。在公共水域中排放水要求更加严格，规定猪舍面积在50m²以上、牛棚面积在200m²以上、马厩面积在500m²上，必须向当地政府申报设置特定设施。养殖场还必须遵守《恶臭防止法》规定，一旦有害气体超出允许浓度则影响周围居民生活，被勒令停产。

日本政府对于养殖场的环境污染防治的资金管理机制较为完善，不仅对养殖场建设进行宏观指导，污染治理也以政府投入为主体，还对所生产的有机肥实施政府补贴，从而做到低价供给农民，大大提高了农民使用有机肥的积极性。日本经济发达，设施投入都较为先进，畜禽粪污资源化利用主要采取高补贴、高投入、高去除效率和高环境效益的模式。日本政府鼓励养殖企业建设治污设施，资金以政府投入为主，主要用于治污设施建设，同时投入大量经费进行畜禽排泄物治理方面的科技攻关。为防治养殖业污染，日本政府还实行了鼓励养殖企业保护环境的政策，即养殖场环保处理设施建设费用 50%来自国家财政补贴，25% 来自都道府县，农户仅支付 25% 的建设费和运行费用，每个治理点投资都在 1.5 亿日元以上。日本横滨市要求牧场主对畜禽产生的粪便和尿液、冲洗水分开，尿液、冲洗水全部进入下水道由公共污水处理厂进行处理，但由畜禽场交纳污水处理费。此外，日本对私营牧场治理粪便污染可补助 50% ~ 80%，对养殖业者建立堆肥化设施特别返还 16% 的所得税和法人税，还设定了按 5 年课税标准减半收取固定资产税的特例。

2.1.3.2　主要处理利用方式

日本畜禽养殖场以中小规模为主，畜禽废弃物中的氮磷钾总量基本与日本的化肥用量相当，但是大部分养殖场周围没有足够的农田消纳畜禽粪便。日本实施以堆肥为核心的废弃物资源利用模式。由于对畜禽粪便的处理一般采用堆肥处理工艺，同时注重有机肥生产场所环境建设，资金投入很大，但总体建设规模都不大。畜禽养殖场普遍采用干清粪方式，固体粪便、粪浆和污水等不同形态废弃物，分别通过不同技术进行处理。

（1）堆肥发酵

根据家畜排泄物法的规定，90% 的养殖农户利用家畜排泄物进行堆肥发酵处理，有自建堆肥设施的，也有几个养殖农户共同建设集中堆肥中心，堆肥工艺有静态堆肥、封闭设备堆肥、槽式堆肥。日本猪场内通常会配备功能完善的清粪设备以及冲洗设备，通过这些设备的彻底冲洗，猪场内的粪便、尿液会被统一送进贮粪池暂存，再进行专门的净化处理后排放。而粪便则会被送进肥料厂进行风干处理，制作成有机肥料。牛粪经堆肥方式处理，半年后可以使用。

（2）生物发酵床

日本的生物发酵床技术主要用于养猪。发酵床猪舍采用大棚设计（类似于蔬菜大棚），构造简单。发酵池底要求硬化或用防水薄膜铺垫，以防止粪尿病菌污染土壤环境。生物发酵床采用地上式设计，地面用水泥抹平，垫料床的高度为 50cm。垫料厚度一般为30 ~ 80cm。夏天用薄床，冬天用厚床，平均厚度 50cm。从发酵床底到表面依次堆放老垫料 20cm，稻谷壳 20cm，锯木屑 10 ~ 15cm 和适量菌种，制成发酵床。每出栏一批肉猪，必须更换垫料。废弃垫料运到制肥车间，首先进行有氧发酵处理，一般采用大型翻耕机械定期翻拌，制成初级有机肥；然后转运到成品堆肥车间堆放，经过半年腐熟后变成高效有机肥，再销售给周边的蔬菜、水稻种植专业农户。日本生物发酵床养猪主要适用于生长育肥猪阶段，对母猪舍、乳猪舍的粪污处理一般采用粪尿分离，干粪收集转入堆肥处理，污水经过污水处理程序达标后向外排放。日本发酵床养猪技术因受垫料资源进口（主要是锯木屑）的限制导致推广范围并不大，在畜牧业最集中的北海道采用生物发酵床养猪模式的只占 10% 左右。

（3）厌氧发酵

在日本粪污处理采用厌氧发酵模式的养殖场很少。铃木牧场位于北海道河东郡士幌町南一区，是一家规模化养殖场。铃木牧场的粪污处理方式为生产沼气用于发电，这在当地为数不多。当然，沼气发电的设备投资少不了政府补贴。自动集粪装置每天收集7次泌乳牛粪便，自动传输至发酵罐内，清理粪便时锯末、垫料随粪污一起进入发酵罐，每天约处理粪污15t。粪污经厌氧发酵处理后，产生沼气用于发电，沼渣用作肥料。发电量多于自身用量时出售给北连，发电量不足时从北连购买。

（4）污水处理

在废水处理方面，氮磷营养元素去除技术是目前的主要关注点。氨氮的去除一般采用好氧-缺氧（A/O）法；但是磷的去除采用生物处理难以取得良好的去除效果，一般采用絮凝沉淀及结晶法去除。在日本，养殖场对污水处理主要采用活性污泥法、膜生物反应器、人工湿地等技术进行深度处理后达标排放；或者进入公共污水处理厂进行处理，由养殖场缴纳污水处理费。日本横滨要求牧场主将畜禽产生的粪便和尿液、冲洗水分开，尿液和冲洗水全部进入下水道中由污水厂处理，其费用根据水量大小、浓度高低进行收费。

2.1.4 加拿大畜禽养殖粪污管理

加拿大地域辽阔，畜禽饲养量小，土地承担负荷轻，畜禽养殖污染问题并不严重。由于加拿大相关法律法规和技术规范比较健全，加上政府积极的财政支持和畜牧业行业协会的技术支持和引导，畜禽养殖场主的环保意识都很强。

2.1.4.1 管理政策

加拿大的畜牧业以肉牛、乳牛饲养为主，其次是猪和家禽。加拿大国土辽阔，畜禽饲养量少，土地承载负担轻，但畜禽养殖场主都有很强的环境保护意识。加拿大主要通过立法对畜禽养殖业的污染进行防治和管理。

加拿大对畜禽养殖业环境污染的管理主要集中在各联邦省，由各联邦省制定本辖区畜禽污染控制措施，主要针对水源的污染，臭气的散发，土壤中磷、氮的污染等问题。例如萨斯喀彻温省政府在1995年由省农业部门颁发了《牧场粪便管理办法》，对牧场的污染和废弃物的管理做了详细的规定。

加拿大政府认为畜禽养殖场建设是控制畜禽污染的重要措施，通过对畜禽养殖场建设的管理，也就控制了畜禽养殖污染的源头。为此，加拿大实行了新办牧场审批制度。凡新办牧场，在申报表中必须注明牧场所在的地貌条件、与水源的距离、可消化粪便的土地面积、土壤养分平衡条件、化粪池容积、死亡畜禽的管理情况等内容。在畜禽养殖场建设的管理中，其管理的关键是畜禽养殖场距邻近建筑的最小间隔距离（MDS）。拟建或扩建畜禽养殖场场主必须向市政主管部门提出申请，由主管部门根据畜禽建设规模和养殖场周围的环境状况，确定最小间隔距离（MDS）。如果新建或扩建的畜禽养殖场符合最小间隔距离（MDS），农场主还必须制订营养管理计划（NMP），其内容主要包括畜禽养殖场对畜禽粪便的贮存、使用所采取措施等计划。例如，肥料贮存池的建设应符合环境管理技术规范要求；必须有充足的土地对产生的粪便在规定的面积范围内消化；如果本农场没有充足的土地消化产生的粪便，必须与其他农场签订使用畜禽粪便合同，以确保产生的粪便能得到全部使用等。农场主编制的营养管理计划必须提交市政主管部门或由第三方进行评审，如果营养管理计划（NMP）符合规定要求，将同意建设或扩建畜禽养殖场，发放生产许可证。若申请表中资料不全，或周围群众大多反对就不准办场。

　　加拿大各省制定畜禽养殖业环境管理技术规范，其目的就是向新建及扩建集约式畜禽饲养场提供指导，包括：a. 粪肥管理的指导；b. 如何保护地下水、地表水及土地资源；c. 减小畜禽饲养对环境及土地的影响；d. 降低集约式畜禽饲养的不利影响；e. 为畜禽饲养者和市政官员提供解决矛盾的参考；f. 为市政机构提供有关使用土地的规律和政策指导；g. 提高公众信心等。各省制定的畜禽养殖业污染防治技术规范在出台初期是自愿性的，但随着环境管理的加强，近年来畜禽养殖业环境管理技术规范已成为各畜禽养殖场必须强制执行的技术性文件。加拿大各省对畜禽养殖场选址极为重视，为防止畜禽养殖场对周围居民产生影响，畜禽养殖场与周围居民建筑之间必须符合最小间隔距离（MDS）。MDS 与畜禽养殖场的养殖类型和规模有关，养殖规模越大，MDS 越远；另外还与养殖场所周围环境的人口密度、环境功能类型等因素有关。为防止污染和臭气散发，一般要求牧场必须远离城镇和村庄 800m 以上。加拿大对畜禽粪便主要采取土地消纳的政策，通过有效的管理解决畜禽粪便污染问题。根据牧场规模不同，对粪便施放的要求也不同。例如，饲养 30 头以下母猪（或 500 头肥猪），可随时把粪便直接撒到地里；30～150 头母猪就要每 2 周撒施 1 次；150～400 头母猪的规模要有贮粪池，每半年撒施 1 次；400 头以上规模则要建化粪池，每年只能撒施 1 次。存栏畜禽超过 300 AU（动物单位，1 头肥育猪为 0.14 个 AU）需定期上报饲养畜禽情况和场内水、土壤样品。畜禽粪尿、尸体贮存场所的建设也需政府颁发许可证，地点距离水源 100m 以上，并考虑地下水、洪水发生可能性和土壤渗透性等，要做好防渗处理，防止对地下水的污染。畜禽粪便贮存设施容积必须达到能够满足 9 个月粪便的贮存需要。政府每年到养殖场取深井水样检查粪便污染情况，对违反规定造成环境污染事故的将处以重罚。

　　加拿大也与其他发达国家一样实行循环种养模式。养殖过程产生的污水不得排放到河流中，以减少污水处理资金的投入。养殖场建设的环境管理中，还有比较重要的一环就是必须编制营养管理技术（NMP），主要内容包括畜禽粪便的贮存、施用所采取措施的计划，保证有足够面积的农田在规定的范围内（直径 10km）消纳畜禽粪便。应根据消纳农田土壤性质、肥力状况、水文条件等制定当地具体的畜禽粪便施用方法、施用量、施用次数和施用时间等。如果养殖场没有充足的农田消纳所产生的粪便，应与其他农场签订粪便施用合同，以确保产生的粪便全部被消纳利用。要求能消纳粪便的农田面积必须与养殖场产生的粪便总量相平衡，一般要求每公顷土地的猪粪尿用量为 57～114t，或 1 亩（1 亩≈666.7m²）地用 2 头育肥猪的粪便。一个年出栏 5000 头的育肥猪场起码要 600 亩土地消化粪肥，如果自己无足够土地，可用邻居土地进行调节。

　　加拿大的畜禽养殖业环境管理技术规范对畜禽养殖场的污染技术指导极为重要，如果畜禽养殖场违反规范要求而造成环境污染事故，将由地方环境保护部门依据"联邦渔业法"及本省有关法规中的条款对产生的污染事故进行处罚。

2.1.4.2 处理技术模式

加拿大对畜禽粪污的处理以畜禽粪便的利用为主，实现畜牧业与农业的高度结合，产生的粪便及污水经还田得到利用，利用充足的土地消纳来解决畜禽养殖粪便的"出口"问题，基本没有污染物的排放，无需投入大量污染治理设施。在一些邻近城市的集约化养殖场，产生的污水必须经处理后再进入城市污水管网，粪便经堆肥发酵后还田使用或生产成商品有机肥。加拿大牧场大多采用粪尿混合的清粪方法，粪尿冲洗到贮粪池后用机械分离干湿粪，干粪作为商品肥原料，湿粪用作堆肥原料。

（1）养殖废水处理

1）稀释还田

由于加拿大人工费用高、运输费用大，粪尿一般就在以畜禽场为中心的有限范围内就近施用，约90%的养殖场将产生的液体稀粪集纳熟化后直接还田使用，无需在污水处理上投入大量资金。

2）排入市政污水管网

干湿分离后的污水进入好氧曝气池处理，污水的污染物排放指标下降30%左右后，再进入城市污水管网进行处理。

（2）堆肥发酵处理

加拿大约10%的养殖场采用固液分离、固体粪便堆肥的处理方式。堆肥处理场必须建防渗层，地面水泥结构，也可用黏土层作为防渗层；堆肥处理场内可埋设通气管；发酵场根据需要可建防雨棚。发酵的填料可用锯末、树叶、碎木片、秸秆等。粪便与填料充分混匀后，堆置在发酵场内，定期翻动，并不断通气和控制水分含量。整个发酵过程需要2～3个月。

2.1.5 澳大利亚畜禽养殖粪污管理

2.1.5.1 管理政策

澳大利亚作为农业大国，拥有广阔的土地资源和高度集中的畜禽养殖业，养殖粪污的资源化利用已成为国家环境管理的重要组成部分。澳大利亚在畜禽养殖粪污管理方面也建立了较为完善的法律法规体系，涵盖了从联邦到州政府再到地方政府的多层次管理架构，致力于确保养殖废弃物的科学管理和利用，减少环境污染。

澳大利亚联邦政府通过一系列法律规定，确保畜禽养殖废弃物的合理处置和资源化利用。关键法律包括《环境保护与生物多样性保护法案》（*EPBC Act*）、《水资源管理法案》（*Water Act*）以及《国家污染排放管理法案》（*National Environment Protection Council Act*）。这些法律框架为全国范围内的废弃物管理提供了指导，特别是针对水质保护、空气质量管理和废弃物排放的控制。

联邦政府的法规侧重于国家层面的环境质量标准，尤其是针对大型养殖场的环境保护要求。通过《环境保护与生物多样性保护法案》，联邦政府明确要求大型畜禽养殖场在排放污染物时必须遵守国家环境标准。对那些规模较大、对环境影响较为显著的养殖场，要求其进行环境影响评估，并制定和实施环境保护措施。

　　与联邦政府不同，澳大利亚各州政府根据各自的自然资源、环境特征及养殖业的发展状况，制定了更加具体和具有针对性的法规。例如，新南威尔士州的《畜牧环境管理法》（*Livestock Environment Management Act*）和昆士兰州的《农业废弃物管理法》（*Agricultural Waste Management Act*）都要求养殖场必须采取合适的废弃物管理措施，包括粪污的贮存、处理和利用等。

　　州级政府还通过鼓励采用"最佳管理实践"（BMPs）来减少养殖废弃物对环境的负面影响。BMPs 包括合理的粪污贮存设施、粪污的农田利用以及采用适合当地环境的废弃物处理技术。此外，各州政府还根据当地的气候、土壤及农作物需求，制定了具体的养分管理计划，确保畜禽养殖废弃物能够得到科学利用，既为农作物提供必要的养分，又防止养分过剩导致的水土污染。

　　在澳大利亚的环境管理体系中，地方政府承担着执行和监督的具体责任。地方政府主要通过地方性的环境保护条例和管理政策，具体执行联邦和州政府的法规要求。例如，地方政府可能要求养殖场定期向环保部门报告废弃物的产生、贮存、处理和利用情况，同时对养殖场进行现场检查，确保其遵守废弃物管理规定。地方政府在实施过程中，尤其注重推广生态友好的养殖技术和废弃物处理方法，如堆肥化处理、厌氧发酵以及与农田利用相结合的资源化方式。许多地方政府还鼓励养殖场与农田合作，将处理过的粪污作为有机肥料进行农田施用，从而实现养殖业与农业的双赢。

　　近年来，澳大利亚在畜禽养殖废弃物管理方面进一步加强了法规执行和政策创新。联邦政府和各州政府对养殖废弃物的环境影响进行更加严格的评估，并提出了更高的环保标准。特别是在气候变化日益严峻的背景下，澳大利亚政府大力支持采用更为环保的养殖技术，如厌氧消化、废气回收利用以及温室气体减排技术。此外，澳大利亚通过多项政策激励措施，推动养殖场实施"零排放"目标。为了减少水体污染，养殖场被要求使用高效的粪污处理和养分管理系统，确保废水和废气不直接排放到环境中。国家的"农场管理补贴计划"和"农业创新与气候变化计划"也为实施环保技术提供了资金支持，推动了畜禽养殖业向绿色可持续方向发展。澳大利亚的畜禽养殖废弃物管理政策，充分体现了联邦、州和地方政府多层次管理的特点，构建了一个有力的法律体系，旨在实现养殖废弃物的资源化利用与环境保护的平衡。通过科学的养分管理、废弃物处理技术以及严格的法规执行，澳大利亚的畜禽养殖业逐步朝着更加绿色、可持续的方向发展。

2.1.5.2　主要处理利用方式

　　澳大利亚的畜禽养殖业长期以来面临着如何科学、高效地管理和利用养殖废弃物（尤其是粪污）的问题。为了贯彻环保政策，提升资源利用效率，并减少环境污染，澳大利亚采用了多种粪污处理与利用技术模式，结合农业和畜牧业的综合管理，逐步建立了一套成熟的废弃物管理体系。

　　（1）自然处理肥料化利用技术

　　自然处理肥料化利用是澳大利亚畜禽养殖粪污管理中最为常见的方式。通过将畜禽粪污转化为有机肥料，澳大利亚实现了养殖废弃物的资源化利用，并避免了污染物直接排放对环境的危害。在这种模式下，养殖场通常会建设与养殖规模、粪污存放时间以及降雨量相适应的粪污贮存设施。粪便与污水在贮存池中进行自然发酵处理，这一过程通常持续几个月至一年，粪污的养分得以有效分解并转化成肥料，随后被应用于农田或作物生产中。澳大利亚的养殖场普遍采用自动刮粪、冲水冲洗等技术，将污水多次循环利用冲刷畜禽圈舍。这些冲洗后的污水与粪便一起存放在地面上的贮存池内，通过自然堆积发酵，发酵周期通常为 0.5～1 年，发酵后的粪污则通过管道系统回流到农田作为有机肥料使用。

对于猪场，通常采用水泡粪方式，这样猪粪尿和污水可以长期存放在猪舍下部的粪坑中，直到需要利用时再转移至专用贮存池。奶牛场多采用干清粪方式，奶牛粪尿被收集后存放于舍外的专用贮存池，然后被用于农田施肥。鸡场的处理方式则为机械干清粪，通过堆肥后将其用于土壤改良或直接施用于农田。该模式的优势在于，它不仅有效地避免了畜禽粪污对环境的直接污染，同时还能将废弃物转化为农业生产所需的有机肥料，促进了农业和畜牧业的良性循环。

（2）沼气工程能源化利用技术

尽管沼气工程在澳大利亚的应用比例较低（＜2%），但它在部分大型养殖场和综合农牧企业中仍然是一个有效的废弃物处理与能源生产方式。沼气发酵技术可以将畜禽粪污通过厌氧发酵转化为沼气，这些沼气不仅能用来发电，还能为养殖场提供可再生能源。然而，沼气工程的应用面临一些挑战，包括高昂的初期投资成本、较为复杂的技术要求以及运行中的故障率问题。因此，很多养殖场更倾向于使用自然处理或其他替代技术。但在需要集中处理大规模粪污的场合，沼气工程仍然被视为一种潜在的能源化利用技术。

澳大利亚的畜禽养殖粪污处理利用技术丰富且多样，涵盖了从自然肥料化利用、沼气能源化到固液分离和其他创新技术等多个方面。通过推广科学的废弃物管理方法，澳大利亚有效地减少了养殖废弃物对环境的负面影响，促进了农业和畜牧业的可持续发展。尤其是在自然处理肥料化利用方面，澳大利亚的做法为全球范围内的畜牧业环境污染控制提供了有力的参考。

2.2 我国畜禽养殖粪污管理

2.2.1 我国畜禽养殖粪污管理的相关政策

畜禽粪污资源化利用是养殖废弃物污染治理的有效手段，也是农村产业振兴、环境宜居的重要举措，畜禽粪污资源化利用政策正是全面开展畜禽粪污资源化利用的前提与保障。政策的制定与实施保证了畜禽粪污资源化利用的规范性和有效性，同时也为畜禽粪污资源化利用提供了经济支持。随着我国畜禽养殖规模不断扩大，以及环境、资源等方面的压力不断增大，畜禽粪污资源化利用政策在不断调整，其政策目标、力度、工具和覆盖面等方面均发生了演变，形成了畜禽粪污资源化利用政策的不同发展阶段，政策演变趋势呈现出明显特征。

根据不同时期对畜禽粪污资源化利用政策目标、力度、工具和覆盖面的分析，我国畜禽粪污资源化利用政策演变大致分为 3 个发展阶段。

2.2.1.1 畜禽养殖粪污管理政策的萌芽阶段（1980～1999年）

在此阶段，我国经济处于高速发展期，畜禽养殖向规模化趋势发展，畜禽养殖带来的环境污染问题尚未完全显现。涉及畜禽粪污资源化利用的政策很少，无明确具体要求，可操作性不强，仅在个别政策文件中有所体现。如《关于国民经济和社会发展"九五"计划和2010年远景目标纲要的报告》中提出，应积极发展节粮型畜禽养殖，鼓励农村种植业、养殖业和加工业有机结合，促进农业向高产、优质和高效方向发展。可以说，1999年以前国家制定的污染防治法律法规均是针对工业及城市污染，农业污染只涉及农药、化肥等方面，畜禽养殖环境管理政策滞后。畜禽养殖污染防治政策更多是以排污申报、排污许可证、污染物总量控制、目标责任制等一些工业及城市环境管理制度来控制规模养殖场粪污排放，缺乏在畜禽养殖粪污环境管理领域的专门规定和标准。由此可见，政府对畜禽粪污资源化利用有了初步认识，但对畜禽粪污资源化利用尚未真正重视。这一时期，畜禽粪污资源化利用的研究与实践在民间也逐渐兴起，许多规模养殖企业开始尝试畜禽粪污资源化利用技术的研究与应用，学术界在畜禽粪污资源化利用的模式、技术和效果等方面也开展了研究。

2.2.1.2 畜禽养殖粪污管理政策的稳步发展阶段（2000～2015年）

在稳步发展阶段，畜禽粪污管理政策仍以行政命令手段为主，但治理方向逐渐向资源化利用转变。2001年在政府相继出台的畜禽养殖业污染防治系列行政规章中提出，畜禽养殖污染防治应优先进行综合利用，遵循无害化、减量化和资源化的原则，畜禽养殖业应坚持种养平衡和农牧结合的原则。2006年国家环保总局在《国家农村小康环保行动计划》中明确提出，中央财政专项资金将支持规模化畜禽养殖污染防治示范建设，力求实现畜禽粪污资源化综合利用；《中华人民共和国农业法》《中华人民共和国环境保护法》《中华人民共和国畜牧法》等法律法规修订后有明确条款规定，国家支持畜禽养殖场、养殖小区等养殖主体，建设畜禽粪污和其他有机固体废物的综合利用设施。

2013年11月国务院发布的《畜禽规模养殖污染防治条例》明确提出推进畜禽养殖废弃物综合利用和无害化处理的污染防治思路，鼓励和支持采取粪肥还田、制取沼气、制造有机肥等方法，对畜禽养殖废弃物进行综合利用，鼓励和支持采取种植和养殖相结合的方式消纳利用畜禽养殖废弃物，促进畜禽粪便、污水就地就近利用。这一时期，随着生态文明建设的持续推进，政府认识到开展畜禽粪污资源化利用的迫切性，制定了畜禽养殖污染防治各个环节的技术规范，财政资金投入逐年增加，开始重视激励性政策的运用。

2.2.1.3 畜禽养殖粪污管理政策的迅速发展阶段（2016年至今）

从2016年开始，我国畜禽粪污资源化利用政策进入迅速发展阶段，中央开始整县推进畜禽废弃物无害化处理和综合利用，并实施畜禽粪污资源化利用试点。2017年5月中央首次就畜禽粪污资源化利用出台了《关于加快推进畜禽养殖废弃物资源化利用的意见》（以下简称《意见》），标志着畜禽粪污资源化利用政策发展进入快车道。《意见》明确提出，到2020年全国畜禽粪污综合利用率达到75%以上，规模养殖场粪污处理设施装备配套率达到95%以上，大型规模养殖场粪污处理设施装备配套率在2019年应达到100%，要求建立科学规范、权责清晰、约束有力的制度体系，完善以企业投入为主、政府适当支持、社会资本积极参与的运营机制，构建以地定畜、农牧结合、绿色种养的发展机制，为加快畜禽粪污资源化利用提供了强有力的制度、政策和机制支撑。2017年6月农业部、财政部印发《关于做好畜禽粪污资源化利用项目实施工作的通知》，重点支持改善基础设施，建设相对完善的规模养殖场粪污处理、畜禽粪污集中处理、农用有机肥生产、沼液储运等配套设施，打通粪污肥料化、能源化利用通道，实现畜禽粪污就地就近消纳。

之后，国家发展改革委、农业农村部、财政部等部门相继以畜禽粪污资源化利用为专题，出台了《关于推进农业废弃物资源化利用试点的方案》《关于创新体制机制推进农业绿色发展的意见》《全国农村环境综合整治"十三五"规划》《开展水果蔬菜茶叶有机肥替代化肥行动方案》《关于加快推进畜禽养殖废弃物资源化利用的意见》《畜禽粪污资源化利用行动方案（2017—2020年）》《种养结合循环农业示范工程建设规划（2017—2020）》《全国畜禽粪污资源化利用整县推进项目工作方案（2018—2020年）》《畜禽养殖废弃物资源化利用工作考核办法（试行）》等相关行动计划与方案，进一步明确实现畜禽粪污综合利用的措施与路径，设立了畜禽粪污资源化利用专项资金，并建立规模化畜禽养殖粪污资源化利用信息直报系统。从中央及各部委的相关政策内容来看，畜禽粪污资源化利用政策意图十分明显，政策目标明确，政策工具更加多元化，政策扶持力度进一步加大，中央财政资金开始向畜禽粪污资源化利用主体倾斜。

2021年5月农业农村部办公厅、财政部办公厅联合印发《关于开展绿色种养循环农业试点工作的通知》，特别强调了坚持系统观念，促进绿色种养、循环农业发展理念，将畜禽粪污的资源化利用纳入种养循环产业链系统中。该通知强调，力争通过5年试点，扶持一批粪肥还田利用专业化服务主体，形成可复制可推广的养殖场户、服务组织和种植主体紧密衔接的绿色循环农业发展模式，为大面积推广应用提供经验。具体目标是以县为单位构建1～2种粪肥还田组织运行模式，带动县域内粪污基本还田，推动化肥减量化，促进耕地质量提升和农业绿色发展，形成发展绿色种养循环农业的技术模式、组织方式和补贴方式。在这一阶段，各地各有关部门把畜禽粪污资源化利用摆上了重要议事日程，下大力气推动，取得了积极成效。但畜牧业作为弱质产业、慢产业，做好畜禽粪污资源化利用还有很长的路要走，随着政策管理体系的逐步健全完善，将不断推进畜禽粪污资源化利用再上新台阶。

2022年6月，为贯彻落实《畜禽规模养殖污染防治条例》《国务院办公厅关于加快推进畜禽养殖废弃物资源化利用的意见》《国务院办公厅关于促进畜牧业高质量发展的意见》等要求，指导畜禽养殖场（户）科学建设粪污资源化利用设施，提高设施装备配套和整体建设水平，促进畜牧业绿色发展，农业农村部、生态环境部联合制定了《畜禽养殖场（户）粪污处理设施建设技术指南》。

2023年8月，为贯彻落实《国家标准化发展纲要》《"十四五"推进农业农村现代化规划》有关部署，推动重点标准研制，强化标准实施应用，加快畜禽粪污资源化利用，防治畜禽养殖污染，提升畜牧业绿色发展水平，推进畜禽粪污资源化利用标准体系建设，国家标准委、农业农村部、生态环境部联合印发《关于推进畜禽粪污资源化利用标准体系建设的指导意见》（国标委联〔2023〕36号）（以下简称《意见》）。《意见》提出，到2030年，以就地就近用于农村能源和农用有机肥为主要使用方向、以减污降碳协同增效保安全为重点，推动制修订国家标准、行业标准100项左右，出台一批地方标准、团体标准和企业标准，政府颁布标准和市场自主制定标准协调配套的畜禽粪污资源化利用标准体系进一步完善。公益性和市场化相结合的标准化推广服务体系基本形成，标准化助力土壤地力改善、化肥减量、畜禽养殖污染和农业面源污染治理，畜禽粪污资源化利用对减排、固碳、肥地、增效的综合作用得到充分发挥。

我国畜禽粪污资源化利用相关政策法规详见表2-7。

表 2-7　畜禽粪污资源化利用的政策与法规

序号	政策法规名称	发布机构	发布时间
1	《畜禽养殖污染防治管理办法》	国家环境保护总局	2001年
2	《畜禽养殖业污染防治技术规范》	国家环境保护总局	2001年
3	《畜禽养殖业污染物排放标准》	国家环境保护总局、国家市场监督管理总局	2001年
4	《关于推进畜禽现代化养殖方式的指导意见》	农业部	2004年
5	《国家农村小康环保行动计划》	国家环境保护总局	2006年
6	《关于加强畜禽养殖管理的通知》（农牧发〔2007〕1号）	农业部	2007年
7	《关于实行"以奖促治"加快解决突出的农村环境问题的实施方案》	国务院	2009年
8	《畜禽养殖业污染防治技术政策》	环境保护部	2010年
9	《关于加快推进畜禽标准化规模养殖的意见》（农牧发〔2010〕6号）	农业部	2010年
10	《农业部畜禽标准化示范场管理办法（试行）》	农业部办公厅	2011年
11	《全国畜禽养殖污染防治"十二五"规划》	环境保护部、农业部	2012年
12	《中华人民共和国农业法》（修订）	全国人大常委会	2012年
13	《畜禽规模养殖污染防治条例》	国务院	2013年
14	《中华人民共和国环境保护法》（修订）	全国人大常委会	2014年
15	《水污染防治行动计划》	国务院	2015年
16	《关于配合做好畜禽养殖禁养区划定工作的通知》	农业部办公厅	2015年
17	《全国草食畜牧业发展规划（2016—2020年）》	农业部	2016年
18	《全国农村经济发展"十三五"规划》	国家发展改革委	2016年
19	《全国农业现代化规划（2016—2020年）》	国务院	2016年
20	《中华人民共和国固体废物污染环境防治法》（2016修订）	全国人大常委会	2016年
21	《"十三五"节能减排综合工作方案》	国务院	2016年
22	《关于印发〈畜禽养殖禁养区划定技术指南〉的通知》（环办水体〔2016〕99号）	环境保护部办公厅、农业部办公厅	2016年
23	《关于推进农业废弃物资源化利用试点的方案》	农业部、国家发展改革委、财政部、住房城乡建设部、环境保护部、科学技术部	2016年

序号	政策法规名称	发布机构	发布时间
24	《关于创新体制机制推进农业绿色发展的意见》	中共中央办公厅、国务院办公厅	2017 年
25	《全国农村环境综合整治"十三五"规划》	环境保护部、财政部	2017 年
26	《开展水果蔬菜茶叶有机肥替代化肥行动方案》	农业部	2017 年
27	《关于加快推进畜禽养殖废弃物资源化利用的意见》（国办发〔2017〕48 号）	国务院	2017 年
28	《中华人民共和国水污染防治法》（2017 修订）	全国人大常委会	2017 年
29	《畜禽粪污资源化利用行动方案（2017—2020 年）》	农业部	2017 年
30	《种养结合循环农业示范工程建设规划（2017—2020）》	农业部	2017 年
31	《全国畜禽粪污资源化利用整县推进项目工作方案（2018—2020 年）》	国家发展改革委、农业部	2017 年
32	《畜禽养殖废弃物资源化利用工作考核办法（试行）》	农业部、环境保护部	2018 年
33	《畜禽规模养殖场粪污资源化利用设施建设规范（试行）》	农业部办公厅	2018 年
34	《乡村振兴战略规划（2018—2022 年）》	中共中央、国务院	2018 年
35	《农业绿色发展技术导则（2018—2030 年）》（农科教发〔2018〕3 号）	农业农村部	2018 年
36	《全国农业污染源普查方案》	农业农村部办公厅	2018 年
37	《关于做好畜禽粪污资源化利用跟踪监测工作的通知》（农办牧〔2018〕28 号）	农业农村部办公厅	2018 年
38	《关于印发〈畜禽粪污土地承载力测算技术指南〉的通知》（农办牧〔2018〕1 号）	农业部办公厅	2018 年
39	《关于切实做好大型规模养殖场畜禽粪污资源化利用工作的通知》（农牧发〔2018〕8 号）	农业农村部	2018 年
40	《关于稳定生猪生产促进转型升级的意见》（国办发〔2019〕44 号）	国务院办公厅	2019 年
41	《加快生猪生产恢复发展三年行动方案》（农牧发〔2019〕39 号）	农业农村部	2019 年
42	《2019 年农业农村绿色发展工作要点》（农办规〔2019〕11 号）	农业农村部办公厅	2019 年
43	《关于进一步明确畜禽粪污还田利用要求强化养殖污染监管的通知》（农办牧〔2020〕23 号）	农业农村部、生态环境部	2020 年
44	《中华人民共和国固体废物污染环境防治法》（2020 修订）	全国人大常委会	2020 年
45	《全国乡村产业发展规划（2020—2025 年）》（农产发〔2020〕4 号）	农业农村部	2020 年
46	《关于促进畜牧业高质量发展的意见》（国办发〔2020〕31 号）	国务院办公厅	2020 年
47	《关于促进生猪产业持续健康发展的意见》（农牧发〔2021〕24 号）	农业农村部、国家发展改革委、财政部、生态环境部、商务部、银保监会	2021 年
48	《"十四五"全国畜牧兽医行业发展规划》（农牧发〔2021〕37 号）	农业农村部	2021 年

序号	政策法规名称	发布机构	发布时间
49	《"十四五"全国农业绿色发展规划》（农规发〔2021〕8 号）	农业农村部、国家发展改革委、科技部、自然资源部、生态环境部、国家林草局	2021 年
50	《关于开展绿色种养循环农业试点工作的通知》（农办农〔2021〕10 号）	农业农村部办公厅、财政部办公厅	2021 年
51	《关于加强畜禽粪污资源化利用计划和台账管理的通知》（农办牧〔2021〕46 号）	农业农村部办公厅、生态环境部办公厅	2021 年
52	《关于印发〈畜禽养殖污染防治规划编制指南（试行）〉的通知》（环办土壤函〔2021〕465 号）	生态环境部办公厅	2021 年
53	《关于印发"十四五"推进农业农村现代化规划的通知》（国发〔2021〕25 号）	国务院	2021 年
54	《中华人民共和国畜牧法》（2022 修订）	全国人大常委会	2022 年
55	《农业农村污染治理攻坚战行动方案（2021—2025 年）》（环土壤〔2022〕8 号）	生态环境部、农业农村部、住房和城乡建设部、水利部、国家乡村振兴局	2022 年
56	《关于印发农业生产"三品一标"提升行动有关专项实施方案的通知》（农办规〔2022〕20 号）	农业农村部办公厅	2022 年
57	《畜禽养殖场（户）粪污处理设施建设技术指南》（农办牧〔2022〕19 号）	农业农村部办公厅、生态环境部办公厅	2022 年
58	《关于推介发布规模以下养殖场（户）畜禽粪污资源化利用十大主推技术的通知》〔牧站（绿）〔2022〕105 号〕	全国畜牧总站	2022 年
59	《关于印发〈农业农村减排固碳实施方案〉的通知》	农业农村部、国家发展改革委	2022 年
60	《关于推进畜禽粪污资源化利用标准体系建设的指导意见》（国标委联〔2023〕36 号）	国家标准委、农业农村部、生态环境部	2023 年
61	《关于推介发布畜禽粪污资源化利用典型案例的通知》〔牧站（绿）〔2023〕140 号〕	全国畜牧总站	2023 年

2.2.2　我国畜禽养殖粪污管理的相关标准规范

2.2.2.1　国家及行业相关标准规范

国家和行业先后制定了一系列畜禽粪污肥料化利用的相关标准规范，涉及相关污染物排放标准、污染防治、设计建设、堆肥设备、运行管理、处理利用、检测评价、产品标准等全链条，详见表 2-8。

表 2-8　国家和行业制定的畜禽粪污肥料化利用相关标准规范

类别	标准号	标准名称	批准日期	实施日期
排放标准	GB 18596—2001	《畜禽养殖业污染物排放标准》	2001-12-18	2003-01-01
水质标准	GB 5084—2021	《农田灌溉水质标准》	2021-01-20	2021-07-01
污染防治	HJ-BAT-10	《规模畜禽养殖场污染防治最佳可行技术指南（试行）》	2013-07-17	2013-07-17
	GB/T 36195—2018	《畜禽粪便无害化处理技术规范》	2018-05-14	2018-12-01
	HJ T81—2001	《畜禽养殖业污染防治技术规范》	2001-12-19	2002-04-01

类别	标准号	《标准名称》	批准日期	实施日期
污染防治	HJ 497—2009	《畜禽养殖业污染治理工程技术规范》	2009-09-28	2009-12-01
	NY/T 1168—2006	《畜禽粪便无害化处理技术规范》	2006-07-10	2006-10-01
	NY/T 1169—2006	《畜禽场环境污染控制技术规范》	2006-07-10	2006-10-01
	NY/T 3442—2019	《畜禽粪便堆肥技术规范》	2019-01-17	2019-09-01
	HJ 1266—2022	《生物质废物堆肥污染控制技术规范》	2022-11-25	2022-11-28
设计建设	GB/T 26624—2011	《畜禽养殖污水贮存设施设计要求》	2011-06-16	2011-11-01
	GB/T 27622—2011	《畜禽粪便贮存设施设计要求》	2011-12-30	2012-04-01
	GB/T 51448—2022	《有机肥工程技术标准》	2022-10-31	2023-02-01
	GB/T 43829—2024	《农村粪污集中处理设施建设与管理规范》	2024-03-15	2024-10-01
	NY/T 1222—2006	《规模化畜禽养殖场沼气工程设计规范》	2006-12-06	2007-02-01
	NY/T 2600—2014	《规模化畜禽养殖场沼气工程设备选型技术规范》	2014-03-24	2014-06-01
	NY/T 3023—2016	《畜禽粪污处理场建设标准》	2016-11-01	2017-04-01
	NY/T 3670—2020	《密集养殖区畜禽粪便收集站建设技术规范》	2020-07-27	2020-11-01
	农办牧〔2022〕19号	《畜禽养殖场（户）粪污处理设施建设技术指南》	2022-06-24	2022-06-24
堆肥设备	JB/T 14683—2023	《有机固体废物堆肥设备 通用技术规范》	2023-12-29	2024-07-01
	JB/T 14283—2022	《立式堆肥反应器》	2022-04-08	2022-10-01
	JB/T 13739—2019	《堆肥用功能性覆盖膜》	2019-08-27	2020-04-01
	JB/T 11831—2014	《粪便消纳站堆肥翻堆机设备》	2014-05-12	2014-10-01
	JB/T 13756—2019	《畜禽粪便固液分离机》	2019-12-24	2020-10-01
	CJ/T 506—2016	《堆肥翻堆机》	2016-12-15	2017-06-01
	CJ/T 369—2011	《堆肥自动监测与控制设备》	2011-07-13	2012-02-01
	CJ/T 408—2012	《好氧堆肥氧气自动监测设备》	2012-09-21	2013-02-01
运行管理	GB/T 25171—2023	《畜禽养殖环境与废弃物管理术语》	2023-05-23	2023-12-01
	NY/T 1569—2007	《畜禽养殖场质量管理体系建设通则》	2007-12-18	2008-03-01
	NY/T 3445—2019	《畜禽养殖场档案规范》	2019-08-01	2019-11-01
处理利用	GB/T 28740—2012	《畜禽养殖粪便堆肥处理与利用设备》	2012-11-05	2013-06-01
	GB/T 25246—2010	《畜禽粪便还田技术规范》	2010-09-26	2011-03-01
	农办牧〔2018〕1号	《畜禽粪污土地承载力测算技术指南》	2028-01-05	2028-01-05
	NY/T 4046—2021	《畜禽粪水还田技术规程》	2021-12-15	2022-06-01
	NY/T 3958—2021	《畜禽粪便安全还田施用量计算方法》	2021-11-09	2022-05-01
	NY/T 3877—2021	《畜禽粪便土地承载力测算方法》	2021-05-07	2021-11-01
检测评价	GB/T 27522—2023	《畜禽养殖污水监测技术规范》	2023-03-17	2023-10-01
	GB/T 25169—2022	《畜禽粪便监测技术规范》	2022-12-30	2023-07-01
	GB/T 24876—2010	《畜禽养殖污水中七种阴离子的测定 离子色谱法》	2010-06-30	2011-01-01

类别	标准号	《标准名称》	批准日期	实施日期
检测评价	GB/T 24875—2010	《畜禽粪便中铅、镉、铬、汞的测定 电感耦合等离子体质谱法》	2010-06-30	2011-01-01
	GB/T 26622—2011	《畜禽粪便农田利用环境影响评价准则》	2011-06-16	2011-11-01
	GB/T 32951—2016	《有机肥料中土霉素、四环素、金霉素与强力霉素的含量测定 高效液相色谱法》	2016-08-29	2017-03-01
	GB 38400—2019	《肥料中有毒有害物质的限量要求》	2019-12-17	2020-07-01
	NY/T 3167—2017	《有机肥中磺胺类药物含量的测定 液相色谱-串联质谱法》	2017-12-22	2018-06-01
	NY/T 3161—2017	《有机肥料中砷、镉、铬、铅、汞、铜、锰、镍、锌、锶、钴的测定 微波消解-电感耦合等离子体质谱法》	2017-12-22	2018-06-01
	NY/T 4243—2022	《畜禽养殖场温室气体排放核算方法》	2022-11-11	2023-03-01
	HJ 1252—2022	《排污单位自行监测技术指南 畜禽养殖行业》	2022-04-27	2022-07-01
	HJ 568—2010	《畜禽养殖产地环境评价规范》	2010-04-16	2010-07-01
	HJ 864.2—2018	《排污许可证申请与核发技术规范磷肥、钾肥、复混肥料、有机肥料和微生物肥料工业》	2018-09-23	2018-09-23
	HJ 1088—2020	《排污单位自行监测技术指南 磷肥、钾肥、复混肥料、有机肥料和微生物肥料》	2020-01-06	2020-04-01
	RB/T 165.2—2018	《有机产品产地环境适宜性评价技术规范第 2 部分：畜禽养殖》	2018-03-23	2018-10-01
	NY/T 1144—2020	《畜禽粪便干燥机 质量评价技术规范》	2020-07-27	2020-11-01
	NY/T 3119—2017	《畜禽粪便固液分离机 质量评价技术规范》	2017-12-22	2018-06-01
	NY/T 1334—2007	《畜禽粪便安全使用准则》	2007-04-17	2007-07-01
	NY/T 1868—2021	《肥料合理使用准则 有机肥料》	2021-05-07	2021-11-01
	RB/T 147—2018	《有机植物生产土壤培肥与土壤改良剂评价技术规范》	2018-06-04	2018-12-01
	NY/T 300—1995	《有机肥料速效磷的测定》	1995-11-23	1996-05-01
	NY/T 301—1995	《有机肥料速效钾的测定》	1995-11-23	1996-05-01
	NY/T 303—1995	《有机肥料粗灰分的测定》	1995-11-23	1996-05-01
	NY/T 304—1995	《有机肥料有机物总量的测定》	1995-11-23	1996-05-01
产品标准	GB/T 21633—2020	《掺混肥料（BB 肥）》	2020-11-19	2021-06-01
	NY/T 525—2021	《有机肥料》	2021-05-07	2021-06-01
	NY 884—2012	《生物有机肥》	2012-06-06	2012-09-01
	HG/T 5332—2018	《腐植酸生物有机肥》	2018-10-22	2019-04-01
	HG/T 5602—2019	《矿物源腐植酸有机肥料》	2019-12-24	2020-07-01
	HG/T 6082—2022	《生物质腐植酸有机肥料》	2022-09-30	2023-04-01
	QB/T 2849—2007	《生物发酵肥》	2007-05-29	2007-12-01
	NY/T 3618—2020	《生物炭基有机肥料》	2020-03-20	2020-07-01

2.2.2.2 地方相关标准规范

与畜禽粪污肥料化利用相关地方标准详见表2-9。

表2-9 与畜禽粪污肥料化利用相关地方标准

序号	标准号	标准名称	省（区、市）	发布日期	实施日期
1	DB34/T 4771—2024	《小规模畜禽养殖场（户）粪污"截污建池、发酵还田"技术规程》	安徽省	2024-04-15	2024-05-15
2	DB34/T 4769—2024	《畜禽粪污资源化利用"一场一策，制肥还田"技术规程》	安徽省	2024-04-15	2024-05-15
3	DB34/T 4129—2022	《规模羊场粪污处理与利用技术规程》	安徽省	2022-03-29	2022-04-29
4	DB34/T 3997—2021	《秸秆粪污混合原料沼气工程设计规范》	安徽省	2021-09-03	2021-10-03
5	DB34/T 3486—2019	《畜禽粪污覆膜氧化塘处理技术规程》	安徽省	2019-12-25	2020-01-25
6	DB34/T 3137—2018	《集约化鹅场粪污处理技术规范》	安徽省	2018-04-16	2018-05-16
7	DB34/T 4833—2024	《畜禽粪便与秸秆混合堆肥技术规程》	安徽省	2024-07-30	2024-08-30
8	DB3411/T 0032—2024	《畜禽粪便与秸秆混合堆肥技术规程》	安徽省滁州市	2024-03-15	2024-03-15
9	DB34/T 2113—2014	《鸡粪堆肥生产技术规程》	安徽省	2014-06-01	2014-07-01
10	DB34/T 1523—2011	《猪粪高温好氧堆肥技术规程》	安徽省	2011-10-25	2011-11-25
11	DB11/T 1798—2020	《规模化鸡场粪污处理技术规范》	北京市	2020-12-24	2021-04-01
12	DB11/T 1561—2018	《农业有机废物（畜禽粪便）循环利用项目碳减排量核算指南》	北京市	2018-09-29	2019-01-01
13	DB11/T 1394—2017	《生猪养殖场粪便处理技术要求》	北京市	2017-03-22	2017-07-01
14	DB50/T 1237—2022	《中小规模肉牛养殖场粪污处理与利用技术规范》	重庆市	2022-04-20	2022-07-20
15	DB50/T 1011.2—2020	《丘陵山地农村生产生活废弃物处理利用技术规程 第2部分：畜禽养殖粪污》	重庆市	2020-06-22	2020-09-22
16	DB2327/T 081—2024	《大兴安岭畜禽粪污和小麦秸秆混合堆肥技术规程》	大黑龙江省兴安岭地区	2024-02-18	2024-03-18
17	DB35/T 2114—2023	《畜禽粪污处理和粪肥利用台账要求》	福建省	2023-06-19	2023-09-19
18	DB35/T 1678—2017	《畜禽粪污异位微生物发酵床处理技术规范》	福建省	2017-10-24	2018-01-24
19	DB35/T 997—2010	《畜粪便固液分离机》	福建省	2010-05-11	2010-06-10
20	DB35/T 1942—2020	《超高温堆肥技术规范》	福建省	2020-12-30	2021-03-30
21	DB35/T 2003—2021	《发酵床生产生物有机肥技术规程》	福建省	2021-09-28	2021-12-28
22	DB62/T 4507—2022	《养殖场粪污机械化清理作业规范》	甘肃省	2022-05-09	2022-06-01
23	DB62/T 4394—2021	《畜禽粪污处理场生产运行管理指南》	甘肃省	2021-09-15	2021-10-15
24	DB62/T 4234—2020	《畜禽粪便发酵腐熟技术规程》	甘肃省	2020-08-25	2020-09-28
25	DB45/T 1385—2016	《规模养猪场粪污综合处理技术规程》	广西壮族自治区	2016-09-30	2016-10-30
26	DB52/T 1460—2019	《鸡粪污堆肥处理利用技术规程》	贵州省	2019-12-03	2020-05-01
27	DB52/T 1397—2018	《鸡粪有机肥料生产技术规范》	贵州省	2018-12-28	2019-05-28

序号	标准号	标准名称	省（区、市）	发布日期	实施日期
28	DB5202/T 036—2023	《盘江牛养殖场粪便及废弃物处理技术规范》	贵州省六盘水市	2023-03-08	2023-07-01
29	DB13/T 5972—2024	《畜禽养殖场液态粪污甲烷排放控制技术规范》	河北省	2024-06-24	2024-07-24
30	DB13/T 5827—2023	《集约化奶牛养殖粪污保氮固磷技术规程》	河北省	2023-10-25	2023-11-25
31	DB13/T 5812—2023	《规模猪场粪污处理设施建设规范》	河北省	2023-10-25	2023-11-25
32	DB13/T 5648—2022	《畜禽粪便纳米膜好氧发酵堆肥技术规范》	河北省	2022-12-27	2023-01-27
33	DB13/T 5429—2021	《畜禽粪便堆肥工程技术规范》	河北省	2021-07-28	2021-08-28
34	DB13/T 5572—2022	《堆肥用木质纤维素降解菌筛选技术规程》	河北省	2022-05-31	2022-07-01
35	DB13/T 5373—2021	《农用堆肥质量要求》	河北省	2021-04-26	2021-05-26
36	DB1306/T 179—2021	《规模奶牛场粪污处理及资源化利用技术规范》	河北省保定市	2021-01-10	2021-01-30
37	DB1302/T 498—2019	《规模化奶牛场粪污资源化利用技术规程》	河北省唐山市	2019-12-30	2020-01-15
38	DB1309/T 251—2021	《肉鸭粪污异位发酵床处理技术规范》	河北省沧州市	2021-11-15	2021-12-15
39	DB1308/T 253—2018	《猪粪颗粒有机肥生产技术规程》	河北省承德市	2018-09-15	2018-09-20
40	DB4106/T 85—2022	《规模猪场粪污异位发酵床建设与运行规范》	河南省鹤壁市	2022-09-26	2022-10-16
41	DB4106/T 110—2023	《畜禽粪便有机肥料生产技术规范》	河南省鹤壁市	2023-09-20	2023-10-20
42	DB4113/T 072—2024	《乡镇畜禽粪污收储利用中心建设规范》	河南省南阳市	2024-02-01	2024-03-05
43	DB4113/T 012—2021	《规模以下养殖场（户）粪污全量收集设施建设规范》	河南省南阳市	2021-11-22	2021-11-30
44	DB4114/T 243—2024	《规模化羊场粪污处理技术规范》	河南省商丘市	2024-09-02	2024-10-02
45	DB4114/T 202—2023	《规模牛场粪污处理技术规范》	河南省商丘市	2023-08-25	2023-09-25
46	DB4114/T 151—2021	《规模化鸡场粪污处理技术规范》	河南省商丘市	2021-09-30	2021-10-30
47	DB4117/T 293—2020	《畜禽养殖场（小区）粪污处理技术指南》	河南省驻马店市	2020-10-15	2020-10-31
48	DB4117/T 292—2020	《畜禽养殖场（小区）粪污处理设施建设指南》	河南省驻马店市	2020-10-15	2020-10-31
49	DB23/T 3537—2023	《囊式发酵牛粪污与玉米秸秆耦合还田碳中和技术规程》	黑龙江省	2023-07-21	2023-08-20
50	DB23/T 2933—2021	《寒区规模化奶牛场粪污收集、贮存与处理技术规程》	黑龙江省	2021-07-26	2021-08-25
51	DB23/T 2563—2020	《猪场粪污全量贮存密闭囊建设规程》	黑龙江省	2020-01-08	2020-02-07
52	DB23/T 1607—2015	《规模化奶牛养殖粪污处理技术规程》	黑龙江省	2015-01-23	2015-02-23
53	DB23/T 2553—2020	《规模化奶牛场粪便密闭好氧发酵生产垫料技术规程》	黑龙江省	2020-01-08	2020-02-07
54	DB2327/T 081—2024	《大兴安岭畜禽粪污和小麦秸秆混合堆肥技术规程》	黑龙江省大兴安岭地区	2024-02-18	2024-03-18
55	DB2306/T098—2019	《畜禽粪便与秸秆混合堆肥技术规程》	黑龙江省大庆市	2019-11-27	2019-12-27

序号	标准号	标准名称	省（区、市）	发布日期	实施日期
56	DB42/T 2031—2023	《分散式养殖畜禽粪污氮磷流失控制与利用技术规程》	湖北省	2023-05-16	2023-07-16
57	DB42/T 1993.1—2023	《奶牛粪污中药物残留的测定：高效液相色谱法 第1部分：5种磺胺类药物》	湖北省	2023-03-28	2023-05-28
58	DB4208/T 65—2018	《畜禽粪污异位发酵床处理技术规范》	湖北省荆门市	2018-12-18	2018-12-30
59	DB4203/T 157—2019	《畜禽粪污道路运输规范》	湖北省十堰市	2019-11-30	2019-12-01
60	DB4203/T 156—2019	《畜禽粪污管道运输规范》	湖北省十堰市	2019-11-30	2019-12-01
61	DB4203/T 155—2019	《畜禽粪污贮存场所选址规范》	湖北省十堰市	2019-11-30	2019-12-01
62	DB 4206/T 64—2023	《畜禽粪便分子滤膜堆肥技术规程》	湖北省襄阳市	2023-04-18	2023-05-17
63	DB43/T 2602—2023	《规模养殖场液体粪污肥料化利用技术规范》	湖南省	2023-04-10	2023-07-10
64	DB43/T 2220—2021	《规模养殖场固体粪污污染防治与肥料利用技术规程》	湖南省	2021-11-09	2022-01-09
65	DB22/T 3518—2023	《规模化肉牛场粪污无害化处理设施建设规范》	吉林省	2023-09-28	2023-11-16
66	DB22/T 3501—2023	《玉米秆茬与无害化畜禽粪便田间条带堆腐技术规程》	吉林省	2023-09-28	2023-11-16
67	DB32/T 3473—2018	《发酵床垫料有机肥堆制技术规程》	江苏省	2018-11-09	2018-11-30
68	DB32/T 4726—2024	《畜禽粪污沼液果蔬生产施用技术规范》	江苏省	2024-04-03	2024-05-03
69	DB32/T 4572—2023	《规模奶牛场粪污管理技术规范》	江苏省	2023-10-09	2023-11-09
70	DB32/T 2600—2013	《畜禽养殖粪便集中收集处理技术规程》	江苏省	2013-12-20	2014-01-20
71	DB32/T 2146—2012	《畜禽粪便处理机质量评价技术规范》	江苏省	2012-06-28	2012-07-28
72	DB3212/T 2077—2024	《规模生猪养殖场粪污处理与绿色循环利用技术规范》	江苏省泰州市	2024-04-11	2024-05-11
73	DB3209/T 1252—2023	《仓筒式堆肥反应器处理鸡粪技术规范》	江苏省盐城市	2023-12-10	2024-02-09
74	DB3210/T 1128—2022	《畜禽粪便罐式发酵处理技术规程》	江苏省扬州市	2022-07-18	2022-07-18
75	DB36/T 1735—2022	《规模猪场粪污全量化收集贮存设施建设规程》	江西省	2022-12-28	2023-07-01
76	DB36/T 1719—2022	《家禽粪污异位发酵床操作技术规范》	江西省	2022-12-13	2023-06-01
77	DB36/T 1601—2022	《猪场粪污异位发酵处理技术规程》	江西省	2022-05-30	2022-12-01
78	DB36/T 1600—2022	《鸭粪污异位发酵床体建设技术规范》	江西省	2022-05-30	2022-12-01
79	DB21/T 3390.3—2021	《规模化养鸡场管理技术规范 第3部分：粪污处理》	辽宁省	2021-01-28	2021-03-28
80	DB21/T 2735.4—2017	《绒山羊养殖技术规程 第4部分 粪污处理》	辽宁省	2017-02-23	2017-03-23
81	DB2111/T 0020—2022	《村镇社区畜禽粪便污染土壤修复技术规程》	辽宁省盘锦市	2022-09-28	2022-10-28
82	DB15/T 3405.1—2024	《蚯蚓养殖和治污改土技术规程 第1部分：蚯蚓养殖和粪污处理》	内蒙古自治区	2024-04-15	2024-05-15
83	DB15/T 3405.2—2024	《蚯蚓养殖和治污改土技术规程 第2部分：蚯蚓粪生产有机肥料指南》	内蒙古自治区	2024-04-15	2024-05-15

序号	标准号	标准名称	省（区、市）	发布日期	实施日期
84	DB15/T 2724—2022	《羊粪污收集处理技术规范》	内蒙古自治区	2022-07-29	2022-08-29
85	DB15/T 2492—2021	《肉牛粪污有机肥料生产技术规范》	内蒙古自治区	2021-12-25	2022-01-25
86	DB15/T 1577.4—2019	《绒山羊规模化羊场舍饲管理技术规程 第4部分 粪污处理》	内蒙古自治区	2019-01-18	2019-04-18
87	DB15/T 1162—2017	《规模化奶牛养殖粪污治理工程技术规范》	内蒙古自治区	2017-02-25	2017-05-25
88	DB64/T 1853—2022	《畜禽粪便封闭式强制曝气堆肥技术规程》	宁夏回族自治区	2022-12-06	2023-03-06
89	DB64/T 871—2013	《畜禽粪便堆肥技术规范》	宁夏回族自治区	2013-09-16	2013-09-16
90	DB64/T 1635—2019	《生物有机肥发酵技术规范》	宁夏回族自治区	2019-02-12	2019-05-12
91	DB63/T1765—2019	《牦牛粪污资源化利用技术规范》	青海省	2019-10-18	2019-12-01
92	DB37/T 2666—2015	《养殖场粪污处理与利用技术规范猪场粪污》	山东省	2015-08-09	2015-09-09
93	DB37/T 3591—2019	《畜禽粪便堆肥技术规范》	山东省	2019-05-29	2019-06-29
94	DB37/T 4488—2021	《种养废弃物田间轻简化堆肥技术规程》	山东省	2021-12-29	2022-01-29
95	DB37/T 4135—2020	《堆肥生产有机肥料发芽指数测定技术规程》	山东省	2020-09-25	2020-10-25
96	DB37/T 4110—2020	《有机肥料腐熟度识别技术规范》	山东省	2020-08-31	2020-10-01
97	DB37/T 3826—2019	《果园田间堆肥及其施用技术规程》	山东省	2019-12-24	2020-01-24
98	DB3716/T 40—2023	《畜禽粪污无害化处理与资源化利用技术规程》	山东省滨州市	2023-09-11	2023-10-11
99	DB3706/T 98—2024	《规模化养鸡场有机肥还田技术指南》	山东省烟台市	2024-07-30	2024-08-30
100	DB14/T 2884—2023	《畜禽养殖场（户）粪污处理技术 规程》	山西省	2023-12-04	2024-03-04
101	DB14/T 2436—2022	《规模化鸡场粪污好氧发酵技术规程》	山西省	2022-03-07	2022-06-08
102	DB14/T 2037—2020	《设施蔬菜畜禽粪污沼渣沼液施用技术规程》	山西省	2020-04-02	2020-06-10
103	DB14/T 2031—2020	《禾谷作物施用畜禽粪污沼液技术规程》	山西省	2020-04-02	2020-06-10
104	DB14/T 2027—2020	《畜禽粪污沼渣基质制备技术规程》	山西省	2020-04-02	2020-06-10
105	DB14/T 2025—2020	《规模养殖场粪污处理监测技术规范》	山西省	2020-04-02	2020-06-10
106	DB14/T 2017—2020	《果园施用畜禽粪污沼液技术规程》	山西省	2020-04-02	2020-06-10
107	DB14/T 1473—2017	《规模猪场粪污处理设施建设规范》	山西省	2017-12-10	2018-02-10
108	DB14/T 1800—2019	《规模肉牛育肥场粪污处理设施建设规范》	山西省	2019-08-25	2019-12-05
109	DB14/T 1802—2019	《规模肉鸡场粪污处理设施建设规范》	山西省	2019-08-25	2019-12-05
110	DB14/T 1801—2019	《规模奶牛场粪污处理设施建设规范》	山西省	2019-08-25	2019-12-05
111	DB14/T 1803—2019	《规模蛋鸡场粪污处理设施建设规范》	山西省	2019-08-25	2019-12-05
112	DB14/T 1356—2017	《利用畜禽废弃物生产有机肥技术规程》	山西省	2017-05-30	2017-07-30
113	DB1409/T 40—2023	《规模化猪场粪污处理技术规程》	山西省忻州市	2023-10-13	2023-12-13
114	DB6108/T 79—2023	《羊场粪污资源化利用技术规程》	陕西省榆林市	2023-12-14	2024-01-14
115	DB61/T 1561—2022	《有机肥料生产技术规程》	陕西省	2022-06-27	2022-07-27

序号	标准号	标准名称	省（区、市）	发布日期	实施日期
116	DB61/T 1489.17—2021	《秦川牛生产技术规范 第17部分：粪污无害化处理》	陕西省	2021-10-12	2021-11-13
117	DB6101/T 159—2020	《规模猪场粪污资源化利用技术规程》	陕西省西安市	2020-11-12	2020-12-12
118	DB31/T 1137—2019	《畜禽粪便生态还田技术规范》	上海市	2019-02-28	2019-06-01
119	DB51/T 2809—2021	《畜禽粪污异位发酵床处理技术规范》	四川省	2021-08-02	2021-09-01
120	DB51/T 1735—2014	《规模牛场粪污处理规范》	四川省	2014-04-08	2014-06-01
121	DB51/T 2339—2017	《畜禽粪便固液分离机技术条件》	四川省	2017-05-19	2017-07-01
122	DB5133/T 75—2023	《牦牛粪污处理技术规程》	四川省甘孜藏族自治州	2023-11-16	2023-12-16
123	DB5114/T 9—2019	《畜禽粪污异位发酵床处理技术规范》	四川省眉山市	2019-09-16	2019-10-16
124	DB12/T 592—2024	《奶牛场粪污处理技术规范》	天津市	2024-07-01	2024-09-01
125	DB12/T 1050—2021	《畜禽粪污异位发酵床处理技术规范》	天津市	2021-04-30	2021-06-01
126	DB12/T 593—2015	《规模化鸡场粪污处理技术规范》	天津市	2015-09-18	2015-11-01
127	DB12/T 540—2014	《规模化猪场粪污处理与利用技术规范》	天津市	2014-11-18	2015-01-01
128	DB12/T 1326—2024	《畜禽粪便堆肥氨气快速测定 化学发光法》	天津市	2024-07-01	2024-09-01
129	DB65/T 4690—2023	《规模化肉牛养殖场粪污处理与利用技术规范》	新疆维吾尔自治区	2023-07-14	2023-09-20
130	DB65/T 4647—2023	《规模化奶牛场粪污处理与利用技术规范》	新疆维吾尔自治区	2023-07-14	2023-09-20
131	DB65/T 4648—2023	《规模化猪场粪污处理与利用技术规范》	新疆维吾尔自治区	2023-07-14	2023-09-20
132	DB65/T 4649—2023	《规模化养殖场粪污厌氧发酵处理技术规范》	新疆维吾尔自治区	2023-07-14	2023-09-20
133	DB65/T 4447—2021	《羊粪有机肥机械化制作技术规范》	新疆维吾尔自治区	2021-09-27	2021-12-01
134	DB65/T 4446—2021	《牛粪生产有机肥机械化技术规范》	新疆维吾尔自治区	2021-09-27	2021-12-01
135	DB65/T 3938—2016	《新疆盐碱土生物有机肥施用技术规程》	新疆维吾尔自治区	2016-09-30	2016-11-01
136	DB53/T 466.1—2023	《高原湖泊流域畜禽粪便综合利用 第1部分：收集站建设及管理》	云南省	2023-11-23	2024-02-23
137	DB53/T 466.2—2023	《高原湖泊流域畜禽粪便综合利用 第2部分：初加工》	云南省	2023-11-23	2024-02-23
138	DB53/T 466.3—2013	《高原湖泊流域畜禽粪便综合利用 第3部分：生态有机肥》	云南省	2013-01-15	2013-04-01
139	DB53/T 967—2020	《畜禽粪便好氧堆肥化操作规程	云南省	2020-04-26	2020-07-26
140	DB5329/T 72—2021	《分散养殖圈舍配套粪污处理设施建设技术规范》	云南省大理白族自治州	2021-04-01	2021-05-01
141	DB5329/T 71—2021	《分散养殖畜禽粪便一体化避雨堆贮设施建设技术规范》	云南省大理白族自治州	2021-04-01	2021-05-01
142	DB33/T 2344—2021	《畜禽粪污异位生物发酵床处理技术规范》	浙江省	2021-05-12	2021-06-12
143	DB33/T 2518—2022	《畜禽粪便收集处理中心建设规范》	浙江省	2022-08-01	2022-09-01
144	DB33/T 2071—2017	《商品有机肥生物发酵技术规范》	浙江省	2017-12-18	2018-01-18

2.2.3　我国畜禽养殖粪污资源化利用推介技术模式

2.2.3.1　畜牧大县和规模养殖场畜禽粪污资源化利用典型技术模式

（1）《畜禽粪污资源化利用行动方案（2017—2020 年）》推荐的 7 种典型技术（2017 年）

党中央和国务院高度重视畜禽废弃物资源化利用问题。2016 年 12 月，习近平总书记在中央财经领导小组第十四次会议讲话中指出"要坚持政府支持、企业主体、市场化运作的方针，以沼气和生物天然气为主要处理方向，以就地就近用于农村能源和农用有机肥为主要使用方向，力争在'十三五'时期，基本解决大规模畜禽养殖场粪污处理和资源化问题"。

2017 年 5 月，国务院办公厅印发了《关于加快推进畜禽养殖废弃物资源化利用的意见》，提出到 2020 年，建立科学规范、权责清晰、约束有力的畜禽养殖废弃物资源化利用制度，构建种养循环发展机制，全国畜禽粪污综合利用率达到 75% 以上。2017 年，农业部印发《畜禽粪污资源化利用行动方案（2017—2020 年）》，根据我国现阶段畜禽养殖现状和资源环境特点，因地制宜确定主推技术模式。以源头减量、过程控制、末端利用为核心，重点推广经济适用的通用技术模式。主要包括以下 3 个方面：

① 源头减量。推广使用微生物制剂、酶制剂等饲料添加剂和低氮低磷低矿物质饲料配方，提高饲料转化效率，促进兽药和铜、锌等饲料添加剂减量使用，降低养殖业排放。引导生猪、奶牛规模养殖场改水冲粪为干清粪，采用节水型饮水器或饮水分流装置，实行雨污分离、回收污水循环清粪等有效措施，从源头上控制养殖污水产生量。粪污全量利用的生猪和奶牛规模养殖场，采用水泡粪工艺的应最大限度降低用水量。

② 过程控制。规模养殖场根据土地承载能力确定适宜养殖规模，建设必要的粪污处理设施，使用堆肥发酵菌剂、粪水处理菌剂和臭气控制菌剂等，加速粪污无害化处理过程，减少氮磷和臭气排放。

③ 末端利用。肉牛、羊和家禽等以固体粪便为主的规模化养殖场，鼓励进行固体粪便堆肥或建立集中处理中心生产商品有机肥；生猪和奶牛等规模化养殖场鼓励采用粪污全量收集还田利用和"固体粪便堆肥＋污水肥料化利用"等技术模式，推广快速低排放的固体粪便堆肥技术和水肥一体化施用技术，促进畜禽粪污就近就地还田利用。

在《畜禽粪污资源化利用行动方案（2017—2020 年）》中还推荐了畜禽养殖粪污资源化利用的 7 种典型技术模式，包括粪污全量收集还田利用模式、粪污专业化能源利用模式、固体粪便堆肥利用模式、异位发酵床模式、粪便垫料回用模式、污水肥料化利用模式和污水达标排放模式。建议全国各区域应因地制宜，根据区域特征、饲养工艺和环境承载力的不同，分别推广以下模式。

1）京津沪地区

该区域经济发达，畜禽养殖规模化水平高，但由于耕地面积少，畜禽养殖环境承载压力大，重点推广的技术模式如下所述：

①"污水肥料化利用"模式。养殖污水经多级沉淀池或沼气工程进行无害化处理，配套建设肥水输送和配比设施，在农田施肥和灌溉期间，实行肥水一体化施用。

②"粪便垫料回用"模式。规模奶牛场粪污进行固液分离，固体粪便经过高温快速

发酵和杀菌处理后作为牛床垫料。

③"污水深度处理"模式。对于无配套土地的规模养殖场，养殖污水固液分离后进行厌氧、好氧深度处理，达标排放或消毒回用。

2）东北地区

包括内蒙古、辽宁、吉林和黑龙江4省区。该区域土地面积大，冬季气温低，环境承载力和土地消纳能力相对较高，重点推广的技术模式如下所述：

①"粪污全量收集还田利用"模式。对于养殖密集区或大规模养殖场，依托专业化粪污处理利用企业，集中收集并通过氧化塘贮存对粪污进行无害化处理，在作物收割后或播种前利用专业化施肥机械施用到农田，减少化肥施用量。

②"污水肥料化利用"模式。对于有配套农田的规模养殖场，养殖污水通过氧化塘贮存或沼气工程进行无害化处理，在作物收获后或播种前作为底肥施用。

③"粪污专业化能源利用"模式。依托大规模养殖场或第三方粪污处理企业，对一定区域内的粪污进行集中收集，通过大型沼气工程或生物天然气工程，沼气发电上网或提纯生物天然气，沼渣生产有机肥，沼液通过农田利用或浓缩使用。

3）东部沿海地区

包括江苏、浙江、福建、广东和海南5省。该区域经济较发达、人口密度大、水网密集，耕地面积少、环境负荷高，重点推广的技术模式如下所述：

①"粪污专业化能源利用"模式。依托大规模养殖场或第三方粪污处理企业，对一定区域内的粪污进行集中收集，通过大型沼气工程或生物天然气工程，沼气发电上网或提纯生物天然气，沼渣生产有机肥，沼液还田利用。

②"异位发酵床"模式。粪污通过漏缝地板进入底层或转移到舍外，利用垫料和微生物菌剂进行发酵分解。采用"公司＋农户"模式的家庭农场宜采用舍外发酵床模式，规模生猪养殖场宜采用高架发酵床模式。

③"污水肥料化利用"模式。对于有配套农田的规模养殖场，养殖污水通过厌氧发酵进行无害化处理，配套建设肥水输送和配比设施，在农田施肥和灌溉期间，实行肥水一体化施用。

④"污水达标排放"模式。对于无配套农田养殖场，养殖污水固液分离后进行厌氧、好氧深度处理，达标排放或消毒回用。

4）中东部地区

包括安徽、江西、湖北和湖南4省，是我国粮食主产区和畜产品优势区，位于南方水网地区，环境负荷较高，重点推广的技术模式如下所述：

①"粪污专业化能源利用"模式。依托大规模养殖场或第三方粪污处理企业，对一定区域内的粪污进行集中收集，通过大型沼气工程或生物天然气工程，沼气发电上网或提纯生物天然气，沼渣生产有机肥，沼液直接农田利用或浓缩使用。

②"污水肥料化利用"模式。对于有配套农田的规模养殖场，养殖污水通过三级沉淀池或沼气工程进行无害化处理，配套建设肥水输送和配比设施，在农田施肥和灌溉期间，实行肥水一体化施用。

③"污水达标排放"模式。对于无配套农田的规模养殖场，养殖污水固液分离后通

过厌氧、好氧进行深度处理，达标排放或消毒回用。

5）华北平原地区

包括河北、山西、山东和河南 4 省，是我国粮食主产区和畜产品优势区，重点推广的技术模式如下所述：

①"粪污全量收集还田利用"模式。在耕地面积较大的平原地区，依托专业化的粪污收集和施肥企业，集中收集粪污并通过氧化塘贮存进行无害化处理。在作物收割后和播种前采用专业化的施肥机械集中进行施用，减少化肥施用量。

②"粪污专业化能源利用"模式。依托大规模养殖场或第三方粪污处理企业，对一定区域内的粪污进行集中收集，通过大型沼气工程或生物天然气工程，沼气发电上网或提纯生物天然气，沼渣生产有机肥，沼液通过农田利用或浓缩使用。

③"粪便垫料回用"模式。规模奶牛场粪污进行固液分离，固体粪便经过高温快速发酵和杀菌处理后作为牛床垫料。

④"污水肥料化利用"模式。对于有配套农田的规模养殖场，养殖污水通过氧化塘贮存或厌氧发酵进行无害化处理，在作物收获后或播种前作为底肥施用。

6）西南地区

包括广西、重庆、四川、贵州、云南和西藏 6 省（区、市）。除西藏自治区外，该区域 5 省（区、市）均属于我国生猪主产区，但畜禽养殖规模水平较低，以农户和小规模饲养为主，重点推广的技术模式如下所述：

①"异位发酵床"模式。粪污通过漏缝地板进入底层或转移到舍外，利用垫料和微生物菌剂进行发酵分解。采用"公司＋农户"模式的家庭农场宜采用舍外发酵床模式，规模生猪养殖场宜采用高架发酵床模式。

②"污水肥料化利用"模式。对于有配套农田的规模养殖场，养殖污水通过三级沉淀池或沼气工程进行无害化处理，配套建设肥水贮存、输送和配比设施，在农田施肥和灌溉期间，实行肥水一体化施用。

7）西北地区

包括陕西、甘肃、青海、宁夏和新疆 5 省（区）。该区域水资源短缺，主要是草原畜牧业，农田面积较大，重点推广的技术模式如下所述：

①"粪便垫料回用"模式。规模奶牛场粪污进行固液分离，固体粪便经过高温快速发酵和杀菌处理后作为牛床垫料。

②"污水肥料化利用"模式。对于有配套农田的规模养殖场，养殖污水通过氧化塘贮存或沼气工程进行无害化处理，在作物收获后或播种前作为底肥施用。

③"粪污专业化能源利用"模式。依托大规模养殖场或第三方粪污处理企业，对一定区域内的粪污进行集中收集，通过大型沼气工程或生物天然气工程，沼气发电上网或提纯生物天然气，沼渣生产有机肥，沼液通过农田利用或浓缩使用。

（2）全国畜牧总站主推的 9 种典型技术模式（2017 年）

从 2017 年以来，农业农村部、财政部每年均印发了《关于做好畜禽粪污资源化利用项目实施工作的通知》，并于 2017 年 9 月国家发展和改革委员会、农业部制定了《全国畜禽粪污资源化利用整县推进项目工作方案（2018—2020 年）》，整合中央财政和预算内投资，重点支持畜牧大县，整县推进畜禽粪污资源化利用。2017年，为配合专项工作，全国畜牧总站组织在全国共收集了29个省239种畜禽粪污资源化利用技术模式，经专家筛选评审，总结提炼出种养结合、清洁回用及达标排放三个方面9种典型模式，作为主推技术模式向全国推广，各地可根据具体实际情况参考实施，这对全国养殖废弃物资源化利用专项工作起到了很好的推动作用。由全国畜牧总站遴选的9种畜禽粪污资源化利用典型模式路线见图2-1。

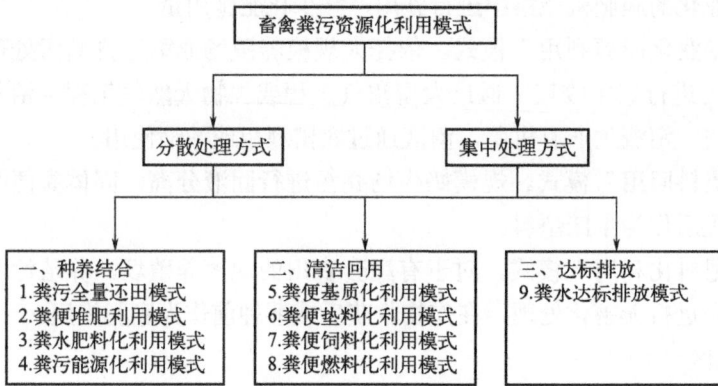

图2-1　全国主推的9种畜禽粪污资源化利用典型技术模式

全国主推的9种畜禽粪污资源化利用典型技术模式的优点、不足和适用范围简介如下：

1）粪污全量还田模式

对养殖场产生的粪便、粪水和污水集中收集，全部进入氧化塘贮存，氧化塘分为敞开式和覆膜式两类，粪污通过氧化塘贮存进行无害化处理，在施肥季节进行农田利用。

① 主要优点：粪污收集、处理、贮存设施建设成本低，处理利用费用也较低；粪便、粪水和污水全量收集，养分利用率高。

② 主要不足：粪污贮存周期一般要达到半年以上，需要足够的土地建设氧化塘贮存设施；施肥期较集中，需配套专业化的搅拌设备、施肥机械、农田施用管网等；粪污长距离运输费用高，只能在一定范围内施用。

③ 适用范围：适用于猪场水泡粪工艺或奶牛场的自动刮粪回冲工艺，粪污的总固体含量＜15%；需要与粪污养分量相配套的农田。

2）粪便堆肥利用模式

粪便堆肥模式包括条垛式、槽式、筒仓式、高（低）架发酵床和异位发酵床等。该模式以处理生猪、肉牛、蛋鸡、肉鸡和羊规模养殖场的固体粪便为主，经好氧堆肥无害化处理后，就地农田利用或生产有机肥。

① 主要优点：好氧发酵温度高，粪便无害化处理较彻底，发酵周期短；堆肥处理提高粪便的附加值。

② 主要不足：好氧堆肥过程易产生大量的二氧化碳、氨气、臭气等温室气体，造成养分损失及环境二次污染；堆肥设备易腐蚀，需定期维护保养。

③ 适用范围：适用于只有固体粪便、无污水产生的家禽养殖场或羊场以及有机肥加工厂等。

3）粪水肥料化利用模式

养殖场产生的粪水经氧化塘处理贮存后，在农田需肥和灌溉期间，将无害化处理的粪水与灌溉用水按照一定的比例混合，进行水肥一体化施用。

① 主要优点：粪水进行氧化塘无害化处理后，为农田提供有机肥水资源，解决粪水处理压力。

② 主要不足：要有一定容积的贮存设施，周边配套一定农田面积；需配套建设粪水输送管网或购置粪水运输车辆。

③ 适用范围：适用于周围配套有一定面积农田的畜禽养殖场，在农田作物灌溉施肥期间进行水肥一体化施用。

4）粪污能源化利用模式

以专业生产可再生能源为主要目的，依托专门的畜禽粪污处理企业，收集周边养殖场粪便和粪水，投资建设大型沼气工程，进行厌氧发酵，沼气发电上网或提纯生物天然气，沼渣生产有机肥农田利用，沼液农田利用或深度处理达标排放。

① 主要优点：对养殖场的粪便和粪水集中统一处理，减少小规模养殖场粪污处理设施的投资；专业化运行，能源化利用效率高。

② 主要不足：一次性投资高；能源产品利用难度大；沼液产生量大集中，处理成本较高，需配套后续处理利用工艺；粪污运输具有一定的生物安全风险。

③ 适用范围：适用于大型规模养殖场或养殖密集区，具备沼气发电上网或生物天然气进入管网条件，需要地方政府配套政策予以保障。

5）粪便基质化利用模式

以畜禽粪污、菌渣及农作物秸秆等为原料，进行堆肥发酵，生产基质盘和基质土应用于栽培果菜。

① 主要优点：畜禽粪污、食用菌废弃菌渣、农作物秸秆三者结合，科学循环利用，实现农业生产链零废弃、零污染的生态循环生产，形成一个有机循环农业综合经济体系，提高资源综合利用率。

② 主要不足：生产链较长，精细化技术程度高，要求生产者的整体素质高，培训期、实习期较长。

③ 适用范围：该模式既适用于大中型生态农业企业，又适合小型农村家庭生态农场，同时适合小型农村家庭农场分工、联合经营。

6）粪便垫料化利用模式

基于奶牛粪便纤维素含量高、质地松软的特点，将奶牛粪污固液分离后，固体粪便进行好氧发酵无害化处理后回用作为牛床垫料，污水贮存后作为肥料进行农田利用。

① 主要优点：牛粪替代砂子和土作为垫料，减少粪污后续处理难度。

② 主要不足：作为垫料如无害化处理不彻底，可能存在一定的生物安全风险。

③ 适用范围：适用于规模奶牛场。

7）粪便饲料化利用模式

主要用于养殖蚯蚓、蝇蛆、黑水虻等。畜禽养殖过程中的干清粪与蚯蚓、蝇蛆及黑水虻等动物蛋白进行堆肥发酵，生产有机肥用于农业种植，发酵后的蚯蚓、蝇蛆及黑水虹等动物蛋白用于制作饲料等。

① 主要优点：开辟了农业利用之外的循环利用途径，粪便作为牛床垫料与其他常用垫料相比具有成本低、不受市场控制、舒适性及安全性较好、减少肢蹄病等明显优势，降低粪污后续处理难度。

② 主要不足：动物蛋白饲养温度、湿度、养殖环境的透气性要求高，要防止鸟类等天敌的偷食。

③ 适用范围：适用于远离城镇，养殖场有闲置地，周边有农田，农副产品较丰富的中、大型规模养殖场。

8）粪便燃料化利用模式（生物干化、生物质压块燃料）

畜禽粪便经过搅拌后脱水加工，进行挤压造粒，生产生物质燃料棒。

① 主要优点：畜禽粪便制成生物质环保燃料，作为替代燃煤生产用燃料，成本比燃煤价格低，还可以减少二氧化碳和二氧化硫排放量。

② 主要不足：粪便脱水干燥能耗较高，投资较大。

③ 适用范围：适用于城市和工业燃煤需求量较大的地区。

9）粪水达标排放模式

养殖场产生的粪水进行厌氧发酵＋好氧处理等组合工艺进行深度处理，粪水达到《畜禽养殖业污染物排放标准》（GB 18596—2001）或地方标准后直接排放，固体粪便进行堆肥发酵就近肥料化利用或委托他人进行集中处理。

① 主要优点：粪水深度处理后，实现达标排放；不需要建设大型粪水贮存池，可减少粪污贮存设施的用地；粪水不需要就地消纳，减少配套消纳农田面积；粪水中有机物含量少，厌氧发酵产生的温室气体较少。

② 主要不足：粪水处理成本高，大多养殖场难承受；粪水处理系统技术工艺环节多且复杂，需要专业人员操作维护。

③ 适用范围：适用于养殖场周围没有配套农田的规模化猪场或奶牛场。

（3）《"十四五"全国畜禽粪肥利用种养结合建设规划》主推技术模式（2021 年）

2021 年 10 月农业农村部、国家发展改革委印发《"十四五"全国畜禽粪肥利用种养结合建设规划》，专栏提出畜禽粪污资源化利用主推技术模式。指出各区域应统筹考虑本地区种养业生产实际和沼气、生物天然气等清洁能源需求，合理选择畜禽粪污资源化利用技术模式，提升粪肥还田利用水平，降低环境风险。专栏中根据不同养殖类型给出了不同的主推技术模式。

1）生猪

① 漏缝地板→水泡粪→密闭贮存发酵或沼气发酵→就近农田利用；

② 漏缝地板→刮粪板干清粪→固液分离→固体堆沤肥就近农田利用或加工商品有机肥/液体密闭贮存发酵后就近农田利用；

③ 漏缝地板→刮粪板干清粪→异位发酵床→堆沤肥就近农田利用或加工商品有机肥；

④ 集中收集→大型沼气工程→沼液沼渣就近农田利用。

2）奶牛

① 刮粪板清粪→地沟收集→固液分离→固体生产牛床垫料或加工商品有机肥/液体

密闭贮存发酵后就近农田利用；

②　干清粪→固体堆沤肥 / 液体密闭贮存发酵后就近农田利用；

③　集中收集→大型沼气工程→沼液沼渣就近农田利用。

3）肉牛和羊

①　干清粪→固体堆沤肥就近农田利用或加工商品有机肥 / 液体密闭贮存发酵后就近农田利用；

②　垫料养殖→堆沤肥就近农田利用或加工商品有机肥。

4）蛋鸡和肉鸡

①　传送带清粪→固体堆沤肥就近农田利用或加工商品有机肥 / 液体密闭贮存发酵后就近农田利用；

②　刮粪板清粪→固体堆沤肥就近农田利用或加工商品有机肥 / 液体密闭贮存发酵后就近农田利用。

5）水禽

①　刮粪板清粪（或出栏一次性水冲类）→密闭贮存发酵后就近农田利用；

②　刮粪板清粪→异位发酵床→堆沤肥就近农田利用或加工商品有机肥。

（4）全国畜牧总站推介的 10 个典型案例（2023 年）

为提升畜禽养殖场（户）粪污处理利用设施装备水平，加快推进畜禽粪污资源化利用，按照农业农村部畜牧兽医局工作部署，全国畜牧总站开展了畜禽粪污资源化利用典型案例征集活动，经专家评审遴选出畜禽粪污资源化利用典型案例 10 个，并于 2023 年 12 月印发《关于推介发布畜禽粪污资源化利用典型案例的通知》［牧站（绿）〔2023〕140 号］，要求各地要充分发挥典型示范带动作用，结合本地区实际情况学习借鉴，推动技术模式推广应用和再创新，不断提升畜禽粪污资源化利用水平，逐步实现畜禽粪污由"治"向"用"转变。

全国畜牧总站推介的 10 个畜禽粪污资源化利用典型案例详情如下：

1）湖北钟祥猪场条垛式堆肥与黑膜池厌氧发酵案例

湖北钟祥牧原养殖有限公司养殖场位于湖北省钟祥市，年出栏生猪 40 万头。采用水泡粪工艺，粪污经漏缝地板进入栏下粪污贮存池，通过重力自流至粪污收集池。经固液分离后，固体粪污经过条垛式堆肥发酵工艺生产有机肥，液体粪污进入黑膜池厌氧发酵，沼液通过管网还田。主要配套装备有斜板式固液分离机、螺旋挤压机、潜水搅拌机、污水泵、铲车和还田管网等。该技术模式运行成本低，易维护，适用于周边配套土地面积充足的规模生猪养殖场。

2）云南勐腊猪场粪污简易发酵还田案例

勐腊县旭东生猪饲养有限责任公司养殖场位于云南省勐腊县，年出栏生猪 8000 头。采用机械干清粪工艺，固液分离后，固体粪污自然堆沤发酵处理后用于周边农田利用液体粪污经厌氧发酵后，进入氧化塘贮存，液肥通过管网施用于果蔬。主要配套装备有螺旋挤压机加压泵、污水泵和还田管网等。该技术模式投资和运行成本低，易维护，适用于周边配套土地充足的规模生猪养殖场。

3）陕西南郑猪场粪污异位发酵还田案例

汉中市南郑区裕鑫农业发展有限公司养殖场位于陕西省汉中市南郑区，年出栏商品仔猪3万头。采用水泡粪工艺，粪污经漏缝地板进入栏下贮存池，通过喷洒系统均匀布入异位发酵床，并定期翻抛，物料发酵后作为商品有机肥原料或还田利用。主要配套装备有发酵槽、自动移位架、液体粪污喷洒系统、自动翻抛机、潜污泵、曝气辅助系统等。该技术模式实现固液粪污同步处理，运行成本低，适用于节水工艺较好、周边农田少的规模生猪养殖场。

4）河北黄骅奶牛场粪污反应器发酵生产垫料与氧化塘发酵案例

黄骅市乐源家牧业有限公司养殖场位于河北省黄骅市，存栏奶牛4000头。采用机械干清粪工艺，将牛舍粪污收集到匀浆池，经固液分离后，固体粪污经超高温好氧发酵制备成卧床垫料，大部分液体粪污回用于牧场粪污的冲洗，收集其余液体粪污进入氧化塘贮存，施用于牧场周边农田。主要配套装备有一级、二级螺旋压榨机、高压螺旋挤压机和超高温好氧发酵垫料系统等。该技术模式可降低牧场垫料成本和粪污处理成本，适用于周边配套农田充足的规模奶牛养殖场。

5）广西田东奶牛场粪污覆膜堆肥发酵生产垫料与囊贮发酵案例

广西皇氏田东生态农业有限公司养殖场位于广西壮族自治区田东县，存栏奶牛2200头。固体粪污经槽式覆膜堆肥发酵后，与辅料（木屑、谷壳和生石灰等）拌匀后用作卧床垫料，液体粪污经密闭囊常温发酵处理后进入氧化塘贮存，用于牧草种植。主要配套设备有刮粪机、密闭覆膜、气泵和污水泵等。该技术模式工艺设施简单、投资运行成本低，适用于周边配套土地充足的规模奶牛养殖场。

6）江西永新肉牛场粪污全量收集原位发酵案例

永新县明辉农业有限公司养殖场位于江西省永新县，年出栏肉牛2500头。以秸秆、锯末和蘑菇渣等为原料，配置原位垫料的养殖工艺。定期向垫料喷洒微生物菌剂，结合人工翻扒，实现垫料初步发酵，垫料定期清出后，采用条垛式堆肥进一步发酵生产有机肥。主要配套设备有自走式翻抛机和铲车等。该技术模式工艺精细，运行成本低，适用于南方规模肉牛养殖场。

7）安徽天长羊场粪污轻简化堆肥案例

安徽天长市周氏羊业有限公司养殖场位于安徽省天长市，存栏羊6000只。采用高床养殖，机械干清粪工艺，粪污经漏缝地板进入栏下地面，用机械刮粪板清出后，采用条垛式堆肥发酵生产有机肥，就地就近还田或出售。主要配套装备有自走式翻抛机、筛分机等。该技术模式工艺简单、应用范围广，适用于规模羊场。

8）山东东港蛋鸡场粪污一体化智能好氧发酵案例

日照喜农商业发展有限公司养殖场位于山东省日照市东港区，蛋鸡存栏量50万羽。采用传送带清粪工艺，粪污通过全自动中央地下输粪系统运送至好氧发酵系统，通过智能化控制，实现自动化混配主辅料，实时监测并全程自动进行搅拌、供氧、翻堆和除臭。主要配套装备有自动化清粪系统和一体化动态智能好氧发酵系统等。该技术模式投资和运行成本高，自动化程度高，臭气控制好，适用于大型养鸡场。

9）吉林农安肉鸡场粪污分子膜好氧发酵案例

吉林农安耘垦养殖有限公司养殖场位于吉林省农安县，白羽肉鸡存栏量120万羽。采用传送带清粪工艺，收集至分子膜好氧发酵系统，通过自动控制系统调节风量，实现物料充分发酵。主要配套装备有智能一体化静态好氧发酵系统、破碎筛分机等。该技术模式投资和运行成本低，不受地域限制，在冬季寒冷地区也可正常升温发酵，隔臭效果好，适用于中大型规模鸡场。

10）江苏溧水鸭场粪污高床原位发酵案例

江苏南京溧水天福禽业专业合作社位于江苏省南京市深水区，年出栏肉鸭 30 万只。采用网床养殖工艺，网床下方设置生物发酵床，鸭粪通过网孔进入网床下的发酵床垫料（稻壳、木屑以及微生物发酵菌等），通过自走式翻抛机充分翻匀发酵床进行好氧发酵，3 年后全部清出直接还田利用。主要配套装备有自走式翻抛机和垫料清运装备等。该技术模式工艺简便，运行成本低，节约土地面积，适用于规模鸭场。

2.2.3.2 规模以下养殖场（户）畜禽粪污资源化利用主推技术

为深入贯彻落实党的二十大精神，发挥全国畜牧总站技术支撑优势，提升规模以下养殖场（户）畜禽粪污资源化综合利用水平，加快种养结合、农牧循环，推动畜牧业绿色高质量发展，按照农业农村部畜牧兽医局部署，全国畜牧总站在 2021 年 11 月启动了规模以下养殖场（户）畜禽粪污资源化利用实用技术及典型案例征集推介工作，共征集了实用技术 45 项，典型案例 115 个。经过组织推荐、评审遴选、总结提炼等环节，最终形成了规模以下养殖场（户）畜禽粪污资源化利用十大主推技术。2022 年 10 月，全国畜牧总站印发《关于推介发布规模以下养殖场（户）畜禽粪污资源化利用十大主推技术的通知》[牧站（绿）〔2022〕105 号] 向全国推广。这些技术较好地回应了当前规模以下养殖场（户）粪污处理的 3 个关注点：

① 经济实用。遴选出的技术针对性强、工艺简单高效，应用范围更广、运行效益更经济，符合国家产业政策以及当前和今后一段时期内我国畜牧业高质量发展的需求。

② 绿色生态。技术模式和典型案例全面展现绿色发展理念，推动实现畜禽粪肥就地就近安全还田利用，最大限度降低环境污染和健康风险。

③ 基层认可。遴选出的技术模式可复制可推广，在实践生产应用中适用性好、成熟度高，得到养殖场（户）普遍认可，典型案例具有示范和带动作用，在适宜地区有较大的推广应用价值。

规模以下养殖场（户）畜禽粪污资源化利用十大主推技术包括沤肥技术、反应器堆肥技术、条垛（覆膜）堆肥技术、深槽异位发酵床技术、臭气减控技术、发酵垫料技术、基质化栽培技术、动物蛋白转化技术、贮存发酵技术、厌氧发酵技术。主要简介如下：

（1）沤肥技术

沤肥技术也称为堆沤技术，是指将畜禽粪污、秸秆等有机废物混合后集中堆放，在自然条件下通过生物降解作用将混合物料转化为相对稳定且富含腐殖质的物质。原料混合物料含水率宜为 45%～65%，堆成条垛式，表面铺设一层秸秆、腐熟料或塑料膜等遮盖物，堆沤时间一般不少于 90d。常见堆沤设施为半开放式堆沤池，一般设置在养殖场内，具有防雨、防渗等功能。该技术模式操作简单、建设和运行成本较低，但发酵周期较长，需采取臭气和蚊蝇控制措施。

1）典型案例 1：黑龙江省肇东市黎明乡托公村

该案例将畜禽粪污与秸秆按照碳氮比 20 ～ 35 进行混合，含水率调节至 60% ～ 75%，加入微生物发酵剂，在坑塘进行堆沤发酵。发酵过程中温度可升高到 50 ～ 70℃，在发酵 60 ～ 80d 时翻抛一次，随后继续发酵 40d 左右，总计发酵 100 ～ 120d；发酵到 80d 左右时往往出现散失大量水分的现象，可向堆体中添加养殖污水，确保发酵物料含水率＞50%；发酵完成后，进行采样检测，当符合还田要求后即可抛洒还田。

2）典型案例 2：新疆维吾尔自治区吐鲁番市鄯善县连木沁镇艾斯力汗墩村

该案例在牛舍外利用圈舍墙体建设长 40m、宽 5m、高 1.5m 的堆粪池，建设投资 5 万元。牛舍粪污收集每周清理圈舍 1 次，用铲车转运至堆粪池，粪堆高度略高于池高，顶部覆盖塑料膜，覆膜沤肥；堆肥 4 个月腐熟后，有机肥全部用于自家 40 亩葡萄地，每年节约化肥成本 2 万～ 3 万元，增加了葡萄种植基地的土壤肥力，提高了葡萄的品质。

（2）反应器堆肥技术

反应器堆肥技术是指将畜禽粪污、秸秆等有机废物混合后，置于密闭容器中进行好氧发酵处理，实现快速无害化和肥料化。常见的反应器堆肥装置有箱式反应器、立式筒仓反应器和卧式滚筒反应器等。原料经除杂、粉碎、混合等预处理后，调节含水率至 45% ～ 65%，随后置入反应器内进行高温堆肥，反应器堆肥发酵温度达到 55℃ 以上的时间应不少于 5d，然后对发酵物料进行二次腐熟后可还田利用。该技术模式自动化水平较高，便于控制臭气污染，粪污处理效率较高，但相比于简易堆沤模式投资成本稍大。

1）典型案例 3：青海省海东市平安区三合镇索尔干村

该案例将秸秆、尾菜等废弃物粉碎后与畜禽粪污混合均匀；将混匀后的物料送至发酵罐中，温度升高至 80℃ 以上 2 ～ 4h，杀灭病原菌；根据物料情况和配方要求酌情加入一些辅料调节物料湿度和碳氮比；在降温至 65℃ 以下后，加入发酵菌剂后发酵 6 ～ 18h；温度降至常温时，加入功能性有益菌培养 2h 左右，形成功能性有机肥。其自动化程度高，操作简单，加工时间短，批次运行全过程只需 10 ～ 24h；腐熟周期短，后腐熟时间 7d 左右；场地要求低，不需建设大型堆肥场，生产过程中无恶臭，无蝇虫滋生。

2）典型案例 4：湖北省钟祥市官庄湖农场林湖社区

该案例引进"一体化智能好氧发酵舱设备"，对畜禽粪污、农作物秸秆、蘑菇菌糠等农业废弃物进行发酵处理，同时配置有"畜禽粪污连续熟化装置系统"和"畜禽粪便好氧发酵净化系统"，该发酵舱系统集成化、结构模块化、全过程智能化控制，集输送、混料、发酵、供氧、匀翻、监测、控制、冷凝净化和废气自动净化达标排放等功能于一体，整个过程在全密闭环境内进行，运行自动化，无需人工倒运物料，达到"三无"排放，循环利用。整个工艺流程分为前处理、高温发酵和陈化 3 个过程。将混合好的原料送入发酵舱，每 2h 从发酵堆底部进行强制通风曝气 1 次，2d 左右翻堆 1 次，控制发酵温度在 50 ～ 65℃，发酵周期为 12d，发酵好的半成品出料后，送至陈化车间进行二次发酵处理，二次发酵周期为 30d 以上，粪污处理效率较高，有利于控制臭气污染。

（3）条垛（覆膜）堆肥技术

条垛式堆肥技术是指将物料堆制成长条形堆垛，通过专用翻堆机或翻斗车进行机械供氧的好氧发酵过程，是一种应用较为广泛的堆肥工艺。条垛式堆肥过程中，可以在堆体表面覆盖一层专用分子膜，使其形成一个密闭环境，减少污染气体排放，并在堆体底部通过曝气管道供给氧气，促进物料快速腐熟，这种堆肥工艺也称为覆膜堆肥。条垛式堆肥翻堆频率为每周 3 ～ 5 次，整个发酵过程需要 30 ～ 60d。该技术模式工艺简单、操作简便、投资较少，但占地面积大、发酵时间长、臭气不易控制、产品质量不稳定。

1）典型案例 5：宁夏回族自治区西吉县兴隆镇川口村

该案例采用"村企合作"的方式，将肉牛粪污通过条垛式堆肥发酵产生初级有机肥，再将初级有机肥统一运送到有机肥加工中心生产有机肥料。具体为将 80% 的粪污和 20% 的粉碎秸秆混合均匀，按照 8m³ 物料接种 1kg EM 菌剂，随后进行条垛式堆肥处理。垛宽 1.5 ～ 2.5m，垛高 1 ～ 1.5m，2 ～ 3d 翻抛一次，当温度超过 70℃时增加翻堆次数，高温发酵 15d 后，再进行二次发酵 30d，堆体温度接近环境温度时完成发酵过程形成初级有机肥。

2）典型案例 6：大连市庄河市吴炉镇

该案例采用条垛式堆肥 + 高分子膜覆盖的形式对畜禽粪污进行处理。采用的高分子膜材料具有特制微孔、次微孔，可限制氨气等有害气体通过，氮元素保存率可达到 70%，并允许水、二氧化碳等小分子通过，保持堆体含水率，实现堆肥的稳定发酵；采用农业秸秆等干物料调节堆体碳氮比和含水率，条垛堆肥基本参数为含水率 55% ～ 65%、碳氮比为 25 ～ 30 和气体供应量 0.05 ～ 0.2m³/（min·m³），条垛堆体建设规格为长 35m、宽 8m，水泥防渗地面，铺设送风管路和废液回收管路，设备包括供风系统、温控系统、热感应系统、压力系统以及高分子膜。

（4）深槽异位发酵床技术

深槽异位发酵床技术是指在畜禽养殖舍外采用深槽发酵处理粪浆的一种方式，首先向发酵槽内一次性投放大量的干垫料，然后将每天收集到的粪浆（含固率 ≥ 5%）均匀喷淋到垫料上，再经机械翻耙和辅助曝气，实现高温好氧发酵、蒸发水分、保留养分，实现无害化处理。目前主要应用在缺少耕地配套的山区生猪养殖场和部分刮粪模式笼养蛋鸡、肉鸡场。深槽异位发酵床主要包括发酵槽、粪污池、翻耙机和曝气辅助系统，发酵槽内垫料高度应不低于 1.8m，垫料容积大于日处理粪浆量的 60 倍，翻耙机宜采用小功率多层翻抛设备，菌种采用能快速分解粪浆中残留淀粉的高效降解菌株。垫料与粪浆混合均匀后含水率应控制在 50% ～ 60%，每天可适量喷加粪浆 1 次、翻耙物料 1 次，夏季可适当增加翻耙次数，冬季可适当减少翻耙次数。该技术模式具有占地面积小、投资相对较少、运行成本较低和快速控制臭气的优点，能实现粪浆发酵全部转化为有机肥原料。

1）典型案例 7：山东省日照市岚山区碑廓镇

该案例存栏生猪 1000 头，堆粪棚改建为深槽异位发酵床，按照每头猪 0.33 ～ 0.50m² 要求配套建设 2m 深槽异位发酵床。深槽异位发酵床由集污池、泥浆泵、搅拌系统、多层翻耙机和 2m 深槽发酵槽组成，发酵垫料因地制宜、就近取材，采用锯末、稻壳、农作物秸秆等，按照碳氮比 40 ～ 60、容重 ≤ 0.5、pH 值 6 ～ 8 的要求混合制备而成，接种量按照发酵垫料量的 0.05% ～ 0.1% 添加，发酵垫料厚度 ≥ 1.8m，翻耙混合均匀后即可每天喷洒适量粪浆，每天喷洒粪浆量控制在 15kg/m³ 以内，确保不过量，垫料含水量持续稳定在 45% ～ 55% 之间，粪浆由每天人工收集的干粪和少量尿水混合而成，经过搅拌装置在集污池中混合均匀后输送喷洒到异位发酵床的表面进行发酵处理，根据深槽异位发酵床运行情况，定期补充或更换垫料和菌种，3 年来运行正常，基本解决了猪场粪便和尿液的处理利用的难题。

2）典型案例 8：安徽省泾县蔡村镇

该案例按照"机械投喂、机械清粪、自动环控和实时监控"建设笼养肉鸡专业合作社，带动周边中小养殖户 12 家，出栏 100 万羽笼养肉鸡；粪污处理配套有深槽异位发酵床 2 座，其中发酵床面积 1600m²、处理容积约 2800m³、配套有 2 台翻耙机，采用集中收集肉鸡养殖场粪浆，年收集约 5000t，通过 4～5 批次运行，生产腐熟有机肥 1450 余吨，有效解决了鸡粪处理的难题。

（5）臭气减控技术

臭气减控技术是指主要减少畜禽养殖产生的 NH_3、H_2S、VOCs 等臭气成分，其中最臭的气体成分是各种挥发性脂肪酸。养殖过程中多个环节都有臭气产生，减少和控制臭气主要从动物饲料、圈舍环境、清粪方式和粪污收集处理等方面进行综合治理，通过快速清理粪污、全量密封贮存、减少臭气外溢；添加发酵饲料（中草药），减少动物肠道臭气产生；喷洒抑臭微生物菌剂，降低舍内环境臭气浓度；固体粪污快速进入好氧堆肥状态，形成腐熟堆肥，抑制臭气产生；液体粪污经过深度厌氧发酵过程，形成腐熟粪水，减少臭气排放。

1）典型案例 9：上海市松江区

该案例生猪养殖家庭农场 76 家，每个家庭农场设计 1 栋猪舍，存栏生猪 500～600 头，周边配套水稻种植面积 100～200 亩，养殖场通过优化饲料配方，每天添加 3%～5% 的发酵饲料或者发酵中草药，控制生猪消化道臭气物质产生；猪舍内建立快速清粪系统，确保新鲜粪便每天快速进入密闭贮存系统；采用密封管道收集输送液体粪污，减少臭气外溢；猪舍末端风机口安装除臭设施，包括外部箱体、过滤材料、喷淋系统、主电控箱，除臭设施安装在猪舍排风口的外侧，通过更换大功率负压风机，并与密闭风道连接，经过水洗氧化除臭和微生物降解除臭（生物膜），实现猪舍尾气高效除臭，场界臭气浓度降到 20 无量纲以下（DB 31/1098—2018），减少了臭气排放。

2）典型案例 10：安徽省亳州市蒙城乐土镇

该案例是公司＋农户的形式，每个养殖户配套建设高标准鸭棚 1～3 个，每个鸭棚养殖面积 1440m²、存栏 1.2 万羽，全年养殖 6～7 个批次，带动皖北地区 1000 多个中小型养殖户发展肉鸭产业。其采用雨污分离、优化饮水系统、提升养殖棚舍高度等，建立网下垫料收集新鲜粪便快速处理技术，降低新鲜鸭粪厌氧发酵产生臭气浓度；采用发酵饲料（中草药）调节肉鸭肠道微生物，减少粪臭素等恶臭物质的产生；采用喷淋系统定期喷洒抑臭微生物菌剂，在养殖层面构建健康微生态环境，控制动物体臭。鸭棚周边臭气浓度降到 20 无量纲以下（DB 31/1098—2018），肉鸭养殖环境臭气减控效果显著。

（6）发酵垫料技术

发酵垫料技术是指将锯末、稻壳和秸秆等垫料经发酵后铺设到圈舍内的养殖层面或者养殖层面以下（漏粪板、漏粪网格）的一种养殖模式，在奶牛、肉牛、肉羊和肉鸡等中小规模养殖场均有使用。养殖过程中动物每天产生的粪便和尿液均落入预先铺设好的发酵垫料上，通过内源微生物或外源功能微生物作用进行中低温好氧发酵，实现畜禽粪污无害化处理和稳定化利用。发酵垫料含水量一般控制在 40% ～ 50%，垫料厚度以畜种、养殖模式以及每天产生粪尿量确定，每立方米垫料应添加（接种）功能微生物菌种 0.3 ～ 1kg，配置垫料应先预发酵，发酵温度需经过 60℃的高温区，预发酵周期控制在 5 ～ 7d。发酵垫料上床后，要根据不同模式采用覆盖或翻耙等方式调节水分，并通过增减垫料厚度调控发酵进程，发酵垫料厚度应根据季节变化及时调整。发酵垫料使用一个周期后，根据氮磷钾养分富集情况和垫料腐解状况，确定是否更换垫料，更换的垫料可用于有机肥生产或作为农家肥直接还田使用。

1）典型案例 11：广西壮族自治区都安县东庙乡安宁村

该案例采用"微生物 + 发酵垫料"模式，牛棚屋顶采用隔气隔热材料，中间间隔布置透光板，沿四周砖砌发酵床，高出地面 60cm 左右，防止雨水渗入，严格实施雨污分离。同时使用发酵垫料场床一体化养殖肉牛，垫料因地制宜选择谷壳、木糠、锯末等廉价材料，首先在发酵床底部铺设一层谷壳或秸秆保障透气，再铺一层木屑增加吸水性，每层控制在 10 ～ 20cm。将锯末、谷壳物料均匀铺设，并控制含水量。当垫料下沉 5 ～ 10cm 时应及时补充新的垫料。使用一个周期后，根据氮、磷、钾养分富集状况和发酵垫料腐熟情况，更换新的垫料，更换下来的垫料直接作为农家肥还田使用或者生产有机肥，采用发酵垫料养殖模式，场内无排污口，无臭气产生，能够满足环保要求。

2）典型案例 12：江苏省南京市高淳区

该案例建设圈舍围栏长 31420m、高度 1.5m，底座采用砖混结构，高出地面 20 ～ 30cm；在围栏中均匀铺设预发酵的秸秆、稻壳等，散养蛋鸡圈养在围栏中，每天产生的粪便和垫料混合，经中低温发酵后无臭气产生，农户根据垫料层表面鸡粪积累情况，及时增加新鲜垫料，3 ～ 6 个月自行更换新的垫料一次，清理出的畜禽粪便和垫料由村保洁员上门袋装收集，并就近运送到指定的畜禽粪污处理中心，进行简易堆肥发酵，实现无害化处理肥料化利用。发酵垫料养殖模式，按照 1m³ 发酵垫料配套 100 只蛋鸡进行设计，粪污中低温发酵和收集后高温堆肥发酵腐熟，作为农家肥使用或商品有机肥的生产原料。发酵垫料养殖模式应按照先进先出的原则，将处理好的粪肥根据种植要求进行菜地、果树还田利用（秋施或冬施），可减施化肥 5% ～ 10%。

（7）基质化栽培技术

基质化栽培技术是利用畜禽粪便为原料，辅以菌渣及农作物秸秆，进行堆肥发酵，生产用于菌菇种植的基质、果蔬栽培基质、水稻育秧基质，具有较好的经济效益。主要是畜禽粪便和粉碎秸秆按一定比例混拌后，经过 10 余天高温发酵，15d 左右二次发酵，通常保持碳氮比为 20 ～ 35，含水量控制在 60% 左右，经过多次发酵转化为腐熟栽培基质。若作为水稻或者蔬菜育苗基质，腐熟粪便堆肥与营养土、壮苗剂按一定比例混拌均匀即可；如果作为食用菌栽培基质，需要进一步经过巴氏灭菌、降温、接种培养后，按照食用菌栽培基质质量安全要求（NY/T 1935—2010）进行包装备用。使用时适宜温度是 25 ～ 28℃，其间需要注意通风换气、控制温度和水分，促进菌丝生长，可以在温室大棚中进行培养生产食用菌。

1）典型案例 13：浙江省金华市金东区

该案例中养猪场采用原生态、低成本粪污处理模式，以盆景艺术展示园、果蔬产业园为依托，发展苗木基质栽培技术，促进当地苗木产业发展，带头塑造农旅党建品牌示范村。养猪场占地 5 亩，猪舍面积 900m²，存栏 265 头，年出栏 450 头，年产生粪污约 360t。猪舍采用干粪形式，粪便在专用的封闭式集粪棚经过堆肥发酵后形成初级有机肥，用于制作苗木栽培基质，养分损失小，肥料价值高；猪尿、冲栏水及少量污水进入沼气池经厌氧发酵，形成沼液用于灌溉，沼气用于场区生活。

2）典型案例 14：湖南省冷水江市中连乡

该案例主要将养殖场粪污生物处理后用于蔬菜大棚栽培基质，其建设沉淀池、干粪棚等粪污处理设施，拥有蔬菜种植基地 200 余亩，配套蔬菜大棚 82 个；场内实现雨污分离，建设干粪棚、沼气池、沉淀池等设施；养殖场产生的粪污干湿分离集中收集，固体粪污进行堆沤发酵，加工成大棚蔬菜种植基质，用于高营养价值蔬菜种植。养殖粪水经厌氧发酵后，产生的沼气用于日常生活，沼渣生产专用有机肥，沼液进入沼液净化处理设施进一步处理，处理后的沼液由水肥输送管道运送至蔬菜基地。

（8）动物蛋白转化技术

动物蛋白转化技术是指通过蚯蚓、黑水虻等腐食性动物对畜禽粪便进行生物处理，增殖转化的蚯蚓、黑水虻等可用作畜禽饲料中的动物蛋白原料，残余物质（虫沙）作为有机肥料进行还田利用。蚯蚓适宜生长温度为 18 ～ 25℃，培养基料适宜含水率 30% ～ 50%，pH 值 6.5 ～ 7.5，碳氮比 35 ～ 42，养殖密度控制在 10000 ～ 30000 条幼蚓 /m² 为宜，通过亲本选择、杂交、初筛、驯化、复筛、基质制备和增殖培养等步骤完成。黑水虻适宜在 28 ～ 32℃ 环境下生长，种虫繁殖需要好的光照条件，但处理猪粪的场所不需要光照。黑水虻养殖模式可分为人工操作和机械化操作，全程转化时间一般在 35d 左右，食物转化率 15% ～ 20%，商品幼虫粗蛋白含量 42%（干基），营养价值高，对粪便中氮的消化能力可达到 25%，具有处理成本低、资源化效率高、无二次污染等特点，实现了生态养殖。

1）典型案例 15：山东省青岛市莱西市姜山镇洽疃村

该案例为自繁自养小型猪场，存栏 260 头、出栏 400 头左右，配套南瓜种植面积 270 亩、蚯蚓养殖大棚 1 亩（2 个）。蚯蚓养殖条垛宽 1m，添料厚度 10 ～ 20cm，每月添料 2 次以上；每隔 10d 左右除蚓粪、倒翻蚓床 1 次，根据生产情况定期收获蚯蚓；蚯蚓用于散养蛋鸡饲料，蚓肥用作种植绿皮南瓜的有机肥料；垫料和秸秆等通过好氧堆肥发酵，每年可生产有机肥 40 ～ 50t，通过有机肥和蚓肥还田利用，可有效提高土壤肥力、减少农田肥料投入 6 万 ～ 8 万元，具有明显的社会效益和生态效益。

2）典型案例 16：云南省楚雄州禄丰市

该案例从事生猪、土鸡养殖，占地 80 亩，日产新鲜猪粪约 2t，污水 5 ～ 8m³。其配套建设种虫养殖房，将收集到的黑水虻虫卵孵化为幼虫；新鲜猪粪预处理调节含水量后投入转化池，同步添加黑水虻幼虫，经 12 ～ 15d 培养转化后进行虫粪分离，部分幼虫作为留种继续培养。猪场每天产生的新鲜粪便全部用于黑水虻养殖，成虫作为蛋鸡饲料，残留物质（虫沙）作为生产有机肥原料，配套饲养 7000 羽土蛋鸡，年收益 105 万元，生产有机肥 182.5t，年销售收入 10.9 万元（按 600 元 /t 计）。

（9）贮存发酵技术

贮存发酵是将畜禽养殖场产生的畜禽粪、尿、外漏饮水、冲洗水及少量散落饲料等的混合物（液态粪污）集中收集或将粪污固液分离后的液体，在敞口、封闭或半封闭贮存条件下伴随好氧、兼氧或厌氧发酵的过程，以达到粪污稳定化、无害化效果，并减少有害气体排放。常见的贮存发酵设施有舍内深坑、氧化塘、密闭罐或覆膜塘（如黑膜厌氧塘）等。粪污在氧化塘和 / 或深坑中贮存发酵的时间总和不少于 6 个月，在封闭贮存设施中贮存发酵的时间不少于 3 个月；加入微生物菌剂或发酵后作为基肥使用时，可适当缩短贮存期。其操作简单，建设和运行成本较低，但要配套规范的贮存设施，保障贮存发酵全过程安全，合理设计农田施用工艺，并注意控制有害气体排放。

1）典型案例 17：江西省赣州市信丰县嘉定镇龙舌村

该案例建有栏舍 3 栋约 500m²，存栏母猪 10 头、公猪 1 头、仔猪 46 头；配套种植板栗 35 亩、脐橙 20 亩、花生 2 亩、西瓜 2 亩、蔬菜 0.5 亩；养殖场建设雨污分离设施将粪便与污水分开，尿和污水通过专用管道集中收集进行厌氧贮存发酵 60d 左右，进入氧化塘贮存，在施肥季节进行还田利用，其运行人工成本每年约 1 万元，粪污替代化肥成本约 5000 元，60 亩经济作物增产提质增收近 6000 元。

2）典型案例 18：河北省衡水市桃城区

该案例年出栏生猪 300 头，配套建设粪水贮存池 90m³，贮存池包括畜禽舍边的一级沉淀池、流通过程的二级沉淀池和最终汇集的三级沉淀池，通过直径＞ 30cm 的暗道或管道输送，三级沉淀池为全地下式，深度 2 ～ 2.5m，容纳 3 个月以上的粪水量，总投资 2.22 万～ 2.73 万元。通过干清粪或干湿分离机将养殖场粪污分为固态粪便和粪水，粪水进入贮存池发酵后用于农业生产，其有充足的土地可消纳养殖场粪污。

（10）厌氧发酵技术

厌氧发酵是将畜禽养殖粪污，经过除杂、调质等预处理后，置于密闭设施中在厌氧微生物作用下进行稳定化、无害化处理，所产生沼气作为能源，沼液沼渣作为肥料（沼肥）；需配套原料预处理、进出料、沼气贮存和净化以及沼肥贮存设施等。影响厌氧发酵效果的因素主要有物料配比，总固体浓度，发酵温度，搅拌、发酵周期等。规模以下养殖场粪污厌氧发酵的总固体浓度以不超过 8% 为宜，推荐采用常温（环境温度）和中温发酵（36℃左右）；常温发酵周期（停留时间）不少于 8 周、中温发酵周期不低于 3 周，可通过发酵设施保温和加温（如太阳能加温）保证发酵温度稳定。该技术对粪污稳定化无害化处理效果好，每立方米粪污产沼气 30m³ 以上，病虫害和杂草种子杀灭率可达 90% 以上，粪污养分损失＜ 10%，甲烷减排 80% 以上；但对稳定运行、安全管理等技术要求较高，适宜粪污产生量稳定充足、清洁能源需求大、有害气体排放控制要求高的地区。

1）典型案例 19：四川省南充市嘉陵区李渡镇

该案例常年饲养母猪 20 余头，年出栏商品肉猪 200 ～ 300 头，粪污干湿分离后，少量粪便和尿污进入 100m³ 地埋式沼气池厌氧发酵，产生的沼气为场内生活供能，沼液进入 500m³ 贮存池充分腐熟，在用肥时通过污水泵抽运到周边 100 余亩农田。通过沼气池、贮液池、三轮运输车、吸污泵及管带等环保设施配套，粪肥还田利用替代农业种植 2/3

化肥用量，具有明显的经济效益、生态效益和社会效益。

2）典型案例20：河南省鹤壁市浚县小河镇

该案例养殖场（户）将养殖粪水汇入贮存池暂存，然后泵入太阳能辅助加温沼气池进行厌氧发酵，加快生产沼气速率及沼肥转化速率，比传统沼气池工艺处理周期减少6d以上。其养殖场每100～300头存栏生猪配套建设30m³粪污贮存池和70m³沼气池，沼气供养殖户或周边农户使用，沼肥还田；每亩地节省复合肥用量4kg，粮食增产增收50kg，每亩地收益增加150元。畜禽粪污处理后转变为可利用的能源，降低了畜禽养殖对环境污染的影响。

参考文献

[1] 董红敏，左玲玲，魏莎，等.建立畜禽废弃物养分管理制度 促进种养结合绿色发展 [J].中国科学院院刊，2019，34（2）：180-189.

[2] 蒋松竹，蔡琼，李美娣，等.畜禽养殖污染防治的法律体系现状及思考 [J].环境污染与防治，2013，35（10）：93-98.

[3] 武淑霞.我国农村畜禽养殖业氮磷排放变化特征及其对农业面源污染的影响 [D].北京：中国农业科学院，2005.

[4] 漠纵泉.我国农产品国际贸易必须突破重重迷局 [J].中国禽业导刊，2004（17）：52-55，4.

[5] 李晨艳，乔玮，董仁杰.养殖场粪污氨排放控制的管理对策分析 [J].四川环境，2017，36（3）：147-153.

[6] 嘉慧.发达国家养殖污染的防治对策 [J].山西农业（畜牧兽医），2007（7）：53-54.

[7] 孟祥海.我国与发达国家畜禽养殖业环保政策的比较研究 [J].上海环境科学，2018（5）：202-207.

[8] 全国畜牧兽医总站.国外养殖粪污处理经验 [J].农村新技术，2017（9）：25-26.

[9] 侯世忠，曲绪仙，崔红，等.赴美畜禽粪污无害化处理及资源化利用技术培训总结 [J].山东畜牧兽医，2018，39（6）：46-52.

[10] 王凯军.畜禽养殖污染防治技术与政策 [M].北京：化学工业出版社，2004.

[11] 文魁，王夏晖，李志涛，等.发达国家畜禽养殖业环境政策与我国治理成本分析 [J].农业环境与发展，2011，28（6）：22-26.

[12] 余海波，方向东，刘开武.欧美发达国家的畜禽养殖污染防治 [J].中国畜牧业，2015（22）：53-55.

[13] 尹红.美国与欧盟的农业环保计划 [J].中国环保产业，2005，8（3）：42-45.

[14] 张园园，孙世民，王军一.畜禽养殖清洁生产：国外经验与启示 [J].中国环境管理，2019，11（1）：128-131.

[15] 王淑彬，王明利，石自忠，等.种养结合农业系统在欧美发达国家的实践及对中国的启示 [J].世界农业，2020（3）：92-98.

[16] 郑铃芳，章杰.国外畜禽养殖污染防治经验介绍 [J].中国猪业，2015，10（11）：16-18.

[17] 贾倩，串丽敏，王爱玲，等.国内外农业废弃物资源化利用技术对比研究 [J].世界农业，2023（11）：19-30.

[18] 李宁.畜禽粪污处理模式国内外研究综述 [J].现代畜牧兽医，2018（5）：50-54.

[19] 何晓红，马月辉.由美国、澳大利亚、荷兰养殖业发展看我国畜牧业规模化养殖 [J].中国畜牧兽医，2007，34（4）：149-152.

[20] 李孟娇，董晓霞，李宇.发达国家奶牛规模化养殖的粪污处理经验——以欧盟主要奶业国家为例 [J].世界农业，2015（5）：10-15.

[21] 王珍.国外生态畜牧业现状与发展经验借鉴 [J].中国农业综合开发，2023（11）：58-62.

[22] 舒畅，乔娟.欧美低碳农业政策体系的发展以及对中国的启示 [J].农村经济，2014（3）：125-130.

[23] 张颂心.国外畜禽养殖面源污染：管控模式、典型经验和现实启示 [J].黑龙江畜牧兽医，2020（22）：14-18.

[24] 周杰灵.美国生猪养殖粪污治理研究（1910-2010）[D].南京：南京农业大学，2019.

[25] 李孟娇，董晓霞，郭江鹏.美国奶牛规模化养殖的环境政策与粪污处理模式 [J].生态经济，2014，30（7）：55-59，89.

[26] 迟景译，牟少岩，李敬锁，等.美国畜禽养殖废弃物治理经验及对中国的启示 [J].新疆农垦经济，2018（2）：87-92.

[27] 吴娜伟，李琳 . 美国畜禽养殖污染防治管理对我国的启示 [J]. 环境与可持续发展，2017，42（6）：40-42.

[28] 金书秦，韩冬梅，王莉，等 . 美国畜禽污染防治的经验及借鉴 [J]. 农村工作通讯，2013（2）：62-64.

[29] 赵润，张克强，朱文碧，等 . 欧盟畜禽养殖废弃物先进管理经验对中国的启示 [J]. 世界农业，2011（5）：39-44.

[30] 吕文魁，王夏晖，孔源，等 . 欧盟畜禽养殖环境监管政策模式对我国的启示 [J]. 环境与可持续发展，2015，40（1）：84-86.

[31] 赵润，张蕙杰，刘琦，等 . 欧盟奶业环境污染防治经验——以集约化奶牛场粪水管控为例 [J]. 环境保护，2019，47（9）：69-74

[32] 金书秦，唐佳丽，杨小明，等 . 欧盟有机肥产品标准、管理机制及其启示 [J]. 中国生态农业学报，2021，29（7）：1236-1242

[33] 隋斌，孟海波，沈玉君，等 . 丹麦和瑞典农业废弃物资源化利用调研报告 [J]. 农业工程技术，2018，38（2）：3-5.

[34] 郭鸿鹏，徐北春，刘春霞，等 . 丹麦农业生产水污染综合防治政策及启示 [J]. 环境保护，2015，43（16）：68-71.

[35] 禾日 . 丹麦畜禽粪污的管理及处理措施 [J]. 中国畜牧业，2018（8）：40-41.

[36] 许英杰，Keld Storm. 丹麦农业生产中的肥料使用及其对中国的启示 [J]. 中国农学通报，2010，26（16）：180-183.

[37] 隋斌，孟海波，沈玉君，等 . 丹麦畜禽粪肥利用对中国种养结合循环农业发展的启示 [J]. 农业工程学报，2018，34（12）：1-7.

[38] 史铭铭，姜蒙 . 绿色经营背景下黑龙江农户种养结合模式 [J]. 南方农机，2022，53（9）：39-41，49.

[39] 莫际仙，高春雨，毕于运，等 . 国外养分管理计划政策与启示 [J]. 世界农业，2018（6）：86-93，216.

[40] 川牧 . 丹麦现代养猪业考察报告 [J]. 农业技术与装备，2010（23）：73-75.

[41] 杨倩 . 国外畜禽养殖污染治理经验（荷兰篇）[N]. 中国环境报，2014-07-31.

[42] 荷兰畜禽养殖污染治理经验 [J]. 当代畜牧，2014（30）：49.

[43] 张晓岚，吕文魁，杨倩，等 . 荷兰畜禽养殖污染防治监管经验及启发 [J]. 环境保护，2014，42（15）：71-73.

[44] 张斌，金书 . 荷兰农业绿色转型经验与政策启示 [J]. 中国农业资源与区划，2020，41（4）：1-7.

[45] 王晓梅，辛竹琳，何微，等 . 荷兰农业绿色发展政策现状及对中国的启示 [J]. 农业展望，2022，18（6）：24-29.

[46] 陈三林 . 荷兰农业产业化的发展回顾与未来展望 [J]. 世界农业，2017（7）：151-155.

[47] Buisonjé F，Melse R W，Hoeksma P，et al. 荷兰禽畜粪便处理之战 [J]. 世界环境，2016（2）：41-45.

[48] 刘声春，王桂显，孙丽娟，等 . 德国畜禽粪污资源化利用政策与技术装备研究 [J]. 中国奶牛，2020（9）：57-61.

[49] 陈章全，陈世雄，尚斌 . 德国畜禽废弃物治理的做法与启示 [J]. 甘肃畜牧兽医，2017，47（10）：25.

[50] 陈佩芝，盛清凯 . 德国 UTV-GORE 膜覆盖式畜禽粪便高温好氧发酵法 [J]. 猪业科学，2016，33（6）：52-53.

[51] 孟晓静，翟桂玉，尹旭升，等 . 德国畜禽粪便的资源化利用 [J]. 当代畜牧，2012（5）：61-62.

[52] 严由南，钟新福 . 德国畜禽清洁生产实践 [J]. 江西畜牧兽医杂志，2011（1）：1-2.

[53] 韩冬梅，金书秦，沈贵银，等 . 畜禽养殖污染防治的国际经验与借鉴 [J]. 世界农业，2013（5）：8-12，153.

[54] 徐溧伶 . 德国水资源管理与生态保护可持续发展战略初探 [J]. 珠江现代建设，2011（6）：6-9.

[55] 王建华 . 德国下萨克森州如何防治养殖污染 [J]. 群众，2020（8）：68-69.

[56] 禾日 . 德国畜禽粪污的管理及处理措施 [J]. 中国畜牧业，2018（15）：43-44.

[57] 顾若婷，高馨馨，唐春明，等 . 畜禽养殖污染防控技术研究进展 [J]. 环境保护前沿，2022，12（3）：618-624.

[58] 穆月英，司伟 . 农业基本法视角下日本农业政策演变及特征研究 [J]. 世界农业，2024（9）：11-21.

[59] 张毅，孔令博，杨玲珊，等 . 日本功能农业政策、产业布局及对中国的启示 [J]. 农业展望，2024，20（8）：22-29.

[60] 马双双，张辉，沈玉君，等 . 日本废弃物处理利用经验对中国的启示 [J]. 农业工程学报，2024，40（16）：196-201.

[61] 李新 . 日本鸡场的粪便堆肥发酵处理 [J]. 中国家禽，2008，30（3）：25.

[62] 陈梅雪，杨敏，贺泓 . 日本畜禽产业排泄物处理与循环利用的现状与技术 [J]. 环境污染治理技术与设备，2005，6（3）：5-11.

[63] 刘玉满，都文，萨日娜 . 日本奶业规模化养殖及发展趋势 [J]. 中国畜牧杂志，2013，49（14）：49-54.

[64] 张亚伟 . 看日韩畜牧业发展之路 [J]. 中国食品，2016（17）：22-25.

[65] 吕文魁，王夏晖，李志涛，等 . 发达国家畜禽养殖业环境政策与我国治理成本分析 [J]. 农业环境与发展，2011，

28（6）：22-26.

[66] 徐瑾，陈雨舒 . 国外生猪养殖污染防治法律制度的经验与启示 [J]. 黑龙江畜牧兽医，2020（12）：26-30.

[67] 吴买生，廖立春，左晓红，等 . 日本发酵床生态养猪考察报告 [J]. 猪业科学，2012，29（11）：24-25.

[68] 朱宁，马骥，秦富 . 主要蛋鸡养殖国家蛋鸡粪处理概况及其对我国的启示 [J]. 中国家禽，2011，33（6）：1-5.

[69] 刘炜 . 加拿大畜牧业清洁养殖特点及启示 [J]. 中国牧业通讯，2008（10）：18-19.

[70] 单正军 . 加拿大的畜牧业环境保护管理 [J]. 现代农业装备，2004（10）：60-61.

[71] 戴旭明 . 加拿大牧场的粪便处理技术 [J]. 浙江畜牧兽医，2000（1）：42-43.

[72] 江立方，周松卿，杨自立，等 . 发达国家和地区畜禽粪便污染防治立法的现状 [J]. 家畜生态，1995（2）：44-49.

[73] 单正军 . 加拿大畜牧业环境保护管理考察报告 [J]. 农村生态环境，2000（4）：61-62.

[74] 朱一鸣，李莎莎，马骥 . 畜牧规模养殖与生态环境协调发展研究——基于澳大利亚的经验 [J]. 世界农业，2015（10）：47-49.

[75] 余文莉 . 澳大利亚肉牛养殖模式 [J]. 中国畜牧业，2011（16）：52-55.

[76] 朱增勇 . 澳大利亚肉牛养殖历史及其现状 [J]. 黑龙江畜牧兽医，2009（16）：29-31.

[77] 周旭，卢星华 . 畜牧养殖的环境保护问题与法律对策 [J]. 现代畜牧科技，2024（7）：147-150.

[78] 杜孟玟，魏玲丽 . 畜禽养殖生态化：模式、经验与对策 [J]. 经济师，2024（1）：41-42.

[79] 吴根义 . 畜禽养殖环保政策发展趋势 [J]. 畜牧产业，2024（10）：18-22.

[80] 林宝春 . 我国养殖业污染控制技术发展历程与现状分析 [J]. 畜牧产业，2024（11）：47-52.

[81] 王旭 . 推进畜禽粪污资源化利用 [J]. 中国畜牧业，2023（20）：14-17.

[82] 谷小科 . 生猪养殖户对粪污资源化利用政策的响应研究 [D]. 长沙：湖南农业大学，2022.

[83] 华兆才 . 畜禽粪污社会化服务模式的实践与探索 [J]. 畜牧业环境，2024（9）：25-27.

[84] 闫红军，韩锋 . 养殖场粪污处理技术与典型案例分析 [J]. 养猪，2024（2）：18-22.

[85] 马云蕾 . 畜禽粪污资源化利用模式的探讨与发展 [J]. 中国畜牧业，2024（1）：84-85.

[86] 钟庆发 . 关于畜禽粪污资源化利用模式的探讨及思考 [J]. 畜牧兽医科技信息，2022（12）：46-48.

[87] 刘悦，王黎明，吴勇涛 . 粪污贮存过程中氨气减排的研究进展 [J]. 现代化农业，2022（12）：87-90.

[88] 刘一明，杨惠 . 规模以下养殖场（户）畜禽粪污资源化利用十大主推技术发布 [N]. 农民日报，2022-11-21（006）.

[89] 李维尊 . 畜禽养殖粪污处理处置技术手册 [M]. 北京：化学工业出版社，2022.

[90] 王亮，高学伟，李宁 . 畜禽粪污资源化利用模式探讨 [J]. 湖北畜牧兽医，2021，42（7）：30-31.

[91] 畜禽养殖废弃物资源化利用主推技术模式 [J]. 农村科学实验，2018（1）：27-28.

[92] 郑明霞，汪翠萍，王凯军，等编译 . 集约化畜禽养殖污染综合防治最佳可行技术 [M]. 北京：化学工业出版社，2013.

[93] 朱满兴，杨军香 . 畜禽粪便资源化利用技术：集中处理模式 [M]. 北京：中国农业科学技术出版社，2016.

[94] 何世山，杨军香 . 畜禽粪便资源化利用技术：达标排放模式 [M]. 北京：中国农业科学技术出版社，2016.

第**3**章

畜禽养殖固态粪污堆肥技术

3.1　堆肥概念和原理

随着畜禽养殖业的集约化和规模化发展，养殖业和种植业严重分离，畜禽养殖业产生的大量废弃物不能及时处理和还田利用，给生态环境造成了巨大压力。畜禽粪便中含有诸多利于农田地力提升和作物生长的有机物质和各种营养元素，通过堆肥处理可以实现无害化并转化为优质有机肥。畜禽粪便堆肥化是传统且十分有效的资源化循环利用途径。

3.1.1　堆肥概念

在传统意义上，堆肥是农业生产过程常用的废弃物处理转化并还田的方法，目前堆肥还没有一个被广泛认同的定义。

欧盟堆肥品质检查委员会的堆肥定义为："在通风条件下，通过自身发热分解的产物，是一类不会招致害虫、无臭气、可防止病菌繁殖的有机物。"

美国堆肥协会（USCC）的堆肥定义为："有控制地通过生物分解有机废物后得到的产物，在分解过程中产生的热量可使原材料得到无害化和稳定化以有益于植物生长，其物理性质与初始的原材料已截然不同。堆肥是一种有机质资源，其特有的性质可以改善土壤或生长基质的物理、化学和生物性质。它虽含有植物所需养分，但还不是一种典型肥料。"

加拿大堆肥协会的堆肥定义为："堆肥是一个自然的生物过程，它在可控条件下把有机物转化成一种稳定的、类腐殖质的产品。堆肥过程中主要通过微生物，包括细菌和真菌把有机物分解为简单的化合物。微生物需要氧气来完成其工作，意味着堆肥是一个好氧过程。"

日本在 2000 年修订的肥料管理法中把传统堆肥定义为："把稻秸、稻壳、树皮、动物的排泄物及其他动植物的有机物质（污泥及鱼贝类的内脏器官除外）进行堆积或搅拌，腐熟而成的肥料。"日本有机资源协会于 2003 年出版的《堆肥化手册》则把堆肥化定义为："在堆积、搅拌、通风的好氧状态下，利用微生物分解原材料中的有机物，分解产生的热量可使水分蒸发。堆肥能杀死病原菌、寄生虫卵和杂草种子，是一个安全、卫生、有机物稳定化的过程。"

国内对堆肥的理解是，利用各种植物残体（作物秸秆、杂草、树叶、泥炭、垃圾以及其他废弃物等）为主要原料，混合人畜粪尿经堆制腐解而成的有机肥料。我国《畜禽粪便堆肥技术规范》（NY/T 3442—2019）中对堆肥的定义为："在人工控制条件下（水分、碳氮比和通风等），通过微生物的发酵，使有机物被降解，并生产出一种适宜于土地利用的产物的过程。"在《生物质废物堆肥污染控制技术规范》（HJ 1266—2022）中对堆肥处理的定义为："在受控的有氧和保温环境中，通过微生物代谢（发酵）使生物质废物中的可降解组分分解的过程。"《中国大百科全书》（第三版网络版）对堆肥的定义为："以各种植物残体为主要原料，混合人畜粪尿堆制，经好氧微生物分解腐熟而成的有机肥料。原料通常有作物秸秆、杂草、树叶、泥炭、垃圾及其他废弃物等。"

3.1.2　堆肥原理

按处理工艺区分，堆肥可分为好氧堆肥和厌氧堆肥。好氧堆肥是指在有氧气情况下有机物料的分解过程，其产物主要有腐殖质、矿质元素以及二氧化碳、水和热；而厌氧堆肥则是指在无氧条件下有机物料的分解，其代谢产物主要是甲烷、二氧化碳和许多低分子量的中间产物，如有机酸等。与好氧堆肥相比，厌氧堆肥单位重量的有机质降解产生的能量较少，但厌氧堆肥过程通常易产生臭味。传统堆肥以厌氧堆肥为主，而现代堆肥多采用好氧堆肥工艺。好氧堆肥也称高温堆肥，具有堆体温度高的特点，一般发酵温度为 $50 \sim 65$℃，最高可达 80℃，能最大限度杀灭病原菌。好氧堆肥具有有机物降解速度快、无害化程度高、腐熟时间短、堆肥产品肥效高等特点，因此是国内外应用最多的堆肥方式。

3.1.2.1　堆肥反应基本原理

（1）好氧堆肥原理

好氧堆肥的基本反应过程可以表示为：

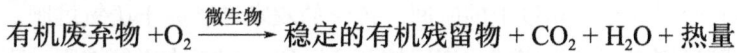

$$有机废弃物 + O_2 \xrightarrow{微生物} 稳定的有机残留物 + CO_2 + H_2O + 热量$$

好氧堆肥的前期是堆肥原料中的可溶性化合物或小分子物质，如糖类、氨基酸、矿质元素等被微生物直接利用，在堆肥的中后期，那些不溶性或大分子化合物，如淀粉、蛋白质、半纤维素、纤维素、木质素等在微生物分泌的多种胞外消化酶作用下，逐渐被分解为小分子化合物或作为残渣保留。也就是说，堆肥过程其实是各类微生物的生命活动和生长繁殖过程，能被利用的物质直接转化为菌体细胞，不能被直接利用的，通过微生物的分解代谢后再被利用。堆肥过程的物质能量变化如图 3-1 所示。

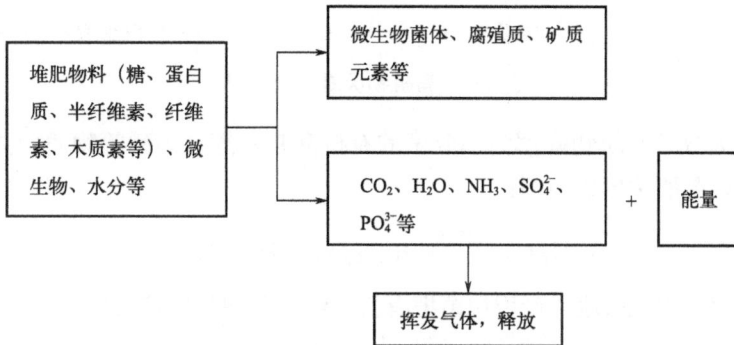

图 3-1　好氧堆肥过程的物质能量变化

堆肥中有机物的氧化与合成基本过程如下：

1）有机物的氧化

① 含氮有机物（$C_sH_tN_uO_v \cdot aH_2O$）的氧化。

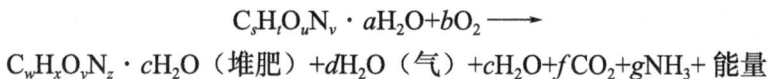

$$C_sH_tO_uN_v \cdot aH_2O + bO_2 \longrightarrow$$
$$C_wH_xO_yN_z \cdot cH_2O（堆肥）+ dH_2O（气）+ cH_2O + fCO_2 + gNH_3 + 能量$$

② 不含氮的有机物（$C_xH_yO_z$）的氧化。

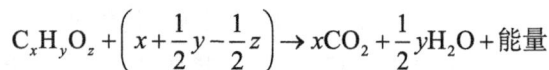

$$C_xH_yO_z + \left(x + \frac{1}{2}y - \frac{1}{2}z\right) \rightarrow xCO_2 + \frac{1}{2}yH_2O + 能量$$

2）细胞物质的合成

包括有机物的氧化，并以 NH_3 作为氮源。

$$n\left(C_xH_yO_z\right)+NH_3+\left(nx+\frac{ny}{4}-\frac{nz}{2}\right)O_2 \longrightarrow$$

$$C_5H_7NO_2(\text{细胞质})+(nx-5)CO_2+\frac{1}{2}(ny-4)H_2O+\text{能量}$$

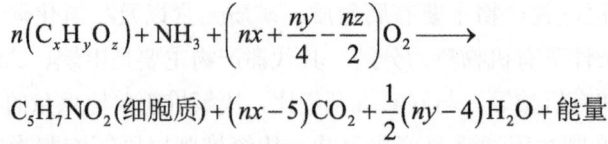

3）细胞物质的氧化

$$C_5H_7NO_2+5O_2 \longrightarrow 5CO_2+2H_2O+NH_3+\text{能量}$$

（2）厌氧堆肥原理

厌氧堆肥是在缺氧条件下利用厌氧微生物进行的一种发酵分解过程，其终产物除菌体、腐殖质、矿质元素等以外，还有胺、铵、醇、脂肪酸、甲烷、硫化氢等还原性物质，其中胺、脂肪酸、硫化氢等是厌氧堆肥的主要臭味物质构成。厌氧堆肥过程由于缺乏氧分子的参与，物质转化速率明显低于好氧发酵，因此厌氧堆肥的发酵时间很长，完全腐熟往往需要几个月甚至一年以上的时间。传统的农家堆肥属于厌氧堆肥。

厌氧堆肥过程主要分为产酸和产甲烷两个阶段，有机物厌氧堆肥过程见图 3-2。

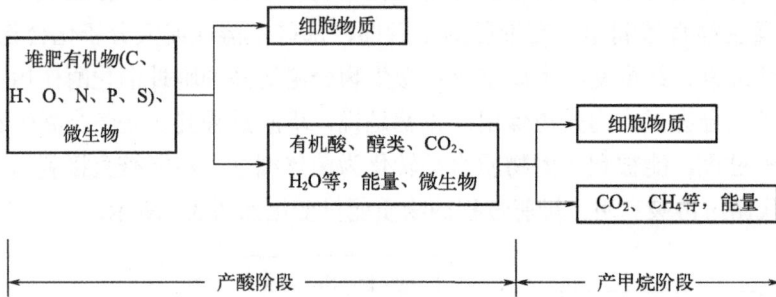

图 3-2 有机物厌氧堆肥过程

产酸菌将大分子有机物降解为小分子的有机酸和乙醇、丙醇等物质，并提供部分能量因子 ATP。以乳酸菌形成为例：

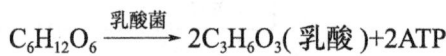

$$C_6H_{12}O_6 \xrightarrow{\text{乳酸菌}} 2C_3H_6O_3(\text{乳酸})+2ATP$$

第二阶段为产甲烷阶段。产甲烷菌把有机酸继续分解为甲烷气体。

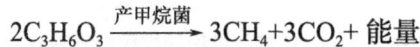

$$2C_3H_6O_3 \xrightarrow{\text{产甲烷菌}} 3CH_4+3CO_2+\text{能量}$$

厌氧过程没有氧分子参加，酸化过程中产生的能量较少。许多能量保留在有机酸分子中，在产甲烷菌作用下以甲烷气体的形式释放出来。厌氧堆肥的特点是反应步骤多、速度慢、周期长。

3.1.2.2 堆肥生物学原理

（1）堆肥微生物种类

堆肥过程是一个非常复杂的微生物活动过程，因发酵方式、发酵阶段、堆肥物料的不同，微生物的组成会有很大差别。以好氧堆肥为例，堆肥过程分为低温、高温和中低温维持阶段；参与的微生物特性方面，有嗜中温、嗜高温、好氧、厌氧、兼性等不同特性的微生物；在微生物种类方面，有细菌、真菌、放线菌、原生动物等不同种类的微生物。在堆肥过程中没有哪一种微生物是始终占据主导地位的，随着堆肥化过程物质、水分、温度的不同，堆肥微生物的种类和数量也会随之发生变化。

1）细菌

在好氧堆肥系统中，存在着大量的细菌。细菌凭借相对较大的比表面积，可以快速将可溶性底物转化为菌体细胞。所以在堆肥过程中，细菌在数量上远多于体积更大的微生物（如真菌）。

在不同的堆肥环境中分离的细菌在分类学上具有丰富的多样性，包括假单胞菌属（*Pseduomonas*）、克雷伯菌属（*Klebsiella*）以及芽孢杆菌属（*Bacillus*）的细菌。在堆体温度低于 40℃的初期，嗜温细菌是堆肥系统中最主要的微生物。研究表明，在堆肥过程的初始阶段，嗜温细菌最为活跃，其数量为 $8.5×10^8 \sim 5.8×10^9$ 个 /g 干物料，当堆温达到堆体温度的最大值时，其种群数量达到最低；在降温阶段，嗜温细菌的数量又有所回升。当堆体温度升至 40℃以上时嗜热性细菌逐渐成为优势菌群。这一阶段微生物多数是杆菌，杆菌种群的差异在 50 ~ 55℃时比较大，而在温度超过 60℃时差异又会变小。当所在环境不利于微生物生长时，一些细菌（例如芽孢杆菌）能够生成芽孢以抵抗高温、辐射和化学腐蚀。因此芽孢杆菌属（*Bacillus*）的一些种，例如枯草芽孢杆菌（*B. subtilis*）、地衣芽孢杆菌（*B. licheniformis*）和环状芽孢杆菌（*B. circulans*）成为堆肥高温阶段中的代表性细菌或优势菌。

2）放线菌

放线菌是具有多细胞菌丝的细菌，因此形态上更像丝状真菌。放线菌可以分解纤维素、木质素，比真菌能够耐受更高的温度和 pH 值。所以，尽管放线菌降解纤维素和木质素的能力并没有真菌强，但在堆肥过程中的高温阶段却是分解木质纤维素的优势菌群。在条件恶劣或缺乏营养物质时，放线菌会以产生分生孢子的形式存活。研究表明，诺卡菌（*Nocardia*）、链霉菌（*Streptomyces*）、高温放线菌（*Thermoactinomyces*）和单孢子菌（*Micromonospora*）等都是在堆肥中占优势的嗜热性放线菌，但在堆肥降温和熟化阶段也有这些微生物的身影。成品堆肥散发出的泥土气息就是放线菌释放的。

3）真菌

真菌不仅能分泌胞外酶，水解有机物质，而且由于其菌丝的机械穿插作用，还能对物料施加一定的物理破坏作用，促进生物化学作用。在堆肥化过程中，真菌对堆肥物料的分解和稳定起着重要的作用，如白腐真菌可以利用堆肥底物中所有的木质素、纤维素。秸秆、林业废弃物等往往含有大量的半纤维素、纤维素和木质素。纤维素和木质素分子结构致密，不容易被微生物降解，因此，含有这些物料的堆肥往往发酵和腐熟的时间较长，其生物过程则以真菌类微生物为主。

嗜温性真菌地霉菌（*Geotrichum* sp.）和嗜热性真菌烟曲霉（*Aspergillus fumigatus*）是堆肥物料中的优势种群。其他一些真菌，如担子菌（*Basidiom ycotina*）、子囊菌（*Ascomyscotina*）、橙色嗜热子囊菌（*Thermoascus auranticus*）也具有较强的分解木质纤维素的能力。但随着温度的升高，真菌数量开始减少，在 65℃左右时几乎所有的嗜热性真菌全部消失，当温度下降到 60℃以下时嗜温性真菌和嗜热性真菌又都会重新出现在堆肥中。研究显示，温度是影响真菌生长的最重要因素之一，大部分的真菌是嗜中温性菌，可以在 5 ~ 37℃的环境中生存，其最适生长温度为 25 ~ 30℃。

4）病原微生物

堆肥化过程不仅是有机废物的分解矿化过程，也是有害生物，如病原菌、虫卵、草籽等的灭活过程。堆肥物料中常出现的病原菌主要包括原生病原菌（Primary pathogens）和次生病原菌（Secondary pathogens）。原生病原菌主要来源于堆肥物料，次生病原菌则是在堆制过程中从环境进入的。原生病原菌如细菌、病毒、原生动物和蠕虫卵等可引起健康个体染病，而次生病原体则可以削弱机体的免疫系统，如造成呼吸系统疾病等（表3-1）。当堆肥发酵温度超过60℃时在几天时间内可以达到灭菌的目的，但堆肥发酵温度在40℃左右时需要持续的时间为10～20d。

表3-1　堆肥过程中常见的病原体

类型	种类	举例	疾病
原生病原菌	细菌	肠炎沙门菌（Salmonella enteritidis）	沙门菌病（食物中毒）
	原生动物	痢疾内变形虫（Entamoeba histolytica）	阿米巴痢疾（脓血病）
	蠕虫	人蛔虫（Ascaris lumbricoides）	蛔虫病
	病毒	肝炎病毒	传染性肝炎（黄疸）
次生病原菌	真菌	烟曲霉（Aspergillus fumigatus）	曲霉病（在肺部和其他器官生长）
	放线菌	小多单孢属（Micropolyspora）	"农民肺"（肺组织过敏反应）

在整个堆肥体系微生物群落中，细菌占主导地位，其次为放线菌，真菌和藻类最少。研究表明，堆肥中细菌数为$10^8 \sim 10^9$个/g，放线菌为$10^5 \sim 10^8$个/g，真菌为$10^4 \sim 10^5$个/g，藻类为$< 10^4$个/g。细菌是堆肥中温阶段的主要发酵菌群，对发酵升温起主要作用；放线菌是高温阶段的主要作用菌群；芽孢杆菌、链霉菌、小多孢菌和高温放线菌是堆肥过程中的优势种。堆肥过程中常见生物种类和数量见表3-2。

表3-2　堆肥过程中生物种类和数量

类型	种类	数量/（个/g）
微生物	细菌	$10^8 \sim 10^9$
	放线菌	$10^5 \sim 10^8$
	真菌	$10^4 \sim 10^8$
	藻类	$< 10^4$
	病毒	—
微型动物	原生动物	$10^4 \sim 10^5$

总之，堆肥过程中微生物是堆肥发酵的主体，参与堆肥发酵的微生物有两个来源：一是有机废物原有的微生物；二是人工加入的特定功能微生物。加入的功能菌对有机废物具有较强的分解能力，具有繁殖快、分解有机物迅速等特点，能加速堆肥反应的进程，缩短堆肥反应时间。

（2）堆肥过程微生物演替规律

堆肥过程中微生物的种群结构会随堆温的变化发生演替，按微生物的耐温特性分，在低温阶段以低温和中温菌群为主，在高温阶段以中温和高温菌群为主，在陈化腐熟阶段以中温和低温菌群为主。按种类分，随着堆肥时间的延长，细菌逐渐减少，放线菌逐渐增多，霉菌和酵母菌在堆肥的末期显著减少。研究发现，堆肥温度在 50℃时，高温真菌、细菌和放线菌非常活跃；当堆肥温度在 65℃时真菌极少，细菌和放线菌占优势；当堆肥温度超过 75℃时，主要是芽孢类细菌。

按物质分解进程分，高温堆肥可分为糖分解期、纤维素分解期、木质素分解期三个时期。堆肥初期主要是糖分解期，以氨化细菌、糖分解菌等无芽孢细菌为主，主要对粗有机质、糖分等水溶性有机物以及蛋白质类进行分解。当堆内温度升高到 50 ~ 70℃的高温阶段，进入纤维素分解期，嗜高温性纤维素分解菌占优势，除继续分解易分解的有机物质外，主要分解半纤维素、纤维素等复杂有机物，同时也开始了腐殖化过程。当堆肥温度降至 50℃以下时，高温分解菌的活动受到抑制，中温性微生物显著增加，主要分解木质素及残留的部分纤维素、半纤维素等。

堆肥发酵的实质是微生物作用的过程，因此对堆肥过程的调控其实就是如何满足微生物的生长、扩繁的条件需要。因此，从事堆肥研究与操作的科技人员需充分了解并掌握这些微生物的生长过程和特点，为合理的物料配比、温湿度和氧含量控制，以及最终产品的质量奠定理论基础。

3.1.2.3　堆肥热失活原理

许多堆肥物料携带人类、动植物的病原体及杂草种子等。在堆肥过程中，通过短时间的持续升温，可以有效地控制这些生物的活性。因此，高温堆肥的另一优势就是能够使病原体及种子失活。

细胞的死亡很大程度上基于酶的热失活，在适宜的温度下酶的失活是可逆的，但在高温下则不可逆。热力学的观点表明，温度是酶活性的关键影响因素，酶的最适温度范围一般都很小，当温度超过一定范围时酶结构变性，呈不可逆失活，只有少数几种酶能够经受住长时间的高温。如果没有酶的作用，细胞就会失去功能，然后死亡。因此，大部分微生物对热失活非常敏感。

研究表明，在一定温度下保持一段时间可以破坏生物体的活性。例如，在 60 ~ 70℃（湿热）温度下加热 5 ~ 10min，可以破坏非芽孢细菌和芽孢细菌营养体的活性，在较低温度下（50 ~ 60℃）一些病原菌的灭活则长达 60d。因此，在堆肥过程中保持 60℃以上温度一定时间是必须的。表 3-3 中的数据表明，热失活效应与时间和温度有关，短时间的高温和长时间的低温具有相同的热失活效果。

3.1.3　堆肥过程

好氧堆肥过程伴随两次升温，大致可以分为起始阶段、高温阶段和熟化阶段 3 个阶段。

（1）起始阶段

在起始阶段，不耐高温的细菌分解有机物中易降解的碳水化合物、脂肪等，同时释放生物热使物料温度上升，温度达到 40 ~ 45℃。在此时期较活跃的微生物包括真菌、细菌和放线菌。分解的有机物主要有糖类和淀粉类等。此阶段还包含螨虫、千足虫、线虫、蚁等对有机物的分解。

表3-3 常见病原体与寄生虫热致死点

名称	死亡情况	名称	死亡情况
沙门伤寒菌	46℃以上不生长；55～60℃，30min内死亡	蛔虫卵	55～60℃，5～10d死亡
沙门菌属	56℃，1h内死亡；60℃，15～20min内死亡	钩虫卵	50℃，3d死亡
志贺杆菌	55℃，1h内死亡	鞭虫卵	45℃，60d死亡
大肠杆菌	大部分，55℃，1h死亡；60℃，15～20min死亡	血吸虫卵	53℃，1d死亡
阿米巴虫	50℃，3d死亡；71℃，50min内死亡	蝇蛆	51～56℃，1d死亡
美洲钩虫	45℃，50min内死亡	霍乱产弧菌	65℃，60d死亡
流产布鲁菌	61℃，3min内死亡	炭疽杆菌	50～55℃，60d死亡
酿脓链球菌	54℃，10min内死亡	布氏杆菌	55℃，60d死亡
化脓性细菌	50℃，10min内死亡	猪丹毒杆菌	50℃，15d死亡
结核分枝杆菌	66℃，15～20min内死亡	猪瘟病毒	50～60℃，30d死亡
牛结核杆菌	55℃，45min内死亡	口蹄疫病毒	60℃，30d死亡

（2）高温阶段

在高温阶段，耐高温微生物迅速繁殖。在有氧条件下，大部分较难降解有机物继续被氧化分解，同时放出能量，使温度上升到60～70℃。此阶段半纤维素、纤维素等难分解的有机物开始被快速分解，同时开始形成腐殖质，堆肥中残留的和新形成的可溶性的有机物质继续被氧化分解。在堆温50℃左右时，堆料中最活跃的微生物主要是嗜热性真菌和放线菌；当温度上升到60～70℃时，嗜热放线菌和耐热细菌比较活跃，而真菌几乎停止活动；当温度上升到70℃时，大多数微生物大批死亡或者休眠。当有机物基本降解完时，嗜热菌因缺少养分而停止生长，产热随之减少至停止，堆肥的温度逐渐下降，当温度稳定在40℃左右时堆肥的一次发酵阶段结束。

（3）熟化阶段

熟化又称陈化，在此阶段主要是较难分解的纤维素、木质素等有机物的分解，同时分解产生的小分子碳化物再形成腐殖质。此时，嗜温性微生物开始占优势，发热量减少，堆肥物料温度下降。随着时间的推移，可分解有机质逐渐减少，腐殖质增多，待堆肥温度接近室温时，堆肥过程结束。

3.2　影响堆肥的因素

3.2.1　温度

好氧堆肥对环境温度有一定要求，一般不应低于15℃。当环境和物料温度在20℃以上时，堆肥物料可在2～3d内启动发酵。物料的发酵温度是反映堆肥发酵是否正常最直接、最敏感的指标。物料的发酵温度与环境温度、物料碳氮比、水分含量、物料通透性等直接相关。堆肥温度的变化可概括为：前期温度上升快速；中期高温维持平稳；后期温度下降缓慢。堆肥前期的温度变化一定要处理好"快"与"稳"的关系，即发酵启动要快，升温过程要尽可能平稳；堆肥中期高温的维持要平稳适度，理想温度为 55 ~ 65℃，不宜超过 70℃。当高温维持 5 ~ 10d，可满足畜禽废弃物无害化的要求。正常堆肥的温度维持主要通过翻堆或强制通风来调控。一般遵循"时到不等温、温到不等时"的原则，即：在堆肥前期，即使发酵起温缓慢，甚至不起温，48h 后必须翻堆或通风，避免堆体形成厌氧环境；在堆肥中后期，一旦温度超过设定值，必须及时翻堆，不能等达到规定时间后再翻堆。图 3-3 反映了在常温下接种腐熟剂后猪粪堆肥的温度变化曲线。

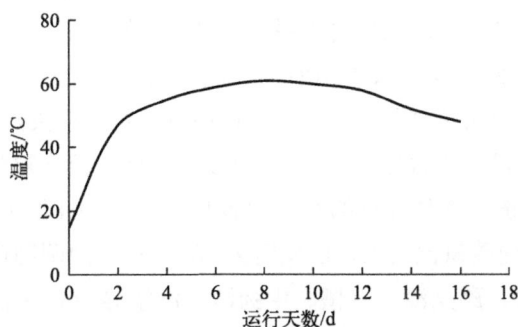

图 3-3　猪粪堆肥发酵温度变化曲线

3.2.2　水分

水分是保证堆肥正常进行的重要因素，适宜的水分含量有助于维持堆肥过程中微生物的活性和堆肥结构的稳定，同时也有助于减少有害物质的产生。堆肥的水分含量一般控制在 45% ~ 65%，如果水分过高会导致堆体通气性变差，影响好氧发酵过程，水分过低则会影响微生物的活性，使发酵速度减慢。如果水分过高，可以通过添加干物料或调整堆肥配方来降低水分含量，水分过低时可以适量加水。关于堆肥物料的水分控制和调整，一般应遵循以下原则：

① 在南方地区空气湿度大，物料水分自然挥发小，堆肥物料水分应适当调低；在北方地区，除雨季外空气干燥，物料易失水，物料水分可相应调高。

② 雨季时应适当调低物料水分，旱季适当调高。

③ 低温季节适当调低物料水分，高温季节适当调高。环境温度较低时，发酵温度上升相对缓慢，热量损失大，水分挥发少，环境温度较高时则正好相反。

④ 陈料含水率适当调低物料水分，鲜料适当调高。陈放时间较长的物料在陈放过程中，环境微生物已将部分有机物不同程度分解，相对于新鲜物料其生化反应过程的剧烈程度有所减弱，水分需求量也相应较少。

⑤ 低碳氮比（C/N 值）时适当调低物料水分，高 C/N 值适当调高。C/N 值低意味着可分解的碳水化合物数量少，生化反应的需水量也少，反之则需水量大。

总之，应根据地域、降雨、气候、物料及配方的特点，摸索相应的最适水分含量，并在堆肥化过程中，仔细观察物料的水分变化及其对堆肥化的影响，及时采取调整措施，确保发酵的正常进行。

3.2.3 碳氮比

在堆肥过程中，碳水化合物为微生物提供能量，氮为微生物提供养分，是形成细胞蛋白质、核酸等的主要原料。因此，碳氮比（C/N 值）要适当，过高过低都会影响发酵进程。一般情况下，微生物每消耗 25g 有机碳，需要吸收 1g 氮素，故微生物分解有机物较适宜的 C/N 值为 25 左右。

当 C/N 值过高时，微生物生长繁殖所需的氮素数量受到限制，造成堆肥中微生物繁殖速度低，有机物分解速度慢，发酵时间长，腐殖质化系数低，堆肥产品施入土壤后易造成微生物与作物争夺氮素，影响作物根系的正常生长发育。

当 C/N 值过低时，微生物生长繁殖所需的能量成为受限因素，发酵温度上升缓慢，过量的氮素会以氨气的形式释放，造成堆肥物料中有机氮的损失，影响堆肥环境。

常见的农业固体有机废物含碳量一般在 40% ～ 55%，但含氮量差别较大，因此 C/N 值变化范围也较大。一般禾本科作物的 C/N 值较高，稻草 C/N 值为 50 ～ 60，麦秸秆 C/N 值为 60 ～ 70；畜禽粪便碳氮比较低，C/N 值为 10 ～ 30。为调制理想的堆肥物料，通常将 C/N 值较高的秸秆粉、蘑菇渣、醋糟、中药渣、酒糟等与 C/N 值较低的畜禽粪便、饼粕等进行混合调整。

3.2.4 供氧

堆体中氧浓度是影响好氧高温进程的关键因素之一，氧含量不足会导致堆体中微生物活性下降，从而对堆肥温度、恶臭产生以及堆肥质量产生影响。由于堆肥原料不同，堆体特性差异较大，一般堆肥适宜的氧浓度为 10% ～ 18%，最低不应小于 8%。好氧堆肥过程中的供氧方式主要通过控制通风来实现。通风主要为好氧微生物的生长繁殖和代谢活动提供氧气，因此，通风被认为是堆肥管理最重要的工序。供氧所需的通风量主要取决于堆肥原料中有机质的含量、有机物中可降解成分的比例和可降解系数等。

3.2.5 菌剂

微生物是堆肥发酵的主体，堆肥中的微生物一方面来源于畜禽粪便中固有的微生物种群，另一方面来源于加入的经人工筛选的微生物发酵菌剂。传统堆肥法一般都是通过调制物料和改善环境条件的方法，利用堆肥原料中的土著微生物来降解有机物，但由于堆肥初期土著微生物的种类较繁杂，能进行有机质发酵和分解的种类和群体数量不高，繁殖达到一定规模需要一定时间，因此传统堆肥往往启动较慢，堆体温度低，高温维持时间短，因此存在发酵周期长、有臭味、质量不稳定等问题。加入微生物发酵菌剂，可以提高物料发酵初期的微生物总量，会明显加快堆肥发酵的启动速度，且堆温高，维持时间长，发酵腐熟周期缩短，生产成本低，堆肥品质高。

发酵菌种一般从堆肥样品中分离筛选。组成菌的种类按功能分，包括启动发酵菌种、耐高温发酵菌种、纤维分解菌、除臭菌等；按生物学分类分，包括木霉、曲霉、根霉、酵母菌、放线菌、乳酸菌、芽孢杆菌等。

3.2.6　调节剂

调节剂是堆肥过程中的重要辅料。通过添加调节剂，可以改善堆肥物料的理化条件，达到好氧微生物对生长环境的要求。根据其作用，调节剂可分为营养调节剂、调理剂、pH 值调节剂、重金属钝化剂四类。

（1）营养调节剂

堆肥过程中有机物质的降解是微生物活动的结果，微生物繁殖的快慢决定着堆肥时间的长短，而微生物的繁殖速度又与营养物质的丰富度直接相关，微生物可利用的营养物质越丰富，微生物的繁殖速度也就越快，反之则慢。依据微生物的营养需求特点，选用微生物容易利用的有机物质（如糖、蛋白质等）以及适合有益微生物营养要求的氧化亚铁、硝酸钾、磷酸镁等，按一定比例配制而成的营养调节剂，可以增加堆肥初期料堆中微生物的活性，加快堆肥腐熟进程。市场上销售的促腐剂有的在加入高效微生物基础上又加入了营养添加剂。

（2）调理剂

调理剂是指添加到堆肥物料中干的有机物或无机物，借以减少单位体积的质量并增加与空气的接触面积来调控水分，以利于好氧发酵，所以调理剂通常用于调节堆肥原料中的含水率或增加有机质。常用的调理剂有木屑、菌渣、秸秆、稻壳、树枝叶、花生壳、破碎成颗粒状的岩石等。

（3）pH 值调节剂

在普通堆肥过程中，一般物料的 pH 接近中性，不需要调节酸碱度。如果物料 C/N 值偏低，在高温发酵的后期氮素会转化为氨气外溢；此时，可适量添加过磷酸钙，使物料呈微酸性，形成磷酸铵，将氨固定。

（4）重金属钝化剂

根据固体废物的堆肥化原理及重金属的不同形态与生物有效性的关系，结合土壤重金属的污染治理方法，在堆肥中添加粉煤灰、磷矿粉、草炭、沸石等可以降低重金属交换态含量，起到钝化重金属的作用。

3.3　堆肥工艺

3.3.1　堆肥工艺流程

堆肥发酵是指在有氧条件下，微生物通过自身的生长代谢活动，对一部分有机物进行分解，以获得生物活动所需要的能量，将另一部分有机物分解合成新的细胞物质，使微生物得以繁殖，同时好氧反应释放的热量形成高温（> 55℃），进一步加快物料的腐解进程，同时产生的生物热还可杀死病原微生物、虫卵等，因此堆肥技术是实现畜禽粪便无害化资源利用的有效途径。

堆肥工艺是一个将有机废物转化为稳定、富含腐殖质的有机肥料的过程。传统的堆肥技术采用厌氧的野外堆积法，这种方法不仅占地面积大、堆积时间长，而且无害化程度低。现代化的堆肥生产一般采用好氧堆肥工艺，具有机械化程度高、处理量大、堆肥发酵速度快、无害化程度高和便于进行清洁化生产等优点。畜禽粪便的好氧堆肥通常由前处理、一次发酵（主发酵）、二次发酵（后发酵或陈化）以及后续加工、储藏等工序组成。堆肥工艺流程如图 3-4 所示。

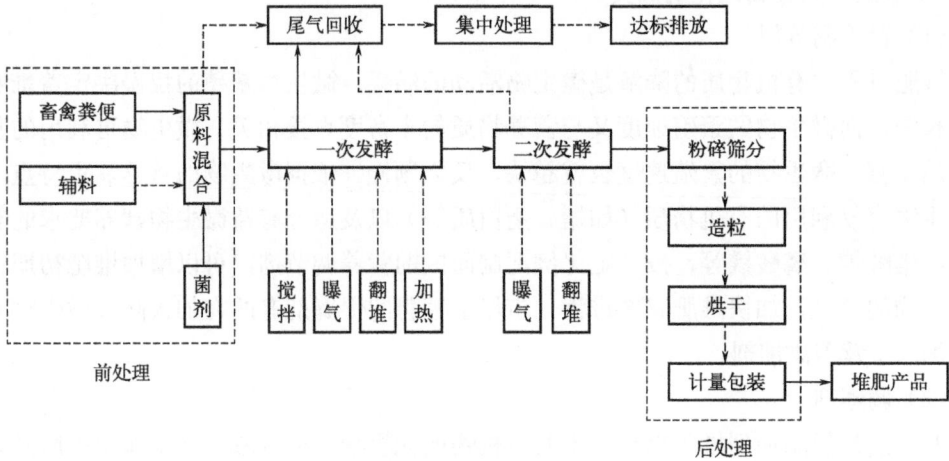

图 3-4　堆肥工艺流程

3.3.1.1　原料前处理

畜禽粪便堆肥前一般要进行物料预处理，其主要目的是调节物料的均匀度、水分含量、C/N 值、材料通气性等。对于大块物料需要进行粉碎，粒径一般控制在 1～5cm 之间，粒度过小会影响物料的通风、通氧性能，过大则不利于发酵的均匀性和进程，延长发酵时间。此外，可通过筛分，去除玻璃、塑料、铁丝、石头等杂质。常见禽畜粪便的养分含量见表 3-4。

表 3-4　畜禽粪便的养分含量（鲜基）

原料	水分 /%	C/%	N/%	P/%	C/N 值	pH 值
猪粪	68.74	13.76	0.55	0.25	20.99	8.02
牛粪	75.04	10.42	0.38	0.09	23.17	7.98
羊粪	50.75	18.86	1.01	0.21	16.62	8.08
马粪	68.46	11.96	0.44	0.13	25.62	8.12
驴粪	61.52	13.26	20.91	0.19	32.06	8.05
兔粪	57.38	15.26	0.87	0.31	19.11	8.00
鸡粪	52.31	16.51	1.03	0.41	14.03	7.84
鸭粪	51.08	13.25	0.71	0.36	17.86	7.82
鹅粪	61.67	12.79	0.54	0.22	19.65	7.87
鸽粪	45.41	41.64	2.48	0.72	10.29	7.02
蚕沙	55.94	16.01	1.18	0.15	17.89	8.09

根据《畜禽粪便堆肥技术规范》（NY/T 3442—2019）规定，预处理的目的是畜禽粪便和辅料能混合均匀，使混合后的物料满足含水率 45%～65%，C/N 值 20～40，

粒径≤ 5cm，pH5.5 ～ 9.0，以保证堆肥顺利进行。在堆肥过程中可添加有机物料腐熟剂，接种量宜为堆肥物料质量的 0.1% ～ 0.2%，腐熟剂应获得管理部门产品登记。

3.3.1.2　一次发酵

一次发酵通常也称主发酵，是在堆肥过程前期，通过搅拌和强制通风向堆肥内部通入氧气，在微生物的作用下速效养分被利用，易分解有机质开始降解，通常在特定的发酵场所（槽、池等）或装置内完成。由于堆肥原料中往往含有大量的土著微生物，当水分、温度适宜时物料会很快进入发酵阶段，如果添加了人工筛选的微生物菌剂后，物料的启动发酵会更快些。一次发酵阶段中微生物活动强烈，需氧量较大，同时产生生物热量使堆肥温度升高。发酵初期有机物质的分解主要是靠中温型微生物（30 ～ 40℃）进行的，随着温度的升高，适宜生活在 45 ～ 65℃温度范围的嗜热菌逐渐取代嗜中温菌。在此温度下，各种病原菌、寄生虫卵、杂草种子等均可被灭杀。一般由温度开始上升到温度开始下降的阶段称为一次发酵阶段。一次发酵的技术要点是掌握好堆肥温度的变化，并以此作为判断堆肥发酵是否成功的主要依据。此阶段臭气产生量较大。

根据《畜禽粪便堆肥技术规范》（NY/T 3442—2019）规定，一次发酵通过堆体曝气或翻堆，使堆体温度达到 55℃以上，条垛式堆肥维持时间不得少于 15d，槽式堆肥维持时间不少于 7d，反应器堆肥维持时间不少于 5d，要达到无害化标准。堆体温度高于 65℃时，应通过翻堆、搅拌、曝气降低温度。堆肥温度达到 60℃以上，保持 48h 后开始翻堆，每 3 ～ 5d 翻堆一次。堆体内部氧气浓度宜不小于 5%，曝气风量宜为 0.05 ～ 0.2m³/min（以每立方米物料为基准）。条式堆肥和槽式堆肥的翻堆次数宜为每天 1 次，反应器堆肥宜采取间歇搅拌方式（如：开 30min，停 30min）。实际运行中可根据堆体温度和出料情况调整搅拌频率。翻堆要均匀彻底，将底层物料翻至堆体中上部，以便充分腐熟。一次发酵结束时，发酵物料不再升温、堆体无臭味、颜色接近灰褐色。

另外，为了提高畜禽粪便的无害化效果，通常一次发酵阶段至少应保持 10d 以上，具体发酵时长依据原料性质不同而差异较大。一般情况下一次发酵阶段牛粪需要 4 ～ 5 周、猪粪 3 ～ 4 周、鸡粪 2 ～ 3 周。

3.3.1.3　二次发酵

二次发酵也称为后发酵、腐熟或陈化阶段。将经过一次发酵后的堆肥送到二次发酵场地继续堆腐，使一次发酵中尚未完全分解的有机物质继续分解，并将其逐渐转化为比较稳定的腐殖质。一般二次发酵的管理要求不及一次发酵严格，堆积高度可以在 1 ～ 2m，场所要防雨、通风。二次发酵过程需要每 1 ～ 2 周进行一次翻堆，此阶段需氧量较少，堆体温度相对较低，臭气产生较少。根据《畜禽粪便堆肥技术规范》（NY/T 3442—2019）规定，堆肥产物作为商品有机肥料或栽培基质时应进行二次发酵，当堆体温度接近环境温度时终止发酵。二次发酵的时间长短视畜禽粪便种类和添加水分调节材料性质而定，一般堆肥内部温度接近环境温度时（降至 40℃以下）表示二次发酵结束，可以进行堆肥干燥或后续加工处理。

在二次发酵过程中严禁再次添加新的堆肥原料。堆体含水率控制在 40% ～ 50%，pH 值控制在 5.5 ～ 8.5。二次发酵周期一般为 15 ～ 30d。发酵终止时，腐熟堆肥达到无害化处理，物料外观颜色为褐色或者灰褐色，疏松、无臭味、无机械杂质，含水率＜40%，C/N 值为 10～30，耗氧速率趋于稳定。

3.3.1.4　后处理

经过一次发酵和二次发酵后的堆肥产物已经腐熟可直接用作肥料还田，也可以根据市场需求进行深加工，例如粉碎、筛分、造粒、包装和贮存等。除此之外，根据实际需要可以在后处理阶段向堆肥中加入一些功能物质，如氮、磷、钾等营养元素，制成有机无机复合肥，添加功能微生物菌剂制成生物有机肥，或同时添加无机营养元素和功能微生物菌剂转化为复合微生物肥料，如此可实现堆肥产品的高值化利用，既满足了农业生产的不同需要，同时也提高了肥料生产企业的经济效益。为了方便机械化施肥，如上深加工的有机类肥料可制成颗粒，以提高肥料的商品性和易用性。产品的包装材料应选用环保、耐用且易于降解的材料，以减少对环境的污染。

3.3.2　常见堆肥工艺

3.3.2.1　农家堆肥

农家堆肥又称自然堆肥，是畜禽粪便最简单和最为传统的一种处理方式。一般在自然环境条件下，将畜禽粪便与农作物秸秆一起搅拌堆沤，待发酵腐熟后还田。农家堆肥主要是通过好氧结合厌氧的方式进行的堆肥过程，堆沤发酵主要依赖原料中的土著微生物完成，在堆肥期间一般不进行翻倒，因此厌氧和好氧过程都存在。在堆肥初期，好氧性微生物会优先利用小分子有机物，并产生生物热使物料升温，待堆内氧气消耗后厌氧微生物开始活动，将有机物料转化为胺、酸、吲哚等，因此往往有一定臭味。

农家堆肥过程主要包括堆料的矿质化和腐殖化两个过程。根据微生物的活动，堆料会经历升温阶段、高温阶段、降温阶段和腐熟阶段。

1）升温阶段

在农家堆肥物料中有各种土著微生物，当达到适宜微生物生长的温度和其他条件时，这些微生物开始活动，利用堆料中的有机养分进行生长繁殖，温度达到 25℃左右时中温性微生物菌类进入旺盛的繁殖期并占据优势，从而对单糖、淀粉、蛋白质等易分解的有机物进行代谢分解并不断产生热量。该阶段发挥作用的微生物以芽孢菌、乳酸菌和霉菌等好氧嗜温性微生物为主。

2）高温阶段

随着微生物活动的增强，堆料温度逐渐升高，当温度上升到 55～60℃时，升温阶段占据优势的中温性微生物逐渐死亡或处于休眠状态，而嗜热真菌、好热芽孢杆菌、好热放线菌等嗜热微生物大量繁殖，腐殖质逐渐形成，一些较难分解的有机物，如纤维素等被逐渐分解。随着发酵的进程，有机质被逐渐分解，堆料中的微生物活性会逐渐减弱，堆温开始下降。

3）降温阶段

堆料在持续一段时间高温后，堆料中绝大部分易分解的有机物质被腐解，仅剩余部分木质素、纤维素等难降解的物质，发酵缓慢，堆温开始下降。

4）腐熟阶段

当堆料温度下降至 40℃以下，会维持一段时间，处于腐熟陈化阶段，当堆温接近环境温度时说明有机物大部分已经分解，堆肥过程结束。

农家堆肥通常选择地势相对较高、地势平坦、干燥整洁、远离水源、交通比较便捷的地方进行堆积处理。首先收集作物秸秆、畜禽粪便等有机废物，并进行粉碎、浸湿等预处理。将浸透水分的秸秆和畜粪按比例混堆成宽 2 ～ 4m、高 1 ～ 1.5m 的长条垛或圆锥状，堆中可竖几个草把通气，让其在自然条件下进行腐熟发酵分解。堆肥过程中要经常检查堆内温度，防止长时间过热烧堆。一般堆积 48h 后，堆中温度即可达到 55℃，当温度达到 60 ～ 70℃时可保持一段时间。此时需要翻倒粪堆，把大块打碎，粪草混匀。整个发酵过程需要翻堆多次，直至堆肥腐熟。在干燥地区，外部形态可以制作成梯形。降雨比较多的季节可以在堆积上方搭建防雨棚，避免雨水淋湿。在堆积处理之前，应该将地面适当夯实处理，在上方铺上一层 12cm 左右的细草，防止堆积发酵过程中，污水渗透到土壤层以下。在肥料的堆制过程中也可以加入有机肥发酵剂，以加速分解过程。在堆肥处理的前 20d 应该经常性地向料堆中充气，确保堆肥中的温度能够持续升高到 55℃及以上。采用自然腐熟发酵模式一般需要 2 ～ 4 个月完成腐熟发酵过程。农家堆肥实景见图 3-5。

图 3-5　农家堆肥实景

农家堆肥发酵成功的一个关键因素是物料的 C/N 值和水分含量。一般来说堆料的 C/N 值应控制在 25 ～ 35，过高或过低的 C/N 值都会影响微生物的正常生长，使堆肥进展缓慢，并且堆肥施入土壤后，C/N 值过高的堆肥会出现与植物夺氮现象，产生"氮饥饿"，影响作物正常生长，如果 C/N 值过低，会释放氨气影响肥效。物料的颗粒大小要适宜，过大会导致发酵不彻底，过小会影响发酵过程的通氧，一般要求将块状粪肥或秸秆粉碎至 1 ～ 5cm。水分含量对堆肥后期的温度有很大的影响，农家堆肥的理想水分含量为 50% ～ 60%，当水分含量低于 40% 或高于 65% 会限制微生物的生长，需要在发酵前和发酵过程中根据物料性质和湿度适当调整物料的含水量。物料 pH 应呈中性或偏碱性。

农家堆肥是一种传统而有效的农业生产实践，一般不需要专用设备，运行成本相对较低，但堆肥周期比较长，效率较低，通常需要几个月至一年的时间，且在堆肥过程中需要占用一定的土地面积；易受气候和环境温度、湿度的影响；堆肥过程及产品会有臭味。

3.3.2.2 条垛式堆肥

条垛式堆肥是在专项行动的前期，在农家堆肥基础上发展而来的，主要适于较大规模的堆肥发酵和堆肥机械化管理。

（1）堆肥原理

条垛式堆肥的原理与农家堆肥相同，只是为了规范化生产，保障产品质量，对物料调制、堆置、翻倒管理等关键工序进行了规范。因发酵过程强化了翻倒通风管理，因此条垛式堆肥属于好氧发酵工艺。大致操作过程：在户外或棚舍内，将畜禽粪便和秸秆等辅料按照一定比例混合均匀后，将发酵物料堆积成长条形，其截面呈梯形或三角形，然后进入发酵程序。之后根据堆温的变化，需要进行发酵物料的翻倒通风管理，待高温过后进入降温阶段即完成一次发酵进入二次发酵阶段。条垛堆置的大小要适宜，如果堆体体积过小，散热快，在秋冬季会影响堆体温度，如果堆温过低，腐熟会不完全，反之，如果堆体体积过大，透气性变弱，堆体内部呈厌氧状态，使发酵变慢。

（2）工艺参数

条垛式堆肥按通氧管理方式的不同分为动态条垛式堆肥和静态条垛式堆肥两种形式。动态条垛式堆肥采用物料翻倒的方式达到通风通氧的效果，静态堆肥则是在堆肥的底部设置高压通风管道，在不翻倒物料的情形下实现通氧的目的。国内普遍采用动态条垛式堆肥，仅有少量堆肥厂使用静态条垛式堆肥。

在堆肥管理方面，对于动态堆肥模式，堆肥体积对堆肥效果有一定影响，有研究显示，当堆肥底宽 3～5m、高 2～3m，堆体横截面呈三角形时较适合堆肥发酵的正常进行。如果采用条垛翻堆机，堆体底部宽度宜为 3～5m、高度宜为 1.5～1.7m，在翻倒作业时，翻倒机的前进 / 后退速度宜为 5～15m/min。翻堆次数宜每天 1 次，实际运行时可根据堆体温度和出料情况调整搅拌频率。当堆体温度超过 65℃时，可增加翻堆频率。在静态堆肥模式中，在发酵池的底部配置通风管，利用鼓风机进行通风管理和堆温的控制。当堆肥内部温度超过 60℃时，鼓风机自动开始工作，通风供氧，同时排出堆料的热量和水蒸气。当堆温开始下降到 45℃以下后即进入陈化腐熟阶段，可每隔 7～15d 进行一次翻倒或强制通风供氧。

条垛式好氧堆肥具有操作简单、成本低廉、处理量大、发酵时间相对较短的优势，一般经 2～3 周完成一次发酵，之后经过 20d 以上的陈化即可形成有机肥。为确保堆肥产品的无害化，堆体温度维持 60℃以上的时间不少于 7d，或 55℃以上不少于 14d。

（3）基础设施

条垛式堆肥的设施区域包含原料暂存区、发酵区和产品陈化或贮存区，其中发酵区为主生产区，原料暂存区和产品贮存区可根据养殖场实际情况建设。发酵区需用混凝土硬化，对于动态堆肥方式，可不设围墙，堆肥场面积根据日处理量确定。对于静态堆肥方式，需要建设三面围墙，围墙高度一般为 1.2m，发酵区底面硬化、开口处向里方向的地面留有 4°坡度，地面开设 U 形管道槽，管道槽与通风管道直径配套。曝气管安装及围墙建设实景如图 3-6 所示。

图 3-6 条垛式堆肥槽底面硬化、曝气管安装及围墙建设实景

（4）应用情况

条垛式堆肥是一种应用广泛、工艺简单、投资较少的堆肥方式。适用于中小型畜禽养殖场和小规模有机肥厂，由于条垛式堆肥占地面积相对较大，易受环境温度、降雨等不良天气的影响，发酵周期和产品质量有一定的不稳定性，因此，需要加强堆肥管理和监控，确保产品质量符合要求。翻堆时会产生大量臭气，有时会有滤液渗出，易对周边环境和地表水造成污染，因此，需要强化发酵车间的"三防"（防雨、防渗和防溢）功能。为了适应规模发酵需求以及尾气的收集净化处理，以条垛式好氧堆肥为基础，逐渐创新出了槽式发酵、隧道式发酵、膜覆式发酵、反应器发酵等好氧堆肥发酵新模式。动态条垛式堆肥实景见图 3-7。

图 3-7 动态条垛式堆肥实景

3.3.2.3 槽式堆肥

（1）堆肥原理

顾名思义，槽式堆肥就是将混合好的物料置于槽式发酵池中，之后通过好氧发酵管理和物料的高温发酵实现堆肥腐熟的目的。槽式发酵有地下槽式和地上槽式之分，因地

下槽式物料导出过程不方便，耗能较高，因此大多采用地上槽式发酵。按通风管理方式的不同有动态槽式发酵和静态槽式发酵两种方式：动态槽式发酵需要安装轨道式翻倒机，通过物料的间断性翻倒供氧；静态槽式堆肥则在发酵槽的槽底和侧面围墙上安装通风管道，通过鼓风机强制给物料通风，达到通氧目的。但无论采用哪种堆肥方式都需要进行物料的预处理并搅拌均匀，然后再入池发酵，否则会影响发酵进程和堆肥质量。

（2）工艺参数

动态槽式发酵是利用槽式翻堆机进行机械化抛翻，为了保证机械设备的正常运转，并更好地控制堆肥条件，发酵槽的大小应与翻堆机的功率与性能保持一致。对于在发酵槽底部安装曝气管道的静态发酵模式，通风强度应与物料高度等相匹配。无论采用哪种发酵模式，各种工艺管理参数的确定，都应以物料发酵温度和发酵周期的调控为目的，即当进入发酵阶段后，应尽快启动发酵并达到高温发酵阶段，之后发酵温度需要控制在 $55 \sim 65{}^{\circ}C$，温度过高需要增加翻倒次数或提高通风强度。一般发酵周期是 $7 \sim 15d$ 完成一次发酵，$20 \sim 30d$ 完成二次发酵。堆肥过程中的湿度通常控制在 $40\% \sim 60\%$ 之间。堆肥的成熟可以通过堆温下降、物料结构、颜色、味道等来判断。成熟的堆肥一般呈褐色、无臭味、结构松散。

槽式堆肥工艺的物料翻抛管理设备有多种，包括旋耕翻抛式、轮式翻抛式、螺旋搅拌式、链板翻抛式等。由于翻抛或搅拌方式的不同，物料翻抛管理设备在操作管理、耗能、故障率等方面均有一定差异，可根据具体情况进行选择确定。

（3）基础设施

槽式堆肥需要建设专门的堆肥发酵槽，有地上槽式、半地下槽式和全地下槽式等不同方式，目前多采用地上槽式。与条垛堆肥方式比较，槽式堆肥场地利用率高、生产规模大、便于机械化、自动化操作管理，也方便收集尾气并进行净化处理。槽式堆肥目前在各类规模化大型养殖场、有机肥厂或第三方集中处理中心中被广泛应用，根据畜禽粪便量不同和翻抛机设备选型，可选择单槽或多槽。基础设施一般包括原料车间、一次发酵车间、陈化车间、加工车间、成品库房等，各车间独立设立，地面硬化，避免露天生产。一次发酵车间包括进料区、发酵区、出料区等，发酵车间内建设有发酵槽，发酵槽宽一般为 $2 \sim 10m$（具体宽度可根据翻抛机工作幅宽而定），槽高 $1 \sim 2m$，槽体两侧边或槽体上端安装导轨，便于翻抛机行走。发酵车间建设如图 3-8 所示。

图 3-8　槽式堆肥发酵车间建设

（4）应用情况

农作物秸秆、畜禽粪便等农业废弃物可以通过槽式堆肥技术转化为有机肥料，实现资源化利用。这种处理方式有助于减少农业废弃物对环境的污染，并提供土壤改良所需的有机质。槽式堆肥工艺是一种环境友好、处理效果好、操作简单的有机废物处理方法。通过封闭的堆肥槽，控制温度、湿度和通风等参数，可以实现有机废物的资源化和无害化处理，将其转化为有机肥料。槽式堆肥工艺在农业废弃物处理、城市垃圾处理、园林景观和工业废物处理等领域都有广泛的应用前景。

槽式堆肥实景见图 3-9。

图 3-9　槽式堆肥实景

槽式堆肥工艺主要用于规模化养殖废弃物的发酵转化，适于规模化养殖场、有机肥企业等应用。但一次性投资较高，也需要专业化管理团队。

3.3.2.4　反应器式堆肥

反应器式堆肥是将混合好的物料置于密闭容器中进行好氧发酵的堆肥工艺。反应器式堆肥设备有多种形式，包括立式发酵塔、卧式转筒式反应器、筒仓式反应器和箱式发酵池等。

（1）立式发酵塔堆肥

立式发酵塔主要由发酵筒仓、搅拌装置、通风装置、上料机构、出料机构、动力装置、除臭系统、自动控制系统等组成。立式发酵塔堆肥为连续发酵模式，每天从塔顶入料，隔天或每天从塔底出料。一般每天的入料量是塔仓容积的 1/7 ～ 1/5，也就是同一天的物料在塔内连续高温发酵 5 ～ 7d 后，完成一次发酵过程；发酵物料从发酵塔放出转移至二次发酵车间，进入陈化腐熟阶段。

塔式堆肥应用范围较广，可用于鸡粪、猪粪、牛粪、餐厨垃圾、城市污泥等有机废物的发酵腐熟。

立式发酵塔堆肥的设备特点为：a. 整体密闭好，无废水、废气、废渣的排放，无污染；b. 设备体积小，可室外安装，不需要厂房；c. 热能可循环利用，一次发酵时间 5 ～ 7d；d. 处理能力可根据需要采用多台安装；e. 不受低温限制，配有辅助加温机构和保温层，在 −20℃ 以下环境温度也可正常发酵；f. 可实现自动、智能化控制，节省人工；g. 配有尾气净化处理单元，无废气排放；h. 如果一次发酵和二次发酵都在反应器内进行，腐熟发酵周期比槽式工艺可缩短 20d 以上。

需要注意的是，物料入塔前应调整好水分和 C/N 值，水分过高或过低都会影响发酵温度和进程。

塔式发酵设备的一次性投资较高，还需要配套物料粉碎、搅拌等前处理设备。操作控制需要掌握一定的堆肥发酵技术和设备操作管理技术。立式堆肥发酵塔见图 3-10。

图 3-10 立式堆肥发酵塔

（2）卧式转筒式反应器堆肥

卧式转筒式（滚筒式）堆肥是一种高效的连续式好氧动态堆肥技术，可用于处理各种有机废物，如畜禽粪便、作物秸秆、生活有机垃圾、厨余垃圾等。转筒式堆肥工艺采取连续进出料的方式运行。在进行转筒式堆肥时有机废物首先需要进行预处理，包括分选、破碎、脱水等，还需调整物料的碳氮比（C/N 值）和水分，通常通过添加秸秆、木屑等碳源物质来实现，以提高堆肥效率和产品质量。预处理后的物料从转筒的上端进入，并随着转筒的连续旋转而不断翻滚、搅拌和混合，同时通风系统提供空气保持好氧环境。空气通过转筒轴向的两排喷管通入筒内，保证堆肥过程中的氧气供应，同时发酵过程中产生的废气通过转筒上端的出口排出尾气处理单元。堆肥过程中，物料内部温度会逐步升高，通常需要保持在 55 ~ 65℃，以确保病原体和杂草种子被杀死。堆体温度超过一定值（通常 65℃）时，通风系统会自动工作，通过调节通风量和转速，排出堆料热量和水蒸气，使堆体温度下降。物料通常呈粒状或松散状，均匀一致，避免物料压实，空隙过小不利于通风。通过喷水或添加干燥物料控制水分含量，50% ~ 55% 为宜，一般不超过 60%。如此经过一定时间的好氧发酵，有机物被转化为稳定的堆肥产品。

转筒式堆肥处理技术是指在可以控制旋转速度的前提下，将发酵物料从旋转筒的上部投入，待高温发酵完成后，物料从转筒另一端的下部排出。在发酵过程中，通过转筒的不断滚动，实现物料的混合搅拌和通氧，以此完成对肥料的堆肥处理。整个机械设备是由长度为 20 ~ 40m 的旋转桶组成的，直径大小为 2.5 ~ 4.5m，向滚筒当中可以吹入热空气，保证滚筒当中有充足的氧气供给。物料的一次发酵周期通常 7 ～ 10d。卧式转筒式堆肥反应器见图 3-11。

图 3-11　卧式转筒式堆肥反应器

转筒式堆肥设备适宜用于不同规模养殖场畜禽粪便的发酵处理，在提高堆肥效率、节省空间和自动化操作方面具有明显优势，但一次投资和运行成本较高，对操作技术有一定要求。

（3）筒仓式反应器堆肥

筒仓式堆肥是一种在封闭或半封闭的发酵装置（如发酵仓、发酵塔等）内进行的堆肥技术，主要通过控制通气和水分条件，通过好氧微生物的代谢活动将有机物质生物降解和转化为稳定的腐殖质。发酵仓内通过强制通风系统提供氧气，维持好氧环境，促进好氧微生物的活动。在堆肥过程中，微生物的代谢活动会产生热量，导致堆肥温度升高，通常需要保持在 45 ～ 65℃，以 55 ～ 60℃为最佳。高温有助于加速有机物的分解，同时杀死病原体。微生物生长需要适量的水分和碳氮比，通常控制水分含量为 45% ～ 60%，碳氮比为（25 : 1）～（35 : 1）。

筒仓式堆肥发酵仓为单层圆筒状（或矩形），发酵仓深度一般为 4 ～ 5m。其上部有进料口和散刮装置，下部有螺杆出料机。大多采用钢筋混凝土筑成。发酵仓内供氧均采用高压离心风机强制供气，以维持仓内堆肥好氧发酵。空气一般由仓底进入发酵仓，堆肥原料由仓顶进入，堆肥物料从底部排出。经过 6 ～ 12d 的好氧发酵，完成一次高温发酵过程。物料排出后移至二次发酵车间进行陈化腐熟。

根据堆肥在发酵仓内的运动形式，筒仓式发酵仓可分为静态和动态两种，其中静态发酵仓中物料不移动，而动态发酵仓中物料会因搅拌装置而移动，以保证通风和均匀发酵。

1）筒仓式静态发酵仓

该装置呈单层圆筒形，堆积高度 4 ～ 5m。堆肥物由仓顶经布料机进入仓内，经过 10 ～ 12d 好氧发酵后，由仓底的螺杆出料机出料。由于仓内没有搅拌切断装置，原料呈压实块状，通气性能差，通风阻力大，动力消耗大，而且产品难以均质化。因此发酵时间比动态发酵仓的发酵时间长。但是该装置占地面积小，发酵仓利用率高，结构简单，使用比较广泛。

2）筒仓式动态发酵仓

筒仓式动态发酵仓呈单层圆筒形，堆积高度为 1.5 ～ 2m。动态发酵仓运行时，经预处理工序分选破碎的废物被输料机传送至池顶中部，然后由布料机均匀向池内布料，位于旋转层的螺旋钻以公转和自转来搅拌池内废物，这样操作的目的是防止形成沟槽，并且螺旋钻的形状和排列能经常保持空气的均匀分布。废物在池内依靠重力从上部向下部跌落。既公转又自转的旋转切割螺杆装置安装在池底，无论上部的旋转层是否旋转，产品均可从池底排出。好氧发酵所需的空气从池底的布气板强制通入。为了维持池内的好氧环境，促进发酵，采用鼓风机从池底强制通风。通过测定池内每一段的温度和气体的浓度，可调节向每一段供应的空气量以及控制桥塔的旋转周期来改变翻倒频率。一次发酵的周期为 5～7d。筒仓式堆肥设备见图 3-12。

图 3-12　筒仓式堆肥设备

　　筒仓式堆肥设备的优点是排出口的高度和原料的滞留时间均可调节。筒仓式堆肥在封闭的容器内进行，减少了臭气污染和环境影响。由于强制通风和温度控制，发酵过程在 1～2 周内完成，堆肥周期短。筒仓式堆肥工艺具有高度机械化和自动化的优点，可以减少人工操作。发酵仓可自由运输，有利于分散粪便的集中处理，且发酵产生的臭气易于收集处理。由于良好的通风和温度控制，堆肥产品质量稳定，成熟度高。与同等处理能力的其他堆肥技术相比，发酵仓堆肥占地面积较小，但是投资费用较高，可能需要较大的初期投资。由于发酵仓的容积有限，处理量相对较小。运行和维护成本也较高，尤其是在能源消耗方面。另外，在堆肥过程中螺旋叶片重复切断原料，原料被压在螺旋面上，容易产生压实块状，所以通气性能不太好。同时，还存在原料滞留时间不均匀、产品呈不均质状，不易密闭等缺点。

　　（4）箱式发酵池堆肥

　　箱式发酵池种类很多，应用也十分普遍，其主要分以下几种。

　　1）矩形固定式犁形翻倒发酵池

　　这种箱式堆肥发酵池设置犁形翻倒搅拌装置，该装置起机械犁掘物料的作用，可定期搅动兼移动物料数次，并能保持池内通气，使物料均匀发散，并兼有运输功能，可将物料从进料端移至出料端，物料在池内停留 5～10d。空气通过池底布气板进行强制通风。发酵池采用输送式搅拌装置，能提高物料的堆积高度。

2）扇斗翻倒式发酵池

这种发酵池呈水平固定，池内装备翻倒机对物料进行搅拌使物料湿度均匀并与空气接触，从而促进物料迅速分解，阻止产生臭气。停留时间为 7～10d，翻倒物料频率以一天一次为标准，也可视物料性状改变翻倒次数。该发酵装置在运行中具有几个特点：

① 发酵池装有一台搅拌机及一架安置于车式输送机上的翻倒车，翻倒物料时，翻倒车在发酵池上运行，当完成翻倒操作后，翻倒车返回到活动车上；

② 根据处理量，有时可以不安装具有行吊结构的车式输送机；

③ 当池内物料被翻倒完毕，搅拌机由绳索牵引或机械活塞式倾斜装置提升，再次翻倒时，可放下搅拌机开始搅拌；

④ 为使翻倒车从一个发酵池移至另一个发酵池，可采用轨道传送式活动车和吊车刮出输送机、皮带输送机或摆动输送机，堆肥经搅拌机搅拌，被位于发酵池末端的车式输送机传送，最后由安置在活动车上的刮出输送机刮出池外；

⑤ 发酵过程的几个特定阶段由一台压缩机控制，所需空气从发酵池底部吹入。

3）吊车翻倒式发酵池

这种发酵池一般作二次发酵用。经过预处理设备破碎分选的堆肥化物料或已通过一次发酵的可堆肥物由输送设备送至发酵池中，送入的可堆肥物由穿梭式输送设备堆积在指定的箱式发酵池中。堆积期间，空气从吸槽供给，带挖斗吊车翻倒物料并兼做接种操作。

4）卧式桨叶发酵池

搅拌桨叶依附于移动装置而随之移动。由于搅拌装置能横向和纵向移动，因此操作时搅拌装置纵向反复移动搅拌物料并同时横向传送物料。因为搅拌可遍及整个发酵池，故可将发酵池设计得更宽，这样发酵池就具有较大的处理能力。

5）卧式刮板发酵池

这种发酵池主要部件是一个成片状的刮板，由齿轮齿条驱动，刮板从左向右摆动搅拌物料，从右向左空载返回，然后再从左向右摆动推入一定量的物料。由刮板推入的物料量可调节。例如，当每天搅拌一次时可调节推入物料的量为一天所需的量。如果处理能力较大，可将发酵池设计成多级结构。池体为密封负压式构造，臭气不外逸。发酵池有许多通风孔以保持好氧状态。另外，还装配有洒水及排水设施以调节湿度。

箱式堆肥发酵池实景如图 3-13 所示。

(a)   (b)

图 3-13　箱式堆肥发酵池

3.3.2.5　膜堆肥

膜堆肥是一种免翻堆的静态高温好氧堆肥方式，通过纳米膜覆盖，底部的曝气装置能给堆体内微生物提供足够的氧气，同时阻挡外面的水分进入，达到除去水分、清除臭味的效果，生产出腐熟农家肥，可以直接还田或加工成有机肥。

膜堆肥发酵系统最早由德国 UTVAG 率先设计出来，创新开发的一种通过"生物"和"膜"有机结合处理有机固体废物的好氧发酵技术。膜堆肥发酵系统的核心部件膜又称戈尔膜、功能膜、纳米膜、分子膜及智流膜等。膜堆肥发酵过程中，物料被膜覆盖密封，膜具有纳米微孔结构，能够允许气体穿透，但对于发酵过程中产生的灰尘、臭气、病原菌、水滴等具有阻断作用，同时堆体内部发酵产热形成的水蒸气在膜下冷凝形成一层液态膜，能够有效阻止氧化亚氮、甲烷等气体外排，且液态膜能够溶解氨气并回流至堆体中，减少氮损失。膜堆肥工艺原理如图 3-14 所示。

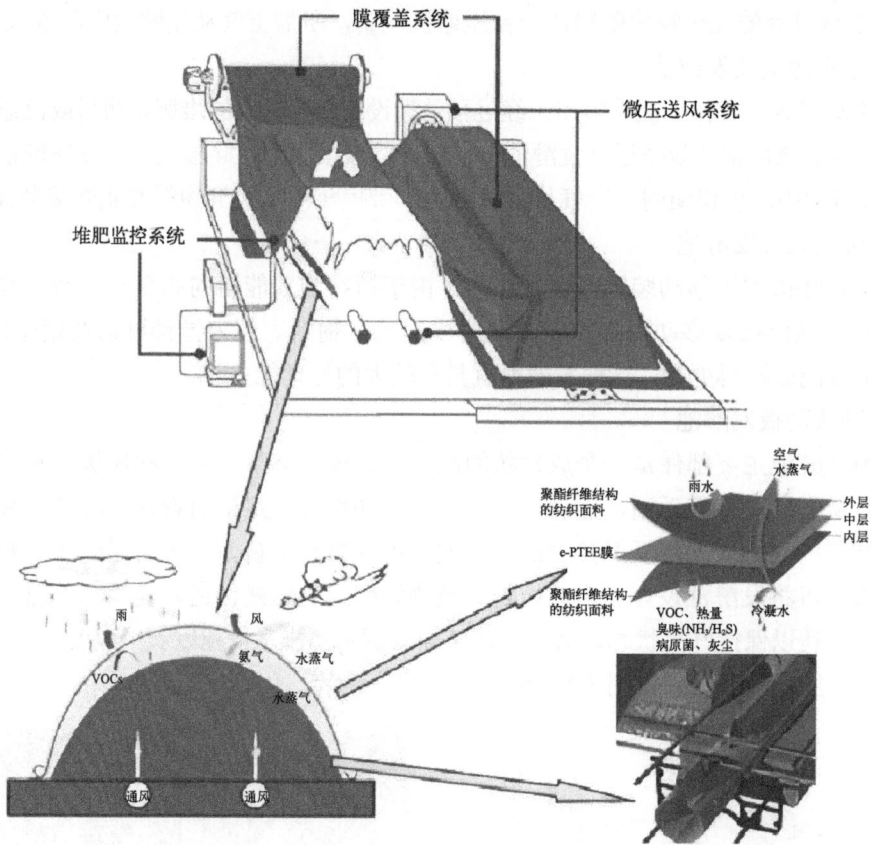

图 3-14　膜堆肥工艺原理

膜堆肥发酵系统常见堆肥规模为 $100m^3$ 与 $200m^3$，发酵周期一般为 15 ～ 25d，主要由覆盖膜、通风管道、风机、控制系统等组成。通过风机系统向物料内部提供氧气，确保微生物在充足的氧气条件下进行发酵，监控系统实时监控温度、湿度、氧浓度等参数。在适宜的温度、湿度和氧浓度条件下，微生物开始分解有机物，产生热量和水蒸气。这些水蒸气通过膜材料的微孔结构排出膜外，而外部的雨雪等液态水则无法进入膜内，同时膜材料还能有效阻止臭气、病原菌等有害物质的散发。经过一定时间的发酵，畜禽粪污等有机废物被转化为高品质的有机肥。此时，停止送风系统，并等待有机肥的进一步陈化和稳定。

　　膜堆肥发酵系统具有处理量大、辅助设备少、操作方便及受环境影响较小的优势，近年来被引进国内并进行了消化改进，覆盖膜已实现国产化，在大型养殖场应用较广泛。膜堆肥发酵属于批量发酵模式，不能连续进出料，占地面积较大，覆盖膜的成本较高。膜堆肥发酵系统适于羊粪及固液分离后的牛粪、猪粪的堆肥发酵。常见膜堆肥发酵系统及发酵效果如图 3-15 ～图 3-17 所示。

图 3-15　膜堆肥发酵系统（有围墙）

图 3-16　膜堆肥发酵系统（无围墙）

图 3-17　纳米膜堆肥发酵产物

　　2019 年 8 月工业和信息化部发布机械行业标准《堆肥用功能性覆盖膜》（JB/T 13739—2019），对静态条垛堆肥系统中具有防水透湿功能的柔性复合膜做出了具体的规定。

2021年11月19日举办的2021中国农业农村科技发展高峰论坛暨中国现代农业发展论坛发布会上，农业农村部农业生态与资源保护总站发布了农业农村减排固碳十大技术模式，固体粪便覆膜好氧堆肥技术被列为推荐的畜禽粪便管理温室气体减排技术之一。

3.3.2.6 不同堆肥工艺对比

常见堆肥工艺各自有优缺点，养殖场可根据生产规模、清粪工艺、当地环保政策、气候环境、资金配套及产品消纳等实际情况，选择适合自身需求的堆肥工艺。主要堆肥工艺特点如表3-5所列。

表3-5 各种堆肥工艺特点

堆肥工艺	翻抛式堆肥（条垛式、槽式）	反应器式堆肥	膜堆肥
生产工艺	翻抛机定时翻抛	持续性搅拌翻抛，强力曝气	一次性建堆后间歇微曝氧
生产环境	开放，污染大，堆放场地大，环保不达标	密闭性好，罐内发酵，设置除臭塔	密闭、无臭味、露天、环境友好
安全效果	堆放温度最高60℃，杀灭病虫卵杂草籽不彻底	最高温度可达70℃，杀灭病菌虫卵杂草籽效果优，氮损失较大	最高温度可达70℃，杀灭病菌虫卵杂草籽效果优，发酵彻底，具有固氮效果，总养分高
生产周期	20～30d	6～12d	15～25d
生产成本	约80元/t	约190元/t	约20元/t
操作性	操作人员需要一定的技术水平	结构非常复杂、对人员技术水平要求较高	操作非常简单，只需要铲车
优点	处理量大，设备投资相对较低，运行简单，温度及通风条件易控制，能耗相对低	占地面积小，土建投资少，可连续进出料，一体化设备自动化程度高，温度和氧气量可精确控制，臭气易收集处理，不受气候影响，无需或少加辅料，二次污染小，发酵周期短	结构简单无需维护，生产能耗最低，无环保压力，同时养分最高，无环保问题
缺点	占地面积大，出料不连续，需或少添加辅料，环境恶劣，环保不达标	结构复杂，投资高，维保费用高，对操作人员技术水平要求较高；单体处理量小，设备投资相对较高，不适合大规模	不适合小规模，需要一次性投料；功能膜成本高
适用范围	大型养殖场、有机肥厂或第三方集中处理	就地处理的中小型养殖场	大型养殖场、有机肥厂或第三方集中处理

3.3.3 堆肥通风方式

高温好氧堆肥按通风方式可分为静态强制通风堆肥、间歇翻堆通风堆肥和连续动态通风堆肥三种类型。

（1）静态强制通风堆肥

一般密闭发酵池采用静态强制通风法。发酵池有方形、圆形、矩形、倒锥形等。发酵池的池形由进出料的方式所决定，高度一般为3～4m。发酵池的密封有利于发酵条件的控制和无害化指标的实现。发酵池底设有通风、排水管道，两者可共用。池顶设有排风口将废气排出并除臭。通风亦可由底部抽风，造成池内负压，空气从顶部渗入。该方法有利于对臭气的控制。风机一般选用离心式风机，风压 53.32 ～ 66.65kPa，堆层风量为 0.1 ～ 0.2m³（标准）/s。静态强制性通风发酵要求物料黏度低，颗粒不能太细小，否则会造成通风困难，影响发酵周期和质量。

（2）间歇翻堆通风堆肥

一般条垛式、槽式堆肥发酵方法采用间歇翻堆通风发酵。采用翻堆通风方法，一方面防止堆肥物料结块，保持物料疏松，利于通风发酵；另一方面每次翻倒都是对堆肥物料的再混合，利于处于不同位置的物料都能均匀发酵，提高整体发酵质量，缩短发酵周期。适于条垛式堆肥的翻堆机械有轮胎式翻堆机和履带式链耙机，适于槽形发酵池的有轨道转子式翻堆机和板式输送翻堆机。而对于圆形多层发酵塔则采用翻堆桨或圆柱刮板旋转桨翻倒搅拌物料，圆柱形密闭发酵池则采用桥架立式螺旋搅拌钻翻倒搅拌物料。

（3）连续动态通风堆肥

连续式好氧动态堆肥工艺的特点是物料不停地翻动、搅拌和混合，在极大程度上使其中的有机成分、水分、温度和供氧等的均匀性得到提高和加速，为传质和传热创造了有利条件，增加了有机物的降解速率，亦缩短了一次发酵周期，使全过程提前完成。连续动态强制通风型发酵装置是高速堆肥系统中用得最多的一种装置，对处理高有机质含量的物料极为有效。目前回转滚筒式堆肥发酵装置使用的就是连续动态通风方式，例如 DANO（达诺系统）回转滚筒式发酵器，能在 28 ～ 48h 内完成第一次发酵，并由一端连续进料，另一端连续出料。节省工程投资，提高了发酵处理能力。

3.4　堆肥及制肥设备

3.4.1　预处理设备

堆肥中常用的原料预处理设备主要有原料粉碎设备、物料混合搅拌设备与畜禽粪便固液分离设备。

3.4.1.1　原料粉碎设备

原料粉碎设备主要用于作物秸秆、牧草、园林枝条和尾菜等生物质材料的切碎加工。按照粉碎机喂料方式及结构形式可分为卧式粉碎机与立式粉碎机。

（1）卧式粉碎机

卧式粉碎机常用于小麦、玉米、牧草等水分较低的作物秸秆的粉碎加工。卧式粉碎机由喂入机构、对辊挤压机构、铡切机构、揉搓机构、传动机构、抛送机构、行走机构、防护装置和机架等部分组成。工作原理为：物料通过喂入机构进入对辊预压机构，对压辊将物料送入粉碎室，经粉碎轴粉碎及揉搓室揉搓后抛出。卧式粉碎机的设计参数因型号和用途的不同而有所差异，常见的设计参数有型号规格、配套动力、转速、处理风量、粉碎粒度和产量等。常见卧式秸秆粉碎机如图 3-18 所示。

卧式粉碎机具有以下优点：a.结构简单，通常采用模块化设计，便于安装和维护；

(a)

(b)

图 3-18　卧式秸秆粉碎机

b. 占地面积相对较小,适合在有限的空间内使用;c. 设备运转时能耗较低,有助于降低生产成本;d. 调节灵活,可通过更换腔型或调整筛板来实现不同粒度的破碎需求。但是也存在以下缺点:a. 耐磨件寿命有限,锤头、筛板等耐磨件在使用一段时间后会出现磨损,需要定期更换;b. 虽然设备自带密封性质和防尘装置,但在实际使用中仍可能产生一定的噪声和粉尘,需要采取相应的降噪和除尘措施。

（2）立式粉碎机

立式粉碎机特别适用于破碎含水量较高的物料,不易堵塞,下料顺畅。立式秸秆粉碎机一般由立式粉碎轴总成（一般定刀与动刀同轴）、二次破碎揉搓机构、传动机构、抛送机构、行走机构、防护装置和机架等部分组成。其工作原理为:物料一般从粉碎机上方进入粉碎室,经粉碎揉搓后抛出。立式粉碎机的主要设计参数包括型号、给料粒度、出料粒度、生产能力、主轴转速和电机功率等,立式粉碎机粉碎刀轴转速较高,通常在2600r/min,粉碎尾菜、蔬菜秸秆等高水分作物秸秆的效果较好。常见的立式秸秆粉碎机如图 3-19 所示。

(a)

(b)

图 3-19　立式秸秆粉碎机

立式粉碎机具有以下优点:a. 适用性强,能处理多种物料,特别是含水量较高的物料;b. 工作噪声低,粉尘污染小,有利于环保;c. 操作方便,运行稳定,易于操作和维护。

但是也存在以下缺点：a.链锤或锤头等易损件需要定期更换，增加了维护成本；b.虽然设备能耗低，但相对于一些新型粉碎设备，其能耗仍然较高。

3.4.1.2　物料混合搅拌设备

物料混合搅拌设备主要用于粪便、秸秆等发酵原料的混合搅拌，堆肥物料混合搅拌设备多为借鉴建筑行业粉末、泥浆混合搅拌设备或饲料混合搅拌设备改造而来，按照搅拌轴数量可分为单轴搅拌机与双轴搅拌机。

单轴搅拌机机槽多为 U 形，双轴搅拌机机槽多为 W 形。其工作原理为：通过复杂的搅拌方式（如对流、剪切、扩散和渗合等）将两种或多种物料进行均匀混合，在混合过程中，物料在搅拌机的作用下不断翻动、对流和扩散，从而达到均匀混合的目的。搅拌机主要由搅拌室、双螺旋搅拌轴、传动系统、出料机构、机架及防护装置组成。设计参数主要包括混合容量、搅拌转速、混合时间、电机功率等。常见物料混合搅拌设备批次处理量为 $0.5 \sim 2m^3$，工作效率根据原料不同有所差异，一般在 $6 \sim 24m^3/h$，功率为 $7.5 \sim 15kW$。

物料混合搅拌机具有如下优点：a.物料混合搅拌机通过复杂的搅拌方式，将物料进行充分混合，确保混合均匀度；b.具有较高的生产效率，能够满足大规模生产的需要；c.能够适应不同物料的混合需求，具有广泛的应用范围；d.部分设备采用自动化控制，操作简便且易于维护。但是也存在以下缺点：a.部分混合搅拌设备体积较大，占地面积较广，需要较大的安装空间；b.在运行过程中需要消耗一定的电能或机械能，能耗水平相对较高；c.对于部分高精度、高复杂度的混合搅拌设备，其维护成本也相对较高。

常见的物料混合搅拌设备如图 3-20 和图 3-21 所示。

图 3-20　单轴物料混合搅拌机　　　　图 3-21　双轴物料混合搅拌机

3.4.1.3　畜禽粪便固液分离设备

固液分离是畜禽粪污资源化利用的关键工序，主要用于将畜禽粪便中的固体和液体进行分离，以便于后续的处理和利用。畜禽粪便固液分离设备有多种类型，根据分离原理可分为筛分式、离心式、压滤式三种，根据工作机构不同又有螺旋挤压式、斜筛式、旋转筛式和带式压滤式等形式。一般以分离后固形物的干物质含量及分离后液体含固率作为固液分离机的评价指标。螺旋挤压固液分离机和离心式分离机的分离效果较好。

（1）筛分式固液分离机

筛分式固液分离机是根据筛孔大小不同将粪水中固形物进行固液分离的一种设备，

当畜禽粪便进入设备后，经过筛网的筛分作用，固形物被拦截在筛网上，而液体则通过筛网流出。筛分式固液分离机有很多类型，最常用的是斜板筛和振动筛，斜板筛又分为单斜筛与双斜筛。固形物的去除率取决于筛孔大小，筛孔小则固形物去除率高，但易堵塞，清洗次数多；筛孔大则固形物去除率低，但不易堵塞，清洗次数少。针对斜筛式分离机存在排渣不彻底、筛网易堵塞、制造成本高、对固形物去除率有限等问题，许多生产厂家对其进行了改进，增加了挤压装置与震动装置等，可以有效地降低分离后固形物含水率和防止筛孔的堵塞。筛分式固液分离机的分离性能取决于筛孔尺寸、粪水的物理特性和粪水的输送流量。当筛孔直径为 0.75～1.5cm 时固形物的去除率为 6%～27%。当粪水的固形物含量＜5% 时筛分效果明显；当粪水固形物含量＞10% 时振动筛的分离性能会有所下降。筛分式固液分离机在规模化奶牛养殖场应用较广泛。常见筛分式固液分离机处理量为 10～60m³/h，设备如图 3-22 和图 3-23 所示。

图 3-22　单斜筛式固液分离机　　　图 3-23　双斜筛式固液分离机

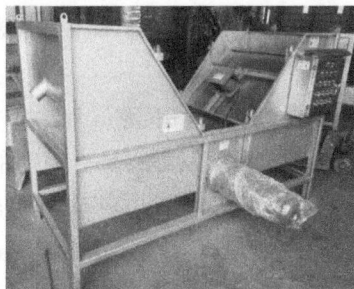

（2）离心分离机

离心分离机是利用固体悬浮物在高速旋转产生离心力的作用下达到固液分离的一种设备，对固相颗粒当量直径≥3μm、质量浓度比≤10% 或体积浓度比≤70%、液固密度差≥0.05g/cm³ 的各种悬浮液均适合采用该类离心机进行固液分离。与筛分式分离机相比，离心分离机的分离效率要高，通过提高加速度，能够快速实现固液分离，而且在离心力的作用下，分离后的固体物含水率相对较低。当畜禽粪水的总固体含量为 8% 时，固体去除率可达 61%，分离效率高。但离心机对原料颗粒度要求较高，能耗较大，投资及维护费用较高，因此在养殖场中应用推广受到限制，一般用于低固体含量物料的分离。常见离心分离机处理量为 2～24m³/h，卧式离心分离机如图 3-24 所示。

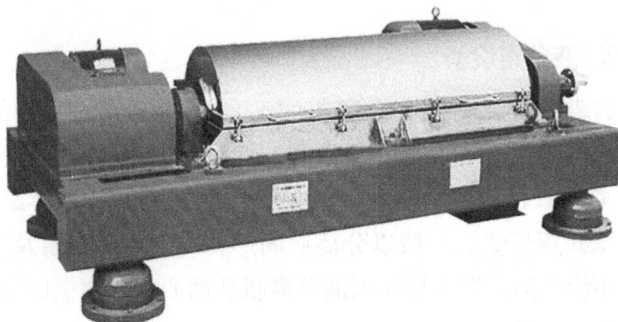

图 3-24　卧式离心分离机

（3）压滤式分离设备

压滤式分离设备的工作原理主要基于物理挤压和过滤，常见设备为螺旋挤压式固液分离机。螺旋挤压式固液分离机是将挤压过滤、高压压榨、重力过滤融为一体的新型分离装置。设备通常由无堵塞液下泵、不锈钢滤网、不锈钢螺旋绞龙等部件组成。螺旋挤压式固液分离机的工作原理基于螺旋挤压的原理，通过物理方法将固体与液体有效分离。待处理的固液混合物从进料口进入挤压腔，螺旋轴在驱动装置的带动下以一定的速度旋转。在螺旋轴的推进和挤压作用下，固体颗粒被逐渐压缩并向前移动，而液体则通过挤压腔的缝隙（筛网）流出，从而实现固液分离。螺旋挤压式固液分离机多采用配重加压、等轴径变螺距的机构形式，分离后固体含水率普遍在 70% 左右。

螺旋挤压式固液分离机工作时，无堵塞液下泵将畜禽粪污提升送至设备内，然后由不锈钢螺旋绞龙将粪污逐渐推向机器的前方，同时不断提高机器前缘的压力，迫使物料中的水分在边压带滤的作用下挤出网筛，流出排水管。固液分离过程是连续的，随着粪水的不断提升和压力的增大，当压力达到一定程度时卸料口被顶开，固体物料被挤出，达到挤压出料的目的。螺旋挤压式固液分离机与其他形式固液分离机相比，具有对物料适应性强、耗能低、结构简单、操作方便、分离效果好和运行成本低等优点，在畜禽养殖行业得到广泛应用。目前许多先进的国家和国内学者及有关企业都在研究该类设备，市场上又推出了变轴径变螺距螺旋轴且压力可调的新型螺旋挤压式固液分离机，分离后固体的含水率为 61% 左右。常见螺旋挤压式固液分离机处理量为 15 ～ 60m³/h，转速为 30 ～ 60 r/min，卧式螺旋挤压固液分离机设备及分离效果如图 3-25 和图 3-26 所示。

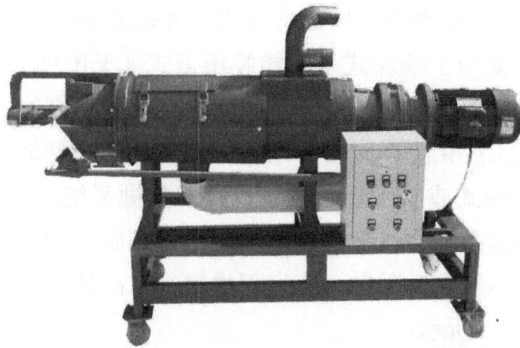

图 3-25　卧式螺旋挤压固液分离机

图 3-26　卧式螺旋挤压固液分离机分离效果

固液分离是畜禽粪污资源化利用的首要环节，在养殖场得到广泛应用，虽然各种类型的固液分离机分离后固体含水率满足堆肥条件，但是存在粪水中固体回收率较低的问题，基本低于30%。固液分离后，原有粪水中氮、磷绝大多数还留在液体中，给后续液体部分处理提出了更严峻的挑战，因此如何进一步提高固液分离机固体回收率以及降低氮、磷在粪便液体中含量将是科研人员以及设备生产厂家下一阶段需要解决的关键技术难题。

3.4.2 堆肥翻抛设备

翻抛设备是好氧堆肥的关键工序，是好氧堆肥提高堆肥效率、提升堆肥质量及减轻劳动强度的必备装备，起到为物料供氧、调节堆体温度、加速物料水分蒸发的作用。根据堆肥工艺不同，翻抛设备可分为条垛式、槽式及整体移位式三种类型，其中整体移位式翻抛机多为进口产品，成本较高，应用不广泛。

3.4.2.1 条垛式堆肥翻抛设备

条垛式堆肥翻抛机按照行走方式可分为牵引式和自走式：牵引式即以拖拉机为动力，由拖拉机牵引，在长条形堆垛上工作，结构简单、造价低、维修成本低，但占地面积较大、场地利用率低，翻抛能力一般；自走式是依靠自身动力翻抛，驱动方式可分为柴油驱动和电驱动，该方式操作灵活、自动化程度高、翻抛及破碎和搅拌功能较高、处理量大，但设备投资较大、维修成本较高。目前，国内条垛式堆肥翻抛机的翻抛方式主要为骑跨式，工作时整机骑跨在预先堆置的长条形堆体上，由机架下挂装的旋转刀轴对原料进行翻抛，已广泛应用于中小型养殖场畜禽粪便和农业废弃物堆肥处理。

自走式翻抛设备主要用于条垛式与功能膜覆盖式（无围墙）堆肥对物料进行翻抛，适于中小型养殖场的小规模畜禽粪污发酵处理，以及农业废弃物、污泥等有机废物的堆肥发酵。在早期有机肥工厂化生产时用于取代人工和用铲车翻倒物料工作。自走式翻抛设备主要由动力系统、轮式或履带行走系统、螺旋翻抛系统、控制系统及机架等组成。翻抛机工作时，螺旋翻抛系统通过翻抛轴两侧反向双螺旋机构与中段直抛机构将物料向中间聚拢，同时随着翻抛轴向后翻抛，使底部物料与上部物料充分混合。常见自走式翻抛设备如图3-27和图3-28所示。

(a)　　　　　　　　　　　　　　　　　　(b)

图 3-27　自走式堆肥翻抛机（轮式）

（a） （b）

图 3-28 自走式堆肥翻抛机（履带式）

自走式翻抛设备优点有：a.无需建槽，不需要建设发酵槽，只需平整地面即可，降低了前期投入成本；b.灵活性强，设备采用四轮行走设计，可前进、倒退、转弯，由一人操控驾驶，操作灵活方便；c.耗能低，设备整体动力均衡适宜，耗能低，降低了生物有机肥的生产成本；d.对场地适应性强，除了粗壮的机架，零部件均为标准件，使用维护方便，且整机刚性好、受力平衡、简明、结实、性能安全可靠。但同时其存在部分不足：a.无法处理发酵臭气，自走式翻抛设备无法对发酵过程中产生的臭气进行处理，可能对环境造成一定影响；b.发酵效果受气温影响，在气温较低时，堆肥条垛的发酵效果较差，尤其是在北方地区，可能无法实现好氧发酵；c.处理量相对较小，自走式翻抛设备受自身结构形式的限制，物料堆体高度一般不超过 1.5m，幅宽不超过 3m，只适用于中小型规模的畜禽粪污发酵处理。

3.4.2.2 槽式翻抛设备

槽式翻抛设备主要用于槽式与功能膜覆盖式（有围墙）发酵条件下对物料进行翻抛。槽式翻抛设备一般安装在发酵槽上，沿槽上轨道横向/纵向行走。槽式翻抛设备主要由动力系统、物料翻抛输送系统、液压提升系统、控制系统、轨道行走系统及机架等组成。槽式翻抛机的工作原理是通过电动机驱动传动装置，带动翻堆刀在槽体内部旋转，对物料进行翻拌、松散和混合，以便进行有机物料的发酵处理。这种翻拌过程促进了物料的传质传热，提高了微生物与物料的接触面积，从而加快了发酵过程。在翻抛机前进的同时，工作部件上的刀片作旋转运动将发酵床中的下层垫料向前上方抛掷并破碎，在将垫料抛起的过程中使垫料与空气充分接触，同时可以调节垫料水分和温度，从而促进微生物发酵。翻抛机工作时，通过液压提升系统将物料翻抛输送系统调至合适位置，沿槽纵向完成一个行程后，翻抛机横向移动一个幅宽，开始下一幅的作业。槽式翻抛设备跨度一般在 2 ～ 20m，翻抛深度一般不超过 2m，槽式翻抛设备需与发酵槽配套使用。

槽式翻抛机根据工作原理可分为螺旋式、滚筒式、链板式、拨齿式和轮盘式等。常见槽式翻抛设备如图 3-29 ～图 3-33 所示。

槽式翻抛设备优点有：a.效率高，槽式翻抛机具有强大的翻抛能力，可以快速完成物料的翻拌、松散和混合工作；b.运行平稳，设备结构紧凑，故障率低；c.坚固耐用，采用优质材料和先进工艺制造，设备使用寿命长；d.操作便捷，控制柜集中控制，可实现

(a)   (b)

图 3-29　螺旋式堆肥翻抛机

(a)   (b)

图 3-30　滚筒式堆肥翻抛机

(a)   (b)

图 3-31　链板式堆肥翻抛机

(a)   (b)

图 3-32　拨齿式堆肥翻抛机

(a)　　　　　　　　　　　　　　　　　(b)

图 3-33　轮盘式堆肥翻抛机

手动、自动或遥控操作，方便灵活；e. 发酵效果好，通过促进物料的传质传热和微生物与物料的接触面积，加快了发酵过程。同时其存在部分不足：a. 槽式翻抛机属于大型机械设备，一次投资成本较高；b. 需要建设发酵槽和轨道等基础设施，对场地有一定的要求等。

3.4.2.3　整体移位式翻抛设备

整体移位式翻抛设备的工作原理是通过机械装置将堆肥物料整体进行移位和翻抛，以实现物料的充分混合和通气。在堆肥过程中，设备会定期或连续地对物料进行翻抛，以促进微生物的生长和繁殖，加快有机物的分解速度。同时，翻抛过程还可以调节物料的温度和湿度，提高堆肥效率和质量。整体移位式翻抛设备适用于以下场景：

① 大型堆肥场，对于需要处理大量农业废物或城市生活垃圾的堆肥场，整体移位式翻抛设备能够高效地完成翻抛和混合工作；

② 农业废物处理，如畜禽粪便、农作物秸秆等农业废物的堆肥处理；

③ 城市生活垃圾处理，对于可生物降解的城市生活垃圾，整体移位式翻抛设备也可以进行堆肥化处理；

④ 有机肥料生产，在有机肥料生产过程中，整体移位式翻抛设备能够提高生产效率和质量。

整体移位式翻抛机根据行走方式分自走式和牵引式两种，机器作业时，翻抛部件从整体堆肥料堆一侧将物料攫取、粉碎并抛送到后方或一侧的输送带上，再由输送带输送至 3 ~ 4m 的另一侧，完成物料降温、水分调节、与氧气充分接触的过程。整体移位翻堆方式变槽式和条垛式堆肥方式为整体堆肥方式，在相同规模场地的条件下，增加了堆肥量，加快了物料升温速度，缩短了堆肥发酵时间，适用于大规模农业固体废物好氧堆肥生产企业。

整体移位式翻抛设备通常由以下几个部分组成：

① 行走机构：设备底部设有行走轮或履带，用于在堆肥场地内移动。

② 翻抛机构：包括翻抛臂、翻抛齿或搅拌叶片等，用于对物料进行翻抛和混合。

③ 动力装置：通常采用电动机或柴油发动机作为动力源，驱动行走机构和翻抛机构运转。

④ 控制系统：包括电气控制柜和遥控器等，用于控制设备的启动、停止、前进、后退以及翻抛速度等参数。

整体移位式翻抛设备常见设计参数通常考虑处理能力、翻抛深度、行走速度、翻抛频率、动力消耗等。整体移位式翻抛机工作实景见图3-34。

图 3-34 整体移位式翻抛机工作实景

整体移位式翻抛设备具有以下优点：a.快速、均匀地翻抛和混合物料，提高堆肥效率；b.适用于各种规模的堆肥场和不同类型的农业废弃物处理；c.通过控制系统可以实现设备的远程控制和自动化操作，降低人工劳动强度；d.可以根据物料特性和堆肥工艺要求调整翻抛深度、频率等参数。同时，其存在少许不足：a.初期投资成本较高；b.需要相对平坦、宽敞的堆肥场地来容纳设备和进行物料处理等。

3.4.2.4 翻抛设备功能特点对比

3种堆肥翻抛机功能特点对比见表3-6。

表 3-6 3种堆肥翻抛机功能特点对比

对比因素	条垛式翻抛机	槽式翻抛机	整体移位式翻抛机
占地面积	占地面积较大，场地利用率低	占地面积较小	占地面积相同时，整体空间利用率较高
处理量	处理量受料堆高度限制，处理量相对较低	堆肥深度决定堆肥量，单次处理量大；工作效率较低	可处理大规模料堆（高3m以上），不受料堆形状限制，工作效率高
运行成本	对厂房、设备要求简单，基础设备和场地投资少	对厂房、设备要求高，前期投入高，适用于多槽发酵	对厂房、设备要求简单，适用于大型堆肥处理项目
适用性	冬季保温性较差，适合在我国中南部地区，且土地较宽敞、对周边空气环境影响较低的地区	冬季保温效果较好，在寒冷地区也适用，还适合在土地紧缺、对环境要求高的城市	冬季保温效果较差，但堆肥量大，料堆升温速率快，由于处理大规模堆肥，需大场地资源，对环境影响较大

3.4.3 反应器堆肥设备

根据设备机构形式和进料方式不同反应器式堆肥设备包括筒仓式、滚筒式和箱式反应器等。本小节重点介绍立式反应器和卧式反应器。

3.4.3.1 立式反应器

立式反应器整体采用立式设计，连续进出料的工作方式。在物料发酵过程中通过调控发酵环境温度、含水率、需氧量使物料中的有机质进行快速生物分解、发酵，以缩短发酵周期，同时对发酵产生的废气进行收集处理。智能好氧发酵罐主要由发酵罐体、液压传动系统、主轴搅拌系统、上料系统、加热系统、送氧系统、尾气处理系统及控制系统组成。立式反应器容量一般为 5 ～ 120m³，发酵周期 5 ～ 7d，日处理能力在 1 ～ 15m³。立式反应器结构示意如图 3-35 所示。

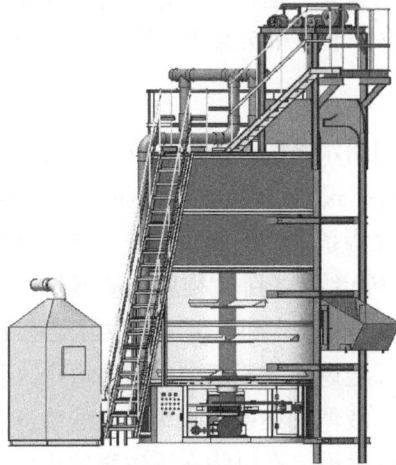

图 3-35 立式反应器（发酵罐）结构示意

调配好的物料通过上料系统进入发酵罐内，每天入料量为总容量的 1/7 ～ 1/5，物料在微生物菌剂的作用下开始分解，自身分解产生热量的同时加上设备辅助加热系统将电加热空气向罐体内曝气的作用，物料进行快速发酵且温度快速升高，最高可达到 70℃；在主轴搅拌系统、送氧系统、加热系统、控制系统协同工作的作用下，使发酵罐内物料处于最佳发酵环境，促使物料充分发酵分解，温度维持在 60 ～ 70℃，持续 4 ～ 5d，物料一次（除未降解的大分子有机物）发酵完毕，罐体底层 1/7 ～ 1/5 物料在搅拌轴与出料系统的作用下通过出料口即可放出，进行后腐熟阶段，物料放出后，上料系统启动向罐内补充新料，以此循环运行，罐内物料的一次发酵周期一般 5 ～ 7d。同时发酵产生的 NH_3、CO_2、有机挥发气体等通过尾气处理系统收集并净化处理。常见立式反应器如图 3-36 所示。

图 3-36 立式反应器（发酵罐）

立式反应器具有连续进／出料，起温快，占地少，自动化程度高，养分损失少，发酵均匀、彻底等优势，适用于就地处理、场地有限及环保要求较严的中小型养殖场，但存在设备一次投资高、批次处理小的弊端。

2022 年工业和信息化部发布的机械行业标准《立式堆肥反应器》（JB/T 14283—2022）中，对立式堆肥反应器（以下简称"反应器"）的术语和定义、形式与主参数、技术要求、试验方法、检验规则、标志、包装、运输和贮存进行了规定，适用于畜禽粪便等农业有机固体废物堆肥处理的、具有好堆肥和保温功能的立式仓体设备。

3.4.3.2 卧式反应器

卧式堆肥反应器是一种利用水平滚筒旋转或搅拌轴旋转进行混料的堆肥装置。卧式堆肥反应器在结构组成方面与立式堆肥反应器大体相同，主要由滚筒反应器、上料系统、驱动装置、通风系统、液体收集系统、控制系统等组成，进出料方式为整体出料，反应器内发酵时间一般 < 24h。将物料送入卧式堆肥反应器内，通过滚筒的旋转或搅拌器的搅拌作用，使物料在反应器内充分混合和发酵。在发酵过程中，通过微生物分解有机物，产生热量和二氧化碳等气体。通风系统不断向反应器内送入新鲜空气，以维持微生物的正常生长和代谢活动。同时，液体收集系统收集产生的渗滤液，防止其对反应器内部环境造成污染。经过一段时间的发酵，有机物在微生物的作用下逐渐分解，堆体温度逐渐下降，颜色逐渐变深，最终生成腐熟的有机肥。将有机肥从反应器中取出，上料系统启动向罐内补充新料，以此循环运行，卧式发酵罐的发酵周期一般为 7 ~ 10d。

卧式堆肥反应器由于结构的优势，物料在设备内部能够均匀分布、减少热量和臭气的积累、提高堆肥效率，且具有原料适应性强的优势，适用于小型养殖场或多个单体并联的一次堆肥发酵。但存在占地面积大、能耗大、出料后二次发酵（陈化）周期长的弊端。常见卧式堆肥反应器如图 3-37 ~ 图 3-39 所示。

图 3-37 大型卧式堆肥反应器

3.4.3.3 反应器堆肥基础设施

反应器堆肥基础设施较简单，不需要建设厂房，设施区域主要包含设备安装区和产品贮存区，其中反应器设备安装区地面需进行硬化及建设相应设备基座，基座尺寸要与所选设备匹配。产品贮存区可根据畜禽养殖场需求进行选择。

图 3-38　卧式小型反应器

图 3-39　卧式 U 形反应器

3.4.4　制肥设备

固体有机肥堆制完成后，若作为商品有机肥进行销售，需经过粉碎、筛分、混合搅拌、造粒、冷却烘干及计量包装等工序，经检测出厂完成有机肥的商品化制作。

3.4.4.1　粉碎设备

物料粉碎设备是有机肥生产行业最普遍的专用粉碎设备，按照结构形式可分为立式粉碎机与卧式粉碎机，根据粉碎物料的含水率适用性又分为半湿物料粉碎机与湿物料粉碎机。

半湿物料粉碎机采用双级转子上下两级粉碎，物料经过上级转子粉碎机粉碎成细小的颗粒，然后再输送到下级转子继续粉碎成细粉状，达到了料粉细、锤粉料的最佳效果，最后由出料口直接卸出。半湿物料粉碎机主要应用于发酵腐熟后含水量在 30% ～ 60% 的物料，例如禽畜粪便、作物秸秆、城市垃圾、河道淤泥、厨房垃圾几乎所有的有机肥原料。半湿物料粉碎机具有高合金耐磨锤头，坚固耐磨，使用寿命长；采用双向调隙技术，锤片磨损后可移动位置继续使用；采用集中润滑系统，便于维修和操作湿物料粉碎机通过电机带动刀盘高速旋转。常见半湿物料粉碎设备如图 3-40 所示。

图 3-40　半湿物料粉碎设备

湿物料粉碎机作用原理为湿物料进入无筛底粉碎腔后，在离心力的作用下与刀片充分接触，瞬间被切割、粉碎，不堵料，不糊底，可以精细控制出料的粒度，确保粉碎后的物料符合不同生产环节的要求。适用于高湿度的物料，如含水量较高的有机废物、生物质材料等。它能够处理湿度较高的物料，如城市生活垃圾、农业废弃物等。常见物料粉碎机功率为 18.5 ～ 45kW，生产能力为 1 ～ 15t/h，粉碎粒径为 0.5 ～ 5mm。常见湿物料粉碎设备如图 3-41 所示。

图 3-41 湿物料粉碎设备

3.4.4.2 筛分设备

筛分设备是一种根据所需物料颗粒度大小通过筛网将物料进行分级或分选的设备，按照筛分原理不同可分为振动筛与滚动筛。振动筛利用振子激振所产生的往复旋型振动而工作。振子的上旋转重锤使筛面产生平面回旋振动，而下旋转重锤则使筛面产生锥面回转振动，其联合作用的效果则使筛面产生复旋型振动。振动筛具有结构可靠、激振力强、筛分效率高、振动噪声小、坚固耐用、维修方便、使用安全等特点。滚动筛利用滚筒旋转产生的离心力与筛网孔径的筛选作用，对物料进行分级与去杂。当物料被送入滚筒内部后，随着滚筒的缓慢旋转，物料颗粒在重力和离心力的共同作用下，沿着滚筒的倾斜角度向前移动并逐层筛分。滚动筛广泛适用于粒径＜ 300mm 以下的固体物料的筛分，具有筛分效率高、噪声低、扬尘量小、使用寿命长、维修量小、检修方便等特点。二者皆适用于有机肥、复合肥、复混肥的制备过程。常见物料筛分设备功率为 2.2 ～ 7.5kW，生产能力为 1 ～ 20t/h。常见筛分设备如图 3-42 和图 3-43 所示。

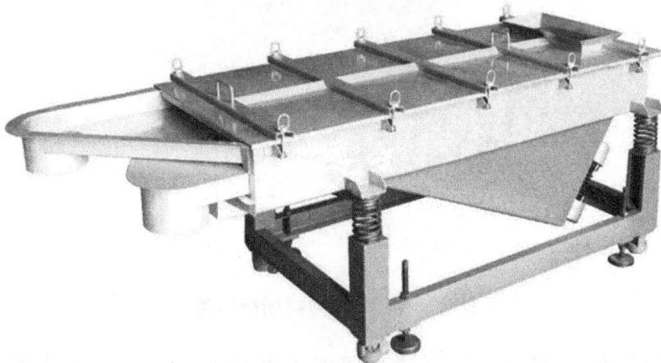

图 3-42 振动筛

图 3-43　滚动筛

3.4.4.3　混合搅拌设备

制肥环节中的混合搅拌机是确保肥料生产质量的关键设备之一。除与原料混合通用的搅拌机外，圆盘搅拌设备也是其中一种常见的混合搅拌机。圆盘搅拌设备通常由搅拌盘、传动机构和出料口组成。圆盘搅拌机的核心部件是搅拌盘，通常由耐磨、耐腐蚀的材料制成。搅拌盘上设有多个搅拌臂和搅拌齿，通过旋转和搅拌作用，将物料均匀混合。圆盘搅拌机的传动机构由电动机、减速机和主轴等组成。电动机提供动力，通过减速机传递至主轴，带动搅拌盘旋转。这一结构确保了搅拌作业的平稳性和可靠性。圆盘搅拌机设有出料口，便于混合均匀的物料排出。出料口的设计通常考虑到物料的流动性和卸料的便捷性，确保物料能够顺利排出且不会造成堵塞。圆盘搅拌设备主要具有以下特点：

① 搅拌效率高，占地面积小，螺旋叶片多采用高耐磨特种合金；

② 采用摆线针轮减速机具有结构紧凑、操作方便、搅拌均匀、卸料输送方便等特点；

③ 转动平稳，噪声低；

④ 盘式搅拌机从顶部进料、底部排料，结构合理；

⑤ 各结合面之间的密封严密、运行平稳。

常见圆盘搅拌机功率为 11 ～ 15kW，生产能力为 3 ～ 10t/h。圆盘物料混合搅拌机如图 3-44 所示。

图 3-44　圆盘物料混合搅拌机

3.4.4.4 造粒设备

造粒设备是一种将有机肥、复混肥从粉状制成颗粒状的成型设备。造粒机工作原理是通过筒体或圆盘高速旋转，使粉末状物料在高速运动下历经混合、黏连、成粒、球化、致密等过程，从而达到造粒的目的。按设备结构形式和造粒原理可分为圆盘造粒机和转鼓造粒机。

圆盘造粒机的工作原理是通过圆盘的高速旋转，使粉末状物料在高速运动下混合、黏连、成粒。这种设备具有结构简单、操作方便、维护容易等特点，适用于小型有机肥生产线。常见圆盘造粒机功率一般为 2.5 ～ 15kW，生产能力为 1 ～ 5t/h。最新的圆盘造粒机设计趋向于模块化，这使得设备可以根据生产线的具体需求进行快速调整和升级。常见圆盘造粒设备如图 3-45 所示。

转鼓造粒机具有颗粒度均匀性好、返料低及产量高等优势，常用于大型有机肥、复合肥生产线。转鼓造粒机的核心是旋转的转鼓，物料在转鼓内部通过翻滚和摩擦形成颗粒。转鼓造粒机功率较大，一般为 22 ～ 75kW，生产能力为 1 ～ 8t/h。转鼓造粒机的最新发展包括采用耐磨材料以延长设备寿命以及集成的清洁系统，以减少设备维护时间和提高生产连续性。一些高端转鼓造粒机还配备了在线分析仪，可以实时监测颗粒大小和分布，确保产品质量的一致性。常见转鼓造粒机如图 3-46 所示。

图 3-45　圆盘造粒机

图 3-46　转鼓造粒机

另外，市面上还有搅齿造粒机、搅齿转股复合造粒机等造粒设备，见图 3-47 和图 3-48。

图 3-47　搅齿造粒机

图 3-48　搅齿转股复合造粒机

3.4.4.5　冷却烘干设备

经造粒后的肥料不能直接筛分包装，需经冷却烘干工序，冷却烘干不仅可以降低物料温度，同时可以进一步降低物料水分，提高颗粒强度。冷却烘干设备通过热交换原理，将热风与物料接触，实现热量的传递，从而达到冷却和烘干的效果。这些设备的设计通常考虑到能效比和操作的便捷性，以减少能源消耗并提高生产效率。冷却烘干设备特点有：

① 节能技术：采用热泵或热回收技术，提高能源利用效率。

② 智能控制：配备智能温控系统，自动调节温度和湿度，保证物料干燥均匀。

③ 环保设计：减少废气排放，降低对环境的影响。

新的冷却烘干设备开始采用热泵技术，这种技术可以显著提高能源效率，因为它们可以回收干燥过程中的热量。此外，一些设备现在配备了智能温控系统，可以根据物料的特性和干燥要求自动调节温度和湿度，以实现最佳的干燥效果。常见冷却烘干设备如图 3-49 所示。

图 3-49　冷却烘干设备

3.4.4.6　计量包装设备

肥料经冷却烘干及二次筛分后进入计量包装环节，计量包装设备是肥料生产的最后一道工序，负责将肥料精确计量并包装。这些设备自动化程度高，能够实现快速、精确的包装。目前计量包装设备较为成熟，自动化程度较高，常见计量包装设备包装质量为 15 ～ 50kg/ 包，包装效率为 200 ～ 800 包 /h。计量包装设备通过传感器和控制系统精确控制包装质量，确保每包肥料的质量一致。此外，这些设备通常配备有自动封口和标签打印功能，以提高包装的效率和质量。

计量包装设备具有以下特点。

① 高精度计量：采用高精度称重传感器，确保每包肥料的质量精确。

② 自动化程度高：自动化包装流程，减少人工操作，提高包装效率。

③ 灵活性：能够适应不同质量和尺寸的包装需求，易于调整。

新型计量包装设备开始采用高精度的称重传感器和先进的控制算法，以确保包装质量的精确性。一些设备还集成了图像识别技术，可以检测包装过程中的错误，如标签贴错或包装不完整。此外，为了提高自动化水平，一些包装线现在可以与上游生产设备无缝对接，实现从生产到包装的全自动化流程。

常见计量包装设备如图 3-50 和图 3-51 所示。

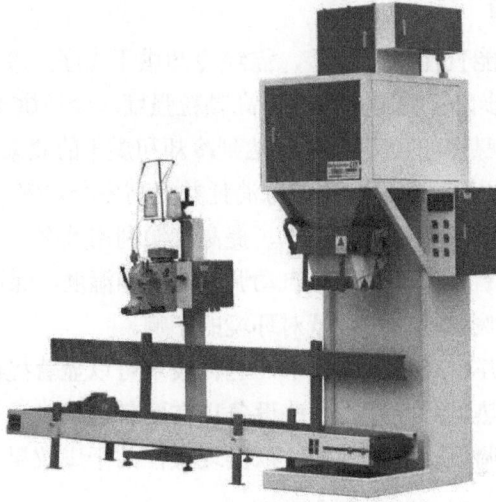

图 3-50　单包计量包装设备

图 3-51　双包计量包装设备

3.4.4.7　码垛设备

码垛设备适用于以下场景。

① 堆肥原料处理：将堆肥原料（如畜禽粪便、农业废弃物等）进行堆叠和存放，以便后续处理。

② 堆肥成品存放：将堆肥成品进行堆叠和存放，以便运输和销售。

③ 仓库管理：在仓库中，码垛设备可以用于物料的搬运和堆叠，提高仓库管理效率。

因此为提高工作效率，大型养殖场及有机肥厂经常配备自动码垛机，常见码垛机主要由机架、托盘输送机、升降器、移动机器手、电控系统等组成，码垛机经常与前后端输送系统配套使用，同时还需配备上包输送机、转弯输送机、智能推包压包装置等。码垛设备的工作原理主要是通过机械臂或传送带等装置，将堆肥原料或成品从一处搬运到另一处，并按照预定的堆叠方式进行堆叠。在堆肥过程中，码垛设备能够确保物料堆叠整齐、稳定，同时提高堆肥作业的效率。

常见码垛机工作效率为 500 ～ 600 包 /h，垛型为五花垛、六包垛或八包垛任意型，码垛层数不高于 10 层，适用单包质量为 20 ～ 50kg。码垛设备具有自动化程度高、生产效率高、定位准确、适用性强等优点。但也存在初期投资成本较高、设备需要定期进行维护和保养、具有一定的操作复杂度等问题。

常见码垛设备如图 3-52 所示。

(a)　　　　　　　　　　　　　　　　　(b)

图 3-52　码垛设备

3.4.5　臭气治理设备

堆肥过程中有机物被微生物降解，除了产生 CO_2 和水蒸气之外，还释放 NH_3、H_2S、CO、CH_4、NO_x 以及 VOCs，这些气体一般是发酵过程中恶臭的主要来源。

在堆肥过程中，可以进行工艺优化，通过添加辅料或调理剂，调节碳氮比（C/N 值）、含水率和堆体孔隙度等，确保堆体处于好氧状态，减少臭气产生。也可以通过在发酵前期和发酵过程中添加微生物除臭菌剂，控制和减少臭气产生。

对于堆肥过程中产生的臭气，常用的除臭技术主要有物理法、化学法和生物法，一般可用单一技术或两种以上技术组合来完成臭气处理工作。

3.4.5.1　物理法除臭

物理法主要是采用比表面积较大的物理吸附剂将臭气吸附。活性炭是一种很普遍的吸附剂，活性炭中具有很多人眼难以分辨的小孔，可以将烃、氯烃、氧烃（甲醛除外）等吸附在多孔固体表面上而去除臭味。活性炭对于臭气的吸附成效是有一定限制性的，若废气含有大量水分，活性炭表面会因水汽凝结，而使污染物质吸附效果不佳，同时需要及时更换失效的活性炭。因此，活性炭吸附一般适用于低浓度臭气治理。活性炭吸附法存在的问题是活性炭有一定的吸附容量，容易吸附饱和，需要再生或补加新的活性炭，运行成本较高。活性炭吸附塔实景见图 3-53。

3.4.5.2　化学吸收法除臭

化学吸收法适合气量大、中等浓度的废气处理，其适用范围较广。化学吸收法通常把臭气收集后送入含有某些化学成分的溶液中或把化学药剂直接喷入臭气出口处，使臭

图 3-53　活性炭吸附塔实景

气与化学药剂发生反应，吸收或吸附部分臭气物质。常见化学吸收法有酸溶液吸附法与碱溶液吸附法，酸溶液可以与溶解性氨类物质反应，碱溶液可以与硫化氢等废气反应，达到减少污染物排放的目的。堆肥过程中臭气成分复杂多样，单一或几种化学吸附吸收介质，很难同时去除臭气中的有害成分，且化学吸附法的能耗、投资及药剂消耗量较高。化学吸收塔实景见图 3-54。

图 3-54　化学吸收塔实景

3.4.5.3　生物除臭法

生物除臭法原理就是利用微生物代谢及微生物酶催化反应作为降解动力来分解臭气，臭气在经过一定的生物化学反应后就会分解成无臭气体，最终实现臭气治理的目标。生物除臭技术最常见的为生物滤池法，生物滤池法通常在常温常压下进行，具有运行成本低、二次污染少的优势，在堆肥过程臭气处理中被广泛应用，但由于微生物的生长需要一定时间，因此短时间内见效较慢。

生物滤池主要由滤池、填料层（单级或多级）、净化喷淋装置、水泵、循环管路、引风机等组成。臭气首先经引风机进入滤池底部预处理装置（一级过滤）增湿，在预处理环节中主要去除臭气中的颗粒物，随后进入生物处理环节即喷淋与填料层，气体中的污染物从气相主体扩散到填料外层被填料吸附，最后进入二级吸附净化环节，进一步吸附过滤有害气体，处理后的气体在滤池顶部排气管道排出。生物滤池除臭装置结构如图 3-55 所示，生物滤池除臭设备实景如图 3-56 所示。

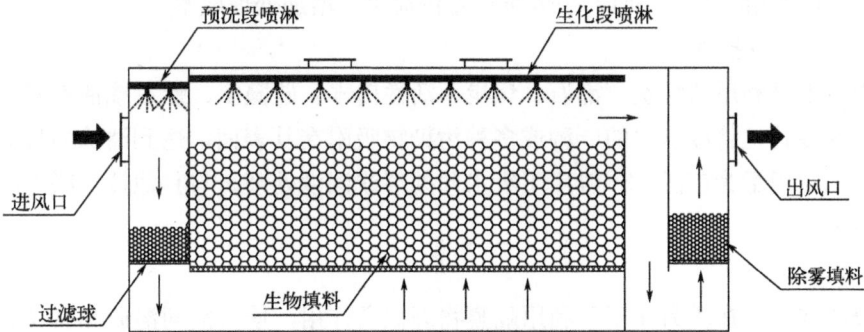

图 3-55　生物滤池除臭装置结构

图 3-56　生物滤池除臭设备实景

3.4.6　渗液处理设备

畜禽粪污在收集、运输、堆放、处理过程中，由于粪污本身所含的水分，堆肥发酵发生的一系列复杂的物理、生物和化学反应时所产生的水分以及养殖场的雨水和地下水等水体共同组成一种成分极其复杂的高浓度难降解有机废水。渗滤液具有成分复杂、污染负荷高、易渗漏、易流动、不便于收集的特点，目前常用的处理方法就其机理而言可分为物理化学法和生物处理法。

3.4.6.1　物理化学法

物理化学法指利用物理、化学反应对渗滤液中的可吸附有机物、不可溶组分进行处理的过程，最终将其转化为低毒性、低污染的物质。目前，常用的物理化学法包括膜分离、混凝沉淀、吹脱、吸附和高级氧化技术。

（1）混凝沉淀技术

混凝沉淀技术指通过向渗滤液中投加化学混凝药剂，使难以降解的有机污染物通过脱稳、混凝、絮凝聚集形成絮凝体，达到去除废水中大量存在的微粒悬浮物、胶体杂质的效果。混凝沉淀技术一般用于废水处理工艺的预处理，通过去除大分子有机物、悬浮物和重金属离子等污染物，提高渗滤液的可生化性，为后续的其他工艺创造有利条件。混凝沉淀技术具有工艺简单以及处理效果好等优势，应用较为广泛。混凝沉淀技术的不足之处是药剂费用较高，同时产生大量物化污泥也会增加处理成本。

（2）吸附处理技术

吸附技术是利用活性炭、沸石、焦炭、活性白木、硅藻土、蛭石或活性氧化铝等多孔性物质的多孔性将废水中的一种或多种污染物吸附在其表面，达到清除的目的。活性炭吸附技术应用最为广泛，一般用于废水预处理或深度处理，与其他技术联合应用会取得良好效果。

（3）膜分离技术

膜分离技术是在压力作用下利用隔膜物理截留作用，使溶剂同溶质和微粒分离的一种水处理方法。根据膜性质、形状、结构和分离机制不同，分类也不同。根据膜的性质可将其分为生物膜和合成膜；根据膜分离机制可将其分为反应膜、离子交换膜和渗透膜；根据膜孔径大小不同又可分为微滤、超滤、纳滤和反渗透等。膜分离技术受水质变化影响较小，具有出水稳定且对渗滤液的深度处理具有极好的效果，但同时存在膜处理价格贵、运行维护成本高、易被污染的弊端。

3.4.6.2 生物处理法

生物处理法是通过微生物（好氧菌、厌氧菌及兼性厌氧菌等）将养殖场渗滤液中的污染物作为微生物自身的营养物质进行分解，从而净化污水的方法。生物处理法因其运行成本低、处理量大、易于控制、无二次污染等优势被广泛应用于垃圾及粪污渗滤液的处理工艺中。目前常采用的生物处理方法一般包括好氧处理技术、厌氧处理技术和生物组合处理技术等。

（1）好氧处理技术

好氧处理是利用微生物在好氧条件下对渗滤液中的有机物进行快速代谢和降解，使其转化为微生物活动所需要的能量和新的物质。好氧处理技术包括活性污泥法、氧化塘法、生物转盘法、生物膜法等，具备反应迅速、出水水质好、水力停留时间短及所需设备较少等优势。好氧处理技术由于工艺占地面积大，抗水质变化能力弱等问题，一定程度上限制了好氧处理在实际中的应用。

（2）厌氧处理技术

与好氧法相比，厌氧处理技术（缺氧）能够处理高浓度有机废水，厌氧降解过程分为水解酸化、产氢产乙酸和甲烷化三个阶段，且具有能耗低、费用低、运行过程无需曝气、对无机营养元素需求低等优势。但厌氧微生物会受渗滤液中有毒有害物质的抑制，且对 pH 值有一定要求。目前，常用的厌氧处理工艺主要包括上流式厌氧污泥床、厌氧折流板反应器、厌氧间歇性序批式反应器和厌氧生物滤池等。

（3）生物组合处理技术

针对好氧厌氧处理技术存在难以应对各种不同属性的渗滤液的弊端，实际应用中常采用生物处理法与物理化学处理法联用的工艺，对垃圾渗滤液中的污染物进行有效去除。

目前养殖场渗滤液的处理技术和工艺多借鉴于垃圾渗滤液的处理工艺，依靠单一生物处理法和物理化学法处理渗滤液，出水水质很难达到《畜禽养殖业污染物排放标准》（GB 18596—2001）以及更严格的排放标准。通常多为几种处理技术的组合，如常见的"预处理（脱氨）+生物处理（A²O-MBR）+深度处理（NF+RO）"处理工艺，该工艺由预处理系统、生物处理系统、纳滤+反渗透系统以及污泥处理系统五部分组成。常见养殖场渗滤液处理工艺流程如图 3-57 所示。

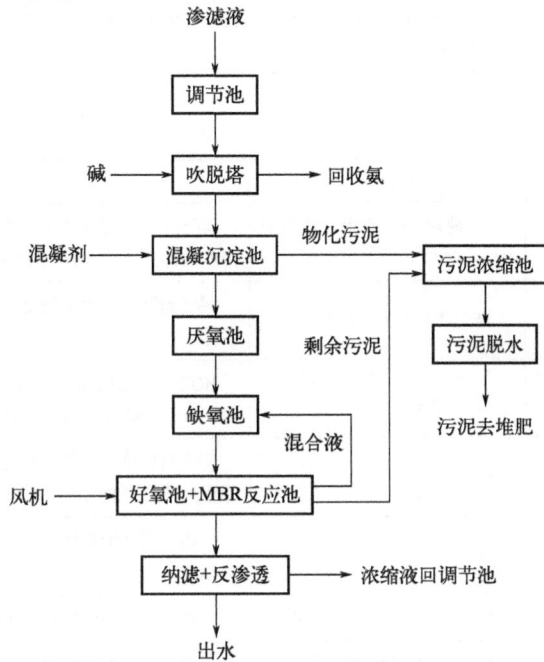

图 3-57　常见养殖场渗滤液处理工艺流程

3.5　固态粪污堆肥腐熟度评价

腐熟度评价是影响堆肥质量的关键环节，尤其是在农业应用方面。腐熟度是指堆肥过程中有机质的矿化、腐殖化作用，一系列复杂的生化反应后达到稳定的程度，是评价堆肥成熟程度和堆肥产品质量好坏的重要参数。堆肥成品是否腐熟，影响着有机肥成品进入土壤后对作物的应用效果。未成熟的堆肥在贮存、销售以及使用过程中可能会产生许多问题。为避免这些负面效应，堆肥腐熟度的准确判断显得至关重要。

3.5.1　现有评价体系和评价指标

堆肥腐熟度评价是一个复杂问题，由于堆肥原料来源不同，组成、性质有较大差异，堆肥过程的物质转化及其效率差异很大，很难用简单的几个指标对堆肥腐熟度进行评价，因此，至今没有形成一个统一的评价标准或方法。在堆肥腐熟度评价研究方面，学者们进行了多种指标的尝试，涉及物理、化学及生物学指标，但优缺点各异。具体如表 3-7 ～表 3-9 所列。

表 3-7 堆肥腐熟度评价的物理指标

指标	特征值	特点
温度	接近环境温度	监测方便，是堆肥过程中最重要的常规检测指标；但堆体的各个部位的温度并不一致，限制了温度作为堆肥评定定量指标的应用
气味	有湿润的泥土气味	根据气味的大小可直观判断堆肥腐熟度；但难以定量
颜色	褐色或黑色	堆肥的色度受原料成分的影响较大，难以建立统一的色度判别各种堆肥的腐熟程度
光学特性	$E_{665nm} < 0.008$	堆肥的丙酮萃取物在该波长下的吸光度会随堆肥时间呈下降趋势；该研究只是初步试验

表 3-8 堆肥腐熟度评价的化学指标

指标	特征值	特点
挥发性固体（VS）	VS 降解 38% 以上，产品中 VS < 65%	易于检测；原料中 VS 变化范围较广且含有难于生物降解的部分，VS 指标不具有普遍意义
淀粉	堆肥产品中不含淀粉	易于检测；不含淀粉是堆肥腐熟的必要条件而非充分条件
BOD_5	$20 \sim 40g/kg$	BOD_5 反映的是堆肥过程中可被微生物利用的有机物的量；对于不同原料该指标无法统一；测定方法复杂、费时
pH 值	$8 \sim 9$	测定较简单；pH 值受堆肥原料和堆肥条件的影响，只能作为堆肥腐熟的一个必要条件
水溶性碳（WSC）	WSC < 6.5g/kg	水溶性碳才能被微生物利用；WSC 指标的测定尚无统一标准
WSC/TOC 值	WSC/TOC 值趋于 5 ～ 6	一些原料（如污泥）初始的 WSC/TOC 值 < 6
WSC/WSN 值	WSC/WSN 值 < 2	水溶性氮（WSN）含量较少，测定结果的准确性较差
NH_4^+-N	NH_4^+-N < 0.4g/kg	NH_4^+-N 的变化趋势主要取决于温度、pH 值、堆肥材料中氨化细菌的活性、通风条件和氮源条件
NH_4^+-N/(NO_2^-+NO_3^-) 值	NH_4^+-N/(NO_2^-+NO_3^-) 值 < 3	堆肥过程中伴随着明显的硝化反应过程，测定快速简单；硝态氮和氨态氮含量受堆肥原料和堆肥工艺影响较大
C/N 值	$15 \sim 20$	腐熟堆肥的 C/N 值趋向于微生物菌体的 C/N 值，即 16 左右；某些原料初始的 C/N 值不足 16，难以作为广义参数使用
阳离子交换容量（CEC）	—	CEC 是反映堆肥吸附阳离子能力和数量的重要容量指标；不同堆料之间 CEC 变化范围太大
CEC/TOC 值	CEC/TOC 值 > 1.9（CEC > 60）	CEC/TOC 值代表堆肥的腐殖化程度，CEC/TOC 值显著受堆肥原料和堆肥过程的影响
腐殖化参数（HI）	HI > 3	应用各种腐殖化参数可评价有机废物堆肥的稳定性；堆肥过程中，新的腐殖质形成时已有的腐殖质可能会发生矿化
腐殖化程度（DH）	—	DH 值受含水量等堆肥条件和原料的影响较大
生物可降解指数（BI）	BI < 2.4	该指标仅考虑了堆腐时间和原料性质，未考虑堆腐条件，如通风量和持续时间等

表 3-9　堆肥腐熟度评价的生物指标

指标	特征值	特点
比耗氧速率	$< 0.5 mgO_2/(gVS \cdot h)$	微生物比耗氧速率的变化反映了堆肥过程中微生物活性的变化；氧含量的在线监测快速简单
微生物活性	—	反映微生物活性的参数有酶活性和ATP；这些参数的应用尚需进一步研究
微生物群落	—	不同堆肥时期的微生物的群落结构随堆温不同而变化；堆肥中某种微生物存在与否及其数量多少并不能指示堆肥的腐熟程度
发芽指数（GI）	80%～85%	植物生长试验应是评价堆肥腐熟度的最终和最具说服力的方法；不同植物对植物毒性的承受能力和适应性有差异

表 3-7～表 3-9 中列出的指标和参数在堆肥初始和腐熟后都会有较大变化，定性变化趋势非常明显，如 C/N 值降低，NH_4^+-N 减少和 NO_3^--N 增加，可生物降解的有机物减少，腐殖质增加，呼吸作用减弱等，但这些指标和参数都不同程度地受到原材料和堆肥条件的影响，很难给出统一的普适性定量关系。

常用的评价指标及特点进行简要分析如下。

（1）物理指标

堆肥的温度、气味及颜色等指标在堆制发酵过程中的变化都比较直观，可较为简便地判定产物是否腐熟，但该法定量较困难。

1）温度

温度是堆肥过程中的关键物理指标，用于腐熟度评价十分重要。一般将堆肥过程中的温度变化分为升温阶段、高温维持阶段和降温阶段三个阶段。在升温阶段，在微生物的作用下有机物逐步降解，释放出大量的热，使堆体温度逐步升高。当温度逐步上升至60℃时，堆体即进入高温期。在高温期，有机物降解加速，且堆体的持续高温会杀灭其中的病菌、虫卵、草籽等。当有机物逐步降解耗尽时，堆体进入降温期，当堆体温度趋于环境温度时基本腐熟。温度的变化与堆肥过程中的微生物代谢活性有关，有研究表明，两者之间的关系如下式：

$$K_T = K_{20} P^{(T-20)}$$

式中　K_T、K_{20}——温度在 $T℃$、20℃时的呼吸速率；

P——常数。

但受原料本身的性质、配比、含水量及环境温度等的影响，在不同堆肥系统中，堆体的温度变化差别很大，且由于堆体为非均相体系，其各个区域的温度分布不均衡，限制了温度作为腐熟度表征的指标，但该指标仍是堆肥过程的常规检测指标之一。

2）颜色

堆肥过程中堆肥物料的颜色变化应是由开始的淡灰色逐渐变深，腐熟后的堆肥产品呈黑褐色或黑色，Sugahara 等提出一种简单的技术用于检测堆肥产品的色度，并得出如下关系式：

$$Y = 0.388 \times (C/N) + 8.13 \qquad (R^2 = 0.749)$$

式中　Y——响应值（颜色分析值）；

R——相关系数。

Sugahara 等认为 *Y* 值为 11～13 的堆肥产品是腐熟的。不过，堆肥的颜色显然受其原料成分的影响，很难建立统一的色度标准以判别各种堆肥的腐熟程度。

3）气味

通常新鲜堆肥原料都具有令人不快的气味，招引蚊蝇，在运行良好的堆肥体系中这种气味在高温发酵过程中会逐渐减弱并消失，腐熟后的产物无臭味，也不再招引蚊蝇，堆肥结束和翻堆后堆体内无不快气味产生，并检测不到低分子脂肪酸，堆肥产品具有潮湿泥土的气息。

4）光学性质

国外一些科研人员以树叶为原料进行堆肥试验。发现堆肥的丙酮萃取物在波长为 665nm 时吸光度随堆肥时间呈下降趋势。对不同时间堆肥的萃取物在波长分别为 280nm、465nm 和 665nm 时的光学性质研究表明，由于存在少量有机成分，抑制了在短波（280nm、465nm）的吸收，而对 665nm 波长的影响较小。通过检测堆肥在 E_{665nm}（表示堆肥萃取物在波长 665nm 下的吸光度）的变化可反映堆肥腐熟度，腐熟堆肥 E_{665nm} 应 < 0.008。

（2）化学指标

化学指标即堆肥过程中堆肥原料化学成分或性质的变化，采用这类指标来评价堆肥的腐熟度，也是一种比较常用的、简单易行的方法。

1）挥发性物质（VM）

挥发性物质作为物料中有机物含量的粗度量已被广泛应用。好氧微生物通过把有机碳转化为 CO_2 的消化活动使挥发性物质的含量降低，所以在堆肥进行过程中定时测定它的含量可以作为衡量堆肥腐熟的参数。挥发性物质的测定方法简单、迅速，但检测的专一性、灵敏性和准确性较差。这是因为：一是一般堆肥中存在易分解腐殖质、不易分解和不可分解的有机物，堆肥过程的完成只与前两者有关，与第三者无关，但反映在挥发性固体变化量上却是三种物质的总和，这就大大影响了结果的准确性；二是堆肥原料的挥发性物质变化范围较广，一般为 6%～20%，因此无法确定一个相对或绝对的衡量标准。

2）有机质

在堆肥过程中，堆料中的不稳定有机物被分解转化为二氧化碳、水、矿物质和稳定化腐殖质，堆料的有机质含量变化显著。反映有机质变化的参数有水溶性有机质（酸）、COD、BOD_5、VS、淀粉相水溶性糖类（SC）、CO_2 的释放量。这些评价指标与堆肥时间有很显著的相关性，是堆肥腐熟程度的合适参数。尽管水溶性有机质也受堆肥原料性质的影响，但在堆肥后期，该值一般会稳定在一定水平之下，可用来判定堆肥的腐熟稳定程度。

3）氮成分

堆肥化过程中含氮有机物发生降解：一部分转化为氨气，一部分被微生物同化吸收，一部分则由微生物氧化为亚硝酸盐或硝酸盐。堆肥后期，由于水溶性 NH_4^+-N 一部分转化为 NH_3 而挥发减少，另外，通过硝化作用一部分 NH_4^+-N 又转化为 NO_3^--N。因此，NH_4^+-N、亚硝酸盐或硝酸盐的存在可作为判断堆肥腐熟的依据，NH_4^+-N、NO_3^--N 及 NH_4^+-N/NO_3^--N 值是评价堆肥腐熟度评价的常用指标之一。但总的来说，由于 N_2 浓度变化受温度、pH 值、微生物代谢、通气条件和氮源条件的影响，这一类参数通常只作为堆肥是否完全腐熟的参考，不能作为堆肥腐熟度评价的绝对指标。

4）与腐殖化程度相关的参数

① CEC（阳离子交换容量）。

CEC 值一般随腐殖化过程的进行而逐渐增加，但不同原料来源的腐熟堆肥，其 CEC 值在 41.4 ～ 123emol/kg 之间，变幅太大。因此，CEC 值需和其他指标结合起来才可用以判断堆肥是否腐熟。

② 腐殖化参数。一般情况下，有机质的腐殖化程度可通过以下参数来表示：

腐殖化指数 HI = 胡敏酸 HA/ 富里酸 FA

腐殖化率 HR = 胡敏酸 HA/（富里酸 FA + 非腐殖质成分 NHF）

胡敏酸的百分含量 HP =（胡敏酸 HA / 腐殖质 HS）×100%

腐殖化度 DH =（胡敏酸 HA+ 富里酸 FA）/ 总可溶性碳 TEC×100%。

由于 DH 值受堆肥原料的水分含量影响较大，其作为评价指标受到很大限制。有机物的腐殖化程度不适于描述堆肥腐熟度，主要原因为其总含量在堆肥过程中变化不明显，新腐殖质形成的同时，有些腐殖质会发生矿化作用。因此，腐殖化参数在堆肥过程中的变化只可作为堆肥腐熟度评价的一个参考指标。

5）pH 值

一般情况下，堆肥原料或发酵初期 pH 为弱酸性至中性，通常 pH 值为 6.5 ～ 7.5。腐熟的堆肥一般呈弱碱性，pH 值为 8 ～ 9；但 pH 值受堆肥原料的影响较大，只能作为评价堆肥腐熟度的一个必要条件，而不是充分条件。

6）C/N 值

碳源是微生物利用的能源，氮源是微生物的营养物质。堆肥过程中有机物经过矿化、腐殖化过程，碳转化成二氧化碳和腐殖质物质，而氮则以氨气的形式散失，或变为硝酸盐和亚硝酸盐或被微生物体同化吸收。因此，碳和氮的变化是堆肥的基本特征之一。这些指标主要包括最常用于评价腐熟度参数的固相 C/N 值和水溶性 C/N 值。与固相 C/N 值相比，水溶性 C/N 值在评价堆肥腐熟程度上更为有效，也更少受原材料的影响。有研究认为，堆肥结束时，堆体中的 C/N 值应趋于微生物菌体的 C/N 值（在 16 左右）。不同堆体的堆肥原料 C/N 值不同，在起始 C/N 值＞ 25 的情况下，固相 C/N 值能够表征堆肥的腐熟度；但对堆体起始 C/N 值较低的情况（如以猪粪为主料的有机肥堆制过程中，其 C/N 值＜ 18），C/N 值＜ 20 的临界值则不足以保证堆肥是否腐熟。

（3）生物学指标

1）呼吸作用

对于好氧堆肥来说，微生物耗氧率的变化反映了堆肥过程微生物活性的变化，也反映了堆肥过程有机物的变化。可根据堆肥过程中微生物吸收 O_2 和释放 CO_2 的强度来判断微生物代谢活动的强度及堆肥的稳定性。通常在堆肥后期，堆肥 CO_2 释放强度降低并达到相对稳定。呼吸作用可通过测定呼吸强度和溶解氧来计算，由于测定与实际误差较大，这个指标较少使用，但可作为微生物代谢活动强度的指示指标。

2）微生物活性变化参数

反映微生物活性变化的参数有酶活性和微生物数量。堆肥过程中，多种氧化还原酶和水解酶与 C、N、P 等基础物质的代谢密切相关。分析相关的酶活力，可间接反映微生物的代谢活性和酶特定底物的变化。微生物对难分解碳源的利用会使纤维素酶和脂酶活性在堆肥后期迅速增加，故可用来了解堆肥的发酵进程和稳定性。

堆体不同区域及不同堆肥阶段，微生物群落的特征显著不同，表明其腐熟过程有差别。通常很难用堆肥过程中某种微生物存在与否及数量多少来指示堆肥的腐熟度，但不同微生物群落的变化却能很好地指示堆肥腐熟进程，因此生物分析可作为评价堆肥腐熟程度的合适方法。ATP（三磷酸腺苷）是土壤中生物量的测定方法之一，近年来开始在堆肥中应用。ATP 与微生物活性密切相关，随堆肥的时间变化明显。但 ATP 的测定比较复杂，监测设备投资较大，原料中如果含有 ATP 抑制成分，对 ATP 的结果也有影响。

3）植物毒性反应试验

未腐熟的堆肥含有植物毒性物质，对种子萌发、植物生长产生抑制作用；腐熟堆肥植物毒性物质减少或基本消失，并出现促进种子萌发和植物生长的物质。因此，可用植物种子发芽试验、植物生长试验来评价堆肥腐熟度。腐熟度的常用指标主要有种子发芽率、种子根长、植物生长状况指标等。考虑到堆肥腐熟度的实用意义，植物生长试验是评价堆肥腐熟度的最终和最具说服力的方法。发芽指数（GI）不仅考虑了种子的发芽率，还考虑了植物毒性物质对种子生根的影响，能有效地反映堆肥的植物毒性大小，许多学者以 GI 为标准，来筛选其他的腐熟度指标，建立堆肥腐熟度的评价体系。发芽指数（GI）的计算方法如下：

$$GI = \frac{堆肥浸提液的种子发芽率 \times 种子根长}{蒸馏水的种子发芽率 \times 种子根长} \times 100\%$$

理论上如果 GI < 100%，就可判断有植物毒性。但由于不同植物对植物毒性的承受能力和适应性有差异，通常用水芹种子作为测定发芽指数的指示植物，当水芹种子的发芽系数 > 50% 时，表示堆肥已腐熟，这已成为一个使用比较普遍的评价指标。北方地区不好购买水芹种子的情况下也可用黄瓜或玉米种子代替。

种子发芽指数（GI）的规范性测定方法可依据《有机肥料》（NY/T 525—2021）附录 H 的规定执行。

畜禽粪便好氧发酵腐熟度评价指标见表 3-10。

表 3-10　畜禽粪便好氧发酵腐熟度评价指标

项目	好氧发酵腐熟度等级		
	高	中	低
C/N 值	< 20	20～30	> 30
种子发芽指数 /%	> 80	70～80	< 70

（4）波谱学指标

除了物理、化学和生物指标外，借助较为先进的傅里叶红外光谱和核磁共振技术，可以从微观机理上揭示堆肥过程中有机质结构的变化，更加深入地了解畜禽粪便堆肥。红外光谱法可以辨别化合物的特征官能团。核磁共振可提供有机物骨架的信息，能更敏感地反映碳核所处化学环境的细微差别，为测定复杂有机物提供帮助。红外光谱法与核磁共振法对堆肥中有机成分的转化提供了有力的证据，但是，不同原料在不同条件下进行堆肥化，其有机成分的转化情况并不一致，至于用波谱法确定堆肥腐熟度还有待进一步研究。

将上述所有指标结合起来，利用主成分分析等方法将几者建立某种关系，从而系统地提出一套科学实用的畜禽粪便堆肥腐熟指标综合评价体系，可更好地应用于实际生产。

3.5.2 评价指标建议

在堆肥过程中变化较大而在后期能趋于稳定的参数可作为腐熟度的评价指标，如果采用多个指标，各指标之间及其与综合性评价指标之间都应该具有较好的相关性。在评价堆肥腐熟度指标中，比较常用的有碳氮比指标、耗氧速率、NO_3^--N 和 NH_4^+-N，这几个指标的测定比较快速、简单。用氢氧化钠溶液吸收堆料产生的 CO_2，常以其产生量作为标准的实验室对比试验方法。但是这些评价方法经常会得到不同的结果，因为堆肥的腐熟度受很多因素的影响，单个指标只能片面地反映某个因素的变化，不能用单一指标评价堆肥的腐熟度。堆肥产品最终要用于作物生产，种子发芽指数是一个很好的生物指标，可综合反映堆肥产品是否有植物毒性，所以种子发芽指数是目前认同度较高的堆肥腐熟度评价指标。综上，将物理指标、化学指标与生物指标结合起来，测定多个指标，然后根据这些指标综合分析堆肥的腐熟状况才更科学合理，但方法的建立要综合考虑普适度、时间与经济成本。

3.6 固态粪污堆肥卫生与安全

3.6.1 生产过程及堆肥产品卫生

（1）生产过程

堆肥作为畜禽粪便资源化利用的关键技术已经得到广泛应用，但粪便堆肥过程中会产生大量的臭味气体（NH_3、H_2S 等）与温室气体（CH_4、N_2O）。研究表明，堆肥过程中的恶臭物质成分复杂，大致分为含硫化合物、含氮化合物和脂肪酸三类。其中 NH_3 和 H_2S 是臭味的主要组成成分。恶臭气体在好氧和厌氧条件下均可产生，但主要致臭物质来自厌氧发酵过程。另外，堆肥过程中产生的温室气体 CH_4 和 N_2O 的地球增温潜势（Global Warming Potentials，GWP）分别是 CO_2 的 25 倍和 298 倍。NH_3 不仅是堆肥过程产生的臭味的主要成分，还是酸雨的重要影响物质，1993 年我国颁布的《恶臭污染物排放标准》（GB 14554—93）将氨气列入首要恶臭污染物。可见，堆肥过程产生的臭气和温室气体不仅直接影响堆肥生产环境，还会产生温室效应，危害人畜健康和环境安全。

目前，国内外都非常重视对堆肥尾气的治理，使用的方法有物理法、化学法和生物法或三者相结合的方法。物理法通常采用吸附剂吸附固定产生的尾气，常用的吸附剂有活性炭、活性炭纤维、沸石、某些金属氧化物和大孔高分子材料等；化学法是向堆料中添加某些化学药剂，使之与尾气发生反应，从而达到堆肥尾气减排的目的，如腐植酸、过磷酸钙等；生物除臭法是通过微生物的生理代谢作用将尾气中的污染物质加以转化达到净化目的。在堆肥过程中，还可通过添加某些功能微生物菌剂的方法，减少堆肥过程产生 NH_3、CH_4 等温室气体。

（2）堆肥产品卫生

堆肥产品中的有害生物直接关系到土壤和农产品的安全，不容忽视，国家发布的《肥料中有毒有害物质的限量要求》（GB 38400—2019）、《粪便无害化卫生要求》（GB 7959—2012）和《有机肥料》（NY/T 525—2021）、《有机无机复混肥料》（GB/T 18877—2020）、《生物有机肥》（NY 884—2012）、《复合微生物肥料》（NY/T 798—2015）文件中均有明确规定。具体内容见表 3-11～表 3-13。

表 3-11 肥料中有毒有害物质的限量要求（GB 38400—2019）

序号	项目	含量限值	
		无机肥料	其他肥料
1	蛔虫卵死亡率	—	95%
2	粪大肠菌群数	—	≤ 100 个 /g 或 ≤ 100 个 /mL

表 3-12 粪便无害化卫生要求（GB 7959—2012）

编号	项目	卫生标准	
1	温度与持续时间	人工	堆温 ≥ 50℃，至少持续 10d
			堆温 ≥ 60℃，至少持续 5d
		机械	堆温 ≥ 50℃，至少持续 2d
2	蛔虫卵死亡率	≥ 95%	
3	粪大肠菌值	≥ 10^{-2}	
4	沙门氏菌	不得检出	

表 3-13 肥料产品的卫生指标

项目	NY/T 525—2021	GB/T 18877—2020	NY 884—2012	NY/T 798—2015
粪大肠菌群数 /（个 /g）	< 100	< 100	< 100	< 100
蛔虫卵死亡率 /%	≥ 95	≥ 95	≥ 95	≥ 95

3.6.2 堆肥产品安全

堆肥产品的安全性主要指重金属、抗生素、抗性基因等的含量。堆肥化处理可以有效钝化畜禽粪便中的重金属。畜禽粪便是导致环境中抗生素污染的主要来源之一。研究表明，堆肥对大部分抗生素具有较好的降解效果，其中四环素类抗生素降解率为 62.7%～99%，磺胺类为 0～99.99%，对大环内酯类几乎可以完全降解，但是堆肥无法降解喹诺酮类抗生素。养殖废弃物堆肥过程中，抗性基因（ARGs）的降解情况同样因抗生素种类和堆肥方式而不同。已有的研究表明，除大环内酯类 ARGs 外，堆肥对其他 ARGs 均具有有效的降解效果，降解率为 50.03%～100%。鉴于重金属和抗生素污染的潜在危害，对堆肥产品安全性的评估依然不容小觑。

（1）重金属限量要求

我国国家标准《肥料中有毒有害物质的限量要求》（GB 38400—2019）、《有机肥料》（NY/T 525—2021）、《有机无机复混肥料》（GB/T 18877—2020）、《生物有机肥》（NY 884—2012）、《复合微生物肥料》（NY/T 798—2015）分别就不同生产工艺堆肥产品的重金属限量进行了规定，详见表 3-14 ～表 3-18。

表 3-14　肥料中重金属的限量要求（GB 38400—2019）

基本项目			
序号	项目	含量限值	
		无机肥料	其他肥料[①]
1	总镉	≤ 10mg/kg	≤ 3mg/kg
2	总汞	≤ 5mg/kg	≤ 2mg/kg
3	总砷	≤ 50mg/kg	≤ 15mg/kg
4	总铅	≤ 200mg/kg	≤ 50mg/kg
5	总铬	≤ 500mg/kg	≤ 150mg/kg
6	总铊	≤ 2.5mg/kg	≤ 2.5mg/kg
7	缩二脲[②]	≤ 1.5%	≤ 1.5%

可选项目			
序号	项目	含量限值	
		无机肥料	其他肥料[①]
1	总镍	≤ 600mg/kg	≤ 600mg/kg
2	总钴	≤ 100mg/kg	≤ 100mg/kg
3	总钒	≤ 325mg/kg	≤ 325mg/kg
4	总锑	≤ 25mg/kg	≤ 25mg/kg
5	苯并 [a] 芘	≤ 0.55mg/kg	≤ 0.55mg/kg
6	石油烃总量[②]	≤ 0.25%	≤ 0.25%
7	邻苯二甲酸酯类总量[③]	≤ 25mg/kg	≤ 25mg/kg
8	三氯乙醛	≤ 5.0mg/kg	—

① 除无机肥料以外的肥料，有毒有害物质含量以烘干基计。

② 石油烃总量为 $C_6 \sim C_{36}$ 总和。

③ 邻苯二甲酸酯类总量为邻苯二甲酸二甲酯（DMP）、邻苯二甲酸二乙酯（DEP）、邻苯二甲酸二丁酯（DBP）、邻苯二甲酸丁基苄酯（BBP）、邻苯二甲酸二（2-乙基）己基酯（DEHP）、邻苯二甲酸二正辛酯（DNOP）、邻苯二甲酸二异壬酯（DINP）、邻苯二甲酸二异癸酯（DIDP）八种物质总和。

注：1. 尚无国家标准或行业标准的肥料产品投放市场前，应按附录 A 进行陆生植物生长试验，且在一定暴露期间产生的不良改变与对照相比不大于 25% 作用浓度（EC₂₅）。

2. 不应在肥料中人为添加对环境、农作物生长和农产品质量安全造成危害的染色剂、着色剂、激素等添加物。

3. 依据 GB 5085.1 ～ GB 5085.6 进行鉴别，具有腐蚀性、毒性、易燃性、反应性等任何一种危险特性的固体废物不应直接施用到土壤中。其中依据 GB 5085.3 进行浸出毒性鉴别时，对铜（以总铜计）和锌（以总锌计）指标不做要求。

（2）抗生素及抗性基因限量要求

随着畜牧业集约化和配方饲料工业的发展，作为促进畜禽生长和疾病预防的抗生素，被广泛用于畜牧业和家禽养殖业。据统计，畜禽养殖业抗生素使用量约占总用量的 52%，

表 3-15　有机肥料重金属限量要求（NY/T 525—2021）

项目	指标
总砷（As）/（mg/kg）	≤ 15
总汞（Hg）/（mg/kg）	≤ 2
总铅（Pb）/（mg/kg）	< 50
总镉（Cd）/（mg/kg）	≤ 3
总铬（Cr）/（mg/kg）	≤ 150

表 3-16　有机无机复混肥料重金属限量要求（GB/T 18877—2020）

项目	指标
砷及其化合物含量（以 As 计）/（mg/kg）	≤ 50
镉及其化合物含量（以 Cd 计）/（mg/kg）	≤ 10
铅及其化合物含量（以 Pb 计）/（mg/kg）	≤ 150
铬及其化合物含量（以 Cr 计）/（mg/kg）	≤ 50
汞及其化合物含量（以 Hg 计）/（mg/kg）	≤ 5
钠离子含量 /%	≤ 3.0
缩二脲含量 /%	≤ 8.0

表 3-17　生物有机肥重金属限量要求（NY 884—2012）

项目	指标
总砷（As）（以干基计）/（mg/kg）	≤ 15
总镉（Cd）（以干基计）/（mg/kg）	≤ 3
总铅（Pb）（以干基计）/（mg/kg）	≤ 50
总铬（Cr）（以干基计）/（mg/kg）	≤ 150
总汞（Hg）（以干基计）/（mg/kg）	≤ 2

表 3-18　复合微生物肥料重金属限量要求（NY 798—2015）

项目	剂型	
	液体	固体
总砷（As）（以干基计）/（mg/kg）	≤ 15	
总镉（Cd）（以干基计）/（mg/kg）	≤ 3	
总铅（Pb）（以干基计）/（mg/kg）	≤ 50	
总铬（Cr）（以干基计）/（mg/kg）	≤ 150	
总汞（Hg）（以干基计）/（mg/kg）	≤ 2	

预计在未来几十年里全球兽用抗生素的消费将增长 67%。由于其代谢低，抗生素在动物体内不能被完全吸收，约 58% 的抗生素通过粪便和尿液进入环境，排出的抗生素可能会对环境微生物造成压力，从而诱导抗生素耐药基因的产生，促进抗生素抗性基因（ARGs）在环境中的传播，对生态环境和人类健康构成潜在威胁。

1）抗生素

关于堆肥产品中抗生素及抗性基因检测的标准不多。主要包括国家标准《有机肥料中土霉素、四环素、金霉素与强力霉素的含量测定　高效液相色谱法》（GB/T 32951—2016）、农业行业标准《有机肥中磺胺类药物含量的测定 液相色谱 - 串联质谱法》（NY/T 3167—2017）、黑龙江省标准技术创新协会团体标准《畜禽粪便废弃物堆肥处理中抗生素抗性基因的测定方法》（T/HBJC 003—2020）和黑龙江地方标准《固体废弃物堆肥处置中抗生素抗性基因检测技术规范》（DB23/T 2932—2021），上述标准均为检测标准，可为企业检测堆肥中抗生素及抗性基因含量提供依据。

2015 年强制性国家标准《肥料分级及要求》征求意见稿编制说明中对肥料中的抗生素情况进行了分析。编制说明中介绍了研究者对市面上 8 种商品有机肥进行了抗生素含量的测定，结果如表 3-19 所列。由表 3-19 可知，除磺胺类抗生素未被检出外，其他 3 种抗生素均有不同程度检出。此外，对从上海市场上抽取的 40 个有机肥料样品进行抗生素的检测，6 个样品有土霉素检出，其最大含量为 4mg/kg；1 个样品有四环素检出，其含量为 2.7mg/kg；1 个样品有土霉素和金霉素检出，金霉素含量为 3.8mg/kg。说明有机肥料中含有不同程度的抗生素残留。因此，在《肥料分级及要求》征求意见稿中提出生态级肥料中土霉素、四环素、金霉素和强力霉素 4 种抗生素均不得检出。

表 3-19　8 种有机肥中抗生素残留的检测结果

名称	不同样品中抗生素残留量 /（μg/kg）							
	A	B	C	D	E	F	G	H
磺胺嘧啶	—	—	—	—	—	—	—	—
磺胺噻唑	—	—	—	—	—	—	—	—
磺胺甲基嘧啶	—	—	—	—	—	—	—	—
磺胺二甲异噁唑	—	—	—	—	—	—	—	—
磺胺二甲嘧啶	—	—	—	—	—	—	—	—
磺胺氯哒嗪	—	—	—	—	—	—	—	—
磺胺二甲氧嘧啶	—	—	—	—	—	—	—	—
诺氟沙星	12.2	—	51.7	111.9	94.2	—	—	13.2
环丙沙星	33.6	52.2	141.0	50.4	—	134.4	24.6	34.5
恩诺沙星	101.5	35.4	244.2	24.3	28.2	225.5	—	106.8
氧氟沙星	39.8	12.9	142.2	360.6	—	122.4	20.5	130.3
四环素	21.6	92.4	27.1	13.9	27.5	27.3	—	91.8
强力霉素	28.7	403.3	—	21.4	—	—	—	—
土霉素	70.1	24.2	—	61.4	—	—	—	231.6
金霉素	—	—	—	—	—	—	—	—

2017 年 12 月 4 日，工业和信息化部科技司对《肥料分级及要求》强制性国家标准（报批稿）进行了报批公示，标准将肥料按有害物质限量分为生态级肥料、农田级肥料和园林级肥料，其中农田级肥料和生态级肥料要求抗生素总量（土霉素、四环素、金霉素和强力霉素共计 4 种物质总和）≥ 1.0mg/kg。

2021 年 3 月 9 日，工业和信息化部网站显示，《肥料分级及要求》国家强制性标准经社会公开征求意见及专家评审后，进行了调整，正式发布标准《肥料中有毒有害物质的限量要求》（GB 38400—2019）。《肥料中有毒有害物质的限量要求》（GB 38400—2019）中没有抗生素限值的相关规定。

综上可见，虽然抗生素标准一定程度可以倒逼有机肥生产技术的改进，但该标准只是抗生素检测方法标准，但仍缺少对有机肥中抗生素含量的限量指标范围。

2）抗性基因

研究发现，畜禽粪便中的抗性基因（ARGs）高达 200 多种，包括磺胺类、四环素类、大环内酯类、β- 内酰胺类、多耐药类、氨基糖苷类等，可以说畜禽粪便是 ARGs 的重要贮存库。我国是世界上抗生素生产和使用大国，其中畜牧业抗生素使用量约占全球 50%。目前我国畜禽粪污产量高达 30 亿吨，畜禽粪污资源化利用率还不足 80%，可见，我国面临很高的 ARGs 风险。但是，目前未见肥料中抗性基因检测和评价的相关要求。

参考文献

[1] 李国学，张福锁 . 固体废物堆肥化与有机复混肥生产 [M]. 北京：化学工业出版社，2000.

[2] 刘波，王阶平，夏江平，等 . 畜禽养殖废弃物资源化利用技术与装备 [M]. 北京：化学工业出版社，2021.

[3] 李季，李国学 . 农业废弃物高效循环利用关键技术研究 [M]. 北京：中国农业出版社，2022.

[4] 赵天涛，梅娟，赵由才 . 固体废物堆肥原理与技术 .2 版 [M]. 北京：化学工业出版社，2017.

[5] 全国畜牧总站编组 . 畜禽粪便资源化利用技术—集中处理模式 [M]. 北京：中国农业科学技术出版社，2016.

[6] 沈富林 . 猪场废弃物处理和资源化利用 [M]. 北京：中国农业大学出版社，2018.

[7] 陈永生，吴爱兵 . 农业废弃物肥料化利用案例和装备选型 [M]. 北京：中国农业出版社，2019.

[8] 陈海林 . 畜禽粪污有机肥加工技术及应用探讨 [J]. 农业开发与装备，2021（12）：122-124.

[9] 张学汉，陈彩芬 . 畜禽粪污处理与资源化利用技术推广 [J]. 畜牧兽医科技信息，2024（6）：27-29.

[10] 黑立新，周水功，唐传鹏 . 畜禽粪污在好氧堆肥发酵中的问题及对策 [J]. 中国动物保健，2022，24（8）：89-90.

[11] 张芳 . 堆肥处理技术在畜禽粪污资源化利用中的具体应用 [J]. 农家参谋，2022（3）：78-80.

[12] 曹哲统，冷治涛，杨远文，等 . 好氧堆肥技术在畜禽粪污资源化利用中的研究进展 [J]. 中国乳业，2021（11）：65-72.

[13] 焦敏娜，任秀娜，何熠锋，等 . 畜禽粪污清洁堆肥——机遇与挑战 [J]. 农业环境科学学报，2021，40（11）：2361-2371，2589.

[14] 杨雪，刘翰扬，朱佳文，等 . 畜禽粪污处理与利用的综合模式 [J]. 中国畜牧业，2021（5）：42-43.

[15] 陈守亮 . 畜禽粪污资源化处理的现状与改进措施 [J]. 养殖与饲料，2021，20（1）：112-114.

[16] 赵汝东，董桓诚，黄华，等 . 我国畜禽粪污肥料化利用研究现状 [J]. 中国农机化学报，2020，41（5）：151-156.

[17] 王焕菁 . 畜禽粪污的无害化处理技术及资源化利用途径 [J]. 畜牧业环境，2019（11）：13.

[18] 魏兆堂 . 堆肥技术在粪污资源化利用中的应用 [J]. 中国畜禽种业，2019，15（5）：38-39.

[19] 刘新卉，赵稳刚，严典波，等 . 畜禽粪污无害化处理高温好氧堆肥技术 [J]. 畜牧兽医杂志，2014，33（4）：76-77.

[20] 黄引超，张微，和立文 . 畜禽粪污好氧堆肥及其添加剂研究进展 [J]. 黑龙江畜牧兽医，2023（8）：28-33，42.

[21] 李明章，李彦明，王珏，等 . 好氧堆肥去除畜禽粪便病原体的研究进展 [J]. 农业资源与环境学报，2023，40（4）：864-872.

[22] 付龙，张淑芬，丁昕颖 . 畜禽粪便好氧堆肥的影响因素 [J]. 现代畜牧科技，2016（9）：180-181.

[23] 胡燕，牛梦洁，汤晓玉 . 猪场粪污机械分离设备及效率分析 [J]. 中国沼气，2024，42（3）：60-65.

[24] 张国庆，江晓明，张斌龙 . 畜禽粪污固液分离技术与设备研究 [J]. 南方农机，2023，54（9）：7-10.

[25] 张嫚，翟中葳，张克强，等 . 利用固液分离技术对规模化奶牛场的粪污治理 [J]. 中国乳业，2021（11）：105-111.

[26] 高其双，彭霞，卢顺，等．三种固液分离设备处理猪场粪污的效果及成本比较 [J]．湖北农业科学，2016，55（22）：5879-5881．

[27] 彭英霞，王浚峰，高继伟．畜牧场固液分离及水冲系统简介及设计要点 [J]．中国沼气，2012，30（5）：38-42．

[28] 张英慧，刘旭杰，李季，等．我国畜禽养殖粪污资源化利用装备现状与展望 [J]．中国农业大学学报，2024，29（12）：196-208．

[29] 伊尔马利耶夫·将塞里克，艾炳锋，杨洁．畜禽粪污堆肥发酵技术及装备研究 [J]．畜牧业环境，2024（9）：34-35．

[30] 孙文，刘春生，陈海林，等．畜禽养殖废弃物生产有机肥发酵技术及设备研究现状 [J]．农业工程，2024，14（4）：9-13．

[31] 刘林，陈韬，贺成龙，等．简易堆肥快速处理技术在畜禽粪便处理中的应用 [J]．畜牧业环境，2024（5）：44-46．

[32] 刘恩城．畜禽粪便有机肥加工技术及设备的使用 [J]．农业灾害研究，2023，13（8）：114-116．

[33] 王霞琴，何相龙，王发生．畜禽粪便无害化堆肥处理与设备设计 [J]．机械制造，2023，61（7）：13-15，75．

[34] 苏佳佳，李凤鸣，李伟，等．畜禽粪污堆肥技术装备发展现状与趋势 [J]．农业工程，2022，12（4）：12-18．

[35] 徐宁．畜禽粪便堆肥无害化技术要点 [J]．现代畜牧科技，2020（8）：81-82，84．

[36] 赵明杰，吴德胜，张雪立，等．畜禽粪污堆肥发酵技术及装备 [J]．农业工程，2019，9（9）：46-51．

[37] 余桂平，费焱，姚爱萍，等．畜禽废弃物堆肥发酵环节翻抛机械优化与改进 [J]．农业开发与装备，2019（4）：96，98．

[38] 姚爱萍，傅剑，王涛，等．试谈畜禽粪便堆肥处理生产有机肥的工艺与设备 [J]．农业开发与装备，2018（11）：91-92．

[39] 王永远．畜禽粪污智能型好氧堆肥新工艺与装备技术的研究与实现 [J]．中国禽业导刊，2018，35（17）：7，9．

[40] 韦建吉，曾庆东，黄激文．畜禽粪便塔式堆肥发酵无害化处理工艺与设备 [J]．现代农业装备，2015（3）：51-54．

[41] 白威涛，李革，陆一平．畜禽粪便堆肥用翻抛机的研究现状与展望 [J]．农机化研究，2012，34（2）：237-241．

[42] 杨丽楠，李昂，袁春燕，等．半透膜覆盖好氧堆肥技术应用现状综述 [J]．环境科学学报，2020，40（10）：3559-3564．

[43] 庄业贵．畜禽粪便纳米膜好氧发酵堆肥应用 [J]．农村科技，2022（2）：29-31．

[44] 张胜利，刘晓旺，李鸿志，等．不同堆肥模式处理畜禽粪便的优劣 [J]．北方牧业，2021（10）：27．

[45] 李永双，孙波，陈菊红，等．纳米膜覆盖对畜禽粪便好氧堆肥进程及恶臭气体排放的影响 [J]．环境科学，2021，42（11）：5554-5562．

[46] 孙秀雯，徐连欣，韩永平，等．“生物＋分子膜”发酵及鸡粪处理技术 [J]．中国畜禽种业，2021，17（1）：72．

[47] 马双双，孙晓曦，韩鲁佳，等．功能膜覆盖好氧堆肥过程氨气减排性能研究 [J]．农业机械学报，2017，48（11）：344-349．

[48] 张卫艺，曹子薇，直俊强，等．北京规模化养殖场畜禽粪便中养分、重金属和抗生素含量分析 [J]．畜牧与兽医，2023，55（4）：41-49．

[49] 李晓晖，艾仙斌，吴永明，等．畜禽污水中抗生素和重金属无害化处理技术研究进展 [J]．西南民族大学学报（自然科学版），2020，46（1）：19-25．

[50] 韩京运，袁居龙，杨绍贵，等．畜禽粪便回田后抗生素和重金属的残留和生态风险研究进展 [J]．四川环境，2018，37（3）：180-186．

[51] 严莲英，刘桂华，秦松，等．畜禽粪便堆肥中抗生素和重金属残留及控制研究进展 [J]．江西农业学报，2016，28（9）：90-94．

[52] 隋倩雯，张俊亚，魏源送，等．畜禽养殖过程抗生素使用与耐药病原菌及其抗性基因赋存的研究进展 [J]．生态毒理学报，2015，10（5）：20-34．

[53] 司孝刚，谯祖勤，彭星运，等．畜禽粪便好氧堆肥中抗生素抗性基因研究进展 [J]．环境科学与技术，2024，47（9）：23-34．

[54] 蔡娟，张应虎，张昌勇，等．牛粪堆肥过程中的物质变化及腐熟度评价 [J]．贵州农业科学，2018，46（10）：72-75．

[55] 于子旋，杨静静，王语嫣，等．畜禽粪便堆肥的理化腐熟指标及其红外光谱 [J]．应用生态学报，2016，27（6）：2015-2023．

[56] 罗渊，袁京，李国学，等．种子发芽试验在低碳氮比堆肥腐熟度评价方面的适用性 [J]．农业环境科学学报，2016，35（1）：179-185．

[57] 秦殿武，金京实．粪便腐熟度评估与判定 [J]．畜牧与饲料科学，2009，30（9）：98-99．

[58] 钱晓雍，沈根祥，黄丽华，等．畜禽粪便堆肥腐熟度评价指标体系研究 [J]．农业环境科学学报，2009，28（3）：

549-554.

[59] 任顺荣，邵玉翠．畜禽废弃物堆肥化过程中的腐熟度评价方法 [J]．天津农业科学，2005（3）：34-36.

[60] 汤江武，吴逸飞，薛智勇，等．畜禽固弃物堆肥腐熟度评价指标的研究 [J]．浙江农业学报，2003（5）：23-26.

[61] 郭普辉．造纸污泥堆肥发酵工艺研究 [D]．郑州：河南农业大学，2011.

[62] 刘佳．堆肥高温期接种菌时空分布研究 [D]．哈尔滨：东北农业大学，2009.

[63] 杨恋．城市生活垃圾好氧堆肥实验及嗜热微生物群落研究 [D]．长沙：湖南大学，2008.

[64] 刘有胜．基于 PCR-DGGE 方法的餐厨垃圾堆肥微生物多样性分析 [D]．长沙：湖南大学，2008.

[65] 吴遥远，张桥，余新盛．现代堆肥影响因素及控制 [J]．安徽农学通报，2007（13）：69-71.

[66] 陈洋．白腐真菌处理堆肥中五氯酚和 Pb 污染 [D]．长沙：湖南大学，2007.

[67] 黄得扬，陆文静，王洪涛．有机固体废物堆肥化处理的微生物学机理研究 [J]．环境污染治理技术与设备，2004
（1）：12-18，71.

[68] 杨仁灿，沙茜，胡清泉，等．病死畜禽无害化处理技术与资源化利用探讨 [J]．现代农业科技，2021（7）：176-179.

[69] 李杰．不同微生物菌剂对牛粪和玉米秸秆高温腐熟的影响 [D]．兰州：甘肃农业大学，2013.

[70] 徐阳春．农业废弃物堆肥实用技术 [M]．南京：江苏凤凰科学技术出版社，2015.

[71] 程艳．基于 PCR 技术的菌剂强化污泥堆肥微生物群落结构研究 [D]．郑州：河南工业大学，2014.

[72] 顾廷富，田永彬，冯大伟，等．大庆市城市污水处理厂污泥处理现状与建议 [J]．资源节约与环保，2014（4）：
143-144.

[73] 孙红卫．浅议污泥处理处置的现状和趋势 [J]．中国建设信息（水工业市场），2011（2）：71-74.

[74] 陈佐儒．农家堆肥技术 [J]．农业科技与信息，2014（17）：8-9.

[75] 郝莘政．寒区条垛式和槽式堆肥过程的比较 [D]．大庆：黑龙江八一农垦大学，2014.

[76] 乔俊婧．农家堆肥系统中氮磷的环境行为研究 [D]．重庆：西南大学，2010.

[77] 李健，张峥嵘，黄少斌，等．固体废物堆肥化研究进展 [J]．广东化工，2008（1）：93-96，106.

[78] 傅海燕．生物表面活性剂鼠李糖脂改善堆肥介质微环境的作用机制及在堆肥中的应用研究 [D]．长沙：湖南大学，
2007.

[79] 李国学，李玉春，李彦富．固体废物堆肥化及堆肥添加剂研究进展 [J]．农业环境科学学报，2003（02）：252-256.

[80] 叶美锋，吴飞龙，林代炎．农业固体废物堆肥化技术研究进展 [J]．能源与环境，2014（6）：57-58.

[81] 胡天觉．城市有机固体废物仓式好氧堆肥工艺改进及理论研究 [D]．长沙：湖南大学，2005.

[82] 付菁菁，吴爱兵，马标，等．农业固体废弃物堆肥技术及翻抛设备研究现状 [J]．中国农机化学报，2019，40（4）：
25-30.

[83] 杨柏松，关正军．畜禽粪便固液分离研究 [J]．农机化研究，2010，32（2）：223-225，229.

[84] 袁兴茂，李霄鹤，吴海岩，等．规模化猪场固粪好氧快速发酵工艺与设备研究 [J]．农业机械学报，2021，52（9）：
355-360.

[85] 郭晓京．垃圾渗滤液深度处理的混凝—光化学组合工艺实验研究及设备研发 [D]．南昌：南昌大学，2019.

[86] 李鸣雷．麦草与鸡粪好氧堆肥中优势真菌的分离、鉴定及其作用研究 [D]．咸阳：西北农林科技大学，2007.

[87] 胡菊．VT 菌剂在好氧堆肥中的作用机理及肥效研究 [D]．北京：中国农业大学，2005.

[88] 袁荣焕．城市生活垃圾堆肥腐熟度综合评价指标与评价方法的研究 [D]．重庆：重庆大学，2004.

[89] 袁荣焕，彭绪亚，吴振松，等．城市生活垃圾堆肥腐熟度综合指标的确定 [J]．重庆建筑大学学报，2003（4）：
54-58.

[90] 于子旋．畜禽粪便堆肥理化特征及腐熟度评价研究 [D]．合肥：安徽农业大学，2016.

[91] 杨锦凤．有机固体废物堆肥化及有机肥的特点 [J]．环境科学导刊，2010，29（2）：56-59.

[92] 周美红．利用生活垃圾与污泥堆肥生产生物有机肥工艺研究 [D]．西安：西北大学，2007.

[93] 袁芳．EM（有效微生物）组成的分类鉴定及在垃圾堆肥处理技术中的应用 [D]．长沙：湖南大学，2005.

[94] 文昊深．城市生活垃圾高温好氧堆肥工艺优化研究 [D]．重庆：重庆大学，2004.

[95] 夏晓刚，吴星五．城市污水污泥堆肥腐熟度的评价 [J]．给水排水，2003（11）：7-10.

[96] 赵文，潘运舟，兰天，等．海南商品有机肥中重金属和抗生素含量状况与分析 [J]．环境化学，2017，36（2）：

408-419.

[97] 杨威，狄彩霞，李季，等 . 我国有机肥原料及商品有机肥中四环素类抗生素的检出率及含量 [J]. 植物营养与肥料学报，2021，27（9）：1487-1495.

[98] 鲍陈燕，顾国平，徐秋桐，等 . 施肥方式对蔬菜地土壤中 8 种抗生素残留的影响 [J]. 农业资源与环境学报，2014，31（4）：313-318.

[99] 付靖怡，孟星尧，王清萍，等 . 有机肥料中新污染物及对环境影响的评价 [J]. 中国土壤与肥料，2024（6）：259-268.

[100] 周海伦，操家顺，罗景阳，等 . 三种商用有机肥中抗生素的污染特征及农用生态风险评价 [J]. 应用化工，2022，51（11）：3113-3118，3122.

[101] 谢晓杰，许双燕，王文凡，等 . 畜禽养殖废弃物中抗生素的微生物降解研究进展 [J]. 浙江农业学报，2023，35（8）：1975-1992.

[102] 郭红宏 . 养殖场废弃物好氧堆肥过程中碳氮功能微生物及抗生素抗性基因变化机理研究 [D]. 咸阳：西北农林科技大学，2021.

[103] 胡婷 . 农业废弃物肥料化过程中功能基因和抗生素抗性基因变化机理研究 [D]. 咸阳：西北农林科技大学，2020.

[104] 宋婷婷，朱昌雄，薛董，等 . 养殖废弃物堆肥中抗生素和抗性基因的降解研究 [J]. 农业环境科学学报，2020，39（5）：933-943.

[105] 陆婷婷，刘卿，黄楷雯，等 . 好氧堆肥对畜禽粪便氟喹诺酮类抗性基因消减的研究进展 [J]. 黑龙江畜牧兽医，2024（2）：22-27.

畜禽养殖液体粪污处理技术

　　畜禽养殖业作为全国污染防治重点行业，其粪污的有效处理和利用越来越受关注。畜禽养殖液体粪污指畜禽养殖过程中产生的粪、尿、外漏饮水、冲洗水及少量散落饲料等组成的液态混合物（含粪浆）。畜禽养殖液体粪污具有典型的"三高"特征，有机物浓度高、氨氮浓度高、固体悬浮物浓度高，而且含有无机盐类和重金属，目前单一的处理方法无法满足养殖液体粪污综合利用或达标排放的要求。养殖场的畜禽种类、养殖规模大小、饲养与清粪方式、基础设施条件以及达标排放要求等因素不同，选用的液体粪污处理工艺也有所差异，要结合养殖场养殖种类和清粪方式不同，并根据水量、水质情况采用组合处理方法，同时需综合考虑该处理方法的投资、日常运行费用和可操作性等问题。

　　目前，畜禽养殖液体粪污综合利用或达标排放处理项目大多采用多种处理技术组合的模式，以达到最佳的处理效果和尽可能低的处理成本。处理工艺的选择应考虑其经济有效、方便可行和效果稳定，遵循"减量化、无害化、资源化、生态化、廉价化、简便化"的原则，尽量利用当地的自然地理环境优势，综合考虑，科学设计，合理布局。

4.1　畜禽养殖液体粪污的贮存

4.1.1　畜禽养殖液体粪污暂存设施建设要求

　　根据农业农村部办公厅、生态环境部办公厅发布的《关于印发〈畜禽养殖场（户）粪污处理设施建设技术指南〉的通知》（农办牧〔2022〕19 号）（以下简称《指南》）中的有关规定，畜禽养殖场（户）要科学建设粪污资源化利用设施，提高设施装备配套和整体建设水平。《指南》中对畜禽养殖液体粪污暂存设施建设提出了具体要求：禽养殖场（户）建设畜禽粪污暂存池（场）的，液体粪污暂存池容积不小于单位畜禽液体粪污日产生量 [m^3/（d·头、只、羽）]×暂存周期（d）×设计存栏量（头、只、羽）。鼓励采取加盖等措施，减少恶臭气体排放和雨水进入。

4.1.2　畜禽养殖液体粪污贮存池容积确定

　　根据《畜禽养殖污水贮存设施设计要求》（GB/T 26624—2011）的有关规定，贮存池的容积测算需综合考虑养殖场的污水产生量、降雨以及远期建设规划。种养结合的养殖场，贮存池的总容积应不得低于当地农作物生产用肥最大间隔时间内本养殖场所产生粪污的总量，以确保污水不外溢。为了便于粪水从贮存池内排出，一般应配备水泵。

　　畜禽养殖废水贮存设施容积 V（m^3）按下式计算：

$$V=L_W+R_0+P \tag{4-1}$$

式中　L_W——养殖污水体积，m^3；

　　　R_0——降雨体积，m^3；

　　　P——预留体积，m^3。

养殖污水体积、降雨体积、预留体积的计算分别如下。

1）养殖污水体积（L_W）

养殖污水体积 L_W（m^3）按式（4-2）计算：

$$L_{\mathrm{w}} = N \times Q \times D \qquad\qquad (4\text{-}2)$$

式中　N——动物的数量，猪和牛的单位为百头，鸡的单位为千只；

　　　Q——畜禽养殖业每天最高允许排水量，猪场和牛场的单位为 $m^3/$（百头·d），鸡场的单位为 $m^3/$（千只·d），不同动物的最高允许排水量标准值参见表4-1；

　　　D——污水贮存时间，d，其值依据后续污水处理工艺的要求确定。

表 4-1　集约化畜禽养殖业水冲工艺和干清粪工艺最高允许排水量

清粪工艺	种类	猪 / [m³/（百头·d）]		鸡 / [m³/（千只·d）]		牛 / [m³/（百头·d）]	
水冲工艺	季节	冬季	夏季	冬季	夏季	冬季	夏季
	标准值	2.5	3.5	0.8	1.2	20	30
干清粪工艺	季节	冬季	夏季	冬季	夏季	冬季	夏季
	标准值	1.2	1.8	0.5	0.7	17	20

注：1. 废水最高允许排放量的单位中，百头、千只均指存栏数。

　　　2. 春、秋季废水最高允许排放量按冬、夏两季的平均值计算。

2）降雨体积（R_0）

按近25年来该设施所在地区每天能够收集的最大雨水量（m^3/d）与平均降雨持续时间（d）进行计算。

3）预留体积（P）

预留不低于0.9m高的空间，预留体积按照设施的实际长和宽以及预留高度进行计算。

畜禽养殖废水贮存池其他方面的设计参照《畜禽养殖污水贮存设施设计要求》（GB/T 26624—2011）的有关规定。另外，在满足防渗、防雨、防溢流等基础上，可通过加膜覆盖达到密闭存储，降低粪污暴露面积，加膜覆盖方式应符合《污水自然处理工程技术规程》（CJJ/T 54—2017）的要求。

4.2　畜禽养殖液体粪污沼气发酵技术

4.2.1　沼气发酵原理

（1）概念

沼气发酵又称为厌氧消化、厌氧发酵和甲烷发酵，是指有机物质在一定水分、温度和厌氧条件下，通过各类沼气微生物的分解代谢，最终形成甲烷和二氧化碳等混合性气体的复杂生物化学过程。厌氧发酵广泛存在自然界中。科学测定分析表明：在沼气发酵过程中，有机物约有90%被转化为沼气，10%被沼气微生物用于自身消耗。

（2）沼气发酵阶段划分

20世纪60年代，厌氧消化过程普遍被分为酸性发酵阶段（水解酸化阶段）和碱性发酵阶段（产甲烷阶段）两个阶段，即"两阶段理论"（见图4-1）。在酸性发酵阶段，液态粪污中的有机物在发酵细菌的作用下，发生水解和酸化反应，被降解为以脂肪酸、醇类、CO_2 和 H_2 等为主的产物。参与反应的微生物则被统称为发酵细菌或产酸细菌（专性厌氧菌和兼性厌氧菌），其特点是生长速率快，对环境条件（如温度、pH值、抑制物等）

的适应性较强。在碱性发酵阶段，所发生的反应是产甲烷菌利用上一阶段产生的脂肪酸、醇类、CO_2 和 H_2 等为基质，进一步转为 CH_4 和 CO_2。参与反应的微生物被统称为产甲烷菌，其主要特点是生长速率很慢，对温度、pH 值、抑制物等环境条件非常敏感。

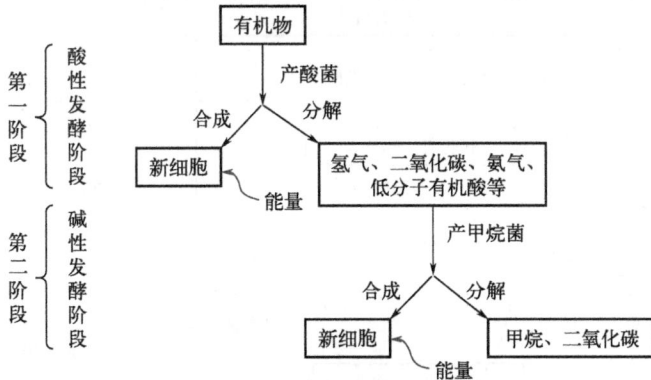

图 4-1　厌氧发酵两阶段理论

但是随着对厌氧微生物学研究的不断深入，很多学者都发现上述过程不能真实完整地反映厌氧消化过程的本质。厌氧微生物学的研究结果表明，产甲烷菌是一类非常特别的细菌。它们只能利用一些简单的有机物如甲酸、乙酸、甲醇、甲基胺类以及 H_2/CO_2 等，而不能利用除乙酸以外的含两个碳以上的脂肪酸和甲醇以外的醇类。20 世纪 70 年代，Bryant 提出了厌氧消化过程的"三阶段理论"（见图 4-2）。三阶段理论认为，整个厌氧消化过程可以分为水解发酵阶段、产氢产乙酸阶段和产甲烷阶段。有机物首先通过产酸细菌的作用生成乙醇、丙酸、丁酸和乳酸等，接着通过产氢产乙酸菌的降解作用而被转化为乙酸、H_2 和 CO_2，然后再被产甲烷菌利用，最终被转化为 CH_4 和 CO_2，产氢产乙酸菌和产甲烷菌之间存在着互营共生的关系。该理论将厌氧发酵微生物分为发酵细菌群、产氢产乙酸菌群和产甲烷菌群。

几乎在三阶段理论提出的同时，Zeikus 提出了"四菌群学说"（见图 4-2），与三阶段理论相比，该理论增加了同型（耗氢）产乙酸菌群（*Homoacetogenic Bacteria*）。该菌群的代谢特点是能将 H_2/CO_2 合成为乙酸。但是研究结果表明，这一部分乙酸的量较少，一般可忽略不计。目前为止，三阶段理论和四菌群学说被认为是对厌氧生物处理过程较全面和较准确的描述。

4.2.2　沼气发酵工艺

沼气发酵工艺是指从发酵原料到生产沼气的整个过程所采用的技术和方法。包括原料的收集和预处理、接种物的选择和富集、沼气发酵装置的发酵启动和日常操作管理及其他相应的技术措施。

4.2.2.1　沼气发酵工艺类型

沼气发酵工艺从投料方式、发酵温度、发酵阶段、发酵级差、发酵浓度、料液流动方式等角度可分为不同类型。

复杂有机物
（碳水化合物、蛋白质、脂类）

水解 | 水解发酵阶段

简单溶解性有机物

①发酵性细菌 产酸发酵

脂肪酸、醇类等

②产氢产乙酸菌 | 产氢产乙酸阶段

③同型产乙酸菌 5%

氢气、二氧化碳 → 乙酸

④产甲烷菌1 甲烷产量28% | ⑤产甲烷菌2 甲烷产量72%

甲烷、二氧化碳 | 产甲烷阶段

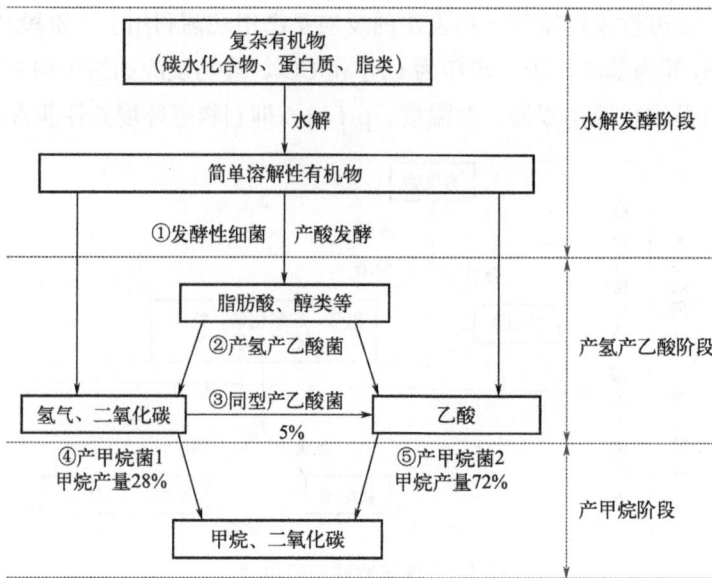

图 4-2　厌氧发酵三阶段理论和四菌群学说

具体分类方式如下。

（1）以投料方式划分

沼气发酵微生物的新陈代谢是一个连续过程，根据该过程中投料方式的不同，有连续发酵、半连续发酵和批量发酵三种工艺。

1）连续发酵工艺

厌氧反应器发酵启动后，按照预定的处理量，连续不断地或每天定量地加入新的发酵原料，同时排走相同数量的发酵料液，使发酵过程连续进行下去。厌氧反应器不发生意外情况或不检修时均不进行大出料。采用这种发酵工艺，反应器内料液的数量和质量基本保持稳定状态，因此产气量也很均衡。

连续发酵工艺的最大优点是"稳定"。它可以维持比较稳定的发酵条件，可以保持比较稳定的原料消化利用速度，可以维持比较持续、稳定的发酵产气。

连续发酵工艺较为先进，但发酵装置结构和发酵系统比较复杂，造价也较昂贵、因而，适用于大型沼气发酵工程系统。例如，大型畜牧场粪污、城市污水和工厂废水净化处理，多采用连续发酵工艺。该工艺要求有充分的物料保证，否则就不能充分有效地发挥发酵装置的负荷转化能力，也不可能使发酵微生物逐渐完善和长期保存下来。因为连续发酵，不会因大换料等原因而造成反应器利用率上的浪费，从而使原料消化能力和产气能力大大提高。

2）半连续发酵工艺

厌氧反应器初始投料发酵启动一次性投入较多的原料（一般占整个发酵周期投料总固体量的 1/4 ～ 1/2），经过一段时间，开始正常发酵产气，随后产气逐渐下降，此时就需每天或定期加入新物料，以维持正常发酵产气，这种工艺就称作半连续沼气发酵。沼气池与猪圈、厕所"三结合"沼气系统属于半连续发酵工艺，通过"三连通"将猪圈、厕所里的粪便随时流入沼气池，在粪便不足的情况下可定期加入铡碎并堆沤后的作物秸秆等纤维素原料，起到补充碳源的作用。这种工艺的优点是比较容易做到均衡产气和计划用气，能与农业生产用肥紧密结合，适宜处理粪便和秸秆等混合原料。

3）批量发酵工艺

发酵原料成批量地一次投入反应器，待其发酵完后，将残留物全部取出，又成批地换上新料，开始第二个发酵周期，如此循环往复。农村小型沼气干发酵装置和处理城市垃圾的卫生坑填法均采用这种发酵工艺。批量发酵工艺的优点是投料启动成功后，不再需要进行管理，简单省事，其缺点是产气分布不均衡，高峰期产气量高，其后产气量低，因此所产沼气适用性较差。

（2）以发酵温度划分

沼气发酵的温度范围一般在 10 ～ 60℃之间，温度对沼气发酵的影响很大，温度升高，沼气发酵的产气率也随之提高。通常以沼气发酵温度区分为高温发酵、中温发酵和常温发酵工艺。

1）高温发酵工艺

高温发酵工艺是指发酵料液温度维持在 50 ～ 60℃ 范围内，实际控制温度多在 55℃ ±2℃。高温发酵工艺的特点是微生物生长活跃，有机物分解速度快，产气率高，滞留时间短。采用高温发酵，可以有效地杀灭各种致病菌和寄生虫卵，具有较好的卫生效果，从除害灭病和发酵剩余物肥料利用的角度看，选用高温发酵是较为实用的。但要维持消化反应器的高温运行，能量消耗较大，发酵稳定性较差。一般情况下，在有余热可利用的条件下，可采用高温发酵工艺，例如处理经高温工艺流程排放的酒精废醪、柠檬酸废水和轻工食品废水等。

2）中温发酵工艺

中温发酵工艺是指发酵料液温度维持在 35℃±2℃ 范围内。与高温发酵相比，中温发酵工艺消化速度稍慢一些，产气率要低一些，但维持中温发酵的能耗较少，沼气发酵能总体维持在一个较高的水平，产气速度比较快，料液基本不结壳，可保证常年稳定运行，性价比较高。为减少维持发酵装置的能量消耗，工程中常采用近中温发酵工艺，其发酵料液温度为 25 ～ 30℃。这种工艺因料液温度稳定，产气量也比较均衡。总之，为了与经济发展水平相配套，工程上采取增温保温措施是必要的。

3）常温发酵工艺

常温发酵工艺是指在自然温度下进行的沼气发酵，发酵温度受气温影响而变化。农村庭院沼气池就属于常温发酵工艺。常温发酵工艺的特点是发酵料液的温度随气温、地温的变化而变化，一般料液温度最高时为25℃，低于10℃以后产气效果很差。其好处是不需要对发酵料液温度进行控制，节省热投资，缺点是在同样投料条件下，一年四季产气率相差较大。南方农村的沼气池建在地下，冬季产气效率虽然较低，但在有足够原料的情况下，还可以维持用气量。北方的沼气池则需建在太阳能暖圈或日光温室下，这样可确保沼气池安全越冬，维持正常产气。

（3）以发酵阶段划分

根据沼气发酵过程"水解→产酸→产甲烷"三阶段理论，以沼气发酵不同阶段，可将发酵工艺划分为单相发酵工艺和两相（步）发酵工艺。

1）单相发酵工艺

将沼气发酵原料投入到一个发酵装置中，系统自行调节完成产酸和产甲烷过程，即"一锅煮"的形式。全混合沼气发酵装置（CSTR）属于单相发酵工艺。

2）两相发酵工艺

两相发酵也称两步发酵或两步厌氧消化。两相发酵工艺是根据沼气发酵分为水解、产酸和产甲烷三个阶段的原理，把原料的水解、产酸阶段和产甲烷阶段分别安排在两个不同的消化器中进行。水解、产酸池通常采用全混合式或塞流式发酵装置，产甲烷池则采用污泥床、厌氧过滤等高效厌氧消化装置。

从沼气微生物的生长和代谢规律以及对环境条件的要求等方面看，产酸细菌和产甲烷细菌有着很大差别。因而为它们创造各自需要的最佳繁殖条件和生活环境，促使其优势生长、迅速繁殖，将消化器分开来是非常适宜的。这既有利于环境条件的控制和调整，又有利于人工驯化、培养优异菌种，总体上便于优化设计。也就是说，两步发酵较之一步发酵工艺过程的产气量、效率、反应速度、稳定性和可控性等方面都要优越，而且生成的沼气中的甲烷含量也比较高。从经济效益看，这种工艺流程加快了挥发性固体的分解速度，缩短了发酵周期，从而降低了生成甲烷的成本和运转费用。

（4）按发酵级差划分

1）单级发酵工艺

简单地说，单级发酵就是产酸发酵和产甲烷发酵在同一个沼气发酵装置中进行，而不将发酵物再排入第二个沼气发酵装置中继续发酵。从充分提取生物质能量、杀灭虫卵和病菌的效果，以及合理解决用气、用肥的矛盾等方面看，它是很不完善的，产气效率也比较低。但是，单级发酵工艺流程的装置结构比较简单，管理比较方便，修建和日常管理费用相对来说比较低廉，是我国最常见的沼气发酵类型。

2）多级发酵工艺

所谓多级发酵，就是由多个沼气发酵装置串联而成。一般第一级发酵装置主要是发酵产气，产气量可占总产气量的 50% 左右，而未被充分消化的物料进入第二级消化装置，使残余的有机物质继续彻底分解，这既有利于物料的充分利用和彻底处理废物中的 BOD_5，又在一定程度上能够缓解用气和用肥的矛盾。如果能进一步深入研究双池结构的形式，降低其造价，提高两级发酵的运转效率和经济效果，对加速沼气建设的步伐是有现实意义的。从延长沼气池中发酵原料的滞留时间和滞留路程、提高产气率、促使有机物质的彻底分解角度出发，采用多级发酵是有效的。对于大型的两级发酵装置，第一级发酵装置安装有加热系统和搅拌装置，以利于提高产气量，而第二级发酵装置主要是彻底处理有机废物中的 BOD_5，不需要搅拌和加温。但若采用大量纤维素物料发酵，为防止表面结壳，第二级发酵装置中仍需设置搅拌装置。

将多个发酵装置串联起来进行多级发酵，可以保证原料在装置中的有效停留时间，但是总的容积与单级发酵装置相同时，多级装置占地面积较大，装置成本较高。另外，由于第一级池较单级池水力滞留期短，其新料所占比例较大，承受冲击负荷的能力较差。如果第一级发酵失效，有可能引起整个系统的发酵失效。

（5）按发酵浓度划分

1）湿式发酵工艺

湿式厌氧发酵工艺适用于处理固体含量为 6%～10% 的液态和半固态有机废物，如废水、污泥等。湿式厌氧发酵工艺目前广泛应用于废水处理和有机废物的资源化利用。目前，中国大中型沼气工程有 10.8 万处，均采用湿法厌氧发酵技术，容积产气率在 $0.8～2.0m^3/(m^3 \cdot d)$。其优点为处理过程较为快速，可以在较短的时间内完成分解过程，有机废物的体积可以被压缩和浓缩；然而其处理效果容易受到环境因素的影响，同时会产生大量沼液，可能导致二次污染等问题，常引发进出料困难、物料分层、沼气效率低等现象，严重阻碍工程的长期稳定运行。目前湿式厌氧发酵工艺在国内外都有广泛应用，例如比利时的 Dranco、法国的 Valorga、瑞士的 Kompogas 和德国的 LARAN 等。

2）干式发酵工艺

干式厌氧发酵工艺又称固态厌氧发酵，在无水或低水分条件下进行，其固体含量大于 15%，主要以废弃食品、农业废弃物、生活垃圾等固体有机废物为原料。在干式厌氧发酵过程中，有机物质被微生物分解产生沼气，沼气可以被收集和利用。干式厌氧发酵工艺可增加原料处理量，提升容积产气效率，显著改善发酵过程物料的均质化程度，沼渣可以进行堆肥，成本低且运行简单，弥补了湿法厌氧发酵技术的缺点，实现全组分利用；然而，其处理过程较为缓慢，随着干法厌氧发酵系统有机负荷的提高，需要较长的时间才能完成分解过程，且因为固体有机废物的体积较大，引发发酵过程中传质传热效率下降，造成物质转化效率降低。近年来，干式发酵工艺在处理固体有机废物方面受到了越来越多的重视，欧洲新建沼气工程中，约有 60% 采用干式厌氧发酵技术，占欧洲沼气工程总数量的 9%。目前，我国规模化养殖场广泛应用干清粪工艺，固体粪便产量增多，也为干式厌氧发酵技术在我国的应用创造了良好环境。此外，干式厌氧发酵技术也在不断改进，例如通过滚动式质热交换反应器解决传质传热问题，提高发酵效率。

（6）以料液流动方式划分

1）无搅拌且料液分层的发酵工艺

由于无搅拌装置，无论发酵原料为非匀质的（草粪混合物）或匀质的（粪），只要其固形物含量较高，在发酵过程中料液会出现分层现象（上层为浮渣层，中层为清液层，中下层为活性层，下层为沉渣层）。无搅拌发酵工艺因沼气微生物不能与浮渣层原料充分接触，上层原料难以发酵，下层沉淀又占有越来越多的有效容积，因此原料产气率和池容产气率均较低，并且必须采用大换料的方法排除浮渣和沉淀。

2）全混合式发酵工艺

由于采用了搅拌装置，池内料液处于完全均匀或基本均匀状态，因此微生物能和原料充分接触，整个投料容积都是有效的。全混合式发酵工艺具有消化速度快、容积负荷率和体积产气率高的优点。

3）推流式发酵工艺

采用这种工艺的料液，在沼气池内无纵向混合，发酵后的料液借助于新鲜料液的推动作用而排走。推流式发酵工艺能较好地保证原料在沼气池内的滞留时间，在实际运行过程中，完全无纵向混合的理想推流方式是不存在的。许多大中型畜禽粪污沼气工程均采用这种发酵工艺。

沼气发酵工艺除有以上划分标准外，还有一些其他的划分标准。例如，把"推流式"和"全混合式"结合起来的工艺，即"混合-推流式"；以微生物的生长方式区分的工艺，如"悬浮生长系统"发酵工艺和"附着生长系统"发酵工艺。需要注意的是，上述发酵工艺是按照发酵过程中某一条件特点进行分类的，而实践中应用的发酵工艺所涉及的发酵条件较多，上述工艺类型一般不能完全概括。因此，在确定实际的发酵工艺属于什么类型时应具体情况具体分析。例如，我国农村大多数户用沼气池的发酵工艺，从温度来看是常温发酵工艺；从投料方式来看是半连续投料工艺；从料液流动方式来看是料液分层状态工艺；从原料的生化变化过程来看是单相发酵工艺。因此，其发酵工艺属于常温、半连续投料、分层、单相发酵工艺。

4.2.2.2 沼气发酵工艺流程

（1）连续发酵工艺流程

处理大、中型集约化畜禽养殖场粪污的大、中型沼气工程，一般都采用连续发酵工艺，其工艺流程见图4-3。连续发酵工艺流程控制的基本参数为进料浓度、水力滞留期、发酵温度。启动阶段完成之后，发酵效果主要靠调节这3个基本参数来进行控制。例如，原料产气率、容积产气率、有机物去除率等都由这3个参数所决定。

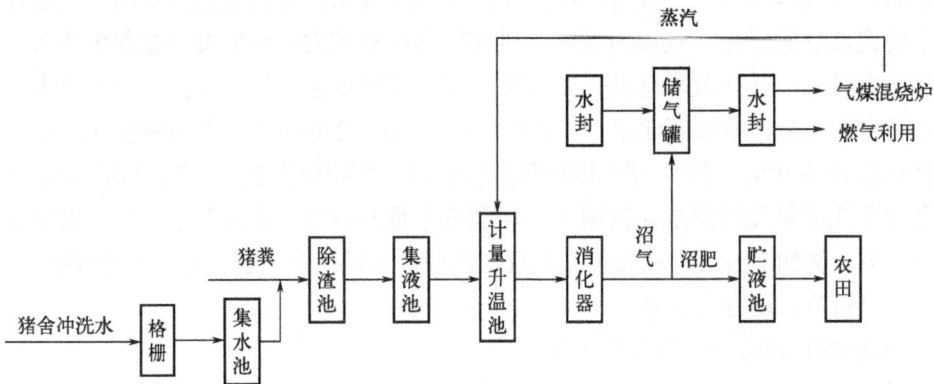

图4-3 连续发酵工艺流程

在连续发酵工艺中，当每天处理的总固体相同时，料液浓度和水力滞留期不同，要求发酵装置的有效容积也不同，并且变化幅度较大。由于进料浓度和水力滞留期都可以在较大范围内变化，对确定最佳工艺参数造成了极大的困难。目前，尚未找到一个能在实际设计上广泛应用的选择最佳工艺参数的公式，许多沼气工程是依据定点条件试验或单因子试验结果，甚至是经验来进行设计的，离"最佳化"还有相当的距离。

连续自然温度发酵工艺，一般不考虑最高池温，但要考虑最低池温。也就是说在沼气池内的温度变化到最低点时，在选定的进料浓度和水力滞留期条件下，发酵不至于全部失效。根据全年的温度变化数据以及一些试验数据，可供选择的水力滞留期大都在40～60d，进料总固体浓度为6%左右。由于发酵原料一般不随温度而增减，在夏季，选择这种参数的沼气池在某种程度上处于"饥饿"状态，冬季则处于"胀肚子"状态。尽管如此，从当前情况看，采用这种连续自然温度发酵工艺仍有广泛的发展前景。

在设计连续恒温发酵工艺时，对参数的选择必须十分谨慎。如果原料自身温度高，或者附近有余热可利用来加温和保温，则应尽量按高温或中温设计。如果不存在上述条件，则参数的选择必须十分谨慎。因为任何一个参数的变化，不仅将引起投资成本的变化，而且还会引起沼气工程自身耗能的变化，并对工程效益带来较大的影响。

（2）半连续发酵工艺流程

中小型沼气工程一般都采用常温半连续发酵工艺生产沼气，其工艺流程见图4-4。半连续发酵工艺采用的主要原料是粪便和秸秆，应控制的主要参数是启动浓度、接种物比例及发酵周期。启动浓度一般＜6%，这对顺利启动有利。接种物一般占料液总量的10%以上，秸秆较多时应加大接种物数量。发酵周期根据气温情况和农业用肥情况而定。

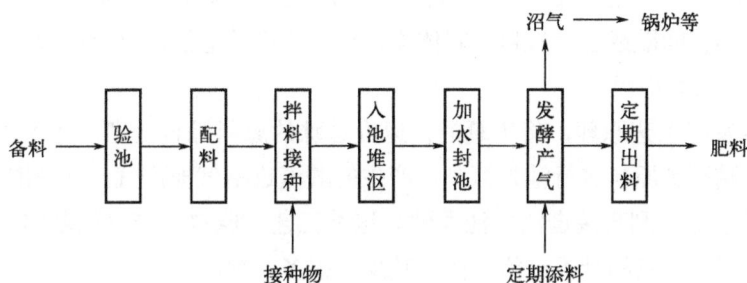

图 4-4　常温单级半连续发酵工艺流程

（3）批量发酵工艺流程

沼气发酵研究中试和用农作物秸秆等固体原料干发酵生产沼气，通常采用批量发酵工艺，其基本工艺流程为：原料及接种物的收集→原料预处理→原料、接种物混合入池→发酵产气→出料。批量发酵工艺应控制的主要参数为启动浓度、发酵周期及接种物的比例。原料的滞留期等于发酵周期，启动浓度按总固体计算一般应高于20%。这是为了保证沼气池能处理较多的总固体，为提高池容产气率打下物质基础，同时也便于保温和发酵残渣的再利用。按总重量计算，接种物的重量应超过秸秆1.5倍以上。

采用批量发酵工艺遇到的问题：

① 启动比较困难。这是因为浓度较高，启动时容易出现产酸较多、有机酸积累、发酵不能正常进行等情况。为避免这些问题的出现，应准备质量较好、数量较多的接种物，调节好碳氮比，并对秸秆原料进行预处理。

② 进出料不太方便。采用批量发酵工艺，一般投入秸秆较多，但活动盖口较小的沼气池，进出料不太方便，因此，应根据发酵工艺特点对发酵装置进行优化设计，采用车库式或用半塑式干发酵装置，有条件的地方应尽量采用进出料机具。

（4）两步发酵工艺流程

两步发酵工艺流程见图4-5。按发酵方式可将沼气两步发酵工艺划分为全两步发酵法和半两步发酵法。

1）全两步发酵法

按原料的形态、特性，可划分成浆液和固态两种类型。浆液型和固态型的原料可以先经预处理或者不进行预处理，然后进入产酸池。产酸池的特点在于：

原料 → 产酸池 → 清液池 → 产甲烷池 → 沼气

产酸池 ↓ 残渣堆肥

产甲烷池 ↓ 沼液制肥

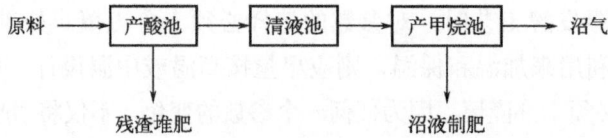

图 4-5　两步发酵工艺流程

① 控制固体物和有机物的高浓度和高负荷；

② 采用连续式或间歇式进料（浆液原料）和批量投料（固态原料）；

③ 浆液原料用完全混合式发酵，固态原料采用干式发酵。

产酸池形成的富含挥发酸的"酸液"进产甲烷池。产甲烷池常采用上流式厌氧污泥床反应器（UASB）、厌氧过滤器（AF）、部分充填的上流式厌氧污泥床或者厌氧接触式反应器等高效反应器；间歇或连续进料；固体物负荷率比产酸池低，可溶性有机物负荷率高。

2）半两步发酵法

利用两步发酵工艺原理，将厌氧消化速度悬殊的原料综合处理，达到较高效率的简易工艺。它将秸秆类原料进行池外沤制，产生的酸液进沼气池产气，残渣继续加水浸沤。浆液原料（粪便等）则直接进沼气池发酵。这种工艺，原料的产气量基本不变，沼气池的产气率显著提高，且秸秆不进沼气池，减少了很多麻烦。

4.2.2.3　影响沼气发酵的因素

（1）温度

温度是影响厌氧发酵最重要的因素。它通过影响厌氧微生物细胞内酶的活性和发酵料液的溶解度，进而影响微生物的生长速率和微生物对发酵底物的代谢速率以及沼气产量和气体的组成。一般来说，厌氧发酵过程中主要存在水解酸化菌群和产甲烷菌。水解酸化菌群对温度的适应范围很大，甚至在100℃环境下也能很好地生存。产甲烷菌对温度却十分敏感。产甲烷菌有3个适宜生长的温度范围，分为低温（10～25℃）、中温（30～40℃）和高温（50～60℃）。相应的发酵工艺分别为低温厌氧发酵、中温厌氧发酵以及高温厌氧发酵。低温厌氧发酵效率很低，一般中温发酵和高温发酵比较常见。

高温条件下发酵速率最高。此时，水解酸化菌成为优势菌群，有利于有机物的水解、酸化和溶解，甚至对一些难以降解的纤维素物质也可以被分解。其次，在产甲烷菌的耐受范围内，温度越高，其酶的活性越大，因而产气速度越快，发酵启动时间和周期越短。此外，高温发酵还可以灭活病毒和病菌，尤其是对寄生虫卵的杀灭率高达99%。然而，高温发酵也存在不足之处。若产甲烷菌不能及时利用水解酸化菌群产生的有机酸，则发酵液容易酸化，进而抑制产气。高温产甲烷菌在维持自身生长和酶反应时需要更多的能量参与，因此需要消耗较多的能量用于反应料液的加温和保温，发酵设备比较复杂且投资费用高，投入产出比较低。此外，微生物在高温情况下很容易衰减，使死亡率增加。

研究表明，中温厌氧发酵甲烷产量最高，高温厌氧发酵其次，而低温厌氧发酵甲烷产量最低。这是因为在中温条件下产甲烷菌占据优势地位，产甲烷作用可以得到加强。大多数研究表明，中温（35℃）更适合以鼠粪、牛粪、兔粪和熊粪等畜禽粪便为原料的厌氧发酵反应，其产沼气量更大，沼气甲烷浓度更高。

因此，在实际生产中，当处理量很大时不宜采用发酵速率略有优势的高温厌氧发酵，而应选用处理原料效率高、产气量高、消耗能量少的中温厌氧发酵。也有研究建议采用两阶段发酵程序，即利用高温加速水解，水解反应结束后降低温度，利用中温促进产甲烷菌产气。

（2）水力停留时间

水力停留时间（HRT）是指物料在反应器内的平均停留时间，是反应器的有效容积与单位时间内进料体积的比值。工程上，常会根据进料量和设计的 HRT 确定反应器的大小。若 HRT 过短，废水处理不彻底，有机物去除率低；若 HRT 过长，微生物生长繁殖所需的能源和营养元素已被消耗过多而无法满足微生物的活动所需，致使微生物活性急剧下降，从而导致厌氧发酵过程产气量降低，发酵系统的运行效果变差。选用过长的 HRT 必定会增大反应器的容积，进而增加占地面积和造价。在实际应用中，HRT 可以结合实地可利用的空间和出水要求，尽量延长。这是因为产甲烷菌的生长很缓慢且世代时间长，它只能利用简单的物质生长繁殖，如 CO_2、H_2、甲酸、甲醇、乙酸和甲基胺等。这些物质又必须由水解酸化菌群将有机物分解后提供，所以产甲烷菌一定要等到其他细菌都大量生长后才能生长。同时，产甲烷菌世代周期也长，需要几天至几十天才能繁殖一代。因此，只有使产甲烷菌等微生物与有机物充分接触并在反应器内有足够长的停留时间才能最大限度地分解有机物产生沼气。工程上，一般中温厌氧发酵的 HRT 可以选择 $20 \sim 40$ d，随着温度的升高，HRT 可以适当减小。乔小珊研究表明，30℃条件下奶牛粪便厌氧发酵 HRT 为 20 d 时，可获得最大池容产气率。

（3）搅拌

一般情况下，厌氧发酵体系本身内部是不均匀的，包括温度、微生物和发酵底物混合、新旧料液混合等多方面的不均匀。搅拌不仅可以让发酵系统充分混合均匀，而且增加了微生物中的酶与发酵原料的接触面积，有效地破坏沼气池内悬浮的浮渣层面，提高产气量。但过度地剧烈搅拌会破坏发酵系统内某些菌种的共生关系。因此，厌氧发酵系统内应进行低速缓慢搅拌。

（4）抑制物

常见的微生物抑制物有重金属、盐类、抗生素、氯酚及卤代脂肪族化合物、杀虫剂、木质素水解产物以及消化过程中产生的挥发性脂肪酸（VFA）、长链脂肪酸、柠檬烯、硫化物和无机氮等。其中，重金属、盐类、抗生素、硫化物和无机氮因其在发酵系统中含量较高，对发酵过程的影响较大。畜禽粪便中常见的有明显生物毒性的重金属有 Zn、Cu、Cd、Pb、Cr、Hg、Ni 等，主要来自不能被畜禽完全吸收利用的饲料添加剂。在不同畜禽的粪便中，猪粪中重金属含量较高。与其他抑制物不同的是，重金属不能被微生物降解，积累到一定程度时会降低微生物活性甚至引起微生物死亡。其主要原因是重金属可以与蛋白质分子中的巯基或其他基团结合，破坏微生物酶的结构和功能，或者取代酶分子中的相关离子，从而影响酶活性。当外源 Cu 和 Cr 含量超过 0.2mg/L 时开始抑制总产气量和产甲烷量。当 Zn 含量超过 0.6mg/L 时也会抑制产气。无机盐是微生物不可缺少的营养。当无机盐浓度较低时，可以促进微生物的生长，但高浓度的无机盐会产生较高的外界渗透压，因而会降低微生物代谢酶的活性，甚至会引起细胞壁分离，抑制微生物的生长。

抗生素能直接杀灭某些微生物或抑制其生长，改变厌氧发酵系统中微生物的群落组成。四环素类抗生素在畜禽粪便中最常见，以金霉素和土霉素的应用最为广泛。研究表明，金霉素、土霉素对厌氧发酵均有抑制作用，其产生抑制的临界浓度值分别为 0.1mg/L 和 0.3mg/L。当二者联合作用时抑制作用更强。H_2S 气体是发酵过程的产物，在沼气中的含量一般为 0.2%～0.9%。H_2S 有强烈的刺激性且有剧毒，其溶于发酵液并超过一定浓度时，对厌氧微生物极其不利。当 S^{2-} 浓度不超过 65.6mg/L 时，厌氧消化无抑制作用，但当 S^{2-} 浓度超过 164mg/L 时则产生明显的抑制现象。一般可以通过添加 $FeCl_2$、$FeCl_3$ 和 $AlCl_3$ 等来抑制 H_2S 的产生，降低其毒害程度。

氨氮主要来自厌氧发酵过程中有机氮的水解，一般以铵态氮和游离 NH_3 的形式存在。虽然低浓度的氨氮对于维持厌氧发酵的平衡有着重要的作用，但高浓度的氨氮会抑制产甲烷菌，从而影响厌氧发酵的正常运行。研究表明，在鸡粪厌氧发酵过程中，发酵料液中铵态氮含量可以高达 3600mg/L 以上，严重抑制了产气。在实际工程中，要使料液铵态氮对厌氧消化无拮抗作用，一般应控制其含量低于 500mg/L。

（5）pH 值

厌氧消化体系的酸碱性是气 - 液相间的 CO_2 平衡和 NH_3 平衡、液相内的酸碱平衡以及固 - 液相间的溶解平衡共同作用的结果，它通过影响微生物的细胞膜、胞外水解酶、代谢过程以及消化液中的组分解离，进而影响微生物的活性。畜禽粪便在厌氧发酵过程中由于挥发性脂肪酸的积累容易酸化，产生酸抑制，尤以猪粪最为明显。当猪粪发酵液 pH 值降至 5 左右时会严重制约产气。一般情况下，厌氧发酵的最佳 pH 值为 6.8～7.4，即在中性至弱碱范围内对厌氧发酵比较有利。

（6）碳氮比

碳氮比（C/N 值）指有机物中碳的总含量与氮的总含量的比值，是微生物生长过程中必不可少的营养物质。在厌氧发酵系统中，若 C/N 值过高，即氮素相对不足，发酵液的缓冲能力降低，pH 值容易下降；若 C/N 值过低，即氮素相对过量，发酵系统将产生大量游离铵，pH 值容易升高，且铵盐过剩导致微生物中毒，抑制产气。通常情况下，以 C/N 值达 20～30 为宜。常温下应控制牛粪或者鸭粪的 C/N 值为 25，均可获得最高的甲烷产气量。鸡粪厌氧发酵的最适 C/N 值一般为 20。猪粪在高温条件下厌氧发酵的 C/N 值可以取 16。然而，畜禽粪便是富氮原料，单一畜禽粪便发酵原料往往缺少碳源，例如兔粪的 C/N 值较小，约为 6；鸡粪 C/N 值约为 10；猪粪 C/N 值一般在 12 左右；牛粪 C/N 值高一些，其中黄牛粪和奶牛粪的 C/N 值分别为 21 和 24。在实际堆肥过程中，可以适当添加稻秆、稻草、葡萄糖、甘蔗渣、米糠、麦秸、杂木屑等富碳原料来提高发酵系统的 C/N 值。

（7）有机负荷

发酵液的浓度常用容积有机负荷表示，即单位体积污水处理反应器（或单位体积介质滤料）每天所承受的有机物的质量。在工程设计上，当进料基本稳定时反应器容积将影响发酵过程的有机负荷，若反应器过小，负荷过高，发酵原料不易分解，反应器内容易积累大量 VFA，影响正常产气；若反应器过大，负荷过低，单位容积里的有机物含量相对较低，不利于反应器的充分利用。

事实上，在一定范围内有机负荷越高，产气率越高。因此，在反应器容积设计时，为节约成本和用地，使反应器充分利用，可考虑在不影响产气的前提下使容器内有机负荷尽可能高。研究表明，当有机负荷控制在 2.5 ～ 5.0kg/（m³·d）时，厌氧消化系统中挥发性脂肪酸浓度较低，且氨氮浓度低于 6700mg/L，沼气最大容积产气率为 2.58 L/L。然而，当有机负荷提高到 6.0kg/（m³·d）时会引起乙酸和丙酸的快速累积，氨氮浓度也升高到 6700mg/L，沼气容积产气率降低约 23.5%。因此，一般情况下可控制有机负荷在 6.0kg/（m³·d）以下。

（8）总固体浓度

发酵液的总固体浓度（TS）是指发酵液中干物质的百分比含量。该指标的大小与反应器容积无关，而是取决于发酵料液本身的含固量。在一定范围内，随着 TS 的增加产气量增大。然而，发酵系统中 VFA 的浓度与 TS 成正比。为了避免发酵过程中 VFA 大量积累导致 pH 值急剧下降，根据不同的发酵原料，一般将 TS 控制在 6% ～ 10%，且在夏季和初秋温度较高的季节，可以保持较高的发酵浓度。研究表明，用猪粪或者奶牛粪便进行试验，可取发酵料液的 TS 为 6% ～ 8%。

（9）添加剂

常用的厌氧发酵添加剂主要是微量金属元素和吸附剂。微量金属元素作为电子导体参与厌氧消化过程中细胞的胞外电子转移，提高生物的代谢效率。吸附剂依靠其多孔、比表面积大的结构，可以吸附发酵液中微生物的有害抑制物（如 NH_3、硫化物等），同时给微生物提供附着载体或者促进电子传递，也能提高产气效率。铁、锰、镍、钴是常用的金属添加剂，而沸石、活性炭、生物炭、粉煤灰等是常用的吸附剂。对于微量金属添加剂，以应用较多的 Fe 元素为例，往稻秆和猪粪的混合发酵物中添加 3% 的 $Fe_2(SO_4)_3$，则总产气量和产甲烷量可分别提高 32.01% 和 51.48%。添加 5% 的 $FePO_4$ 可以有效促进鸭粪和向日葵秸秆混合发酵的产气量、产气效率及产气稳定性，总产气量高达无添加剂时的 9 倍。

对于吸附剂，生物炭、粉煤灰、磁性粉煤灰能将猪粪产气总量和产甲烷量分别提高 5% ～ 12% 和 4% ～ 10%。一些经过热处理的碳具有更强的促进作用。例如，以 190℃ 水热法制备的沼渣水热碳，可以将中温厌氧消化系统中猪粪的产气总量和产甲烷量分别提高 29.81% 和 26.22%，而麦秆热解生物炭可以将二者分别提高至 96.1% 和 101.8%。此外，还有一种复合添加剂，即微量金属元素与传统吸附剂的复合物，例如铁氧化物／沸石。在铁元素促进电子转移的同时，沸石能够吸附 NH_3，缓和 NH_3 对产甲烷菌的抑制作用，且能为厌氧消化系统提供多种微量元素。研究表明，往牛粪中加入铁氧化物／沸石复合物可以显著提高粪便的生化降解效率，其中累积产气量可以提高 96.8%，VS 和 COD 的去除率分别提高 37.5% 和 44.6%。

4.2.3　沼气发酵及附属设备

4.2.3.1　预处理设备

一般预处理系统包括粗格栅、细格栅或水力筛、沉砂池、调节（酸化）池等。

1）格栅、筛网

粗格栅、细格栅和筛网的目的是去除粗大固体物和漂浮物，防止管道、阀门等堵塞。

2）沉砂池

当原料中含有砂砾等不可生物降解的固体时，必须考虑并设计性能良好的沉砂池，因为不可生物降解的固体在厌氧消化器内的积累会占据大量的池容，反应器池容的不断减少将使厌氧消化系统的效率不断降低，直至完全失效。

3）调节池

由于厌氧反应对水质、水量和冲击负荷较为敏感，所以对工业有机废水处理的设计，应考虑适当尺寸的调节池以调节水质、水量，为厌氧反应稳定运行提供保障。调节池的主要作用是均质和均量，还可考虑兼有沉淀、中和、加药和预酸化等功能。如果在调节池中考虑沉淀作用时，其容积设计应扣除沉淀区的体积；根据颗粒化和 pH 值调节的要求，当废水碱度和营养盐不够而需要补充碱度和营养盐（N、P）等时可采用计量泵自动投加酸、碱和药剂，并通过调节池中的水力或机械搅拌充分混合以达到中和的目的。

4）水解酸化池

酸化池或两相系统的主要作用是去除和改变对厌氧过程有抑制作用的物质并改善生物反应条件和提高可生化性，这也是厌氧预处理的主要手段之一。在发酵原料仅为溶解性废水时一般不需考虑酸化作用。对于复杂废水，可在调节池中取得一定程度的酸化，但是完全的酸化是没有必要的，甚至是有害处的，这是因为达到完全酸化后污水 pH 值会下降，需采用投药措施调整 pH 值。

4.2.3.2 厌氧消化反应器

（1）反应器类型

厌氧消化反应器的发展迄今已有百余年历史，按发展阶段大致可分为三代。

1）第一代反应器

包括常规消化反应器。早期的反应器厌氧微生物浓度低，处理效果差，污泥龄（SRT）与水力停留时间（HRT）相同。后续在连续搅拌式厌氧消化池的基础上出现了厌氧接触反应器，提高了系统处理效果，缺点是受环境影响较大，反应器运行成本较高。

2）第二代反应器

包括厌氧滤池（AF）、厌氧流化床（AFB）、上流式厌氧污泥床（UASB）等。第二代反应器的最大特点是 SRT 与 HRT 不同，缩短 HRT 使处理周期变短，能够保持较高处理效率。但不足的是缺少搅拌装置，容易堵塞，微生物与基质有效接触问题无法解决。在已开发的高效厌氧反应器中，UASB 自 1974 年开发以来，是一种研究最深入、应用最广泛的厌氧反应器，近年来已从废水处理产甲烷领域扩展到生物制氢、制小分子酸等领域。

3）第三代反应器

包括厌氧内循环反应器（IC）、厌氧颗粒污泥膨胀床（EGSB）、厌氧序列式反应器（ASBR）、厌氧折板式反应器（ABR）、厌氧上流污泥床过滤器（UBF）、厌氧膜生物系统（AMBS）等。其主要特点是在较高的升流速度和搅拌作用下，微生物和基质可以充分接触，HRT 进一步缩短，继而大幅度提升反应器的有机负荷和处理效率。

上述厌氧反应器多用于悬浮物浓度较低的有机废水处理。由于畜禽养殖废弃物的悬浮物浓度较高，多采用连续搅拌釜式反应器（continuous stirred tank reactor，CSTR）进行处理，其结构见图 4-6。

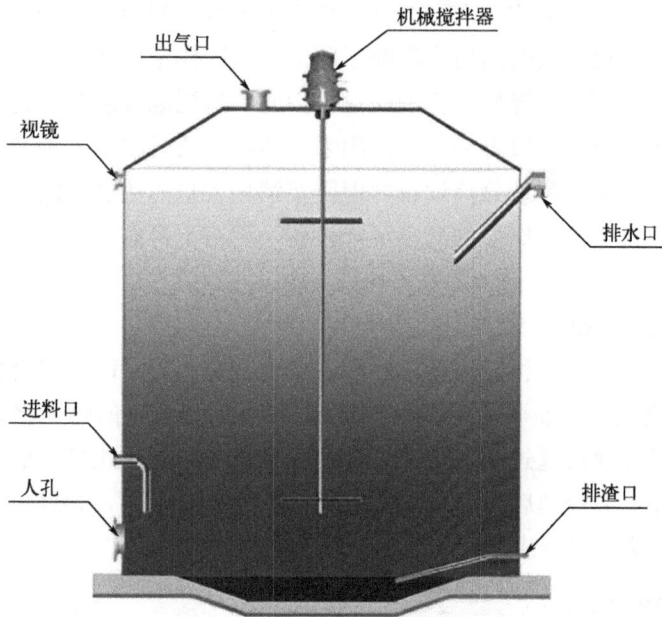

图 4-6　CSTR 厌氧反应器结构

目前，CSTR 厌氧反应器在欧洲和中国的沼气工程中应用广泛，技术成熟，操作和运行维护简单，耐冲击负荷高，且已高度国产化。该型反应器是目前应用最多、适应性最广的反应器，广泛适用于猪、牛、鸡粪污的厌氧消化处理，其适宜进料含固率（TS）在 6% ~ 12% 之间，适合处理高悬浮固体的养殖废水，不适合处理有机物浓度过低的原料。但因其属于全混合式反应器，从原理上无法分离污泥停留时间（SRT）与水力停留时间（HRT），处理周期相对较长。为了解决大型沼气工程采用 CSTR 反应器时会延长停留时间的问题，一般采用多级罐进行发酵，以确保消化效果，避免未发酵完全的物料排出。

（2）搅拌装置

在生物反应器中，生物化学反应是依靠微生物的代谢活动进行的，这就要求微生物不断接触新的食料。在分批投料发酵时，搅拌是使微生物与食物接触的有效手段；而在连续投料系统中，特别是对于高浓度且产气量大的原料，在运行过程中由于进料和产气时气泡形成和上升所造成的搅拌，构成了食料与微生物接触的主要动力。适当搅拌可促进反应，频繁搅拌则容易产生沉淀和料液分层等问题，反而对反应不利。CSTR 反应器的搅拌方式有机械搅拌、消化液循环搅拌、沼气循环搅拌法和混合搅拌法。

（3）沼气输配气系统

在沼气用于集中供气时需设计输配气系统。沼气输配气系统由导气管、输气管、管道连接件、开关、压力表、脱硫器和贮气柜等组成，可以将产生的沼气安全、通畅、经济地输送至沼气管网、发电设备或沼气灶具等，并保证压力稳定。

4.2.3.3　固液分离装置

目前固液分离机的主要类型有离心式和挤压螺旋式两种。

（1）离心分离机

离心分离的原理实际上就是重力沉降。悬浮于废水中的固体粒子，因为比水的密度大，在重力作用下经过一段时间后会沉降于底部。当固体密度差增大时，这些颗粒沉降更快。在加速度作用下，沉降效果更加明显。因此，当把混合悬浮液旋转时，即使仅有些微密度差异的颗粒也会比较容易被分离出来。离心分离机就是一种通过提高加速度来达到良好固液分离效果的固液分离设备，但需要消耗大量的电能，因而运行成本大大增加。卧式离心分离机是一种典型的离心沉降设备，可用于畜禽场粪水的固液分离，当猪粪水中的含固率为 8% 时 TS 的去除率可达到 61%。

（2）挤压螺旋分离机

挤压式螺旋分离机是一种较为新型的固液分离设备，粪水固液混合物从进料口被泵入挤压式螺旋分离机内，安装在筛网中的挤压式螺旋以 30r/min 的转速将要脱水的原粪水向前携进，其中的干物质通过与在机口形成的固态物质圆柱体相挤压而被分离出来，液体则通过筛网筛出。经处理后的固态物含水量可降到 65% 以下，再经发酵处理，掺入不同比例的氮、磷、钾，可制成高效广谱的有机无机复混肥料。

4.2.3.4　沼气净化系统

沼气中一般含有 60% 左右的 CH_4，其余为 CO_2 及少量 H_2S 等气体。在作为能源使用前必须经过净化，使沼气的质量达到标准要求。沼气的净化一般包括脱水、脱硫及去除二氧化碳。

（1）水封罐

水封罐的作用是防止回火现象的发生，假设发生回火，火焰通过可燃气出口进入水封罐后因为入口管道在水面以下，因此杜绝了火焰的继续传播。生产过程中产生的可燃气体（沼气）通过水封罐进口管道进入罐体的底部，含硫化氢的可燃气体从水封罐底部上升到水封罐的液面上部空间，当上部空间形成一定的气体压力后，由水封罐上部出口管道排出燃烧。当发生回火时水域自然形成隔绝气体的屏障，能有效地保护生产设备。

（2）气水分离器

气水分离器（脱水器）是一种二级分离结构，能有效地除去沼气夹带的水分，除水率高达 99.5%。气水分离器能够有效地清除介质中的液态水、油雾、尘埃以及有机混合物，极大地减轻后部净化设备的负荷，具有效率高、体积小、安装使用方便、内部的不锈钢丝网可反复清洗、使用寿命长等特点。

（3）脱硫塔

沼气从厌氧发酵装置产出时，特别是在中温或高温发酵时，携带有大量的 H_2S，其体积一般占 0.005% ~ 0.01%。H_2S 燃烧后生成的 SO_2 与燃烧产物中的水蒸气结合成亚硫酸，会使设备的金属表面产生腐蚀，并且还会造成对大气环境的污染，影响人体健康。因此，在沼气利用前需要对沼气进行脱硫处理。脱硫工艺分为干法脱硫和湿法脱硫，这两种方法都有较多的应用案例。

4.2.3.5　沼气贮气柜

贮气柜应设置安全阀，进气管、出气管上应安装阻火器，阻火器的功能是允许易燃易爆气体通过，对火焰有阻止窒息作用。阻火器要求结构合理，耐腐蚀性强，耐烧、阻爆等各项技术性能具有突出的优势。沼气贮气柜分为低压贮气柜和高压贮气柜。因为我国目前建造和使用低压贮气柜的技术成熟，运行可靠，管理方便，并具有输送沼气所需的压力，而高压贮气柜对材质、密封要求较高，成本较大，所以在现有工程中通常采用低压贮气柜。低压贮气可采用湿式贮气柜或干式贮气柜贮气。低压湿式贮气柜由水槽、贮气钟罩、塔节以及升降导向装置组成，其贮气钟罩可采用直立升降式或螺旋升降式。干式贮气柜贮气一般采用双膜气柜。

4.2.3.6　沼气处置设备

（1）沼气燃烧装置

由于甲烷气体是造成大气温室效应的主要原因，为防止甲烷气体进入大气使大气圈气温升高，应对厌氧处理系统所产生的沼气进行燃烧处理。对于沼气产量小且产气量不稳定的厌氧处理系统，沼气利用有一定困难，可将沼气直接进行燃烧。

沼气燃烧装置可直接燃烧有害气体，并可达到余热回用、节省能源的目的。沼气燃烧装置的特点是：a.除臭效果显著、净化率高；b.操作简便、维护方便；c.运行成本低，可以余热回收利用。

（2）沼气火炬

沼气火炬作为沼气柜不可缺少的配套设备有着特殊的重要地位。特别是在目前全球范围内要控制温室气体排放的情况下，不容许沼气直接排空。当沼气产量过大或用户发生事故时，沼气柜将上升，并达到警戒高度，这时火炬将自动点燃；当沼气柜降至一定高度时火炬又会自动熄灭。

4.2.3.7　监控设备

为提高厌氧反应器的运行可靠性，必须设置各种类型的计量设备和仪表，如控制进水量、投药量等的计量设备和 pH 计（酸度计）、温度测量等自动化仪表。自动计量设备和水仪表是自动控制的基础。对 CSTR 反应器实行监控的目的主要有 2 个：

① 了解进出水的情况，以便观测出水是否满足工艺设计情况；

② 控制各工艺的运行，判断其运行是否正常。

由于 CSTR 反应器的特殊性，因此还要增加一些检测项目，如 VFA 浓度、碱度和甲烷浓度等。

4.2.4　沼渣沼液制肥

根据农业农村部办公厅、生态环境部办公厅发布的《关于印发〈畜禽养殖场（户）粪污处理设施建设技术指南〉的通知》（农办牧〔2022〕19 号）中的有关规定：

① 沼气工程产生的沼液还田利用的，宜通过敞口或密闭贮存设施进行后续处理，贮存容积不小于沼液日产生量（m³/d）× 贮存周期（d），贮存周期不得低于当地农作物生产用肥最大间隔期。推荐贮存周期最少在 60d 以上，确保充分发酵腐熟，处理后蛔虫卵、

粪大肠杆菌、镉、汞、砷、铅、铬、铊和缩二脲等物质应达到《肥料中有毒有害物质的限量要求》（GB 38400—2019）。

② 沼气工程产生的沼渣还田利用或基质化利用的，宜通过堆肥方式进行后续处理。堆肥设施发酵容积不小于（沼渣日产生量＋辅料添加量）（m^3/d）× 发酵周期（d），确保充分发酵腐熟，处理后蛔虫卵、粪大肠杆菌、镉、汞、砷、铅、铬、铊和缩二脲等物质应达到《肥料中有毒有害物质的限量要求》（GB 38400—2019）。沼渣沼液作为沼肥利用必须符合相关规定。

4.2.4.1 沼渣制固体有机肥

（1）工艺类型及原理

沼渣中有机质含量 30% ～ 50%、腐植酸含量 10% ～ 20%、全氮含量 0.8% ～ 2.0%、全磷含量 0.4% ～ 1.2%，还含有 0.6% ～ 2.0% 的全钾和多种微量元素。沼渣中有一部分有机质已被转化为腐植酸类物质，有利于土壤微生物的活动和土壤团粒结构的形成，纤维素、木质素还可以起到松土的作用。所以沼渣是一种具有机改良土壤作用的优质肥料。

有机物质在厌氧发酵过程中，除了 C、H、O 等元素逐步分解转化，最后生成 CH_4、CO_2 等气体外，其余各种养分元素基本都保留在发酵后的剩余物中，其中一部分水溶性物质保留在沼液中，另一部分不溶解或难分解的有机、无机固形物则保留在沼渣中，在沼渣的表面还吸附了大量的可溶性有效养分，故沼渣含有较全面的养分元素和丰富的有机物质，具有肥效速、缓兼备的特点。

沼渣制作有机肥料需要先经过好氧发酵，使其中难分解的有机残余物，如木质素、少量的纤维素及半纤维素等利用微生物进行分解，木质素、蛋白质、多糖类物质经微生物的分解转化成腐植酸类物质，提高成品有机肥的有效营养成分。

（2）沼渣肥生产工艺及主要设备

目前大部分企业沼渣制备有机肥主要运用的是堆肥发酵技术，其生产工艺流程见图 4-7。首先根据需要加工的有机肥标准要求，测定加工原料的营养等状况；再根据需求在原料中加入相应比例的菌种、营养物质。混合后的物料经过皮带机进入堆肥单元，制成有机肥产品。但经堆肥处理后的粪肥虽然达到了作为有机肥资源化利用的基本条件，但还没有达到进入市场商品化销售的程度，因此有必要将堆肥物料进行进一步加工，使其成为

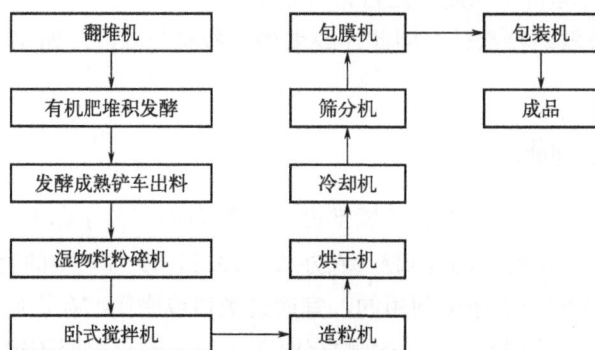

图 4-7 沼渣生产固体有机肥工艺流程

具有商品性质的粉状或颗粒状的有机肥和有机无机复混肥等产品。堆肥后形成的物料可经过破碎筛分，再进入造粒、烘干、冷却单元，称重包装，最终完成成品的生产。

沼渣生产固体有机肥工艺及主要设备简介如下。

1）堆肥发酵系统

好氧堆肥系统可采用以下几种方式。

① 条垛堆肥：主要通过人工或机械的定期翻堆，配合自然通风来维持堆体中的有氧状态。条垛翻堆机具有破碎、搅拌、翻抛和堆垛的功能。

② 静态堆肥：在堆肥过程中使用管道及鼓风机向堆体供气，不进行物料的翻堆。

③ 槽式堆肥：将可控通风与定期翻堆相结合，堆肥过程发生在长而窄的被称作"槽"的通道内，轨道由墙体支撑，在轨道上有一台翻堆机，原料被布料斗放置在槽的首端或末端，随着翻堆机在轨道上移动、搅拌。

④ 反应器堆肥：在一个或几个容器中进行，通气和水分条件得到了更好的控制。反应器自带通气和搅拌功能。

2）配料粉碎混合系统

将堆肥后的物料和氮磷钾无机肥料及其他添加物等各种原料按一定比例进行粉碎、配比和混合，形成速效缓效相结合的功能性肥料。

3）制粒成型系统

将粉碎配料混合完备后的物料制成颗粒。制粒可采用平模制粒机或圆盘造粒机，其优点是原料适应性广，尤其适合有机物料，造粒稳定，颗粒成型率高。

4）筛分及回料系统

从制粒成型系统输出的颗粒粒径有一定差异，需要筛分分级。选用的回转式筛分机要求振动小、噪声低、换筛方便且有筛面清理装置。

5）颗粒烘干系统

将筛分后的颗粒进一步去除水分，达到有机肥含水率的标准要求。一般采用滚筒式烘干机烘干，同时改善颗粒成型。

6）颗粒冷却系统

实现烘干后颗粒物料的冷却，有助于颗粒贮存保质。具有气动系统控制的摆动式翻板卸料机构卸料速度可调，卸料均匀、流畅。

7）成品打包系统

冷却后的颗粒物料经过斗式提升机输送进入成品仓内。颗粒物料通过自动打包秤实现定量称量和包装。

8）控制系统

采用中央控制室集中显示、集中控制和现场控制相结合的方式。

（3）好氧堆肥发酵设计要点

1）水分

微生物与养分需随水移动，缺水条件下微生物不能旺盛繁殖。水分还能调节肥堆内的空气和温度。堆肥含水量应是堆腐材料最大持水量的 60% ～ 75%，即用手紧握材料有水滴挤出。调节水分的方法：堆制前将材料浸泡或干、湿材料搭配。堆制过程中经常检查，如发现堆内出现"白毛"（好热性放线菌的气生菌丝和孢子）是缺水的表现，应向堆内加水。

2）通气条件

通气不良，好气性微生物会受到抑制，材料腐熟缓慢；通气性过好则导致堆内的水分散失或有机物质强烈分解，腐殖质积累少。调整原则：前期肥堆不可压紧，或采取翻堆捣粪措施，使其处于好气状态；后期原料接近腐熟时应压紧，使堆内处于厌氧分解条件，减少养分损失，促进腐殖质的积累。

3）温度

堆内温度的上升是因微生物活动，有机物质分解过程中产生的大量热能引起的。各类微生物对温度的要求有所不同，中温性纤维素分解细菌要求温度在50℃以下，最适温度为25～37℃。高温纤维素分解菌的适宜温度为50～60℃。调节堆内温度的方法：翻堆、添加水分可降温；加大堆肥体积、覆盖塑料薄膜、增加堆肥材料中的马粪数量等可升高温度。

4）碳氮比（C/N值）

碳氮比是指物料中所含碳素和氮素重量的比值。微生物活动和繁殖所要求的适宜C/N值一般为25。因为微生物每合成1份有机物质需要利用5份碳素和1份氮素，同时还需要利用20份碳素作为能量来源。当堆肥材料的C/N值＞25时，微生物不能大量繁殖，而且从有机物中释放出的氮素全部为微生物自身生长所利用。当堆肥材料的C/N值＜25时，微生物繁殖快，堆肥材料分解也快，而且有多余的氮素释放，施到土壤后供作物利用，也有利于腐殖质的形成。调节碳氮比的方法为：添加人粪尿、豆科绿肥和化学氮肥以降低碳氮比。

5）酸碱度

分解有机物质的微生物大多适应在中性至偏碱性条件，最适宜pH值为7.5。堆肥腐熟过程中，往往产生各种有机酸，使环境变酸。调节pH值的主要方法是加入石灰、草木灰或碱性土壤等来提高pH值。

（4）沼渣肥生产执行标准

1）生产标准

执行《沼气工程沼液沼渣后处理技术规范》（NY/T 2374）的相关规定。

2）肥效评估

执行《沼肥肥效评估方法》（GB/T 41193）的相关规定。

3）质量标准

① 作为沼肥施用，执行《沼肥》（NY/T 2596）的相关规定；

② 作为有机肥施用，执行《有机肥料》（NY/T 525）的相关规定。

（5）沼渣肥的特点及应用

沼渣作固体有机肥是一种经济适用的、能够将沼渣合理利用的生产技术，节能环保。沼渣作固体有机肥对土壤微生物区系的改善起着重要作用，能有效减少作物病虫害的发生，起到良好的生物防控作用。沼渣作为固体有机肥可以减少化肥施用，改善环境，有利于实现农业可持续发展战略。沼渣含有较为全面的养分和丰富的有机质，能在作物生长过程中持续为作物提供养分供作物生长，提高作物产量，增加农民收入。其中还有一部分养分和有机质已被转化为腐植酸类物质，有利于土壤微生物的活动和土壤团粒结构的形成，其中纤维素、木质素可以松土，沼渣有机肥还可以协调土壤中水、肥、气、热的矛盾，改善土壤理化性状。所以沼渣具有良好的改土作用，是一种缓速兼备又具改良土壤作用的优质肥料。

目前沼渣可通过以下工艺模式用于肥料施肥。

1）配置营养土

营养土和营养钵主要用于蔬菜、花卉和特种作物的育苗。营养土或营养钵的制作应采用腐熟度好、质地细腻的沼渣，其用量占混合物总量的 20% ~ 30%。再掺入 50% ~ 60% 的泥土，5% ~ 10% 的锯末，0.1% ~ 0.2% 的氮、磷、钾化肥及微量元素，农药等，将以上各种原料拌匀即可制成营养土。

2）沤制沼气腐植酸类肥料

把沼气池中取出的沼渣与有机垃圾或泥土一起堆沤制作。在一层垃圾（或泥土）上面加一层 20 ~ 30cm 厚的沼渣，堆成一个大圆台形的肥料堆，然后在表面盖些泥土并拍实，堆肥 15 ~ 20d 即形成沼气腐肥。该肥适于作基肥，施用量为 1000kg/ 亩。

3）堆沤沼腐磷肥

沼渣与过磷酸钙堆沤后，能提高磷素活性，明显提高肥效。在堆肥底部先放一层厚度为 20 ~ 30cm 的沼渣与磷矿粉混合物，再放一层有机肥（厚度为 30 ~ 40cm），然后放沼渣、有机肥，由此形成一个肥料堆，把泥土敷在肥料堆表面并打紧压实，1 个月后即可形成沼腐磷肥。施用量为 500 ~ 1000kg/ 亩，可使粮食增产 13% 以上，或使蔬菜增收 15% 以上。

4）沼渣与碳酸氢铵堆沤

当沼渣的含水量下降到 60% 左右时，按每 100kg 沼渣加碳酸氢铵 4 ~ 5kg 的比例，搅拌均匀，然后成堆。收堆后用稀泥封糊，再用塑料薄膜盖严，充分堆肥 5 ~ 7d 即可。此法制成的肥料既可作底肥，又可用于苗期的追肥。苗期追肥时，施用量为 250 ~ 500kg/ 亩。

4.2.4.2　沼液浓缩制液体肥

（1）工艺类型及原理

目前针对沼液浓缩技术的研究主要为膜过滤、蒸发、冷冻和萃取浓缩技术等。

1）沼液膜浓缩技术

膜技术浓缩沼液是通过水分子等穿过膜进入另一侧，而营养物质被截留，从而使浓度提高。膜技术作为一种物理分离技术，分离过程中不发生化学变化，还具有分离效率高、不产生二次污染、操作简便安全等优点，不仅能产生可回用的清水，还能大幅减少浓缩液体积，便于储运。膜技术主要包括微滤、超滤、纳滤、反渗透等及其组合技术，该技术在沼液的浓缩处理中得到了一定的应用，不同膜技术的养分回收及其出水品质有所不同。

2）沼液蒸发浓缩技术

蒸发浓缩技术根据操作压力可以分为常压蒸发和负压蒸发，该技术在制糖、制药、食品、石化、废水处理等领域具有稳定的工程应用。近年来，在沼液浓缩处理领域的研究主要围绕负压蒸发技术。另外，多效蒸发技术因其节省蒸汽、可操作性强的特点也逐渐被关注。

3）沼液冷冻浓缩技术

冷冻浓缩是指利用冷冻分离的固液相平衡原理，在一定的冷冻条件下形成上层冰晶、下层浓缩液的两相溶液。浓缩过程通常在一个很低的温度下进行，以保证溶液中热敏性物质能够很好地保存。但是，由于沼液成分较复杂，冷冻浓缩受沼液浓度的限制较大，冰晶与浓缩液的可能分离程度也会影响浓缩的效果，且存在不可避免的溶质损失，因此大规模的工程化应用受限。

（2）工艺特点

沼液中含有较丰富的养分及生物活性物质，相比较高成本的市政污水处理技术，如果能对其中的主要营养元素进行合理的高附加值开发，则可有效弥补沼液处理中的成本投入。现有的沼液资源化技术主要有气体吹脱法、化学沉淀法、生物电化学法、吸附法、微藻养殖、膜分离技术等。其中，针对沼液体量大、运输成本高的问题，沼液浓缩技术可以大幅降低沼液的体积，从而在一定程度上降低沼液运输成本。

沼液经浓缩后可将体积减小 1/2 以上，这不仅减少了贮存与运输空间和成本，还能大幅提高单位体积沼液的养分含量，从而增强了沼液制肥的潜力，并可进一步复配成高品质有机肥。沼液浓缩肥在保持和提高土壤肥力效果上远远超过化肥，由于沼液浓缩肥的肥效和性质，可生产有机食品、优质农产品和无公害绿色食品，提高了农产品附加值，增加了农民收入。另外，经沼液浓缩分离后的水，可直接进行场区回用或者达标排放，从而实现沼液的水肥分质利用，有利于扩展沼液肥料化利用的广度和维度。

沼液作为液体肥料在施用前应贮存 5d 以上时间，沼液贮存池应能满足所种农作物均衡施肥的要求。沼液贮存池的容积应根据沼液的数量、贮存时间、利用方式、利用周期、非用肥或非灌溉季节沼液的贮存量、当地降雨量与蒸发量确定，沼液贮存池的容积应不小于最大利用间隔期内厌氧消化装置沼液的排出量。沼液贮存池应设浮渣及污泥排除设施，宜考虑自流进入与排出，方便利用，节约能耗。

沼液综合利用应先进行实验，并且经过安全性评价认为可靠后方能使用，沼液应适当稀释后再施用，可用于浸种、根际追肥或叶面喷施肥。

沼液有机肥生产工艺流程见图 4-8。

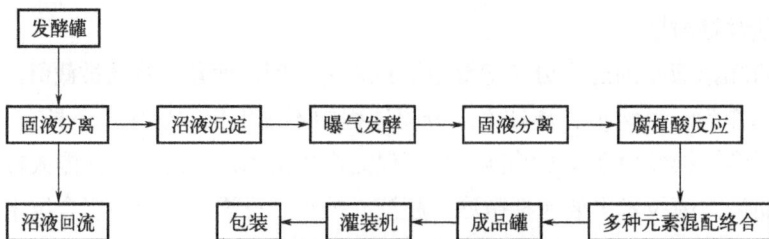

```
┌─────────┐
│  发酵罐  │
└────┬────┘
     │
┌─────────┐   ┌─────────┐   ┌─────────┐   ┌─────────┐   ┌─────────┐
│ 固液分离 │──▶│ 沼液沉淀 │──▶│ 曝气发酵 │──▶│ 固液分离 │──▶│ 腐植酸反应 │
└────┬────┘   └─────────┘   └─────────┘   └─────────┘   └────┬────┘
     │                                                          │
┌─────────┐   ┌─────┐   ┌─────────┐   ┌─────────┐   ┌───────────────┐
│ 沼液回流 │   │ 包装 │◀─│ 灌装机  │◀─│ 成品罐  │◀─│ 多种元素混配络合 │
└─────────┘   └─────┘   └─────────┘   └─────────┘   └───────────────┘
```

图 4-8　沼液有机肥工艺流程

1）固液分离

沼液首先经过商品有机肥系统设备中配套的固液分离机进行二级固液分离，去除沼液中的悬浮物（因一级固液分离机筛网孔径一般在 0.75mm，而猪和鸡饲料中多为精料，沼液中固体悬浮物（SS）浓度较高，悬浮物孔径较小，所以在后续有机肥生产线配套的固液分离机筛孔孔径一般在 0.25mm 以下），进入后续生产环节用于生产液体有机复合肥料。

2）预发酵

将固液分离后的沼液泵送至预发酵池中，进行预发酵，并贮存一定量的备用沼液，按照生产效率要求进行调节。

3）沉降过滤

根据产品类别以及施用方法的要求，使用沉降过滤塔进一步地去除沼液中的颗粒物，过滤掉沼液中 ≥ 0.25mm 的颗粒。

4）复发酵

根据产品对黄腐酸、氨基酸以及多元有机酸富集的要求，在复发酵罐中控制温度以及搅拌速率，严格控制辅料配比以达到富集黄腐酸、氨基酸以及多元有机酸的目的。

5）絮凝

复发酵罐体流出的沼液，泵送至絮凝罐中，适当地加入絮凝剂、消泡剂等，进行搅拌，并将挟气絮凝物刮出。目的是进一步去除液体中的细小悬浮微粒和泡沫，以利于产品络合、复配。

6）超细过滤

当生产叶面肥的时候，需要进一步地去除液体中的微小颗粒，使其粒径 ≤ 0.1mm 达到水溶状态，确保施用时不会堵塞喷头。

7）络合

依据产品的要求，添加一些微量元素，例如铁、锌、铜、锰、钼、硒、硼等，使其与腐植酸、氨基酸、有机酸等进行络合。

8）复合配位

根据不同肥料种类、作物营养不同需求，通过添加大量元素螯合复配。

9）灌装

将复配后的肥料泵送至成品罐中，控制产品质量，防止温升、霉变或结晶，并适度搅拌，然后灌装做成商品。

沼液及沼液肥施用的相关方法后续章节有详细介绍，本节不再赘述。

（3）沼液肥执行标准

1）生产标准

执行《沼气工程沼液沼渣后处理技术规范》（NY/T 2374）的相关规定。

2）肥效评估

执行《沼肥肥效评估方法》（GB/T 41193）的相关规定。

3）质量标准

① 作为沼液直接农用，执行《农用沼液》（GB/T 40750）的相关规定；

② 作为沼肥施用，执行《沼肥》（NY/T 2596）的相关规定；

③ 作为大量元素水溶性肥料施用，应按照《大量元素水溶肥料》（NY/T 1107）的规

定进行调制；

④ 作为微量元素水溶性肥料施用，应按照《微量元素水溶肥料》（NY 1428）的规定进行调制；

⑤ 作为含腐植酸水溶肥料施用，应按照《含腐植酸水溶肥料》（NY 1106）的规定进行调制；

⑥ 作为含氨基酸水溶肥料施用，应按照《含氨基酸水溶肥料》（NY 1429）的规定进行调制。

4.2.4.3 沼渣沼液制肥的相关标准

目前沼渣沼液制肥的相关国家标准和行业标准见表 4-2，相关地方标准见表 4-3。

表 4-2 沼渣沼液制肥的国家标准和行业标准

序号	标准号	标准名称	发布日期	实施日期	标准状态
1	GB/T 40750—2021	《农用沼液》	2021-10-11	2022-05-01	现行
2	NY/T 525—2021	《有机肥料》	2021-05-07	2022-06-01	现行
3	NY 884—2012	《生物有机肥》	2012-06-06	2012-09-01	现行
4	GB/T 41193—2021	《沼肥肥效评估方法》	2021-12-31	2022-07-01	现行
5	NY/T 2374—2013	《沼气工程沼渣沼液后处理技术规范》	2013-05-20	2013-08-01	现行
6	NY/T 2139—2012	《沼肥加工设备》	2012-02-21	2012-05-01	现行
7	NY/T 2596—2022	《沼肥》	2022-07-11	2022-10-01	现行
8	NB/T 10071—2018	《生物液体燃料副产品沼渣沼液就地消纳技术规范》	2018-10-29	2019-03-01	现行

表 4-3 沼渣沼液制肥的相关地方标准

序号	标准号	标准名称	省（区、市）	批准日期	实施日期	状态
1	DB1501/T 0040—2023	《沼渣加工牛卧床垫料技术规程》	内蒙古自治区呼和浩特市	2023-07-25	2023-08-25	现行
2	DB23/T 3243—2022	《沼渣沼液处理技术规范》	黑龙江省	2022-07-07	2022-08-06	现行
3	DB14/T 2355—2021	《大中型沼气工程沼渣堆肥发酵工艺规程》	山西省	2021-11-22	2022-01-22	现行
4	DB13/T 5428—2021	《沼渣资源化利用技术规范》	河北省	2021-07-28	2021-08-28	现行
5	DB21/T 3316—2020	《农用沼渣沼液无害化处理技术规程》	辽宁省	2020-10-30	2020-11-30	现行
6	DB14/T 2027—2020	《畜禽粪污沼渣基质制备技术规程》	山西省	2020-04-02	2020-06-10	现行

根据《沼肥施用技术规范》（NY/T 2065—2011）的有关规定所述如下。

（1）沼肥的理化性状要求

① 沼肥的颜色为棕褐色或黑色；

② 沼肥 pH 值为 6.8～8.0；

③ 沼渣水分含量 60%～80%；

④ 沼渣干基样的总养分含量应＞3.0%，有机质含量＞30%；

⑤ 沼液水分含量 96%～99%；

⑥ 沼液鲜基样的总养分含量应≥0.2%。

（2）沼肥主要污染物允许含量

① 沼肥重金属允许范围见 NY/T 2065—2011 附录 A，具体规定见表 4-4。

表 4-4　有机肥料污染物质允许含量

编号	项目	允许含量 /（mg/kg）
1	总镉（以 Cd 计）	＜3
2	总汞（以 Hg 计）	＜5
3	总铅（以 Pb 计）	＜100
4	总铬（以 Cr 计）	＜300
5	总砷（以 As 计）	＜70

② 沼肥的卫生指标应符合 NY/T 2065—2011 附录 B，具体规定见表 4-5。

表 4-5　沼气发酵卫生标准

编号	项目	卫生标准及要求
1	密封贮存期	30d 以上
2	高温沼气发酵温度	53℃ ±2℃持续 2d
3	寄生虫卵沉降率	95% 以上
4	血吸虫卵和钩虫卵	在使用粪液中不得检出活的血吸虫卵和钩虫卵
5	粪大肠菌值	常温沼气发酵 10^{-4}，高温沼气发酵 10^{-1}～10^{-2}
6	蚊子、苍蝇	有效地控制蚊蝇孳生，粪液中无子孓，池的周围无活的蛆、蛹或新羽化的成蝇
7	沼气池粪渣	经无害化处理后方可用作农肥

4.3　畜禽养殖液体粪污氧化塘处理技术

4.3.1　技术原理及特点

（1）技术原理

氧化塘又称稳定塘或生物塘，是一种依靠微生物生化作用来降解水中污染物的天然池塘或经过一定人工修整的有机废水处理池塘。氧化塘处理是自然处理方法中的一种，一个氧化塘就是一个小型污水处理厂。其处理污水的过程实质上是一个水体自净的过程。在净化过程中，既有物理因素（如沉淀、凝聚）又有化学因素（如氧化和还原）及生物因素。污水进入塘内，首先受到塘水的稀释，污染物扩散到塘水中从而降低了污水中污染物的浓度，污染物中的部分悬浮物逐渐沉淀至塘底成为污泥，这也使污水污染物质浓度降低。随后，污水中的有机物质在塘内大量繁殖的菌类、藻类、水生动物、水生植物的作用下逐渐分解，大分子物质转化为小分子物质，其中一部分被氧化分解并释放相应能量，另一部分被微生物利用转为菌体细胞。

（2）特点

在条件适宜的地点，如旧河道、河滩、沼泽、山谷及无农业利用价值的荒地等地建设氧化塘，不占耕地。其优势如下：

① 基建投资少。

② 运行管理简单、耗能少，运行管理费用约为传统人工处理厂的 1/5 ～ 1/3。

③ 可综合利用，如养殖水生动物，形成多级食物网的复合生态系统。在一定条件下，氧化塘污水可回用进行畜舍冲洗或灌溉。对废水资源进行利用，实现污水资源化，如使用得当会产生明显的经济效益、环境效益和社会效益。

因此，在附近有废弃的沟塘、滩涂可供利用且能满足净化要求的前提下应尽量考虑采用此类方法。

氧化塘处理工艺也存在着一些不足，除占地面积大、净化效率相对较低以外，氧化塘结构设计不合理或管理不当可能造成空气污染，剩余污泥堆积污染地下水和地表水；肥水肥力容易损失。此外，氧化塘一般与农田灌溉设备同时使用，需要掌握一定的使用技巧。

氧化塘的适用条件有以下几个方面。

① 土地：氧化塘占地较多，需有可供使用的土地建设氧化塘，最好在无农业利用价值的荒地建设，节省土地，降低成本。

② 气候：当地的气候要适于氧化塘的运行，较高的环境温度才适于塘中生物的生长和代谢，利于污染物质的去除，提高净化速率。

③ 日照、风力等气象条件：兼性塘和好氧塘均需要光照以供给藻类进行光合作用。适当的风速和风向有利于塘水的混合。

4.3.2　工艺类型

按照生物反应类型的不同，氧化塘可分为好氧塘、兼性塘、厌氧塘、水生植物塘和曝气处理塘 5 种类型。下面对各种类型的氧化塘分别进行介绍。

（1）好氧塘

好氧塘全塘均为好氧区。为使阳光能达到塘底，好氧塘较浅，一般在 0.5m 左右，阳光能够直透塘底，塘内藻类生长繁茂、光合作用旺盛，塘水中溶解氧充足、好氧微生物活跃、BOD_5 去除率高（在停留时间 2 ～ 6 d 后可达 80% 以上）。好氧塘可分为普通好氧塘和高负荷好氧塘。高负荷好氧塘的 BOD_5 设计负荷较高，因而污水停留时间短。高负荷好氧塘的缺点是出水藻类含量高，只适用于气候温暖且阳光充足的地区。

好氧氧化塘净化反应中的一个主要特征是好氧微生物与植物性浮游生物 - 藻类共生。藻类利用透过的太阳光进行光合作用，合成新的藻类，并在水中放出游离氧。好氧微生物即利用这部分氧对有机物进行降解，而在这一活动中所产生的 CO_2 又被藻类在光合作用中所利用。一般氧化塘午后溶解氧可以高至过饱和，午夜至凌晨可低至 0.5mg/L 以下。这样在 CO_2 利用和 O_2 释放的过程中，有机污染物得到降解。好氧塘是各类氧化塘的基础，一般各种氧化塘的最终的出水都要经过好氧塘。好氧塘的最大问题是出水中藻类含量高，藻类悬浮固体浓度可高达几十毫克/升至几百毫克/升，如对藻类处理不当会造成二次污染。

（2）兼性塘

兼性塘是最常见的一种污水氧化塘。其特点是塘深较深（1.2～2.5m），因此塘中存在不同的区域。上层为阳光能透射到的区域，藻类得以繁殖，溶解氧含量充足，好氧细菌活跃，为好氧区；底层有污泥积累，溶解氧几乎为零，主要由厌氧菌对不溶性的有机物进行代谢，为厌氧区；中部则为兼性区，实际上是好氧区和厌氧区中间的过渡区，大量兼性菌存在其中，随环境条件的变化以不同的方式对有机物进行分解代谢。

兼性塘中 3 个不同区域不易截然分清，相互之间有密切的联系。厌氧区中生成的 CH_4、CO_2 等气体经过上部两区的水层逸出，有可能被好氧层中的藻类所利用；生成的有机酸、醇等物质会转移至兼性区和好氧区，由好氧菌对其进一步分解。好氧区、兼性区中的细菌和藻类也会因死亡而下沉至厌氧区，由厌氧菌对其分解。

兼性塘可以接受原污水或经预处理的污水，易于运行管理，其有机负荷不如好氧塘高，出水水质也不如好氧塘。但因其深度较深，可缩小占地面积，常作为好氧塘的前级处理塘。

（3）厌氧塘

当用厌氧塘来处理浓度高的有机废水时塘内一般不可能有氧存在。厌氧塘常置于氧化塘系统的前端，以承担较高的 COD 和 BOD 负荷。

厌氧塘处理污水的原理与污水的厌氧生物处理相同。有机物的厌氧降解分为水解、产酸和产甲烷三个步骤。厌氧塘全塘大都处于厌氧状态。在厌氧状态下，进入厌氧塘的可生物降解的颗粒性有机物先被细菌胞外酶水解成可溶性的有机物，溶解性有机物再通过产酸菌转化为乙酸，之后在产甲烷菌的作用下将乙酸转变为甲烷和二氧化碳。厌氧塘还可产生氨气并释放而除氮，并可有效减少畜禽粪便释放的气味。虽然厌氧降解机理是有顺序的，但是在整个系统中这些过程则是同时进行的。厌氧塘除对污水进行厌氧处理以外，还能起到污水初次沉淀、污泥消化和污泥浓缩的作用。

厌氧生物塘一般作为预处理塘，与后续的好氧塘结合，组成厌氧-好氧（兼氧）生物氧化塘系统，适于产污水量小、浓度高的畜禽废水处理。厌氧塘通常设置于氧化塘系统的首端，通过厌氧消化去除部分有机物，减少后续处理单元的有机负荷。由于污水的沉淀主要集中在首端的厌氧塘中，因此给清淤工作带来便利。另外，厌氧塘的污水进水管延伸到厌氧塘的底部，这样有利于污水与塘内厌氧污泥的混合，提高了净化效率。厌氧塘的最大不足是无法回收产生的甲烷、臭味，环境效果较差，有待改进解决。

厌氧塘有单级厌氧塘，也有两个或三个厌氧塘串联在一起的二级或三级厌氧塘。在处理畜禽污水时，二级以上厌氧塘比一级厌氧塘有一定优势。二级以上厌氧塘的第一个单元通常较深，兼顾污水混合、沉砂等作用，也是清淤的重点塘，污水从该塘溢流进入第二个单元，继而进入第三个单元。与单级厌氧塘比较，采用二级或三级厌氧塘有如下优点：a. 避免新旧污水的混合，安全系数高；b. 污水净化效率更高，固体有机物更少，气味低；c. 清淤工作集中在第一单元，操作更方便。因此，目前大多养殖场采用二级或三级厌氧塘净化养殖废水。

影响厌氧塘处理效率的因素有气温、水温、进水水质、浮渣、营养比以及污泥特性等。其中，气温和水温是影响厌氧塘处理效率的主要因素。

（4）水生植物塘

近年来，国内外多方发展水生生物氧化塘，通过在塘内种植具有除污功能的水生植物强化氧化塘的净化功能，同时还有使氧化塘得到利用获取一定经济效益的目的。接纳一级处理水的氧化塘适宜种植水葫芦、水葱以及水浮莲等去污能力较强的水生植物；接纳二级处理水（或已经氧化塘处理相当于二级处理的出水）的氧化塘，可种植具有较大经济价值或观赏价值的水生植物，如芦苇、荷、莲等。

在水生植物塘中，氮和磷等营养物质去除的一个重要途径是靠植物体的吸收同化作用，从植物生理学的角度来看，植物体利用根系吸收溶解性的磷酸盐、硝酸盐和铵盐等营养物质来进行植株生长和组织合成。而污水中有机氮和不溶解性磷则必须通过微生物降解成小分子，其中溶于水的营养物质才能被植物体吸收利用。同时水中还存在反硝化菌进行反硝化作用。因此，水生植物塘除氮具有双重作用：

① 作为生物塘生态主体部分的速生水生植物可直接从水中吸收氨氮和硝酸盐氮，最终随着植物的组织合成、收获而移出水体，从而使氮得到去除；

② 由于大量反硝化菌的存在，加之有丰富的氮源和碳源，故水中可以进行强烈的反硝化反应，使最终一部分氨氮以氮气的形式去除。在水面下植物都具有表面积很大的根（茎）网络，为微生物的附着、栖息、繁殖提供了场所和条件，从而构成了一个起着多种生化作用的微生物生态系统。因此，经过在微生物作用下的硝化 - 反硝化过程，最终形成无害的氮气是水生植物塘的一个重要特点。

水生植物塘具有以下特点：

① 水生植物塘具有较高的去污效能。水生植物塘对磷和有机物一级降解速率比一般菌藻共生塘平均高出两倍以上。

② 建议水生植物塘采用矩形塘，长宽比应足够大，同时由于水生植物覆盖水面具有防风防浪作用，可使其理想流态得以保持。宽度方面应满足水生植物易于放养、打捞，并使塘系统在可控条件下良性运行。

③ 温度对植物塘净化效能的影响是相当显著的。建议冬季暖房内温度应达到 20℃ 左右。而在没有设置暖房的条件下，入冬前应将塘中水生植物打捞干净，以免其沉入塘底腐烂后造成重复污染，影响周边的环境质量。

（5）曝气处理塘

曝气处理塘是利用机械曝气机提供处理所需的氧气，在有氧条件下运行氧化塘。曝气塘一般水深 3 ~ 4m，最深可达 5m。曝气塘有两种：一种是完全混合曝气塘；另一种是部分混合曝气塘。

曝气塘负荷以五日生化需氧量（BOD_5）或化学需氧量（COD）为依据。应结合当地经验数据和推荐使用值进行设计。曝气塘有机负荷和去除率较高、BOD_5 去除率平均在70% 以上、占地面积小，但需消耗能源、运行费用高，且出水悬浮物浓度较高。

氧化塘曝气方式有两类：一类为鼓风曝气；另一类为机械曝气。曝气机主要是根据其对氧的转移能力而设计的，其次是根据曝气机对氧混合和扩散的能力进行设计。鼓风曝气是指采用曝气器 - 扩散板或扩散管在水中引入气泡的曝气方式。鼓风曝气设备通常由鼓风机、曝气器、空气输送管道等组成。机械曝气是指利用叶轮等器械引入气泡的曝气方式。机械曝气器可以分为两种类型：一类是表面曝气器；另一类是淹没的叶轮曝气器。表面曝气器直接从空气中吸入氧气；叶轮曝气器主要是从曝气池底部空气分布系统引入的空气中吸取氧气。表面曝气器设备比较简单，较为常用。氧化塘曝气设备应该满足下列 3 种功能。

① 产生并维持有效的气水接触，并且在生物氧化作用不断消耗氧气的情况下保持水中一定的溶解氧浓度；

② 在曝气区内产生足够的混合作用和水的循环流动；

③ 维持液体的足够速度以使水中的生物固体处于悬浮状态。

曝气塘与厌氧塘一样具有表面积小、占地少、无难闻气味等优点。缺点主要是运行机械曝气机的能耗较高，运行管理水平较高。

4.3.3　设计要点

用于畜禽粪便处理的氧化塘必须足够大，以便能存放足够长时间的粪污，使塘内微生物有足够长的时间进行生物降解。对于一个高效率氧化塘系统来说，总的设计容积与贮存池计算方法相同，为所有设备最小容积之和，即氧化塘一定要有足够的容积以容纳粪液和污泥。

（1）有效容积

氧化塘所需容积为最小设计容积、污泥容积及处理期间粪污体积之和。最小设计容积应满足反应池中有足够的微生物来降解废物中的有机物；处理期间粪污体积指氧化塘运行期间粪污、污水、不循环的冲洗水、加入的稀释水所需的体积；污泥容积是指氧化塘内未降解物质作为污泥沉积所占的容积。此外，氧化塘设计容积还要考虑留有一定容积以容纳正常的降雨量减去塘表面蒸发量后所需要的容积，以及 25 年一遇暴雨 24h 降雨容积和紧急情况所需的运行高度及 0.3m 的超高下的容积。最小设计容积通过挥发性固体负荷速率来确定。

氧化塘内未被降解物质沉降所需容积通过每日进入厌氧塘的挥发性固体物质总量及其沉积系数和排泥间隔计算确定。通常氧化塘排泥间隔按 15 ～ 20 年设计。污泥积聚系数根据畜禽种类不同而不同，蛋禽、肉禽、猪和奶牛的污泥沉积系数分别为 0.0295、0.0455、0.0485 和 0.0729。

（2）粪污贮存体积

粪污贮存体积是一定时期内家畜饲养中产生的贮存废物所需要的空间。贮存时间的长短依赖于氧化塘排水的频率。

（3）稀释体积

稀释体积是保证氧化塘正常降解和臭味最小化所必须加入的水量。氧化塘在处理含高浓度有机物和盐类时可能会失去其功能，除非对其进行有规律的稀释，稀释体积应该与废物贮存体积相等。

（4）氧化塘尺寸

一旦确定了氧化塘的容积，则其结构尺寸就可以通过计算确定。厌氧或机械曝气氧化塘的深度必须尽可能的深。然而，考虑到宽度的限制，深度限制在 30m 以便可以利用挖掘机或旋流泵排泥。氧化塘通道的设计宽度应随着垂直高度的增加而增大，增加的幅度不少于设计垂直高度的 5%。顶部宽度 ≤ 2.5m 很难施工，应保证 2.5m 的最小宽度，以便氧化塘所需的设备能够顺利通行。

若使用自动排水设备、管道或洪峰溢流通道，则管道口应置于运行最高液位之上以容纳 25 年一遇暴雨 24h 的降雨量。最高液位加上这一高度后即为氧化塘所需高度，或作为设置排水溢流管道设备的高度。顶部设 0.3m 的超高并作为顶部围坝。

氧化塘系统设计可参考《污水稳定塘设计规范》（CJJ/T 54）的有关规定执行。各种类型氧化塘的主要特征参数见表 4-6。

表 4-6　各种类型氧化塘的主要特征参数

项目	好氧塘	厌氧塘	兼性塘	曝气塘
水深 /m	0.5	2.5 ~ 4	1 ~ 2.5	2 ~ 4.5
水力停留时间 /d	3 ~ 5	20 ~ 50	5 ~ 30	3 ~ 10
BOD_5 有机负荷率 /[g/($m^3 \cdot$ d)]	10 ~ 20	30 ~ 100	15 ~ 40	0.8 ~ 32
BOD_5 去除率 /%	80 ~ 95	50 ~ 80	70 ~ 90	75 ~ 85
BOD_5 降解形式	好氧	厌氧	好氧	好氧
污泥分解形式	无	厌氧	厌氧	厌氧
光合作用	有	无	有	无
藻类浓度 /(mg/L)	100 ~ 200	0	10 ~ 50	0

4.3.4　液体粪污氧化塘处理

4.3.4.1　处理模式

畜禽养殖液体粪污氧化塘处理模式主要针对粪污全量收集还田利用。对养殖场产生的粪便、尿和污水集中收集，使其全部进入氧化塘贮存，氧化塘分为敞开式和覆膜式两类，粪污通过氧化塘贮存进行无害化处理，在施肥季节进行农田利用。该模式的关键在于必须要求使用与粪污养分量相配套的农田进行消纳。消纳农田面积可根据农业部办公厅印发的《畜禽粪污土地承载力测算技术指南》（农办牧〔2018〕1 号）中的测算方法进行测算。

畜禽养殖液体粪污氧化塘处理模式的工艺流程见图 4-9。

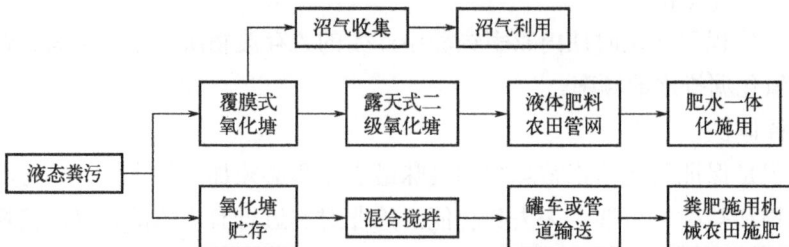

图 4-9　畜禽养殖液体粪污氧化塘处理模式工艺流程

① 主要优点：粪污收集、处理、贮存设施建设成本低，处理利用费用也较低；粪便和污水全量收集，养分利用率高。

② 主要不足：粪污贮存周期一般要达到半年以上，需要足够的土地建设氧化塘贮存设施；施肥期较集中，需配套专业化的搅拌设备、施肥机械、农田施用管网等；粪污长距离运输费用高，只能在一定范围内施用。

③ 适用范围：适用于猪场水泡粪工艺或奶牛场的自动刮粪回冲工艺，粪污的总固体含量＜15%；需要有与粪污养分量相配套的农田。

4.3.4.2 建设要求

（1）敞口贮存发酵设施（敞开式氧化塘）

2020 年 8 月农业农村部办公厅、生态环境部办公厅印发《畜禽养殖场（户）粪污处理设施建设技术指南》要求，畜禽养殖场（户）通过敞口贮存设施处理液体粪污的，应配套必要的输送、搅拌等设施设备，容积不小于单位畜禽液体粪污日产生量［m³/（d·头、只、羽）］× 暂存周期（d）× 设计存栏量（头、只、羽）。贮存周期依据当地气候条件与农林作物生产用肥最大间隔期确定，推荐贮存周期最少在 180d 以上，确保充分发酵腐熟处理后蛔虫卵、粪大肠杆菌、镉、汞、砷、铅、铬、铊和缩二脲等物质应达到《肥料中有毒有害物质的限量要求》（GB 38400—2019）。鼓励有条件的畜禽养殖场建设两个以上敞口贮存发酵设施交替使用。

畜禽粪污处理敞开式氧化塘实景见图 4-10。

图 4-10 畜禽粪污处理敞开式氧化塘

（2）密闭贮存发酵设施（覆膜式氧化塘）

畜禽养殖场（户）通过密闭贮存设施处理液体粪污的，应采用加盖、覆膜等方式，减少恶臭气体排放和雨水进入，同时配套必要的输送、搅拌、气体收集处理或燃烧火炬等设施设备。密闭贮存设施容积不小于单位畜禽液体粪污日产生量［m³/（d·头、只、羽）］× 暂存周期（d）× 设计存栏量（头、只、羽）。贮存周期依据当地气候条件与农林作物生产用肥最大间隔期确定，推荐贮存周期最少在 90d 以上，确保充分发酵腐熟，处理后蛔虫卵、粪大肠杆菌、镉、汞、砷、铅、铬、铊和缩二脲等物质应达到《肥料中有毒有害物质的限量要求》（GB 38400—2019）。鼓励有条件的畜禽养殖场建设两个以上密闭贮存设施交替使用。畜禽粪污处理覆膜式氧化塘实景见图 4-11。

使用氧化塘工艺处理畜禽养殖废水的优点是投资少、运行成本低；缺点是沼气产率低、占地面积大、清理不方便。另外，氧化塘还存在渗漏风险和安全风险。

图 4-11　畜禽粪污处理覆膜式氧化塘

4.3.4.3　典型应用案例

（1）设计要求

某养猪场育有 4800 头母猪，采用尿泡粪清粪工艺，猪场平均粪污产生量约为 200m³/d，最大排水量约 220m³/d。该养猪场拟建设一座废水处理站，设计处理水量为 240m³/d，要求处理后出水水质达到《污水综合排放标准》（GB 8978—1996）表 4 一级排放标准，可以直接排放或者回田灌溉。具体设计指标详见表 4-7。

表 4-7　设计进出水水质

序号	污染物	单位	设计进水水质（平均值）	设计出水水质
1	pH 值	—	6～8	6～9
2	COD	mg/L	15000	≤100
3	BOD$_5$	mg/L	8000	≤20
4	总氮	mg/L	1500	—
5	氨氮	mg/L	1200	≤150
6	总磷	mg/L	200	≤0.5
7	SS	mg/L	15000	≤70

（2）处理工艺

根据养猪废水 COD、总氮、SS、总磷浓度高的水质特点，该项目采取的废水处理工艺流程为："格栅＋调节池＋固液分离＋黑膜厌氧塘＋混凝沉淀池＋两级好氧塘／兼氧塘＋混凝气浮＋臭氧氧化"工艺，详见图 4-12。

（3）主体单元设计参数

1）预处理单元

① 格栅。主要用于拦截猪粪污水中的纤维、猪毛、大颗粒物等杂物，防止泵及处理构筑物的机械设备和管道堵塞。该设计选用机械格栅 1 台，格栅宽度 500mm，栅条间距 5mm。

② 调节池。主要用于积粪和调节水质水量的作用。该设计调节池有效容积 400m³。

③ 固液分离机。固液分离机能有效去除污水中猪毛、猪粪渣等固态物质，分离的粪渣用于堆肥。该设计选用 2 台处理水量 20～25m³/h 的固液分离机，过滤孔径 0.6mm，交替运行。

养猪废水

```
                        ┌──────────┐
                        │   格栅   │
                        └────┬─────┘
                        ┌────┴─────┐
                        │  调节池  │
                        └────┬─────┘
                        ┌────┴─────┐          ┌──────┐
                        │ 固液分离机├╌╌╌╌╌╌╌╌╌→│ 堆肥 │
                        └────┬─────┘          └──────┘
  沼气利用 ←╌╌╌╌╌       ┌────┴─────┐          ┌──────┐
                        │ 黑膜厌氧塘│          │ 压滤机│
                        └────┬─────┘          └──────┘
   混凝剂 ╌╌╌╌╌→         ┌────┴─────┐ 物化污泥   ┌──────┐
                        │ 混凝沉淀池├─────────→│ 污泥池│
                        └────┬─────┘          └──────┘
   ┌──────┐            ┌────┴─────┐
   │ 风机 ├╌╌╌╌╌╌╌╌╌╌╌→│  好氧塘  │
   └──────┘            └────┬─────┘
                        ┌────┴─────┐ 回流污泥
                        │  兼氧塘  │
                        └────┬─────┘
                        ┌────┴─────┐
                        │  好氧塘  │
                        └────┬─────┘
                        ┌────┴─────┐ 回流污泥
                        │  兼氧塘  │
                        └────┬─────┘
   混凝剂 ╌╌╌╌╌→         ┌────┴─────┐ 物化污泥
                        │ 混凝气浮池├─────────→
                        └────┬─────┘
                        ┌────┴─────┐
                        │ 臭氧氧化塔│
                        └────┬─────┘
                        ┌────┴─────┐
                        │  清水池  │
                        └────┬─────┘
                        达标排放
```

预处理单元

生化处理单元

深度处理单元

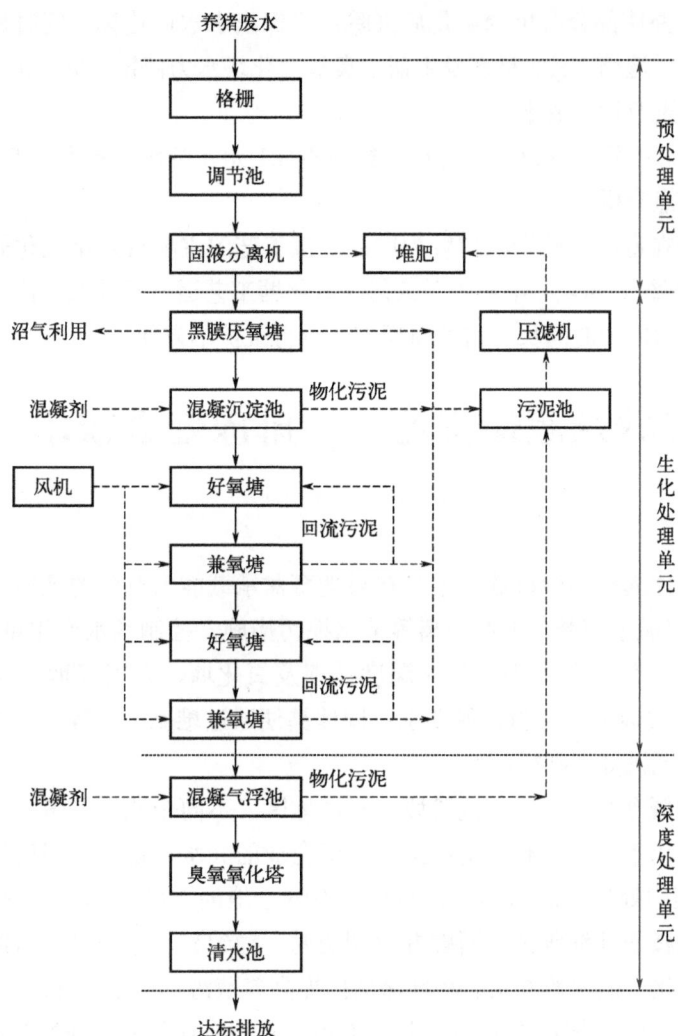

图 4-12　养猪废水处理工艺流程

2）生化处理单元

① 黑膜厌氧塘。通过厌氧消化作用将大分子有机物转变为小分子易被降解的有机物，最终转化为沼气回收利用。该设计黑膜厌氧塘的水力停留时间为 23d。

② 混凝沉淀池。主要用于通过化学混凝作用去除废水中的难降解物质、大分子物质等，同时去除大部分的磷。该设计采用聚铁和 PAM 作为混凝药剂，采用 1 套一体化设备，处理能力 25m^3/h。

③ 两级好氧塘/兼氧塘。建立两级好氧塘/兼氧塘，通过控制曝气方式及曝气量调整溶解氧浓度，形成高效的硝化/反硝化作用，去除废水中的 COD 和氨氮。该设计一级好氧塘/兼氧塘水力停留时间 12d，二级好氧塘/兼氧塘水力停留时间 6d。

3）深度处理单元

① 混凝气浮池。主要目的是去除废水中的 SS 和 P。该设计混凝剂采用聚铝和 PAM，气浮采用一体化设备，处理能力 25m^3/h。

② 臭氧氧化塔。该设计选用臭氧催化氧化工艺进行深度处理，破坏水中残留大分子

有机物的结构，并使部分有机物矿化后去除，确保出水水质达标；同时臭氧还能起到消毒和脱色的作用。选用 1kg/h 臭氧发生器，臭氧氧化塔水力停留时间 1 h。

（4）工程投资及运行成本

该项目工程总投资 460 万元，直接运行成本 8.1 元 /t 废水（不含人工费）。

（5）技术特点分析

覆膜厌氧塘在畜禽养殖场应用较为广泛。该工艺的主要特点是生化处理系统选用了"覆膜厌氧塘 + 两级好氧塘 / 兼氧塘"工艺。氧化塘工艺运行负荷低、出水水质好、运行成本低，但是水力停留时间长、占地面积大、运行维护不方便。

4.4 畜禽养殖液体粪污达标排放处理技术

4.4.1 概述

畜禽养殖液体粪污达标排放技术是在耕地畜禽承载能力有限的区域，大型规模养殖场（小区）采用机械干清粪、干湿分离等节水控污措施，控制粪水产生量和污染物浓度；粪水通过厌氧、好氧生化处理、物化深度处理及氧化塘、人工湿地等自然处理，出水水质达到国家排放标准和总量控制要求；固体粪便通过堆肥发酵等方式生产有机肥、生物有机肥或有机无机复混肥料。

达标排放的概念很宽泛，不同阶段、不同地区、不同企业，养殖粪水达标排放的理解有所不同，要求不一，如有的地区某些养殖企业的粪水经初步处理后纳入工业污水或城市污水统一集中处理，即为达标。在缺少消纳土地的大型规模养殖场和密集养殖区，处理后粪水无法按农业灌溉要求暂贮并定期浇灌，导致粪水直接排入河道等水体，加剧区域水体富营养化，迫使地方政府和环保部门提高养殖污水的排放标准。2015 年 4 月 16 日国务院印发的《水污染防治行动计划》，对畜禽养殖企业粪便处理的要求和标准逐步升级，达标排放模式的技术要求也随之提高。

根据农业农村部办公厅、生态环境部办公厅发布的《关于印发〈畜禽养殖场（户）粪污处理设施建设技术指南〉的通知》（农办牧〔2022〕19 号）中液体粪污深度处理设施的有关规定：固液分离后的液体粪污进行深度处理的，根据不同工艺可配套集水池、曝气池、沉淀池、高效固液分离机、厌氧反应池、好氧反应池、高效脱氮除磷、膜生物反应器、膜分离浓缩、机械排泥、臭气处理等设施设备，做好防渗、防溢流。处理后排入环境水体的，出水水质不得超过国家或地方规定的水污染物排放标准和重点水污染物排放总量控制指标；排入农田灌溉渠道的，还应保证其下游最近的灌溉取水点水质符合《农田灌溉水质标准》（GB 5084）。

4.4.2 达标排放处理工艺

畜禽养殖液体粪污达标排放模式主要是针对一些周边既无一定规模的农田，又无闲暇空地可供建造鱼塘和水生植物塘的畜禽养殖场，畜禽养殖废水在经厌氧消化处理后，必须再经过适当的好氧处理或自然处理等，达到规定的环保标准排放或回用。与综合利用模式相比，达标排放模式的工程造价和运行费用均相对较高。

畜禽养殖废水达标排放处理技术的基本要求，就是通过各种净化方法，使废水必须达到一定的净化要求才能排放，防止废水中的污染物引起环境水体污染。废水中所含的污染物按其存在形态可分为溶解性污染物和不溶解性污染物两大类。溶解性污染物又可分为分子态（离子态）和胶体态。不溶性污染物又可分为漂浮在水中的大颗粒物质、悬浮在水中的容易沉降的物质和悬浮在水中而不容易沉降的物质。不同形态污染物去除难易程度相差较大，所采用的方法与工艺也不相同。而养殖粪水由于饲养方式、清粪工艺不同，采用的方法与工艺更需要进行综合分析与选择。常见养殖废水达标排放处理工艺流程见图 4-13。

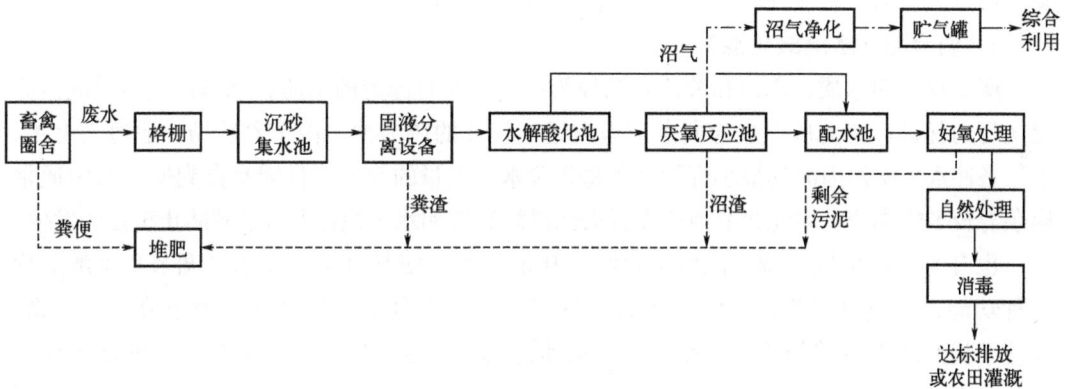

图 4-13　常见养殖废水达标排放处理工艺流程

（1）预处理单元

主要利用物理作用分离畜禽养殖废水中的非溶解性物质，在处理过程中不改变化学性质。格栅、网筛、调节池、沉砂池、固液分离机等常用于畜禽养殖废水的预处理，以减少进入生物处理的污染物浓度。

1）格栅

畜禽养殖废水中通常含有大量的动物毛发、残余饲料、粪渣、粗砂及杂物等悬浮物，浓度非常高。这些悬浮物不仅可导致水泵、阀门和管道等机械设备损坏，而且可以导致管道堵塞、在厌氧器内发生淤积，减小有效容积，还会严重影响后续处理工艺的处理效果。因此，畜禽粪污的处理必须强化预处理。养牛场粪污采用综合利用处理工艺时，预处理应有粪草分离、切割装置。养鸡场粪污采用综合利用处理工艺时，粪水混合前应先清除鸡粪中的羽毛。当废水中含有的羽毛、毛发等漂浮物较多时，应考虑在调节池前设置二级水力筛网、楔形筛网，以达到进一步去除杂质的目的。

2）沉砂池、集水池

养鸡场和散放式奶牛场废水处理工程设计中，应考虑由于粪污中通常含有较多砂砾等杂质对处理系统造成的不利影响。因此，为了避免机械设备的磨损，减少管渠和处理构筑物内的沉积，避免排泥困难，防止对生化处理系统运行产生干扰，以上两种类型的养殖废水一般应在调节池前设沉砂池（沉砂池可和格栅合建）；采用能源环保处理工艺不设沉砂池时，初沉池应具有沉砂功能。集水池的容量不宜小于最大日排放量的 50%。

3）固液分离

采用达标排放工艺必须强化预处理工艺，尽可能降低SS浓度。其主要目的在于：一方面由于UASB厌氧反应器和复合式厌氧流化床反应器（UBF），对水中的悬浮物浓度要求较严格，当浓度高时易造成布水器的堵塞；另一方面，通过固液分离将畜禽粪污中的大量悬浮物SS以及COD、BOD$_5$等提前分离出来，可大大减轻废水的处理难度，有利于缩短粪水处理时间，减少粪污处理设施的投资费用，降低水处理设施的运行费用。目前，我国已拥有成熟的固液分离技术和设备，固液分离设备可选用水力筛网、螺旋挤压分离机等，应根据处理水量、水质、场地、经济情况等条件综合考虑选用，并考虑废渣的贮存、运输等情况。用于固液分离机处理的污水含水率一般不应小于98%。当采用螺旋挤压分离机时，宜在排污收集后3h内进行污水的固液分离。

4）调节池（水解酸化池）

厌氧反应对水质、水量和冲击负荷较为敏感，相对稳定的水质、水量是厌氧反应器稳定运行的保证，因此厌氧反应器前应设置适当尺寸的调节池。由于养殖场一般每天上午、下午各冲水一次，因而其最小容积宜为每日废水产生量的50%。且因畜禽粪便废水中通常掺杂有较多的粪渣，因此调节池应设置去除浮渣装置和水下搅拌混合装置防止沉淀的发生。

也有的设计单位将调节池作为水解酸化池使用，使其具备水质水量调节和水解酸化两种功能。通过水解酸化菌的作用将秸秆等复杂的大分子有机物水解为小分子有机物，以便于提升厌氧发酵的沼气产率，也为废水达标排放提供支撑。水解酸化池的水力停留时间（HRT）宜为12～24h。

5）初沉池

畜禽养殖废水处理工程用初次沉淀池以平流式和竖流式沉淀池形式最多。根据废水水质情况及后续处理构筑物的进水要求，也可将初沉池设计为气浮沉淀池或混凝沉淀池等形式。新鲜的畜禽粪水通常具有较好的沉淀性能，HRT应大于1h，但不宜大于3h。

6）集水池

采用达标排放模式处理的畜禽粪污处理厂（站），在厌氧反应器前应设置集水池，其作用是保证厌氧反应系统进水的连续性。为防止水泵频繁启动，集水池容积不应小于该池水泵30min的出水量。集水池的容量不宜小于最大日排放量的50%。

7）其他

为减轻厌氧处理单元的压力，也可以增设混凝气浮预处理工艺。通过混凝气浮可以有效去除水中的SS、胶体及部分大分子有机物。

（2）厌氧处理单元

畜禽养殖废水属于高有机物浓度、高N、P含量和高SS的废水，通常单独采用好氧处理方法很难达到排放或回用标准，厌氧技术成为畜禽养殖场粪污处理中不可缺少的关键技术，经厌氧处理后废水中的COD去除率达80%～90%，且运行成本相对较低。废水经厌氧处理后既可以实现无害化，同时还可以回收沼气和有机肥料，是解决畜禽粪便污水无害化和资源化问题的最有效的技术方案，是集约化养殖场粪便污水治理的最佳选择。

厌氧生物处理单元通常由厌氧反应器、沼气收集与处置系统（净化系统、贮气罐、输配气管和使用系统等）、沼液和沼渣处置系统组成。厌氧反应器的类型和设计应根据粪污种类和工艺路线确定。

厌氧反应器可选用全混合厌氧反应器（CSTR）、升流式固体反应器（USR）、推流式反应器（PFR）、升流式厌氧污泥床（UASB）、复合式厌氧流化床反应器（UBF）、厌氧过滤器（AF）、折流式厌氧反应器（ABR）等。厌氧反应器容积宜根据水力停留时间（HRT）确定。

厌氧反应产生的沼气、沼渣及沼液应尽可能地实现综合利用，同时要避免产生二次污染。沼气经过脱硫、脱水等净化措施，经过输配气系统可根据实际情况用于居民生活用气、锅炉燃烧等；沼气的净化、贮存参照《规模化畜禽养殖场沼气工程设计规范》（NY/T 1222—2006）8.5 和 8.6 的有关规定执行。沼液（厌氧出水）去向一般有两种：一是经进一步固液分离后作为液体肥料用于农田施用；二是经进一步处理后达标排放或回用。

覆膜厌氧塘（沼气池）在畜禽养殖粪污处理方面应用也较为普遍，其特点是投资少、运行负荷低、水力停留时间长（20 ～ 30d）、净化效率高，但也存在占地面积大、清理不方便等问题。

（3）好氧处理单元

目前，我国有关好氧技术的研究比较深入，相关的标准规范、设计手册等技术资料也比较齐全。畜禽养殖废水中含有氮、磷浓度较高，一般应采用具有脱氮除磷功能的工艺，如具有脱氮功能的缺氧 / 好氧（A/O）工艺、序批式活性污泥法（SBR）、氧化沟等生物处理工艺。其中，A/O 工艺属于活性污泥法，在去除有机污染物的同时，还有较好的脱氮作用。A/O 处理系统在前端加上厌氧段，构成厌氧 - 缺氧 - 好氧（A^2/O）工艺，通过内部的污泥和混合液循环，能同时去除 COD、氨氮及水中的 TP 等。活性污泥法（SBR）与氧化沟脱氮除磷的原理类似。

好氧处理单元前宜设置配水池，使厌氧出水与水解酸化池的一部分污水进行混合调配，确保好氧工艺进水的 BOD$_5$/COD 值≥ 0.3。除氨氮时，完全硝化要求进水的总碱度（以 CaCO$_3$ 计）/ 氨氮的比值宜≥ 7.14；脱 TN 时，进水的碳氮比（BOD$_5$/TN 值）宜＞ 4，总碱度（以 CaCO$_3$ 计）/ 氨氮的比值宜≥ 3.6。好氧池的污泥负荷（BOD$_5$/MLVSS 值）宜为 0.05 ～ 0.1kg/（kg·d），混合液挥发性悬浮固体浓度（MLVSS）宜为 2.0 ～ 4.0g/L。

（4）深度处理单元

1）自然处理

自然处理法主要有常规的稳定塘处理（包括好氧塘、兼性塘和水生植物塘等）、土地处理（包括慢速渗滤、快速法滤、地面漫流）和人工湿地等。自然处理工艺宜作为厌氧、好氧两级生物处理后出水的后续处理单元。自然处理的工艺设计参数可参考《畜禽养殖业污染治理工程技术规范》（HJ 497—2009）中的有关规定。

2）高级氧化

为满足更严格的养殖废水排放标准，部分养殖场在废水处理末端增加臭氧氧化工艺进行深度处理，结合生物滤池以确保出水 COD 达标。

3）化学除磷

主要针对直排水体对总磷的控制要求，增加化学混凝工艺进行除磷，常用的混凝剂有聚合氯化铝（PAC）和聚合硫酸铁（PFS），助凝剂主要采用 PAM。

（5）消毒处理单元

畜禽养殖废水经处理后向水体排放或回用的，应进行消毒处理。由于畜禽养殖用水量较大，从节水减排的角度，积极鼓励废水的循环利用，例如处理出水经深度处理（砂滤、活性炭吸附等）和消毒处理后可考虑作为畜舍等的冲洗水源。根据《畜禽养殖业污染防治技术规范》（HJ/T 81—2001）的有关规定，为防止产生氯代有机物或其他的二次污染物对环境及畜禽造成影响，废水的消毒处理宜采用紫外线、臭氧、双氧水等非氯化消毒措施。

废水达标排放工艺的主要优点是污水深度处理后实现达标排放；不需要建设大型污水贮存池，可减少粪污贮存设施的用地。主要不足在于污水处理成本高，大多养殖场难以承受。废水达标排放工艺适用于养殖场周围没有配套农田的规模化猪场或奶牛场。

（6）工艺组合

畜禽养殖废水深度处理达标排放根据去向不同，其执行的排放标准有所不同，例如排入市政污水管网、直接排入环境水体或者用于农田灌溉，与此相对应的处理工艺也有所不同。表 4-8 统计了部分文献中的养殖废水处理达标排放工艺。

4.4.3 典型应用案例

4.4.3.1 直排环境水体案例

（1）设计要求

某养猪场成猪年存栏量总数按 24000 头、母猪 3000 头计算，采用 40% 干清粪 +60% 水冲粪的形式清理猪粪，确定设计处理量为 500m³/d。拟建设一座废水处理站，使处理后出水水质满足《城镇污水处理厂污染物排放标准》（GB 18918—2002）一级 A 标准要求后外排，具体设计指标详见表 4-9。

（2）处理工艺

根据养猪废水 COD、TN、TP 浓度高的水质特点，以及污水排放高的技术需求，该项目采取的废水处理工艺流程为："格栅 + 固液分离 + 调节池 + 混凝气浮 + 水解酸化 + 厌氧消化 +AAO-AO-MBR+ 臭氧催化氧化 + 曝气生物滤池 + 反硝化滤池 + 混凝除磷池 + 人工湿地"工艺，详见图 4-14。

（3）主体单元设计参数

1）预处理单元

① 格栅。格栅用于拦截猪粪污水中的长草、较长纤维、毛等杂物，去除粗大固体物，防止泵及处理构筑物的机械设备和管道被磨损或堵塞，使后续处理流程能顺利进行。该设计选用 1 台 304 不锈钢机械格栅，格栅宽度 0.8m，栅条间距 5mm。

② 固液分离机。固液分离机能有效去除污水中大块的难溶和不溶物质，减轻后续处理工序的负荷，经分离出来的干粪渣用于堆肥处理。该设计选用处理水量 15m³/h 的固液分离机 3 套，2 用 1 备。

③ 调节池。主要目的是调节水质水量，保证后续进水水质水量均衡，确保后续处理单元运行稳定。该设计调节池停留时间为 12 h，有效容积 250m³。

④ 混凝气浮池。主要目的是去除废水中的 SS 和部分大分子有机物和胶体物质。该

表 4-8 养殖废水处理达标排放工艺

序号	对象	处理工艺			执行标准
		预处理单元	生化处理单元	深度处理单元	
1	养猪废水	机械格栅+固液分离机+一级混凝沉淀	厌氧池+SBR+A/O+MBR	二级混凝沉淀+生态塘+NaClO消毒	《污水综合排放标准》（GB 8978—1996）一级标准
2	养猪废水	机械格栅+调节池+固液分离机	预酸化池+UASB+A/O-MBR	FENTON氧化	《污水综合排放标准》（GB 8978—1996）一级标准
3	养殖废水	机械格栅+调节池+固液分离机+混凝气浮	UASB+A/O	混凝沉淀+消毒	《畜禽养殖业污染物排放标准》（GB 18596—2001）一级排放标准
4	奶牛养殖废水	机械格栅+固液分离机+初沉池+调节池	UASB+两级 A/O	化学除磷+化学氧化+稳定塘+人工湿地	广东省《水污染物排放限值》（DB44/26—2001）中第二时段一级标准
5	生猪养殖废水	斜筛+调节池	UASB+A²/O	NaClO消毒	《畜禽养殖业污染物排放标准》（GB 18596—2001）表 5 中标准
6	养猪废水	机械格栅+固液分离机+酸化调节池	UASB+二级生物接触氧化		《畜禽养殖业污染物排放标准》（GB 18596—2001）
7	养猪废水	固液分离机+预沉池+酸化调节池	UASB+A²/O	混凝沉淀+液氯消毒	广东省《畜禽养殖业污染物排放标准》（DB 44/613—2009）
8	养猪废水	固液分离机+反应初沉池	厌氧池+两级 AO	芬顿氧化+化学除磷+臭氧消毒	《污水综合排放标准》（GB 8978—1996）一级标准
9	养猪废水	格栅+调节池	沼气池+二级 A/O	混凝沉淀+人工湿地	广东省《畜禽养殖业污染物排放标准》（DB 44/613—2009）珠三角洲地区标准
10	养猪废水	格栅+初沉池	A²/O	稳定塘	《畜禽养殖业污染物排放标准》（GB 18596—2001）
11	奶牛养殖场废水	粪污水处理水槽+二级格栅+调节池+混凝沉淀	ABR+水解酸化+A/O	NaClO消毒+生物塘	《农田灌溉水质标准》（GB 5084—2021）旱作物灌溉用水限值
12	养殖废水	固液分离机+生物絮凝沉淀+调节池	UASB+两级 A/O-MBR	混凝除磷+臭氧氧化	《农田灌溉水质标准》（GB 5084—2021）旱作物灌溉用水限值
13	生猪养殖污水	水力筛网+调节池	水解酸化+UASB+接触氧化	生物氧化塘+人工湿地	《农田灌溉水质标准》（GB 5084—2021）旱作物灌溉用水限值
14	养殖废水	格栅+调节池+固液分离机	水解酸化+UASB+两级 A/O	混凝沉淀+多介质过滤+NaClO消毒	《污水综合排放标准》（GB 8978—1996）一级标准

表 4-9 设计指标

序号	污染物	单位	设计进水水质（平均值）	设计出水水质
1	pH 值	—	6～8	6～9
2	COD	mg/L	12000	≤50
3	BOD₅	mg/L	5500	≤10
4	TN	mg/L	600	≤15
5	氨氮	mg/L	350	≤5（8）*
6	TP	mg/L	150	≤0.5
7	SS	mg/L	2100	≤10

注：* 括号外数值为水温＞120℃时的控制指标，括号内数值为水温≤120℃时的控制指标。

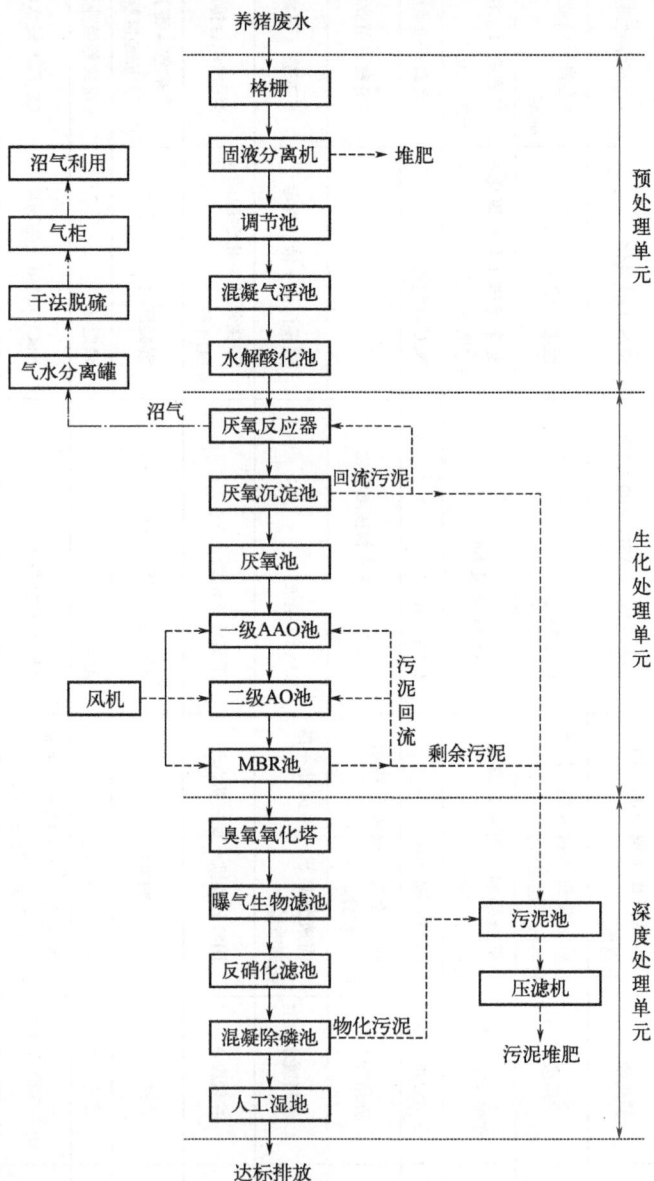

图 4-14 养猪废水处理工艺流程

设计混凝剂采用 PAC 和 PAM，气浮采用部分出水回流加压溶气气浮。

⑤ 水解酸化池。主要利用水解酸化菌将废水中残留的秸秆等复杂大分子有机物水解为小分子有机物，提高废水的可生化性。该设计水解酸化池停留时间为 12h，采用上流式进水，有效容积 250m³。

2）生化处理单元

① 厌氧反应器。对于 SS 较低的废水，可选用升流式厌氧污泥床（UASB）、复合式厌氧流化床反应器（UBF）、厌氧过滤器（AF）、折流式厌氧反应器（ABR）等。该设计选用复合式厌氧流化床（UBF）反应器，停留时间为 10d，建设 2 座有效容积为 2500m³，采用搪瓷拼装罐。

② 好氧生化处理。由于污水中 TN、氨氮、TP 浓度高，为提高其脱氮除磷效果，该设计采用 AAO-AO-MBR 工艺。该设计生化处理单元两级 A/O 总停留时间为 125h，5 个水池的停留时间均为 25h。后设 MBR 池，进一步提升脱氮除磷效果，同时用 MBR 池替代传统的二沉池，出水基本无 SS，且有利于后续高级氧化处理，减少臭氧消耗。

3）深度处理单元

① 臭氧氧化塔。该设计选用臭氧催化氧化工艺进行深度处理，破坏水中残留大分子有机物的结构，并使部分有机物矿化后去除；同时臭氧还能起到消毒的作用。选用 2kg/h 臭氧发生器，臭氧氧化塔水力停留时间 2h。

② 曝气生物滤池（BAF）。为充分利用臭氧反应塔中残留的溶解氧，设计 1 座曝气生物滤池，进一步去除废水中的有机物。该设计曝气生物滤池设计停留时间 2h。

③ 反硝化滤池。采用反硝化滤池进一步去除水中的硝酸盐，确保总氮达标。该设计采用硫自养反硝化滤池，设计停留时间 2h。

④ 混凝除磷池。采用投加聚铝进行化学混凝处理，再通过重力沉淀进行分离，出水 TP 可小于 0.5mg/L。

⑤ 人工湿地。采用人工湿地对 BAF 出水中残留的有机物和氮磷进行去除，确保出水水质稳定达标。该设计利用现有坑塘进行改造，采用潜流式人工湿地，湿地面积 1000m²。

（4）工程投资及运行成本

该项目工程总投资 785 万元，直接运行成本 12.2 元/吨废水（不含人工费）。

（5）技术特点分析

前文提到，养殖废水中 COD、TN、氨氮、SS、TP 浓度均较高，处理难度较大。该项目由于没有足够的农田消纳养殖废水，要求处理后排水水质达到最严格的《城镇污水处理厂污染物排放标准》（GB 18918—2002）一级 A 标准，采取废水处理工艺涉及固液分离、混凝气浮、水解酸化、厌氧消化、两级 A/O-MBR、臭氧催化氧化、曝气生物滤池、反硝化生物滤池、混凝除磷以及人工湿地等处理单元。该工艺流程长、投资大、处理成本高、运行管理复杂，而且对于养殖企业来说经济负担较重。

4.4.3.2　农田灌溉水案例

（1）设计要求

某养猪场年长期存栏量 11000 头，最大存栏量 13000 头。一场区存栏量为 6000 头以上，采用干清粪工艺，二场区存栏量为 6000 头以上，采用尿泡粪清粪工艺。两场区废水全部集中排放至废水处理站进行统一处理。

考虑到目前场区雨污合流的实际情况以及未来的发展，确定废水处理站设计处理量为 500m³/d，要求处理后出水水质满足《农田灌溉水质标准》（GB 5084—2021）旱作标准和《畜禽养殖业污染物排放标准》（GB 18596—2001）的标准限值要求，用于农田灌溉。具体设计指标详见表 4-10。

表 4-10　设计指标

序号	污染物	单位	设计进水水质（平均值）	设计出水水质
1	pH 值	—	6～8	6～9
2	COD	mg/L	15000	≤200
3	BOD₅	mg/L	10000	≤100
4	TN	mg/L	1500	—
5	氨氮	mg/L	1200	≤80
6	TP	mg/L	200	≤8
7	SS	mg/L	20000	≤100

（2）处理工艺

根据养猪废水 COD、TN、SS、TP 浓度高的水质特点，以及污水排放高的技术需求，该项目采取的废水处理工艺流程为："格栅＋固液分离＋调节池＋一级混凝气浮＋好氧生化池＋二级混凝气浮＋消毒"工艺，详见图 4-15。

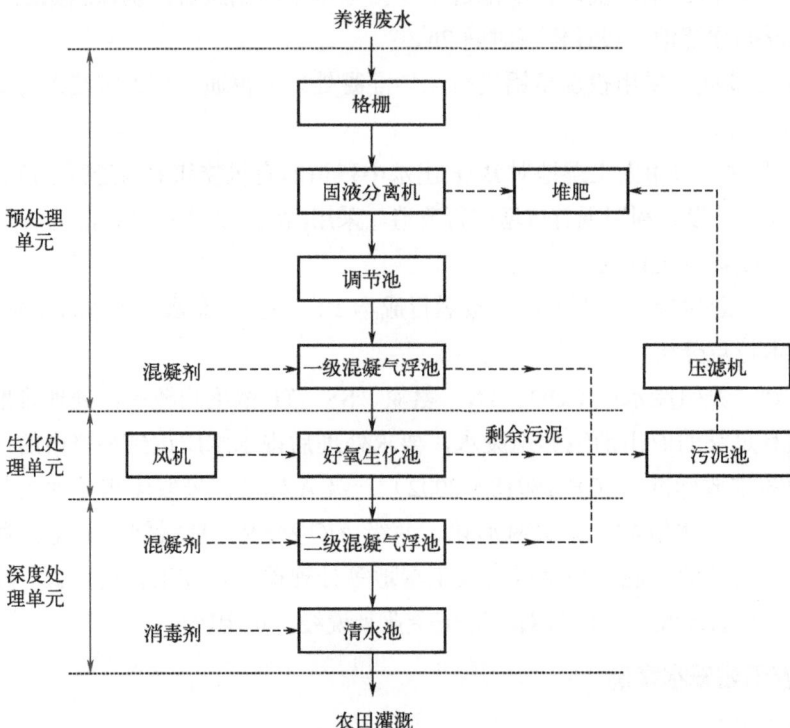

图 4-15　养猪废水处理工艺流程

（3）主体单元设计参数

1）预处理单元

① 格栅。主要用于拦截猪粪污水中的纤维、猪毛、大颗粒物等杂物，防止泵及处理构筑物的机械设备和管道堵塞。该设计选用 1 台机械格栅，格栅宽度 800mm，栅条间距 5mm。

② 固液分离机。固液分离机能有效去除污水中猪粪渣等固态物质，分离的粪渣用于堆肥。该设计选用 2 台处理水量为 $20m^3/h$ 的固液分离机，交替运行。

③ 调节池。主要用于调节水质水量。考虑到场区雨污没分流，为确保后续处理单元运行稳定，该设计调节池停留时间为 24h，有效容积 $500m^3$。

④ 一级混凝气浮池。主要目的是去除废水中的 SS、P 和部分大分子有机物和胶体物质。该设计混凝剂采用 PFS 和 PAM，气浮采用部分出水回流加压溶气气浮，设计停留时间 45min。

2）生化处理单元

好氧生化池。由于污水中有机物、TN、氨氮、TP 浓度高，该设计采用具有同步硝化反硝化功能的好氧生化处理工艺。该工艺的特点是高污泥浓度低负荷运行，池内溶解氧小于 0.5mg/L，在系统中可实现有机物、氨氮、TN 的同步去除。该设计好氧生化池的水力停留时间为 20d。

3）深度处理单元

① 二级混凝气浮池。主要目的是去除废水中的 SS 和 P。该设计混凝剂采用聚铝和 PAM，气浮采用部分出水回流加压溶气气浮，设计停留时间 30min。

② 消毒。为确保农灌用水无害化，该设计采用 NaClO 消毒工艺。

（4）工程投资及运行成本

该项目工程总投资 380 万元，直接运行成本 6.5 元 / 吨废水（不含人工费）。

（5）技术特点分析

该项目排水用于农田灌溉，出水水质相对容易实现达标，在工艺选择方面没有采用"厌氧 + 好氧"组合工艺，而是选择了高污泥浓度低负荷运行的具有同步硝化反硝化功能的好氧生化工艺。该工艺的特点为运行负荷低、出水水质好、运行成本低，但是水力停留时间长、占地面积大。

4.4.4　建议

畜禽养殖废水处理达到直排水体或农田灌溉的工艺复杂、处理成本高，养殖企业负担较重。建议养殖企业首先从源头改进养殖和清粪工艺实现清洁养殖，在此基础上根据养殖场情况进一步优化废水处理工艺流程，以降低工程投资和运行成本。具体建议如下。

（1）源头改进养殖和清粪工艺

规模化养殖场不同养殖类型、不同清粪方式排放的污染物浓度见表 4-11。从表 4-11 可以看出，集约化畜禽养殖业水冲工艺最高允许排水量是干清粪工艺的 1.5 ～ 1.94 倍。

可见，改进养殖方式和清粪方式，从源头减少废水产生量和减小污染物浓度，可大大减轻养殖废水处理难度和压力。

表 4-11　规模化养殖场不同清粪方式污染物浓度

养殖种类	清粪方式	COD/（mg/L）	NH_4^+-N/（mg/L）	TN/（mg/L）	TP/（mg/L）
猪	水冲粪	15600～46800 平均 21600	127～1780 平均 590	141～1970 平均 805	32.1～293 平均 127
	干清粪	2510～2770 平均 2640	234～288 平均 261	317～423 平均 370	34.7～52.4 平均 43.5
奶牛	干清粪	918～1050 平均 983	41.6～60.4 平均 51	57.4～78.2 平均 67.8	16.3～20.4 平均 18.6
肉牛	干清粪	887	22.1	41.1	53.3
蛋鸡	水冲粪	2740～10500 平均 6060	70～601 平均 261	97.5～748 平均 342	13.2～59.4 平均 31.4

（2）优化废水处理工艺

1）预处理单元

做好固液分离预处理，固体粪污用于堆肥，同时减轻废水处理压力。推荐工艺技术路线为"固液分离＋混凝气浮"工艺。

2）生化处理单元

推荐采用"厌氧＋好氧"生物处理工艺降低运行成本。厌氧处理可以选用覆膜厌氧塘或厌氧反应器。好氧处理根据脱氮需求和排放标准选择，例如单级或多级 A/O 工艺、膜生物反应器、氧化塘（兼性塘、好氧塘）等能够有效去除 COD 和 TN 的工艺。

3）深度处理单元

根据废水最终用于农田灌溉还是排入水体，选择不同的处理工艺。强化 COD 去除，可采用催化氧化、好氧塘或人工湿地工艺；强化总氮去除可采用反硝化生物滤池或硫自养反硝化工艺；强化除磷可采用混凝工艺。如果用于农灌应确保无害化，必须进行消毒处理。

参考文献

[1] 宋英今, 王冠超, 李然, 等. 沼液处理方式及资源化研究进展 [J]. 农业工程学报, 2021, 37（12）: 237-250.

[2] 崔文静, 李施雨, 李国学, 等. 基于沼液浓缩的液态有机肥利用现状与展望 [J]. 农业环境科学学报, 2021, 40（11）: 2482-2493.

[3] 涂成, 闫湘, 李秀英, 等. 沼渣沼液农用安全风险 [J]. 中国土壤与肥料, 2018（4）: 8-13, 27.

[4] 张茜. 沼肥的利用现状及前景分析 [J]. 广东化工, 2018, 45（18）: 161-162, 149.

[5] 郑玉, 罗求实, 贺爱兰, 等. 不同规模养殖猪场沼肥营养成分与安全利用研究 [J]. 现代农业科技, 2018（1）: 182-183.

[6] 何美龙, 罗鸿信, 王玉兰, 等. 沼肥资源化利用的研究进展 [J]. 化学工程与装备, 2017（10）: 212-214.

[7] 刘倩倩. 沼肥的利用途径与方式 [J]. 农业开发与装备, 2017（2）: 102.

[8] 郑时选, 邱凌, 刘庆玉, 等. 沼肥肥效与安全有效利用 [J]. 中国沼气, 2014, 32（1）: 95-100.

[9] 谭晶晶. 畜禽养殖业污水控制与粪污资源化利用 [J]. 中国畜牧业, 2024（3）: 64-66.

[10] 郝英华. 黑膜氧化塘处理养殖废水探讨 [J]. 乡村科技, 2024, 15（2）: 144-147.

[11] 施胜利, 侯勇, 王新锋. 我国畜禽养殖废水处理模式的研究进展 [J]. 黑龙江畜牧兽医, 2021（21）: 29-35.

[12] 张靖雨, 汪邦稳, 夏小林, 等. 农村规模化畜禽养殖污染生态综合治理技术研究进展 [J]. 安徽农业科学, 2020, 48（19）: 9-14, 29.

[13] 成建国. 养殖污水的生态资源化处理方式 [J]. 农业知识, 2019（19）: 43-45.

[14] 汪涛，夏伟，雷俊山，等 . 生态塘链对农村畜禽养殖尾水的深度净化效果 [J]. 湖北农业科学，2019，58（10）：62-67.

[15] 张学斌 . 畜禽养殖废水处理技术应用分析 [J]. 畜禽业，2022，33（4）：56-58.

[16] 王森，杜昆，王伟平，等 . 改良 A/O- 垂直流人工湿地组合工艺深度处理畜禽养殖废水研究 [J]. 陕西科技大学学报，2024，42（5）：21-30，42.

[17] 赵小宏，杨文静 . 畜禽养殖粪污处理及综合利用探究 [J]. 畜禽业，2024，35（3）：42-44.

[18] 陈存付 . 畜禽养殖粪污无害化处理及综合利用探究 [J]. 畜牧业环境，2024（4）：50-51.

[19] 王莉，秦璐，黄梦博，等 . 短程硝化 - 强化生物除磷序批式反应器处理畜禽养殖废水 [J]. 水资源与水工程学报，2023，34（6）：52-60，68.

[20] 杜明 . 畜禽养殖废水好氧生物处理脱磷除氮效果 [J]. 畜牧兽医科技信息，2023（5）：42-45.

[21] 李海涛 . 畜禽养殖粪污处理技术及资源化利用 [J]. 畜牧业环境，2023（6）：18-20.

[22] 严祝东 . 规模化畜禽养殖废水处理技术现状探析 [J]. 中国畜牧业，2022（16）：83-84.

[23] 许燕滨 . 规模化畜禽养殖废水深度处理关键技术研究、装备开发及产业化 [J]. 中国环保产业，2022（2）：41-42.

[24] 徐圣君，王华彩，姜参参，等 . 畜禽养殖废水生物处理技术研究进展 [J]. 环境科学与技术，2021，44（S2）：153-162.

[25] 何世山、杨军香 . 畜禽粪便资源化利用技术：达标排放模式 [M]. 北京：中国农业科学技术出版社，2016.

[26] 农业农村部办公厅生态环境部办公厅关于印发《畜禽养殖场（户）粪污处理设施建设技术指南》的通知 [J]. 中华人民共和国农业农村部公报，2022（9）：31-34.

[27] 王旭 . 全面推进畜禽粪污资源化利用 [J]. 中国畜牧业，2022（17）：14-19.

[28] 朱彧 . 寒冷地区沼气稳定生产技术研究开发 [D]. 长春：吉林大学，2011.

[29] 赵红 . 腐烂柑橘与猪粪混合厌氧发酵技术研究 [D]. 武汉：华中农业大学，2010.

[30] 刘洋 . 生物质加热系统在生态校园沼气工程中的应用研究 [D]. 咸阳：西北农林科技大学，2009.

[31] 张万芹 . 产甲烷细菌的分离及其生理学特性的初步研究 [D]. 贵阳：贵州大学，2008.

[32] 吴晓明 . 基于单片机的沼气反应器温控系统研究 [D]. 咸阳：西北农林科技大学，2008.

[33] 党金霞 . 寒区高效小型沼气工程的设计与试验研究 [D]. 哈尔滨：东北农业大学，2008.

[34] 黄海峰，杨开，王晖 . 厌氧生物处理技术及其在城市污水处理中的应用 [J]. 中国资源综合利用，2005（6）：37-40.

[35] 杨开宇 . 畜禽粪污湿式厌氧发酵产甲烷反应器选型 [J]. 能源与节能，2021（12）：170-172.

[36] 伍高燕 . 畜禽粪便厌氧发酵的影响因素分析 [J]. 安徽农业科学，2020，48（2）：221-224.

[37] 李华藩，何美龙，吴春山，等 . 厌氧发酵反应器研究进展 [J]. 海峡科学，2018（6）：7-9.

[38] 刘双，苗玉涛，韦伟，等 . 畜禽规模养殖污染防治技术 [J]. 北方牧业，2016（10）：26.

[39] 李云飞 . 招苏台河流域畜禽养殖业污染防治对策 [D]. 长春：吉林大学，2012.

[40] 王凯军 . UASB 工艺系统设计方法探讨 [J]. 中国沼气，2002（02）：19-24.

[41] 王泽佳 . 寒区高效增温两相厌氧发酵方法研究 [D]. 呼和浩特：内蒙古大学，2021.

[42] 胡贵川 . 厌氧发酵技术处理畜禽养殖废水的研究进展 [J]. 贵州农业科学，2021，49（7）：67-74.

[43] 刘晓曼 . 浅谈"沼渣、沼液工艺技术方案" [J]. 中外企业家，2019（7）：136.

[44] 刘嘉 . 沼渣制作肥料四法 [J]. 农家致富，2014（22）：47.

[45] 张洋 . 沼渣作有机肥技术 [J]. 农家致富，2012（19）：46-47.

[46] 孙长征，马学良，黄华 . 利用牛粪生产商品有机肥工艺技术与设备 [J]. 中国奶牛，2008（10）：57-60.

[47] 粪污处理关键技术问答 [J]. 中国畜牧业，2015（2）：48-51.

[48] 李瑜，白璐，姚慧敏 . 谈氧化塘法处理集约化畜禽养殖场污水 [J]. 现代农业科技，2009（5）：248，253.

[49] 左秀丽，左秀峰 . 莒南县畜禽粪污减排及资源化利用的对策研究 [J]. 中国畜牧业，2024（5）：59-62.

[50] 左秀丽 . 山东省莒南县畜禽粪污减排及资源化利用探索 [J]. 贵州畜牧兽医，2024，48（1）：69-74.

[51] 佚名 . 畜禽粪污资源化利用七种典型模式 [J]. 农家之友，2020（12）：58-59.

[52] 刘新卉，赵稳刚，严典波，等 . 规模养殖场畜禽粪污无害化处理措施 [J]. 畜牧兽医杂志，2014，33（4）：128-129.

[53] 周国彬 . 畜禽养殖业环境管理系统开发及污染防治对策研究 [D]. 大连：大连海事大学，2004.

[54] 许航，陈焕壮，熊启权，等 . 水生植物塘脱氮除磷的效能及机理研究 [J]. 哈尔滨建筑大学学报，1999（4）：69-73.

[55] 李林宝，曾宇，李志能.某石化高新技术工业园区污水厂的设计与运行 [J].工业水处理，2024，44（11）：177-181.

[56] 范龙杰，吴德胜，秦田，等.养殖场粪污处理技术现状与展望 [J].农业工程，2018，8（11）：58-63.

[57] 佚名.畜禽粪污资源化处理典型模式 [J].农村工作通讯，2017（15）：36-39.

[58] 王克科，赵颖，江传杰，等.畜禽养殖业废水处理方法 [J].中国畜牧兽医文摘，2006（1）：23-24.

[59] 赵明杰，栗勇田.UASB- 两级 A/O- 混凝工艺处理生猪养殖污水工程实例 [J].工业用水与废水，2024，55（1）：81-85.

[60] 刘光石，任美泽，李登.厌氧 +SBR+A/O+MBR 工艺处理养殖废水 [J].中国给水排水，2022，38（20）：116-119.

[61] 周建民，郑朋刚，扈映茹，等.生猪养殖污水处理工程实例 [J].工业用水与废水，2008（3）：98-100.

[62] 付晶，韩淇.UASB-A²/O 工艺处理生猪养殖废水工程实例 [J].工业用水与废水，2022，53（4）：69-71.

[63] 周营，俞捷径，戴睿智，等.规模化养猪场养殖废水处理案例分析 [J].中国资源综合利用，2020，38（5）：199-201.

[64] 闫丹丹.奶牛养殖场废水治理工程实例分析 [J].科技创新与应用，2019（20）：108-110.

[65] 刘靖，黄加昀，黄永炳.畜禽养殖废水处理工程设计实例 [J].广州化工，2019，47（11）：129-131.

[66] 张建龙，万哲慧.间歇曝气多级好氧 + 稳定塘组合工艺处理养殖废水的设计与应用 [J].中国资源综合利用，2018，36（4）：46-48.

[67] 林霞亮，周兴求，辛来举.UASB+ 两级 AO+ 化学除磷 + 稳定塘 + 人工湿地组合工艺处理奶牛养殖废水 [J].净水技术，2017，36（1）：87-91.

[68] 陈际帆，王春平.集约化养猪场养殖废水处理工程实例 [J].化工管理，2017（2）：232-233.

[69] 金海峰，佟晨博，朱永健，等.UASB+A/O+Fenton 组合工艺处理生猪养殖废水工程实例 [J].资源节约与环保，2015（12）：54-55.

[70] 郑立忠.固液分离 -UASB-A²/O 混凝沉淀 - 消毒工艺处理畜禽养殖废水及工程应用 [D].武汉：武汉工程大学，2015.

[71] 郭英丽.UASB+A/O 组合工艺处理养殖废水应用实例 [J].河南城建学院学报，2014，23（5）：69-71.

有机肥高值化生产技术

肥料是重要的农业生产资料，是粮食的"粮食"。化肥在促进农业增产中发挥着不可替代的作用，但近年来我国化肥用量高、土壤养分不均衡等问题日益突出，不仅造成肥料利用率低、农产品品质下降，还造成了土壤生态系统的破坏及环境污染，因此我国先后制定了《全国农业可持续发展规划（2015—2030年）》《到2020年化肥使用量零增长行动方案》（以下简称《方案》）等方针政策，以引导我国化肥减量，保障粮食等主要农产品的有效供给，改善农业生态环境，促进农业可持续发展。《方案》明确提出了有机肥部分替代化肥的技术路径，通过合理使用有机肥料，替代部分化肥，提升耕地质量，这为我国农业和肥料产业的持续发展指明了方向。

5.1 有机肥料

5.1.1 有机肥料简介

有机肥料的生产原料主要来源于植物和动物，是经过发酵腐熟的含碳有机物料，具有改善土壤肥力、提供植物营养、提高作物品质等作用。与化肥比较，有机肥不仅能为农作物提供全面营养，而且肥效长，还可增加土壤有机质，促进土壤中微生物的繁殖，改善土壤的理化性质和生物活性，是绿色农产品生产必备的生产资料。有机肥料的质量因原料和加工过程的不同会有较大差异，但作为商品有机肥必须满足农业行业标准《有机肥料》（NY/T 525—2021）的质量要求。

在很多发达国家，有机肥施用量占总肥料投入量的比例都已超过50%。我国有机肥施用量实际占比虽不到50%，但近年来也呈现逐年上升的趋势。有机肥可以提供全面的无机和有机营养物质，例如多种腐植酸、核酸、多肽及N、P、K、Ca、Mg、S等大量中量元素以及Fe、Mn、B、Zn、Mo、Cu等微量元素，这对土壤中有机质的积累、促进土壤团粒结构的形成、平衡供给植物养分以及有益微生物群落的繁殖都十分必要，是耕地质量提升与保育、农产品持续稳产、高产和优质的重要保障。

5.1.2 有机肥料的作用

有机肥是保持和恢复土壤地力，发展生态绿色农业的必需品，不仅可以缓解因化肥施用不当带来的土壤障碍等负面影响，有机肥产业的发展还会促进畜禽养殖、农产品加工、生活有机废弃物等生物质的循环利用，在构建种养循环产业链，建设生产、生活和生态的"三生"和谐社会中具有不可替代性。

（1）对农业生产的直接作用

有机肥在农业生产中的功能主要表现在以下几个方面：

① 改良土壤、培肥地力。有机肥料施入土壤后，有机质能有效地改善土壤理化状况和生物特性，熟化土壤，增强土壤的保肥供肥能力和缓冲能力，为作物的生长创造良好的土壤条件。

② 增加产量、提高品质。有机肥料含有丰富的有机物和各种营养元素，可为农作物提供种类多且比例相对合理的营养元素，因此生产的农产品质量更好，口感和风味更浓。

此外，有机肥腐解后，为土壤微生物活动提供能量和养料，促进微生物活动，加速土壤有机质的矿化分解，产生的活性物质等能促进作物的生长和提高农产品的品质。

③ 提高肥料的利用率。有机肥含有养分多但相对含量低，释放缓慢，而化肥单位养分含量高，成分少，释放快，两者合理配合施用，相互补充。例如，有机肥与磷肥混用，可显著减少磷元素在土壤中的固定，提高利用率 10% 以上。

此外，有机质分解产生的腐植酸等还能促进土壤团粒结构的形成以及矿质养分的溶解。有机肥与化肥混用可以肥效互促，提高养分利用率。

（2）缓解化肥过量施用导致的不良影响

改革开放以来，我国化肥施用量以平均每年 144 万吨的速度增长，农用化肥施用总量从 1978 年的 884 万吨增长到 2015 年的峰值 6022.6 万吨，自 2015 年实施"双减"行动以来，化肥施用总量呈逐年下降趋势。由中国农业科学院和中国农业绿色发展研究会联合发布的《中国农业绿色发展报告 2023》显示，2022 年，全国农用化肥施用总量 5079.2 万吨（折纯），较 2021 年减少 2.15%，连续 7 年保持下降趋势。我国化肥施用量及施用强度仍居世界高位。全国水稻、小麦、玉米三大粮食作物化肥利用率和农药利用率分别为 41.3% 和 41.8%。全国秸秆综合利用率保持在 86% 以上，秸秆离田利用率达 35.8%。全国畜禽粪污综合利用率达到 78%，规模养殖场粪污处理设施装备配套率稳定在 97% 以上。即便如此，我国实施农业绿色发展规划也仅在起步阶段，粮食作物化肥利用率还有待进一步提升，单产水平还有待提高，实现农畜废弃物全量还田的任务目标还很艰巨。

化肥的大量投入，对农业增产保供给发挥了至关重要的作用，但化肥对产量的边际贡献呈下降趋势，从改革开放初期每千克化肥粮食产量约为 25kg 下降至 10kg 左右。我国化肥施用给农业带来的增产效应在降低，而过量施肥带来的农业面源污染和资源约束却呈增加趋势。化肥大量施用已对土壤、水体、大气构成严重威胁。我国农田生态系统氮、磷的总盈余量已由新中国成立初期的亏缺转为盈余，而且盈余量日渐增加。2015 年全国农田生态系统中氮的投入和产出平衡盈余量为 1717.7 万吨，其中残留在土壤中的氮为 628.2 万吨，进入水体的氮为 247.1 万吨。全国农田生态系统中磷的平衡量为 460.5 万吨，其中残留在土壤中的磷为 430.6 万吨，进入水体的磷为 30 万吨。过量的化肥投入已导致了北方旱地生产体系地下水硝酸盐含量严重超标，影响了饮用水安全；南方水田生产体系则导致了地表水体氮、磷超标。全国土壤环境状况不容乐观，部分地区耕地土壤环境污染严重。据生态环境部公布的土壤环境监测数据显示，土壤总超标率达 16.5%，其中轻微污染点位占比 11%，轻度污染点位占比 3%，中度污染点位占比 1.8%，重度污染点位占比 0.7%。累积在饮用水源和土壤中的化学物质已经对我国沿海及水系发达地区广大居民的健康构成了威胁，且近年来对空气的影响也日渐突显。$PM_{2.5}$ 组成中 NH_4^+ 是重要成分，且主要来源于农业。

另外，化肥不合理施用已经对农田生态系统产生负面效应，例如土壤板结、酸化，土壤通透性降低，有机质含量下降，保水保肥能力减弱，病虫害问题加重等。实地调研显示，一些地区已经出现增加化肥用量但依然减产的现象，可见当前土壤问题的关键不是缺乏化学肥力而是缺乏综合肥力。土壤问题已对粮食安全和食品安全产生重大威胁，因此合理施用化肥、利用有机肥替代部分化肥是当前我国现代化农业的必然选择。

有机肥的使用可以减少化肥的投入量，增加土壤有机质，但是普通有机肥肥效起效慢，技术含量低，质量参差不齐，存在价格低廉、运输半径短（不超过 50km）、企业效益低等问题。因此亟需创新肥料产品的种类、剂型和使用方法，研制具有土壤地力提升、土壤修复、盐碱地改良和病害预防等功能的新型肥料产品。

5.2 生物有机肥及生产技术

5.2.1 生物有机肥

生物有机肥是指特定功能微生物与主要以动植物残体（如畜禽粪便、农作物秸秆等）为来源并经无害化处理、腐熟的有机物料复合而成的一类兼具微生物肥料和有机肥效应的肥料。生物有机肥的特点是既有普通有机肥的功能，还含有特定的有益微生物。不仅弥补了有机肥的不足，还补充了微生物肥料单独使用时营养不够的缺陷。也就是说功能微生物的加入给普通有机肥赋予了促进植物生长、防病防虫的功效，这就大大提高了有机肥的使用价值和商品价值，因此发展生物有机肥产业对促进养殖废弃物的资源化利用具有重要意义。

生物有机肥在我国绿色农业发展中不可或缺。大量实践证明，生物有机肥与化学肥料有很大互补性，可以修复因多年不合理施用化肥导致的土壤板结、土壤酸化、土壤微生物菌群失衡等土壤综合肥力退化现象。施用生物有机肥可以显著改善土壤结构，恢复和保持土壤微生态平衡，提高植物对生物和非生物胁迫的耐性，减少病害的发生，促进植物生长，提高产量，改善农产品品质，目前已广泛应用于我国农业生产。近年来，我国生物有机肥产业的发展十分迅速。据统计，截至 2023 年 12 月，全国生物有机肥生产企业超过 1000 家，获得农业农村部登记的产品数量达 13000 个，年产量达 2000 余万吨，生产企业及产品应用遍及全国，产业水平和规模不断壮大。

5.2.2 生物有机肥的作用机制

（1）微生物的作用

功能微生物活菌（简称功能菌）是生物有机肥的核心成分，农田施用生物有机肥后，土壤耕层的功能菌会大量繁殖，为植物根系发育和健康生长营造良好的根际环境。若功能菌具有防病功能，则可通过对病原菌的拮抗、生物屏障或提高植物免疫等机制，有效抑制有害微生物的侵染，减少植物病害的发生；若功能菌具有促生、抗逆或防衰老作用，则可以提高植物对旱、热、寒、盐等的抗性，减少植物生理性病害的发生，提高产量，改善品质；若功能菌具有固氮、溶磷或解钾等功能，则可以为植物的健康生长提供必需的营养成分。如果功能菌菌株兼具如上多种生物功能，则会发挥更广泛的作用，肥效会更显著，这也是新一代生物肥料研发的主要方向之一。

（2）生理活性物质的作用

在有机肥的发酵腐熟过程会产生多种生理活性物质，如维生素、氨基酸、多肽、核酸、吲哚乙酸、赤霉素等，这些物质具有刺激作物根系生长，提高作物光合作用，预防病害的发生等功能，使作物根系发达，生长健壮。此外，在腐熟过程微生物分泌的纤维素酶、淀粉酶、植酸酶等生物酶则可以促进土壤有机质的分解矿化，释放固定在有机质中的各种大中微量元素，供植物吸收利用。

（3）有机无机养分的作用

生物有机肥中既含有腐植酸、氨基酸、多肽、各种活性酶等有机成分，还含有 N、P、K 以及对作物生长有益的中量元素（Ca、Mg、S 等）和微量元素（Fe、Mn、Cu、Zn、Mo 等）。这些养分种类多、利用率高，不仅可以供作物直接吸收利用，还能有效改善土壤的保肥性、保水性、缓冲性和透气性等，为作物健康生长提供丰富的养分和良好的生长环境。

5.2.3　生物有机肥生产技术

生物有机肥是有机肥和微生物菌剂的结合产物，兼具有机肥和微生物肥料的功效。生物有机肥的生产包括有机肥发酵生产、功能菌剂生产和生物有机肥生产三大部分。关于有机肥料的发酵生产前面已有介绍，在此不再赘述，本节重点介绍功能微生物菌剂和生物有机肥的生产。

5.2.3.1　功能微生物的选择

（1）功能微生物的筛选和培养

功能微生物主要指具有固氮、解钾、解磷 / 溶磷和防病、促生、土壤修复等对土壤和植物健康有益功能的微生物。生物有机肥生产所需的具有肥效功能的微生物一般在土壤中广泛存在，因此说土壤是筛选功能微生物菌株的理想来源。

功能菌株一般从微生态良好、植物物种丰富、施用化肥量较少的农田土壤中筛选。基本流程是先将采集好的土壤样品用无菌水稀释至适宜的倍数，再将稀释制得的菌悬液涂布至具有特定功能的选择性培养基中进行培养、挑选，之后进行生物分类和生物安全性测试完成初步筛选，之后再采取盆栽和田间试验示范等生物测定方法对目标菌进行复筛，确定环境和生物安全、功能特性显著、环境适用广泛、易于扩繁生产等的优势菌株。选择性培养基的选用是获得优良目的菌株的关键一步，一般根据拟筛选目的菌株的功能确定，如固氮、解 / 溶磷、解钾、防病（合成嗜铁素）、防衰（ACC 脱氨酶）、促生 [吲哚乙酸（IAA）] 等。下面按功能逐一进行介绍。

1）固氮微生物

因固氮微生物可以直接利用空气中的氮气，因此固氮功能微生物的选择性培养基中不需要加入氮源，只需要加入碳源（如葡萄糖、蔗糖等）和少量的无机盐即可。典型的固氮微生物选择性培养基为无氮源的阿须贝（Ashby）培养基，其配方为：甘露醇 10.0g、KH_2PO_4 0.2g、$MgSO_4 \cdot 7H_2O$ 0.2g、NaCl 0.2g、$CaCO_3$ 5.0g、$CaSO_4 \cdot 2H_2O$ 0.1g、蒸馏水 1L、琼脂 15 ~ 18.0g、pH6.8 ~ 7.0。但如果培养根瘤菌等共生固氮微生物，则需要加入氮源，因为共生固氮微生物只有与相应的植物共生时才能够利用空气中的氮气发挥固氮作用。

2）解钾微生物

筛选解钾功能菌株的常用培养基为：蔗糖 15g、$MgSO_4 \cdot 7H_2O$ 0.2g、$CaSO_4 \cdot 2H_2O$ 0.1g、NaCl 0.2g、钾长石粉 5g、蒸馏水 1L、pH7.0 ~ 7.5。一般解钾微生物的筛选还要考虑实际应用的环境，即钾矿石的存在状态，以此来选择解钾微生物培养基中钾源的添加方式。一些对钾元素依赖性不强的微生物也可能会在解钾选择培养基上生长，这对解钾微生物的筛选产生了一定的干扰。

3）解磷和溶磷微生物

解磷微生物指能分解有机磷的微生物，其选择性培养基为蒙金娜有机磷培养基：卵磷脂 2g、葡萄糖 10g、NaCl 0.3g、$MgSO_4 \cdot 7H_2O$ 0.5g、$(NH_4)_2 \cdot SO_4$ 0.5g、KCl 0.3g、$MnSO_4 \cdot H_2O$ 0.023g、蒸馏水 1L、pH7.0，115℃灭菌 20min，冷却至 60℃，每 100mL 培养基加入 100 μL $FeSO_4 \cdot 7H_2O$ 母液。

溶磷菌的选择性培养基为蒙金娜无机磷培养基：$Ca_3(PO_4)_2$ 10g、葡萄糖 10g、NaCl 0.3g、$MgSO_4 \cdot 7H_2O$ 0.5g、$(NH_4)_2SO_4$ 0.5g、KCl 0.3g、$MnSO_4 \cdot H_2O$ 0.023g、蒸馏水 1L、pH7.0 ～ 7.5，115℃灭菌 20min，冷却至 60℃，每 100mL 培养基加入 100 μL $FeSO_4 \cdot 7H_2O$ 母液。

从培养基组成上看，二者的区别主要在于磷的种类选择，前者为有机磷卵磷脂，后者为无机磷 $Ca_3(PO_4)_2$。

4）嗜铁素合成微生物

能够合成嗜铁素的菌株可通过与致病菌争夺根际的铁元素实现对病原菌侵染的抑制，因此该类微生物具有预防土传病害的功能。选择培养基配制方法如下。

首先配制 CAS 溶液：在 50mL 铬天青 S（CAS）溶液（0.0605g CAS 溶于 50mL H_2O）中加入 10mL 1.0mmol/L 的 $FeCl_3$ 溶液 [0.0271g $FeCl_3 \cdot 6H_2O$ 溶于 100mL 浓度为 10mmol/L HCl 溶液（100mmol/L HCl：830μL 浓盐酸 +100mL H_2O，用时稀释 10 倍）中，避光保存]，混匀后缓慢倒入 40mL HDTMA（十六烷基三甲基铵）溶液（0.0729g HDTMA 溶于 40mL H_2O）中，即得 CAS 溶液。然后再配制选择培养基：100mL CAS 溶液、5mL 0.1mol/L 磷酸盐缓冲液（pH 值 6.8，$Na_2HPO_4 \cdot 12H_2O$ 2.427g、$NaH_2PO_4 \cdot 2H_2O$ 0.5905g、KH_2PO_4 0.075g、NH_4Cl 0.250g、NaCl 0.125g、蒸馏水 100mL）、6g 琼脂，加水至 1 000mL，121℃灭菌 20min。该选择培养基可用于筛选能合成嗜铁素的微生物。

5）ACCD 合成微生物

ACCD 的全称为 1- 氨基环丙烷 -1- 羧酸（1-aminocyclopropane-1-carboxylate，ACC）脱氨酶，具有高活性 ACC 合成酶表达的菌株往往具有延缓植物衰老的功能。筛选具有 ACCD 合成功能的菌株需要用 ADF 选择性培养基。ADF 培养基的配置方法如下。

首先配制 DF 培养基：葡萄糖 2.0g、葡萄糖酸 2.0g、柠檬酸 2.0g、KH_2PO_4 4.0g、$MgSO_4 \cdot 7H_2O$ 0.2g、Na_2HPO_4 6.0g、微量元素（H_3BO_3 10.0mg、$MnSO_4 \cdot H_2O$ 12.5mg、$ZnSO_4 \cdot 7H_2O$ 222.1mg、$CuSO_4 \cdot 5H_2O$ 122.2mg、$Na_2MoO_4 \cdot 2H_2O$ 16.8mg、去离子水 100mL）0.1mL、蒸馏水 1L，pH7.5，115℃灭菌 20min，冷却至 60℃。然后再配制 ADF 培养基：每 100mL DF 培养基加入 200μL $FeSO_4 \cdot 7H_2O$ 母液 [母液浓度为 0.05g/mL，现配现用，通常每次配 5mL（0.25g $FeSO_4 \cdot 7H_2O$+5mL H_2O），过滤除菌] 和 1mL ACC（0.3mol/L），即成为 ADF 培养基。

6）吲哚 -3- 乙酸（indole-3-aceticacid，IAA）合成微生物

吲哚乙酸（IAA）是一种能刺激植物根系生长的植物激素，具有 IAA 合成分泌功能的菌株对植株根系生长具有促进作用。一般采用色氨酸检测法检测分离的菌株是否具有 IAA 合成能力。将待检测菌株活化后接种到色氨酸终浓度为 100mg/L [称取 0.5g 色氨酸（L-Trp）溶解于 20mL 无菌水中，过滤除菌] 的培养基中培养，培养物离心取上清液，

0.5mL 上清液与 0.5mL Salkouski Reagent 比色液（30mL 浓硫酸缓慢加入到 20mL H_2O 中，再加入 0.15g $FeCl_3 \cdot 6H_2O$，避光保存）混合后，黑暗反应 15min，如果溶液变红色证明该菌株可以合成 IAA，颜色越红，合成量越大。

（2）功能菌剂的发酵生产

上述具有固氮、解钾、溶磷、合成嗜铁素、合成 ACCD、产生 IAA 等功能的微生物菌株可能是一株菌也可以是同一株菌具有多种功能。要将这些功能菌株应用到农田发挥作用，就需要进行大规模扩繁，制备成微生物菌剂。菌株扩繁的一般工序为：一级种子培养→二级种子培养→规模发酵。一、二级培养基一般用养分浓度较高的合成培养基，主要是保证菌体的活力和密度。规模发酵培养基因考虑生产成本问题，一般采用价廉易得、营养较为丰富和均衡的农副产品，例如糖蜜、玉米粉、豆粕粉等。所需的中微量元素一般通过添加化合物补充。筛选出易于功能菌生长的培养基后，还需要优化确定在不同发酵水平上的最佳发酵条件，包括最佳发酵温度、通氧量、酸碱度、发酵周期等。

（3）生物有机肥生产菌种使用现状

自 2018 年起，全国微生物肥料登记数量急剧攀升，峰值出现于 2018 年。随后几年虽有波动，但总体保持较高水平。2019 ～ 2023 年，年登记产品数全都超过 1000 款，反映了市场增势的逐步稳定与调整，这一现象凸显了微生物肥料领域蓬勃的发展前景与持续的市场潜力。截至 2024 年 8 月底，全国在农业农村部登记微生物肥料的企业数超过 3600 家，登记微生物肥料产品总数达 10958 个，其中微生物菌剂最多占 53.74%，生物有机肥次之占 30.13%，复合微生物肥料占比最少为 16.13%。产品中所使用的菌种已涵盖细菌、真菌、放线菌等 72 种，使用菌种的范围还在不断扩大。主要生产菌种使用频次见表 5-1。

表 5-1　我国生物有机肥产品中主要生产菌种使用频次

生产菌种	使用频次 / 次	比例 /%
枯草芽孢杆菌	1233	65.9
胶质芽孢杆菌	434	23.2
解淀粉芽孢杆菌	346	18.5
地衣芽孢杆菌	335	17.9
巨大芽孢杆菌	168	9.0
侧孢短芽孢杆菌	74	4.0
酿酒酵母	57	3.0
细黄链霉菌	37	2.0
植物乳杆菌	25	1.3
多粘类芽孢杆菌	22	1.2
固氮类芽孢杆菌	12	0.6
淡紫紫孢菌	11	0.6
哈茨木霉	11	0.6
黑曲霉	9	0.5
干酪乳杆菌	8	0.4
酒红土褐链霉菌	6	0.3
嗜热脂肪地芽孢杆菌	6	0.3

从表 5-1 可以看出，目前生物有机肥产品使用最多的是枯草芽孢杆菌，占全部登记产品的 65.9%（含复合菌种产品），其次是胶质芽孢杆菌（23.2%）、解淀粉芽孢杆菌（18.5%）、地衣芽孢杆菌（17.9%）和巨大芽孢杆菌（9.0%）。上述 5 种菌属于芽孢杆菌属和类芽孢杆菌属，是目前国际上公认的植物根际促生菌，已广泛应用于农业生产。除了上述占主导的 5 种菌之外，有 326 个登记产品（复合）使用了其他功能菌，占比 17.4%，其中 109 个产品未使用上述 5 种功能菌，占比 5.8%。

（4）关于菌种安全问题

生产生物肥料的细菌菌种以芽孢类为主，主要是该类菌种可以产生芽孢休眠体，易于存活和保存。目前，随着产业的发展，所用的菌种除了常用的芽孢杆菌属和类芽孢杆菌属菌种外，还逐渐出现了高地芽孢杆菌、类干酪乳杆菌、屎肠球菌、盐居固氮菌等新菌种，扩大了产品的功效和使用范围，但也暴露出一些不安全因素。高地芽孢杆菌和盐居固氮菌普遍存在于土壤环境中，未见致病性报道，属风险一级；类干酪乳杆菌又名为副干酪乳杆菌，虽归类为风险一级菌种，但有从动物受伤部位分离到该菌的报道。屎肠球菌属于乳酸菌类，但是在一定条件下可致感染，属风险二级，建议谨慎使用。伯克霍尔德氏菌是一些具有生物防治、促进植物生长和生物修复等功能的细菌，但同时也是可以引起鼻疽、类鼻疽病的致病菌，因此真菌伯克霍尔德氏菌属于风险三级，需做致病性试验，建议慎用或不用。

真菌类生产用菌种主要为丝状真菌和酵母菌。哈茨木霉、米曲霉、淡紫紫孢菌、长枝木霉、绿色木霉、棘孢木霉、黑曲霉、粉红螺旋聚孢霉、金龟子绿僵菌等属于生物安全风险等级二级，需按照《微生物肥料生物安全通用技术准则》（NY/T 1109—2017）进行毒理学测试。酵母菌主要以酿酒酵母为主，还有少量东方伊萨酵母、季也蒙迈耶氏酵母、杰丁塞伯林德纳氏酵母（原产朊假丝酵母、杰丁毕赤酵母）、膜醭毕赤酵母、解脂耶罗威亚酵母等，属于生物安全风险等级一级，可免做毒理学试验。但是热带假丝酵母和近平滑假丝酵母亦称为热带念珠菌和近平滑念珠菌，均为机会致病菌，医学临床研究发现，多数念珠菌可引起急性、亚急性或慢性感染等常见的真菌病。热带假丝酵母和近平滑假丝酵母属于生物安全风险等级四级，列为禁止使用的菌种。

放线菌类生产用菌种多为链霉菌属，其中细黄链霉菌和弗氏链霉菌属于生物安全风险等级一级。灰红链霉菌、娄彻链霉菌、白色链霉菌、天青链霉菌、酒红土褐链霉菌、灰螺链霉菌、不吸水链霉菌和委内瑞拉链霉菌等属于生物安全风险等级二级，需要做毒理学试验。部分企业使用的诺卡氏菌和拟诺卡氏菌也属于放线菌，但为机会致病菌，可引起人和动物的诺卡氏菌病，通过感染皮肤和内脏，引起急性、慢性或化脓性病症，生物安全风险等级三级，需做致病性试验，建议慎用或不用。

虽然目前生物有机肥产品生产菌种大多采用植物根际促生菌，但近年来很多研究也发现，芽孢杆菌属和类芽孢杆菌个别菌株能产生毒素。即便在菌种安全分级目录中被列为第一级免做毒理学试验的菌种，如枯草芽孢杆菌、多类芽孢杆菌、地衣芽孢杆菌等个别菌株也检测到部分溶血素基因，潜在危害不容忽视。因此，开展生物有机肥产品生产菌种生物安全风险评价、从源头上把好菌种安全关是产品质量安全的首要保障。

通过调研发现，用于生物有机肥产品的部分生产菌种分类地位不明确，甚至混乱，难以从源头上进行安全风险的初步识别。以常见生产菌种枯草芽孢杆菌为例，实际上是一个表型相似的群体，包括枯草芽孢杆菌、地衣芽孢杆菌、短小芽孢杆菌、解淀粉芽孢杆菌、深褐（萎缩）芽孢杆菌、莫哈韦（莫杰夫）芽孢杆菌、死谷芽孢杆菌、索诺拉沙漠芽孢杆菌、特基拉芽孢杆菌、暹罗芽孢杆菌 10 个近缘种。生产企业送检的枯草芽孢杆菌生物有机肥产品，经鉴定发现很多产品实际为解淀粉芽孢杆菌，且许多菌株具有不同程度的溶血作用。通过对生产企业调研发现，部分生产企业选择分离于动物肠道的解淀粉芽孢杆菌作为产品生产用菌株，该类菌种生产发酵周期短、活菌数量高、生产成本低，但产品的应用功效不佳，溶血风险大，建议慎用。而植物来源的解淀粉芽孢杆菌溶血风险小，产品应用效果好，推荐使用。

血琼脂平板培养法检测微生物溶血活性简单有效，是快速筛查潜在病原微生物的重要手段。通过简单快速的溶血试验，可以将一些溶血的致病菌或条件致病菌在生产之初就控制住，防止其用于生产带来更大的安全风险。代表性生物有机肥产品生产菌株的溶血反应测试结果见表 5-2。

表 5-2　生产菌株溶血反应结果统计

菌种名称	测试菌株 / 个	阳性菌株 / 个	阳性比率 /%
苏云金芽孢杆菌	10	5	50.00
解淀粉芽孢杆菌	91	10	10.99
侧孢短芽孢杆菌	16	1	6.25
枯草芽孢杆菌	283	1	0.35
地衣芽孢杆菌	94	0	0
胶质芽孢杆菌	62	0	0
巨大芽孢杆菌	25	0	0
多粘类芽孢杆菌	14	0	0
乳酸菌	13	0	0
放线菌	8	0	0
烟草节杆菌	3	0	0
根瘤菌属	2	0	0
固氮菌属	1	0	0
短小芽孢杆菌	1	1	100
高地芽孢杆菌	1	1	100
甲基营养型芽孢杆菌	1	1	100

从表 5-2 可以看出，目前生产菌种中溶血阳性反应比例最高的是苏云金芽孢杆菌，达到 50%，其次是动物源解淀粉芽孢杆菌（10.99%）和侧孢短芽孢杆菌（6.25%）。枯草芽孢杆菌的阳性比例较往年下降，其他常用菌株如地衣芽孢杆菌、胶质芽孢杆菌、巨大芽孢杆菌、多粘类芽孢杆菌未见阳性菌株，而固氮菌、根瘤菌和乳酸菌亦未见溶血阳性菌株。短小芽孢杆菌、高地芽孢杆菌和甲基营养型芽孢杆菌各有 1 株表现为阳性反应。

溶血反应是考察菌株生物安全性的关键内容，因此应密切关注苏云金芽孢杆菌、解淀粉芽孢杆菌和侧孢短芽孢杆菌等菌株的生物安全。同时也应关注枯草芽孢杆菌、短小芽孢杆菌、高地芽孢杆菌和甲基营养型芽孢杆菌。动物源性菌种生物安全风险较大，应重点关注。除此之外，还进行了生产菌种急性经口毒性实验，全部生产菌株均符合低毒即实际无毒的标准要求。

（5）关于原料中微生物安全隐患

目前生物有机肥的生产原料主要来源于畜禽粪便等农业废弃物，也有部分企业违规使用工业废物、城市污泥及生活垃圾等，这些原料除可能含有的有毒有害物质残留外，还可能含有除有效菌外的杂菌及病毒、害虫等，严重危害人身健康。采用农业行业标准《微生物肥料产品检验规程》（NY/T 2321—2013）和《微生物肥料生物安全通用技术准则》（NY/T 1109—2017）方法对近千个生物有机肥样品的微生物指标、粪大肠菌群数、蛔虫卵死亡率、溶血反应、毒理学指标等进行测定，从多个样品中检测到金黄色葡萄球菌、蜡样芽孢杆菌、热带假丝酵母等机会致病菌。尤其是蜡样芽孢杆菌因溶血反应阳性已被禁止用作生产菌种，但却是生物有机肥类产品的常见杂菌，存在风险隐患。粪大肠菌群数、蛔虫卵死亡率检测结果符合率较高，安全风险较小。因此，需从源头上加强对生产原料中有毒有害微生物的风险评价和分析，加强对上述风险的监控，并通过行业标准制修订，明确禁用/慎用的生产原料目录清单，把好质量安全关。

（6）生物有机肥禁用菌种清单

生物有机肥生产用菌种应严格执行《微生物肥料生物安全通用技术准则》（NY/T 1109—2017）标准要求。该标准自2006年10月首次颁布实施以来已得到广泛应用，是微生物肥料生产菌种安全评价的重要依据。近年来，随着生物肥料行业的迅猛发展，产品中所使用的菌种范围不断扩大，种类日益增加，很多菌种分类地位发生改变，新的毒性基因和毒性物质不断被检出，亟须对生产菌种安全分级目录进行补充和调整。因此，在大量文献调研基础上，汇总了委托中国疾病预防控制中心和北京市疾病预防控制中心测定的600多个菌株毒理学试验结果，重新完善了生物肥料生产菌种分级管理目录，明确了生产禁用菌种清单，形成了《微生物肥料生物安全通用技术准则》（NY/T 1109—2017）。在该标准中，列入生物肥料生产菌种分级管理目录菌种达229个种，禁用生产菌种共25个种，包括链格孢属、黄曲霉、烟曲霉、构巢曲霉、赭曲霉、寄生曲霉、细皱曲霉、杂色曲霉、炭疽芽孢杆菌、近平滑假丝酵母、热带假丝酵母、麦角菌、欧文氏菌、镰孢菌（镰刀菌）、产酸克雷伯氏菌、肺炎克雷伯氏菌、产黄青霉、桔青霉、圆弧青霉、马尔尼菲青霉、鲜绿青霉、铜绿假单胞菌、边缘假单胞菌、丁香假单胞菌、茄科罗尔斯通氏菌（茄科假单胞菌、青枯假单胞菌）。

5.2.3.2 生物有机肥生产工艺

生产生物有机肥的关键工序是功能微生物的培育和规模扩繁。在生物有机肥生产过程有2个环节涉及功能微生物的使用：

① 在有机肥堆肥环节，需要加入促进物料分解、腐熟并兼具除臭功能的腐熟微生物菌剂，添加腐熟菌剂会有助于缩短物料的发酵周期，提高堆肥产品的质量。腐熟微生物一般由多种微生物复合组成，常见的菌种有酵母菌、放线菌、青霉、木霉、根霉、光合细菌、乳酸菌等。

② 在有机肥生产完成后加入具有一定生物功能的微生物，包括固氮、解磷、溶磷、解钾等营养功能菌，及具有防病、促生、防衰等的功能菌。

（1）功能微生物的扩繁

微生物菌株的扩繁主要有如下 3 种工艺。

1）液体发酵工艺

该工艺适合细菌类和酵母菌等单细胞微生物的扩繁，根据发酵规模的不同，一般需要三级发酵：一级种子罐、二级放大罐和三级生产罐。该种发酵工艺已经比较成熟，生产批量可大可小，具有生产效率高、自动化程度高、质量可控等特点，但设备投资较大。需要的主要设备包括发酵罐、空压设备、空气过滤设备及热动力设备等。

2）固体发酵工艺

该工艺适合真菌和放线菌的扩繁，具有设备简单、投资小、生产过程无"三废"（废渣、废水和废气）产生及产品保质期较长等特点，但生产周期较长、生产效率和自动化程度低，需要的生产场地较大，发酵原料的灭菌和生产管理需要投入大量的劳动力，这是限制其大规模发展的主要原因。

3）液固两相发酵工艺

该工艺适合多数的真菌和放线菌的扩繁。一般先采用液体发酵罐扩繁菌种，然后再将菌种接种到固体培养基上发酵。液体发酵一般只采用一级发酵。要求生产者掌握液体发酵和固体发酵技术。

下面以较为成熟的液体发酵工艺为例，介绍微生物菌剂的扩繁过程。

以常见的芽孢杆菌类菌剂的生产为例，菌剂的生产工艺流程见图 5-1。生产用培养基包括原菌种活化、种子罐和发酵罐培养基，其配制配方详见表 5-3。

表 5-3 液体发酵各生产环节培养基的配置

种类	原菌种活化培养基 /g	种子罐培养基 /kg	发酵罐培养基 /kg
牛肉膏	0.5	0.5	2.5
蛋白胨	15	10	50
氯化镁		0.25	1.25
玉米粉		20	100
蔗糖		15	75
淀粉		5	25
硫酸亚铁		0.5	2.5
磷酸二氢钾		0.2	1.0
氯化钠	5		
琼脂	20		
葡萄糖	20		
水	1000	1000	5000
总重量	1060.5	1051.45	5257.25

（2）生物有机肥的生产

生物有机肥产品的种类有多种，按剂型分为粉剂和颗粒剂两种；按功能分为通用型、

物料	工艺流程	工艺条件	中控	设备
蒸汽	全部设备灭菌	121～125℃ 蒸汽0.103～0.168 MPa 0.5～1.0h		
种子罐 培养基	种子罐配料	加料体积50%～75%		2m³ SS
	种子罐 pH值检测	pH6.5～7.5 精密试纸或pH计		2m³ SS
蒸汽	种子罐灭菌	121～125℃ 蒸汽0.103～0.168 MPa 0.5～1.0h		2m³ SS
灭菌空气	种子罐降温	25～35℃ 常压		2m³ SS
摇瓶菌种	种子罐接种	物料量的0.5%～5%		2m³ SS
灭菌空气 消泡剂	种子罐发酵	25～35℃ 24～36h	镜检: 菌体的形态、密度 芽孢形成率≥80%	2m³ SS
发酵罐 培养基	发酵罐配料	50% ～ 75%		10m³ SS
	发酵罐 pH值检测	pH6.5～7.5 精密试纸或pH计		10m³ SS
蒸汽	发酵罐灭菌	121～125℃ 蒸汽0.103～0.168 MPa 0.5～1.0h		10m³ SS
灭菌空气	发酵罐降温	25～35℃ 常压		10m³ SS
灭菌空气 消泡剂	发酵罐发酵	25～35℃ 24～36h	镜检: 菌体的形态、密度 芽孢形成率≥80%	10m³ SS
	储罐 (液态菌剂)	常温常压	液态菌剂固形物含 量10%～20%	20m³ CS/SS
微生物肥				
轻质CaCO₃ 或玉米芯80目	吸附搅拌槽	吸附介质加料量(1～3)∶1	吸附后水分 25%～50%	2m³ SS
	螺旋蛟龙输送机			SS
	干燥机 (粉状菌剂)	干燥热媒温度 100～120℃ 常压	干燥后产品水分 <10% 粉剂中微生物菌的 含量(25～200)×10⁸个/g	SS
微生物肥				
	包装机			
产品粉状菌剂				

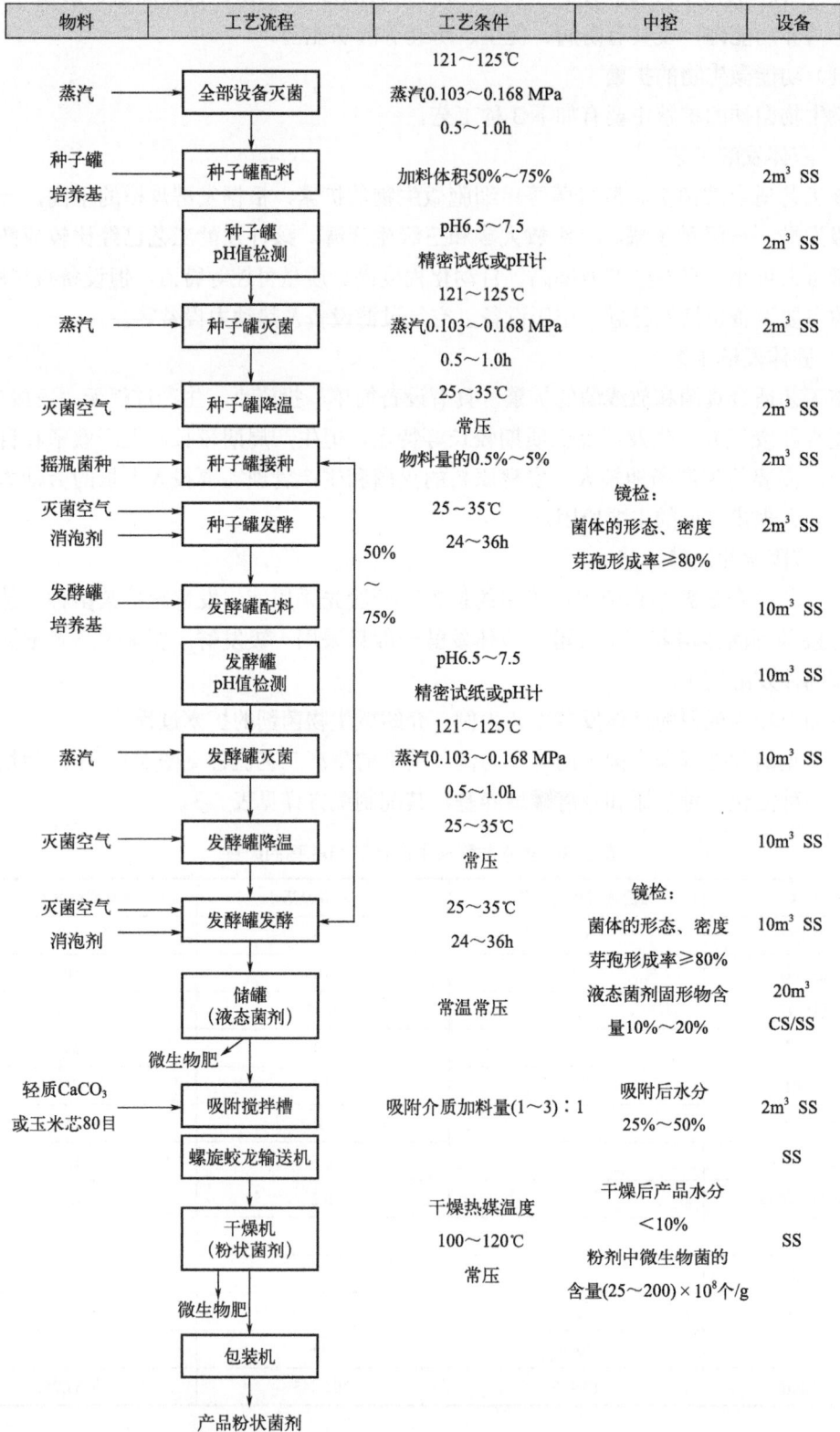

图 5-1 微生物（芽孢杆菌）菌剂生产工艺流程框图

作物专用型、土壤修复专用型等。剂型不同生产工艺会有较大差别，所用的菌种不同，产品的功能也会不同。

1）粉剂生物有机肥的生产

粉剂产品的生产较为简单，省工省时。一般先将质量达标的发酵有机肥粉碎过筛，然后与适量的粉状微生物菌剂混合均匀即可，产品质量需达到《生物有机肥》（NY 884—2012）的标准要求。如果所用菌剂的菌体不易存活，可考虑添加适量的菌体保护剂。

2）颗粒生物有机肥的生产

考虑机械施肥的方便，需要将生物有机肥制成颗粒剂。一般采用圆盘造粒、滚筒造粒等方式进行造粒，为提高成粒率，可将有机肥粉碎至 60 目以上的细度，并适当添加黏合剂。生产颗粒剂的关键工序是微生物菌剂的加入方式，一般采用如下两种方式：一是菌剂与有机肥混合后造粒，该种方式操作简单，对造粒设备没有特殊要求，但在颗粒干燥时需要低温干燥或自然风干，即使添加的是芽孢类菌剂也尽量低温干燥，因为菌体与有机肥混合后，会受湿热、高温、盐分、干燥等因素的影响，菌体死亡率较高，存活率一般低于 70%，有的甚至更低，这将严重影响产品的功效；二是有机肥造粒后再喷涂微生物菌剂，该种方式虽然菌体存活率高，但工艺难以掌握，存在菌剂黏合牢固度和菌量不均匀等问题，需要根据设备条件、菌剂特点等进行反复调整摸索，有的则需要考虑使用包膜剂等。有的企业还采用有机肥单独造粒与微生物菌剂颗粒隔开包装，使用时再混拌的方式，严格来说这种方式生产出来的肥料并不属于生物有机肥。

5.2.4　生物有机肥的质量标准

现行的《生物有机肥》（NY 884—2012）于 2012 年 9 月 1 日起实施。该标准规定了生物有机肥的技术指标、检验方法、检验规则、包装、标识、运输和贮存等。

（1）菌种

使用的微生物菌种应安全、有效，有明确的来源和种名。菌株安全性应符合《微生物肥料生物安全通用技术准则》（NY/T 1109—2017）的规定。

（2）外观（感官）

粉剂产品应松散、无恶臭味；粒状产品应无明显机械杂质、大小均匀、无腐败味。

（3）技术指标

生物有机肥产品的各项技术指标应符合表 5-4 的要求。产品剂型包括粉剂和颗粒两种。

表 5-4　生物有机肥产品技术指标要求

项目	技术指标
有效活菌数（CFU）/（10^8CFU/g）	≥ 0.20
有机质（以干基计）/%	≥ 40.0
水分 /%	≤ 30.0
pH 值	5.5～8.5
粪大肠菌群数 /（个 /g）	≤ 100
蛔虫卵死亡率 /%	≥ 95
有效期 / 月	≥ 6

（4）生物有机肥产品中的5种重金属限量指标应符合表5-5的要求。

表5-5 生物有机肥产品5种重金属限量指标要求

项目	限量指标
总砷（As）（以干基计）/（mg/kg）	≤15
总镉（Cd）（以干基计）/（mg/kg）	≤3
总铅（Pb）（以干基计）/（mg/kg）	≤50
总铬（Cr）（以干基计）/（mg/kg）	≤150
总汞（Hg）（以干基计）/（mg/kg）	≤2

5.3 复合微生物肥料及生产技术

5.3.1 复合微生物肥料

复合微生物肥料是指特定微生物与营养物质复合而成，能提供、保持或改善植物营养，提高农产品产量或改善农产品品质的活体微生物制品。使用的微生物菌种应安全、有效。产品推向市场前需要在农业农村部获得注册登记。

5.3.2 复合微生物肥料生产技术

施肥简便化，肥料功能化，养分齐全化是肥料产品的发展方向，复合微生物肥料就是迎合了这种需求。复合微生物肥料是一种由有机质、无机营养元素和微生物活菌"三元合一"的新型微生物肥料。根据养分含量的不同，复合微生物肥料可以单独使用，也可与有机肥、化学肥料混合使用。

（1）原料及预处理

1）无机营养元素

包括作物生长所需的N、P、K以及中微量元素。N、P、K总含量要求6%～25%。可用于生产复合微生物肥料的原料有尿素、硫酸铵、氯化铵、硝铵磷、磷酸铵、硫酸钾、氯化钾、硝酸钾、硫酸镁、硫酸锌、硼砂等。

2）有机质的选择和要求

目前常用的有机质原料有畜禽粪便和秸秆堆沤发酵物料、腐植酸粉（含腐植酸）、工业发酵副产物（含氨基酸）、饼肥（含有机氮）、海藻肥（含多糖）等，可根据当地的原料情况选择一种或多种混用。

需要特别注意的是如果有机质选择饼肥或畜禽粪肥必须发酵彻底，否则使用后会出现烧苗、死苗现象，不仅不能增产反而会减产，如果畜禽粪肥发酵不彻底，粪肥中含有的大量有害微生物会给土壤造成二次污染。因此，选用的有机质原料需要具备有机质和营养含量高、搭配合理、充分腐熟、杂菌数量少等基本条件。

如果以草炭或褐煤、风化煤等作为复合微生物肥料的原料，需要提前进行活化处理，否则肥效不能发挥，可采用酸析-氨化两步处理，使风化煤转为高活性有机物质。

（2）菌种的选择与培养

微生物菌种的功能有单一和多功能之分。一般选择一菌多功能的菌种，或选择复合菌种，即选择功能互补无拮抗作用的 2 个以上的菌株用于生产。不同于生物有机肥的组成，复合微生物肥料含有一定量的化学营养元素，因此在选择菌种功能特点的同时还需考虑所用菌株的抗逆性，即选择抗盐、抗高温、抗干燥、抗酸碱能力强的菌种，这是复合微生物肥料产业化的关键。有些菌种在实验室条件下其功能表现优异，但在肥料生产或保存过程中大量死亡、存活率低，使用后难以达到预期效果，因此在选择微生物菌种时应综合考虑其功能特点和抗逆性，综合指标高的菌株才是优秀的复合微生物肥料生产用菌种。关于微生物菌剂的扩繁工艺参见 5.2.3.2 部分有关内容。

（3）复合微生物肥料生产工艺

复合微生物肥料是有机、无机和生物三种原料的有机结合体，因此在生产工艺上，首先需要分别生产有机肥、无机肥和微生物菌剂，之后再进行混配、造粒、包膜、检测、包装等工序。如果有机质选择以农畜废弃物为原料生产的有机肥为原料，需先按农畜废弃物有机肥的生产规范生产出有机肥；如果无机营养元素选择尿素、磷酸一铵、磷酸二铵等常规肥料，可从肥料市场上选择；确定选用的功能微生物菌种后，菌剂的扩繁生产按相应规范生产即可。

如果有机质原料选用腐植酸含量较高的褐煤为原料，生产工艺复杂一些，必须对褐煤先进行活化处理，然后再进行复配生产。以活化腐植酸为有机质原料的复合微生物肥料生产工艺较为复杂，需要先在转鼓造粒生产装置上生产出有机 - 无机复合肥，然后再将筛分后的颗粒肥料用复合微生物菌剂进行包膜处理，低温干燥后获得复合微生物颗粒肥料。下面简单介绍以活化腐植酸、芽孢杆菌为主要原料的复合微生物肥料生产过程。

1）腐植酸酸析 - 氨化造粒

将定量的磷酸一铵、褐煤和水按比例在磷酸铵溶解槽中进行混合，制得的料浆打入混酸槽中，与定量的浓硫酸进行混酸处理，以脱除风化煤中的钙、镁并形成硫酸、磷酸一铵、风化煤混酸料浆，然后经料浆泵、转子流量计计量后进入管式反应器；液氨经蒸发器汽化、涡街流量计计量后进入管式反应器，硫酸、磷酸一铵、褐煤混酸料浆与气氨瞬间发生剧烈的中和反应，生成温度较高的硫酸铵、磷酸一铵、磷酸二铵、腐植酸铵料浆，同时放出较大热量；反应放出的热量在管式反应器内产生背压，将管式反应器中形成的硫酸铵和经过氨化的腐植酸铵或褐煤料浆喷入转鼓造粒机内。由配料岗位电子皮带秤计量后的风化煤、氯化钾、尿素、氯化铵或中微量元素肥料、抗旱保水剂等固体物料经计量、粉碎、混合后送入转鼓造粒机内，在转鼓造粒机的转动作用下，粉状物料与尚未固化的硫酸铵料浆和经过酸析 - 氨化处理的腐植酸铵及风化煤料浆进行混合，形成一定液相的固溶体并团聚成粒。造粒过程产生的尾气在文丘里洗涤器和喷淋吸收塔进行两级洗涤、吸收后放空。

2）颗粒包膜加菌

造粒后的物料经烘干、冷却、筛分、加菌包膜、计量、包装后即为成品；筛分后的大颗粒物料经粉碎后与筛分下的小颗粒物料一起返回造粒机内进行重新造粒。采用颗粒包膜技术后，肥料的均匀度及亮度大幅度提高，商品性大大改善，同时保证了复合微生物肥料在保质期内的活菌数量。包膜后的颗粒外观黑亮、圆润、干燥、光滑；具有防水透气性，保存1年以上，颗粒内部的无机养分不潮解、无板结，有机养分不降解，有益菌（如枯草芽孢杆菌等）的活菌含量减少，能耗降低20%，可完全满足相应产品质量标准的技术要求。

5.3.3 复合微生物肥料产品类型

根据复合微生物肥料的形态通常分为液体剂和固体剂两种，其中固体剂又分为粉剂和颗粒剂。按功能分为广谱型、作物专用型、土壤改良专用型等。

5.3.4 复合微生物肥料的质量标准

需要遵循农业行业标准《复合微生物肥料》（NY/T 798—2015）的要求。

（1）菌种

使用的微生物菌种应安全有效，且符合《微生物肥料生物安全通用技术准则》（NY/T 1109—2017）的规定。生产者应提供菌种的分类鉴定报告，包括属及种的学名、形态、生理生化特性及鉴定依据等完整资料，以及菌种安全性评价资料。采用生物工程菌，应具有获准允许大面积释放的生物安全性有关批文。

（2）外观（感官）

复合微生物肥料应为均匀的液体或固体。悬浮型液体产品应无大量沉淀，沉淀轻摇后分散均匀；粉状产品应松散；粒状产品应无明显机械杂质、大小均匀。

（3）技术指标

复合微生物肥料各项技术指标应符合表5-6的要求。产品剂型分为液体和固体，固体剂型包含粉状和粒状。

表5-6 复合微生物肥料产品技术指标要求

项目	剂型	
	液体	固体
有效活菌数[1]/[10^8CFU/g（mL）]	≥0.50	≥0.20
总养分（N+P_2O_5+K_2O）[2]/%	6.0～20.0	8.0～25.0
有机质（以烘干基计）/%	—	≥20.0
杂菌率/%	≤15.0	≤30.0
pH值	5.5～8.5	5.5～8.5
有效期[3]/月	≥3	≥6

① 含两种以上有效菌的复合微生物肥料，每一种有效菌的数量不得少于0.01×10^8CFU/g（mL）。

② 总养分应为规定范围内的某一确定值，其测定值与标明值正负偏差的绝对值不应大于2.0%；各单一养分值应不少于总养分含量的15.0%。

③ 此项仅在监督部门或仲裁双方认为有必要时才检测。

（4）无害化指标

复合微生物肥料产品的无害化指标应符合表5-7的要求。

表 5-7　复合微生物肥料产品无害化指标要求

项目	限量指标
粪大肠菌群数 /[个 /g（mL）]	≤100
蛔虫卵死亡率 /%	≥95
砷（As）（以烘干基计）/（mg/kg）	≤15
镉（Cd）（以烘干基计）/（mg/kg）	≤3
铅（Pb）（以烘干基计）/（mg/kg）	≤50
铬（Cr）（以烘干基计）/（mg/kg）	≤150
汞（Hg）（以烘干基计）/（mg/kg）	≤2

5.4　有机无机复混肥料及生产技术

5.4.1　有机无机复混肥料

有机无机复混肥料是含有一定量有机质的复混肥料（包括有机无机掺混肥料），是畜禽粪便、草炭等有机物料经微生物发酵实现无害化和有效化处理，并添加适量化肥、腐植酸、氨基酸，经过造粒或直接掺混而制得的商品肥料。

有机肥和无机肥配合施用一直是我国倡导的重要科学施肥方式。一方面，有机肥与无机肥配合施用可以快速缓速结合，能持续平稳地给作物提供养分，保证农作物的养分需求和正常生长；另一方面，有机无机肥料配合施用，能够调节土壤物理、化学和生物学性质，提高土壤有机质含量和培肥土壤的化学肥力；此外，有机、无机肥料配合施用还可以有效改善土壤供肥环境，不仅可以促进土壤潜在肥力的发挥，还可减少氮肥损失和磷的固定。研究证明，有机肥料可以有效减少土壤对磷的固定，并提高化学磷肥的当季利用率。因此，与单施化肥比较，在等养分投入条件下，有机、无机肥料配合施用后，养分利用率提高，作物产量增加。鉴于有机无机肥料配合施用的诸多优点，也就促成了有机无机复混肥料产品的诞生，并受到政府和业界的重视，成为我国新型肥料的开发热点。

5.4.2　有机无机复混肥料配方设计

有机无机复混肥料配方设计可参考《有机无机复混肥料》（GB/T 18877—2020）标准要求进行物料和用量的选择。主要是根据产品的养分总含量、养分比例和肥料的用途，选择并计算有机质和氮磷钾等单质肥料的种类和添加量。

在原料的选择方面，化肥添加有机肥后肥料的成粒率下降，因此选择无机肥原料时需选择含量高、成粒性好的种类，如氮肥用尿素或硝铵，磷肥用磷酸一铵或磷酸二铵，钾肥用氯化钾或硫酸钾。此外，可以选择添加黏性较好的黏土、凹凸棒土等以提高肥料成粒率。

5.4.3　有机无机复混肥料生产技术

有机无机复混肥料的生产主要分为两大步骤：一是有机物的发酵；二是发酵后的有

机肥与无机肥混合造粒。有机肥原料发酵前需要进行预处理，如畜禽粪便、稻壳、饼渣、秸秆等需要进行破碎加工，粒径 2 ～ 5cm，调节碳氮比 25 ～ 30，含水率 50% ～ 60%，这样有助于发酵腐熟。腐熟好的有机肥干燥后，经粉碎，与无机肥混合造粒，烘干得到有机无机复混肥产品。

（1）颗粒包膜工艺

与无机复混肥的颗粒相比，以纯有机肥料制作的颗粒粗糙，适量添加无机肥料后，则容易吸湿成团，不利于造粒，也不利于存放和机械施肥。采用颗粒包膜工艺则可以解决上述问题。包膜剂要选择以植物营养素为主的包膜材料。用包膜剂包膜后，肥料颗粒的亮度、均匀度大幅度提高，且避免了颗粒黏连、吸潮等现象。

（2）颗粒冷包膜工艺

由于包膜剂含有一定水分，颗粒喷膜后需要增加烘干工艺和设备，这无疑会加大生产成本。可以通过优化包膜剂生产工艺，降低包膜剂含水量，提高附着性。颗粒喷涂低含水膜后，采用冷风干燥即可达到干燥的目的，节省了高温烘干工序。该工艺还适于颗粒型生物有机肥、复合微生物肥料的包膜生产，生产过程对菌体基本没有伤害，且在包膜工序还可实施二次加菌，提高了活菌含量。

有机无机复混肥料的生产，并不是有机肥料和无机肥料的简单混合，因为有机肥料中大多含有较多的纤维物，增加了造粒难度，并且密度小，极易随尾气排空，所以要稳定高效地生产有机无机复混肥料，要解决好混合物料的成粒性、颗粒强度及尾气排空问题。

5.4.4 有机无机复混肥料的质量标准

有机无机复混肥料的质量标准参照《有机无机复混肥料》（GB/T 18877—2020）的有关规定。

（1）外观

颗粒状或条状产品，无机械杂质。

（2）有机无机复混肥料的技术指标

应符合表 5-8 要求，并应符合标明值。

表 5-8　有机无机复混肥料的技术指标要求

项目		指标		
		Ⅰ型	Ⅱ型	Ⅲ型
有机质（以烘干基计）/%	≥	20	15	10
总养分（N+P₂O₅+K₂O）[①]/%	≥	15.0	25.0	35.0
水分[②]/%	≤	12.0	12.0	10.0
pH 值		5.5 ～ 8.5		5.0 ～ 8.5
粒度（1.00 ～ 4.75mm 或 3.35 ～ 5.60mm）[③]	≥	70		
蛔虫卵死亡率 /%	≥	95		
粪大肠菌群数 /（个 /g）	≤	100		

续表

项目			指标		
			Ⅰ型	Ⅱ型	Ⅲ型
氯离子含量④/%	未标"含氯"的产品	≤		3.0	
	标明"含氯（低氯）"的产品	≤		15.0	
	标明"含氯（中氯）"的产品	≤		30.0	
砷（As）（以烘干基计）/（mg/kg）		≤		50	
镉（Cd）（以烘干基计）/（mg/kg）		≤		10	
铅（Pb）（以烘干基计）/（mg/kg）		≤		150	
铬（Cr）（以烘干基计）/（mg/kg）		≤		500	
汞（Hg）（以烘干基计）/（mg/kg）		≤		5	
钠离子含量/%		≤		3.0	
缩二脲含量/%		≤		0.8	

① 标明的单一养分含量不应低于 3.0%，且单一养分测定值与标明值负偏差的绝对值不应大于 1.5%。

② 水分以出厂检测数据为准。

③ 指出厂检测数据，当用户对粒度有特殊要求时，可由供需双方协议确定。

④ 氯离子的质量分数＞30.0% 的产品，应在包装袋上标明"含氯（高氯）"，标识"含氯（高氯）"的产品氯离子的质量分数不做检验和判定。

（3）有毒有害物质的限量要求

除蛔虫卵死亡率、粪大肠菌群数、砷、镉、铅、铬、汞、钠离子、缩二脲以外的其他有毒有害物质的限量要求，按《肥料中有毒有害物质的限量要求》（GB 38400—2019）的规定执行。

参考文献

[1] 王紫艳，杨桂玲，虞轶俊，等 . 有机肥施用对农产品质量安全及土壤环境的影响研究 [J]. 农产品质量与安全，2020（4）：67-73.

[2] 孟祥海，周海川，杜丽永，等 . 中国农业环境技术效率与绿色全要素生产率增长变迁——基于种养结合视角的再考察 [J]. 农业经济问题，2019（6）：9-22.

[3] 金书秦，沈贵银 . 农业面源污染治理的技术选择和制度安排 [M]. 北京：中国社会科学出版社，2017.

[4] 张云华，彭超，张琛 . 氮元素施用与农户粮食生产效率：来自全国农村固定观察点数据的证据 [J]. 管理世界，2019，35（4）：109-119.

[5] 白由路 . 粮食安全与环境安全的肥料发展双目标 [J]. 中国农业信息，2017（4）：32-35.

[6] 马鸣超，姜昕，曹凤明，等 . 生物有机肥生产菌种安全分析及管控对策研究 [J]. 农产品质量与安全，2019（6）：57-61.

[7] 季云美，任旭琴 . 不同肥料对小白菜产量及品质的影响 [J]. 江苏农业科学，2004（6）：38-40.

[8] 郑聚锋，张旭辉，潘根兴，等 . 水稻土基底呼吸与 CO_2 排放强度的日动态及长期不同施肥下的变化 [J]. 植物营养与肥料学报，2006，12（4）：485-494.

[9] 张磷，黄小红，谢晓丽，等 . 施肥技术对土壤肥力和肥力利用率的影响 [J]. 广东农业科学，2005（2）：46-49.

[10] 李娟，赵秉强，李秀英，等 . 长期有机无机肥料配施对土壤微生物学特性及土壤肥力的影响 [J]. 中国农业科学，2008（41）：144-152.

[11] 吕美蓉，李忠佩，刘明，等 . 长期有机无机肥配合施用土壤中添加不同肥料养分后土壤微生物短期变化 [J]. 生态与农村环境学报，2011（27）：69-73.

[12] 赵定国，许蔚文 . 有机无机复合肥中有机肥的效果 [J]. 上海农业科技，2003，（5）：52-53.

[13] 程艳丽，邹德艺 . 长期定位施肥残留养分对作物产量及土壤化学性质的影响 [J]. 土壤通报，2007，38（1）：64-67.

[14] 康晓丽，冯棣，王欣英，等 . 有机肥在设施农业中的应用研究进展 [J]. 中国瓜菜，2023，36（8）：5-11.

[15] 刘莉 . 有机肥替代化肥决策机制及效果研究 [D]. 北京：中国农业科学院，2020.

[16] 贺超，王文全，侯俊玲 . 中药药渣生物有机肥的研究进展 [J]. 中草药，2017，48（24）：5286-5292.

[17] 马鸣超，姜昕，曹凤明，等 . 我国生物有机肥质量安全风险分析及其对策建议 [J]. 农产品质量与安全，2017（5）：44-48.

[18] 付小猛，毛加梅，沈正松，等 . 中国生物有机肥的发展现状与趋势 [J]. 湖北农业科学，2017，56（3）：401-404.

[19] 姜羽晗 . 基于提高土地利用率的粮食补贴政策研究 [D]. 阿拉尔：塔里木大学，2013.

[20] 赵国鹏 . 不同肥料对肥城桃生长发育和果实品质的影响 [D]. 泰安：山东农业大学，2011.

[21] 陈美清 . 复合微生物肥料在闽北茶叶生产上的示范效应 [J]. 福建茶叶，2019，41（1）：6.

[22] 张从军，胥清君，王雪，等 . 生物有机无机复合肥生产技术 [J]. 磷肥与复肥，2014，29（6）：36-37.

[23] 张从军，胥清君，张蕾，等 . 颖壳不闭合水稻专用肥的生产与应用 [J]. 化肥工业，2014，41（5）：16-18，22.

[24] 杨洁，张宗彩，胡文红，等 . 氨酸法有机 - 无机复合肥料生产技术总结 [J]. 硫磷设计与粉体工程，2013（6）：18-20，1.

[25] 曹杰，沙元刚，王怀新，等 . 复合微生物菌肥生产技术研究 [J]. 化肥工业，2013，40（5）：13-15.

[26] 徐晓磊 . 微生物肥料的种类、技术指标与生产——访农业部微生物肥料和食用菌菌种质量监督检验测试中心主任李俊 [J]. 中国农资，2012（41）：25.

[27] 王迪轩，刘中华 . 复合微生物肥料在农业生产上的应用 [J]. 科学种养，2011（11）：6-7.

[28] 杜伟 . 有机无机复混肥优化化肥养分利用的效应与机理 [D]. 北京：中国农业科学院，2010.

第 **6** 章

堆肥产品田间施用技术

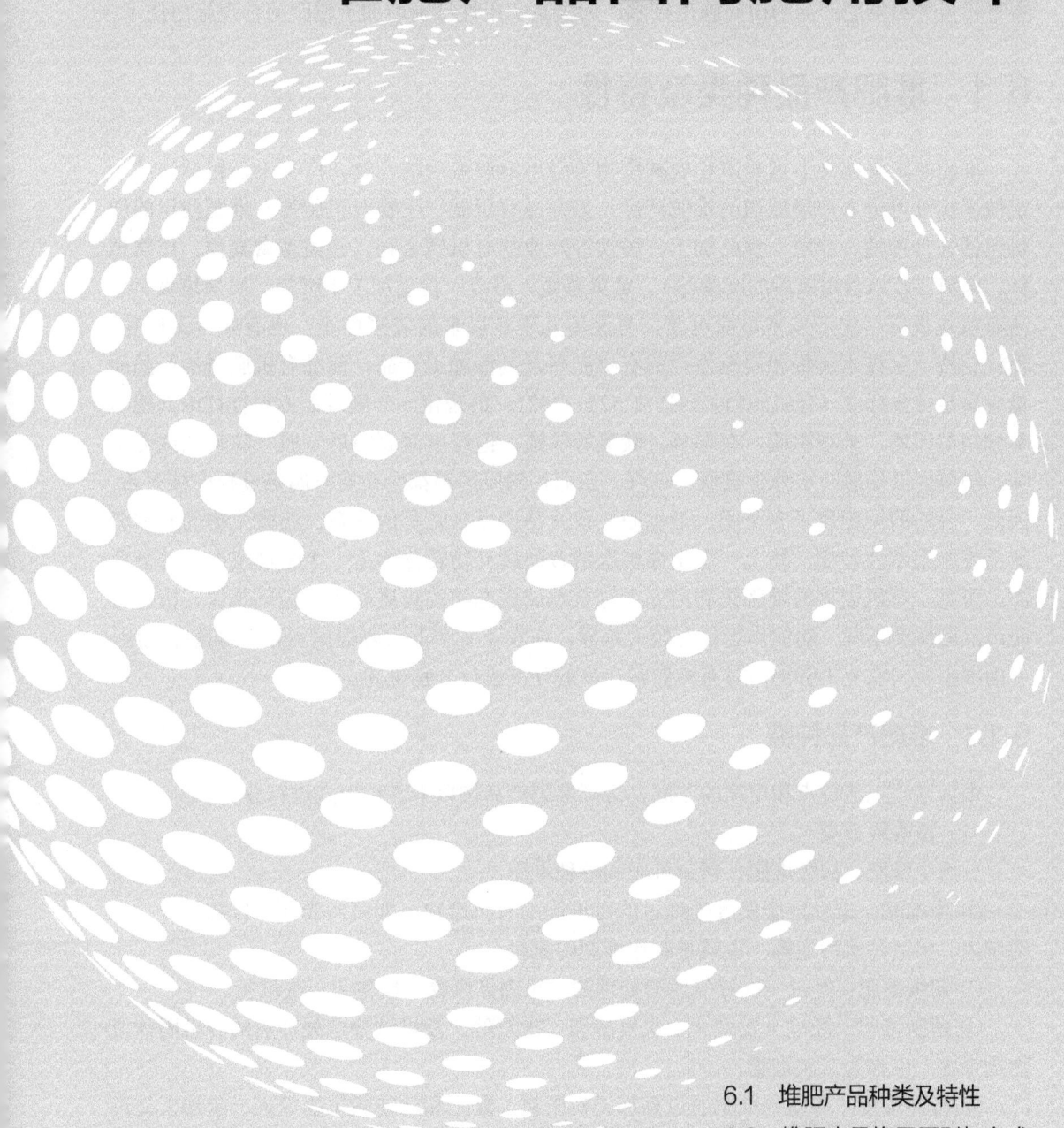

堆肥泛指各类可用于农业生产的有机物料经堆沤腐熟的产物，又称粪肥、有机肥等。在化学肥料出现以前，我们的祖辈就是利用生产生活中产生的各类有机废物经堆沤后还田为作物生长提供养分，如此维系着土壤肥力和农田的循环耕作，为社会发展持续提供着最基本的物质保障，几千年的劳动实践也积淀了璀璨厚重的农耕文化，古谚语"庄稼一枝花，全靠肥当家""地靠粪养，苗靠粪长"等反映了先民们对有机肥重要性的朴素认识。本章重点介绍堆肥产品的田间施用技术，为提高实用性特别增加了沼肥的合理施用技术。

6.1 堆肥产品种类及特性

堆肥的定义狭义上指养殖和农林废物等经堆沤腐熟后的产物，广义上还包括达到一定技术标准可进入市场流通的堆肥产品，如商品有机肥、生物有机肥等。堆肥使用的原料包括来自种植、养殖、食品加工、餐饮等产业的有机残余物，涵盖畜禽粪便、作物秸秆、菌渣（栽培食用菌后的废菌棒）、蔬菜藤蔓、沼渣、食品加工下脚料、厨余垃圾、生活有机垃圾等。生产技术可简可繁，有流传几千年以来的农家堆肥，也有如今工厂化、现代化按一定技术流程和规范生产的有机肥料及其深加工产品。商品有机肥料的产品质量应满足行业标准《有机肥料》（NY/T 525—2021）的规定。一般堆肥原料往往给人感官不愉快的印象，外观粗糙，有恶臭、酸臭等味道，但经堆沤腐熟后一般气味轻微或无臭味，物料变得松散，水分含量低，草籽、虫卵、病原菌等都会在发酵腐熟过程中被灭杀。因此，合格的堆肥属于安全肥、卫生肥，也就是说原来脏臭的物料，经微生物的发酵分解会发生根本性转变，从上一个生命层次消费的废弃物转化为下一个生命层次的养分资源。可见，有机废物的堆肥化利用完全符合地球生态圈的物质和能量循环规律。由于堆肥产品的种类不同，功能作用也有较大差异，在农业生产上需要根据实际需要选择施用。下面根据我国农业主管部门对有机肥料产品的分类进行分别论述。

6.1.1 堆肥产品种类

根据堆肥工艺特点和用途的不同，常把堆肥产品按以下 5 种形式进行分类。

（1）按等级分类

分为生堆肥、初级堆肥、精制堆肥和特种堆肥。

① 生堆肥：未经堆肥发酵处理过的可堆肥的有机废物，如畜禽粪便、作物秸秆、生活垃圾、生活污水污泥等，也就是制作堆肥的原料。

② 初级堆肥：经过一次好氧发酵处理的有机固体废物，也称为一次堆肥。

③ 精制堆肥：经过全发酵（一次发酵和二次发酵）及机械分选处理后的有机固体废物剩余物，也称为二次堆肥。

④ 特种堆肥：将精制堆肥通过添加无机肥料、黏土和功能微生物等进一步加工处理而制成的具有高肥效和特殊用途的堆肥。

（2）按堆肥产品粒径分类

分为细粒堆肥、中粒堆肥和粗粒堆肥。

① 细粒堆肥：平均粒径在 8mm 以下的堆肥产品，且规定堆肥中石渣含量＜5%（风

干状态下计量）。

②中粒堆肥：平均粒径在 8～16mm 之间的堆肥产品，且规定堆肥中石渣含量＜20%（风干状态下计量）。

③粗粒堆肥：平均粒径在 16～25mm 之间的堆肥产品。

（3）按堆制原料分类

根据堆肥主原料类型分为畜禽粪便堆肥、秸秆堆肥、垃圾堆肥、污泥堆肥、杂草堆肥等，其中畜禽粪便堆肥的生产和用量最多，也是近年来我国开展畜禽粪便资源化利用推荐的主要途径之一，该方法符合自然生态物能循环原理，工艺简便、投资少、运行成本低、易于推广。

（4）按堆制方式分类

按堆制方式，堆肥分为常规堆肥和高温好氧堆肥。

①常规堆肥是指广大农村常采用的堆肥方式，将湿度适宜的畜禽粪便、作物秸秆等按层次堆放，整理成长条堆进行堆制，不覆盖或覆盖塑料布、编织袋，或覆盖田土。待堆置 2～3 个月或以上后可作为粪肥还田，其间不翻倒，堆温 40～50℃。

②高温好氧堆肥则是利用高温好氧微生物的作用，将有机物料在有氧和高温下发酵腐熟，一般需要一次发酵和二次发酵两个发酵阶段：一次发酵为高温发酵阶段，发酵启动后物料会产生生物热，堆温可达 60～70℃，一般会维持 5～10d 或更长时间，其间应每天翻倒；二次发酵阶段为物料陈化腐熟过程，堆温自然下降至 45℃ 以下，需要再持续发酵 20d 以上。在高温发酵期间，需要间断性翻倒物料，里外物料混合，通风、通氧。高温堆肥是目前常用的堆肥发酵方式，特别适于工厂化生产，发酵速度快，肥效好，杀灭虫卵、病菌和草籽等的效果好，可以实现机械化、自动化，并且有多种发酵设施设备可选。

（5）按功能和市场需求分类

1）有机肥料

有机肥料指产品质量满足农业行业标准《有机肥料》（NY/T 525—2021）技术要求的堆肥。有关有机肥料的作用和生产技术详见第 5 章的有关内容。需要强调的是绿肥、农家肥和农民自制的有机粪肥等不属于商品有机肥料。

2）生物有机肥料

生物有机肥料是普通发酵有机肥料与功能微生物结合后的产品，需要满足农业行业标准《生物有机肥》（NY 884—2012）技术要求。有关生产方法详见第 5 章有关内容。

3）有机无机复混肥料

有机无机复混肥料是有机肥和化学肥料复合的产物，需要满足国家标准《有机无机复混肥料》（GB 18877—2020）的技术要求。有关生产方法详见第 5 章有关内容。

4）复合微生物肥料

复合微生物肥料是一种由有机肥料、无机肥料和微生物菌剂三种产品复合后的肥料，需要满足农业行业标准《复合微生物肥料》（NY/T 798—2015）的技术要求。有关生产方法见第 5 章的有关内容。复合微生物肥料是近年来快速发展的一个肥料品种。其定义是：复合微生物肥料为特定微生物与营养物质复合而成，能提供、保持或改善植物营养，提高农产品产量或改善农产品品质的活体微生物制品。复合微生物肥料既含有大量的有益微生物，也含有大量有机质，同时还根据作物的养分需求规律添加了大量的营养元素，一次施肥可提供缓、速效养分及功能微生物、有机质等，具有提供养分、改良土壤、防病增产和品质改善等功效。

5）栽培基质

栽培基质是指利用由非土壤组成的有机物料经无害化处理后，单独或与其他物料按照特定工艺制成的具有固定栽培植物，能够保持一定的空气、水分和养分，供植物吸收的复合物。腐熟的堆肥、商品有机肥料可与其他物料混配用作植物无土栽培或育苗生产的栽培基质。20世纪90年代中后期，美国、欧洲和日本等国家和地区就出台了关于有机废物制作的堆肥生产栽培基质的标准和质量管理规定。截至目前，国内尚缺少科学统一的产品质量标准与工艺流程。

6.1.2　堆肥产品的理化性质

（1）不同堆肥原料的养分含量

一般堆肥是指利用动植物残体或排泄物，添加适量矿物质混合堆积，在高温、多湿的条件下，经过微生物发酵腐熟而制成的一种有机肥料。堆肥的外观、质地及养分含量往往会因原料的不同而有较大差异。畜禽粪便是常用的堆肥原料，以鸡粪的氮、磷、钾含量最高，猪粪、牛粪、马粪次之，食草动物粪便的有机质含量较高。

下面是几种常规堆肥原料的养分含量情况。

1）牛粪

牛粪主要含纤维素、半纤维素、粗蛋白及各种无机盐。牛粪的质地细密，含水量高，有机物难分解，腐熟较慢，属冷性有机肥。施用牛粪能使土壤疏松，易于耕作，对黏性土壤的改良效果良好。按照全国有机肥品质分级标准划分，牛粪属三级，养分含量中等。牛粪牛尿的养分含量见表6-1。

表6-1　牛粪、尿养分含量（鲜样）　　　　　　　　　　　　单位：%

项目	水分	粗有机物	TN	P_2O_5	K_2O	Ca	Mg	S
牛粪	74.30	14.90	0.38	0.100	0.23	1.84	0.47	0.31
牛尿	94.40	2.80	0.50	0.017	0.91	0.06	0.05	0.04
牛粪尿	79.50	7.80	0.35	0.082	0.42	0.40	0.10	0.07

2）猪粪

猪粪的成分主要是纤维素、半纤维素、木质素，还含有粗蛋白、粗脂肪、有机酸、多种无机盐等。猪粪经腐熟后形成的腐殖质含量高，占总腐殖质的25.9%，分别比羊粪、牛粪和马粪的含量高1.19%、2.18%和2.33%。猪粪堆肥能增加土壤的保肥保水能力，适用于各种土壤和作物。一般猪粪、尿的养分含量见表6-2。

3）鸡粪

鸡的肠道较短，对饲料中的养分利用率较低，因此鸡粪中往往含有较多的氮、磷、钾和矿质元素。鸡粪中的氮素以尿酸态为主，尿酸不能直接被作物吸收利用，且对作物

表6-2　猪粪、尿养分含量（鲜样）　　　　　　　　单位：%

项目	水分	粗有机物	TN	P_2O_5	K_2O	Ca	Mg	S
猪粪	68.70	18.30	0.55	0.24	0.29	0.49	0.22	0.10
猪尿	97.50	0.80	0.17	0.02	0.16	0.01	0.01	0.02
猪粪尿	85.40	3.80	0.24	0.07	0.17	0.30	0.01	0.07

根系生长有害，且新鲜鸡粪臭气大易招引地下害虫，因此鸡粪必须腐熟后才能用于肥田。鸡粪养分含量见表6-3。

表6-3　鸡粪养分含量（鲜样）　　　　　　单位：%（pH值除外）

项目	水分	TN	P_2O_5	K_2O	Ca	Mg	pH值
蛋鸡鸡粪	63.70	1.76	2.75	1.39	5.87	0.73	7.90
肉鸡鸡粪	40.40	2.38	2.65	1.76	0.95	0.46	—

4）羊粪

羊粪的粪质细密而干燥，发热量比牛粪大，属热性肥料。羊粪中氮、铜、锰、硼、钼、钙、镁等营养素的含量都较高，羊尿中氮、钾含量比其他牲畜尿高，其氮素形态主要是尿素态氮，尿素氮含量占总氮含量的55%左右，尿素氮易分解产生氨气。羊粪适合各类土壤和多种作物，不仅给农作物提供营养成分，而且对增加土壤有机质，促进土壤保水、保肥和通气性都有良好的作用。按全国标准划分羊粪属于二级有机肥。羊粪的养分含量见表6-4。

表6-4　羊粪养分含量（鲜样）　　　　　　　　　　单位：%

项目	水分	有机质	TN	P_2O_5	K_2O	Ca	Mg	S
羊粪	50.70	32.30	1.01	0.22	0.53	1.31	0.25	0.15
羊尿	—	8.30	1.30	0.03	2.10			

5）农作物秸秆

我国是农业大国，秸秆资源丰富，种类有近20种，且产量巨大。过去，农作物秸秆大部分被用作饲料或直接作为燃料，但随着农村生活水平的不断提高，煤、天然气等能源逐渐替代了秸秆，同时集约化养殖和饲料工业的快速发展也使农作物秸秆在饲料中的比重越来越小，因此大量农作物秸秆弃置于田间地头，其在自然堆沤过程中产生的有害物质极易污染地表径流和浅层地下水；收获季节秸秆的大面积烧荒会污染空气，造成农村环境的恶化，给公路、民航运输带来极大的安全隐患。秸秆的资源化利用不但能够减少以至消除农业废弃物的危害，还能替代部分化肥，减少农业生产过程的外部投入，节约资源，降低生产成本，增加农业收入。农作物秸秆包括：谷类作物秸秆，如稻秸、麦秸、玉米秸等；豆类秸秆，如大豆秸、绿豆秸等；薯类秸秆，如甘薯藤、马铃薯藤、红薯藤等；油料作物秸秆，如花生秆、油菜秆、芝麻秆等；以及棉花秸秆、甘蔗秸秆、麻类秸秆等。农作物秸秆在成分组成上以纤维素、木质素、淀粉为主，其中C、H、O的总含量达70%～90%，另外含有一定量的粗蛋白、粗脂肪和氮、磷、钾、钙等矿物质。常见的秸秆养分含量见表6-5。

表 6-5　常见的秸秆养分含量（干物质）　　　　　　　　单位：%

项目	水稻	小麦	玉米	花生	油菜	芝麻	豆类	薯蔓藤	棉花秆	甘蔗梢
TN	0.91	0.65	0.92	1.82	0.87	1.31	1.80	2.37	1.24	1.10
P_2O_5	0.13	0.18	0.12	0.16	0.14	0.06	0.46	0.28	0.15	0.14
K_2O	1.89	1.05	1.18	1.09	1.94	0.50	1.40	3.05	1.02	1.10

（2）不同堆肥条件的养分变化

堆肥过程其实是堆肥物料中的有机质在微生物作用下的生物转化，这种转化总体上可以归纳为两个过程：一个是有机质的矿质化过程，即微生物将复杂的有机质分解成为小分子物质，最后生成二氧化碳、水和矿质元素等；另一个是有机质的腐殖化过程，即有机质经分解后再合成，生成腐殖质。两个过程同时进行，但方向相反。这两个生化过程会因为环境条件（如温度、湿度、通氧量等）的不同反应强度有明显差别，如好氧堆肥的物料发酵温度就远远高于厌氧堆肥。

1）高温堆肥和普通堆肥的养分比较

研究表明，高温堆肥明显提高堆肥效率，缩短堆肥时间，高温堆肥的养分含量高于农户采用的普通堆肥，尤其是能够被植物直接利用的速效氮等的含量显著高于普通堆肥（$P < 0.05$），这在很大程度上提高了畜禽粪便的利用率。因此，规模化的养殖场和有机肥厂都采用高温堆肥替代传统的堆沤方式。另外，高温堆肥可以杀死畜禽粪便和农作物秸秆中残余的有害物质，例如致病菌、杂草种籽、病毒、虫卵等，可有效预防有害生物的传播。

高温堆肥和普通堆肥的养分含量详见表 6-6。

表 6-6　高温堆肥和普通堆肥的养分含量

项目	处理	水分/%	粗有机物/%	TN/%	P_2O_5/%	K_2O/%	pH 值	铵态氮/(mg/kg)	速效氮/(mg/kg)	C/N 值
高温堆肥	烘干基	—	24.14	0.66	0.24	1.21	—	—	—	13.76
	鲜基	41.63	12.83	0.277	0.07	0.60	7.53	67.46	349.23	13.76
普通堆肥	鲜基	39.55	9.38	0.183	0.07	0.56	7.50	9.664	75.77	13.84

2）添加剂对堆肥养分的影响

堆肥是解决粪便无害化和资源化处理的重要途径，在堆肥过程中不可避免会造成氮素的损失。据统计，堆肥过程中氮素损失范围在 16% ～ 76% 之间，氮素的损失会造成堆肥产品肥效的降低且会污染环境，因此，目前畜禽粪便堆肥中大多加入膨润土、普钙、玉米秸秆、生物炭等物质，调整物料 C/N 值、水分含量和 pH 值等，以提高微生物的发酵效率，减少 NH_3 的释放。堆肥原料和初始混合物料基本理化特性见表 6-7。

以鸡粪为例，鸡粪的 C/N 值较低且含水率较高，麦秸 C/N 值较高且含水率较低，两者的结合能很好地调节初始混合物料的 C/N 值与含水率，以满足好氧堆肥过程微生物的生长需求。此外，粒径为 1 ～ 3cm 的麦秸和生物炭有利于维持堆体的蓬松和多孔，为好氧堆肥提供适宜的多孔介质环境。有学者在鸡粪中添加生物炭的发酵试验中表明，当鸡粪和麦秸 1∶1 的混合物再分别添加 0%、3%、6%、9%、12% 和 15% 的柠条生物炭后明

表 6-7　堆肥原料和初始混合物料基本理化特性

项目	TN/%	P_2O_5/%	C/N 值 /%
鸡粪	25.21	2.27	11.09
麦秸	43.63	0.71	61.45
生物炭	36.74	2.02	18.19

显减少氨气的挥发，但也并非生物炭的添加量越多越好，9% 的添加量最好，可最大限度减少氨气的挥发。结果详见表 6-8。

表 6-8　生物炭的添加量与堆肥养分的变化

生物炭含量	含水率 /%	降低 NH_3 挥发 /%	TN/%	P_2O_5/%	K_2O/%	有机质 /（g/kg）
0	37.93	—	2.65	1.98	3.68	69.98
3	40.95	17.75	2.77	1.96	3.44	151.12
6	39.50	31.70	2.89	2.19	3.95	206.53
9	41.59	37.75	3.14	2.26	4.12	217.11
12	42.55	35.19	3.11	2.22	4.08	241.36
15	43.47	32.65	3.09	1.84	3.33	263.55

3）微生物菌剂对堆肥养分的影响

微生物是堆肥过程有机物料发酵腐熟的主体，能够将有机废物降解成稳定的腐殖质，因此在堆肥物料中加入活性强、繁殖快的微生物菌种将大大加快堆肥发酵进程，缩短堆肥反应时间，有利于保持堆肥养分。有研究者进行了不同发酵菌剂对鸡粪堆肥发酵的影响试验。堆肥原料的基本理化特性见表 6-9。表 6-10 是不同菌剂对鸡粪堆肥发酵的影响结果。

表 6-9　堆肥原料的基本理化特性

项目	含水率 /%	TN/%	TC/%	有机质 /%
鸡粪	70.00	2.49	28.75	51.29
麦秸	15.00	0.85	80.52	85.17

该试验共设置了 4 个试验条件，分别为 YM 菌剂组、LY 菌剂组、FP 菌剂组和对照组（CK，鲜粪不接菌），3 种菌剂均从市场上抽取获得，所有菌剂的活菌总数 $\geqslant 2 \times 10^9$ 个 /g，添加量均为 0.3%。根据鸡粪和麦秸的碳氮含量，将新鲜鸡粪与麦秸（长度为 $1 \sim 2cm$）混合调节物料 C/N 值约为 25，含水率约为 60%。从表 6-10 可见，与对照组比较，添加

表 6-10　不同菌剂对堆肥的影响

项目	最高温度 /℃	$\geqslant 55$℃持续时间 /d	有机质 /%	TN/%	铵态氮 /%	硝态氮 /%	P_2O_5/%	K_2O/%
CK	68.00	10	47.21	2.32	0.18	0.22	3.82	29.52
YM	75.00	13	46.11	2.45	0.42	0.24	3.72	28.12
LY	69.00	14	47.02	2.52	0.31	0.26	3.82	29.25
FP	71.00	16	45.56	2.78	0.51	0.25	3.72	29.67

菌剂的三个处理，堆肥发酵温度高，堆温≥55℃的持续时间延长3～6d，TN、氨态氮和硝态氮的保有量也都较高。

（3）市场化堆肥产品的养分差异

堆肥作为畜禽粪便资源化利用的关键技术已经得到广泛应用。堆肥处理有两个显而易见的优点：一是物料腐熟可用作肥料还田，具有土壤改良和养分供应双重作用；二是无害化，可以消除原料的臭味，灭除病原菌、虫卵、杂草种子等。目前，因气候变暖，极端气候频发，全球绿色发展，减碳增汇的理念深入人心，节能减排，减施化肥，废弃物资源循环利用成为经济发展的主流，古老的堆肥技术得到重视，促进了堆肥技术和设备的创新与发展，全球堆肥产业市场规模持续扩大。根据 Lucintel 公布的数据显示，预计到 2026 年有机肥的市场需求将达到 90 亿美元。

目前市场以堆肥为基础生产的产品种类多，产量大，用途广泛，有机肥、生物有机肥、有机无机复混肥、复合微生物肥、育苗基质等已广泛应用于大田作物、果蔬、花卉等多种种植业方面，有机肥类产品具有的提高作物产量、改善产品品质等作用普遍被人们认可。

因原料的不同，堆肥产品的质量有较大差异。有研究者对海南省商品有机肥的组成与养分状况研究进行了调查研究，参照农业行业标准《有机肥料》（NY/T 525—2021），对抽查的 102 个样品进行了品质分析。不同样品的养分含量以及理化性质差异很大。102 个有机肥样品按照生产原料划分为 8 类，其中不明原料的有机肥样品 54 个（包装袋上未标明生产原料）。已知生产原料的商品有机肥中，羊粪有机肥的样品数最多（24 个），占采样总数的 23.5%，其余 6 种有机肥样品数较少。羊粪有机肥鲜样含水量变化范围最广，最小值为 8.04%，最大值为 66.73%，海藻有机肥鲜样含水量变化范围最小。黄腐酸有机肥 pH 值的变化范围最小，pH 值变化范围最大的是原料不明有机肥，其变化范围是 3.90～9.41。原料不明有机肥 P_2O_5 含量、K_2O 含量以及氮＋磷＋钾总量的变化范围也最大，分别为 0.19%～8.48%、7.10%～0.21% 和 2.21%～14.62%，氮＋磷＋钾总量变化范围最小的有机肥是海藻有机肥。与其他种类有机肥相比，鱼虾有机肥 N 含量变化范围最大。此外，黄腐酸有机肥 N、P_2O_5 和 K_2O 含量的变化范围最小。不同原料有机肥的理化性质与物质含量见表 6-11。

表 6-11　不同原料有机肥的理化性质与物质含量

种类	水分 /%	有机质 /%	pH 值	N+P_2O_5+K_2O/%	TN/%	P_2O_5/%	K_2O/%
海藻	24.72±0.14	47.4±8.90	7.15±0.74	4.96±0.16	1.53±0.75	1.95±0.44	1.48±0.96
鱼虾	23.56±0.12	29.93±12.80	6.47±1.55	7.18±3.86	2.87±4.08	2.54±1.43	1.76±1.50
植物	24.72±0.14	47.4±8.90	7.15±0.74	4.96±0.16	1.53±0.75	1.95±0.44	1.48±0.96
羊粪	32.89±0.14	33.98±14.88	7.65±1.32	4.55±1.49	1.38±0.84	1.47±0.79	1.71±0.76
牛骨粉	36.17±0.18	36.70±24.77	7.14±0.87	5.24±1.93	1.31±0.89	2.48±1.39	1.45±0.92
鸡粪	32.34±0.16	22.33±12.56	7.44±0.87	6.53±3.74	1.08±0.62	2.80±2.78	2.65±1.20
黄腐酸	36.93±0.19	38.35±3.21	6.58±0.31	5.12±0.42	1.35±0.10	2.19±0.38	1.58±0.18
不明原料	26.81±0.13	38.31±13.95	6.82±1.15	6.52±2.90	2.22±2.19	2.24±1.66	2.06±1.64

6.2 堆肥产品施用原则与方式

6.2.1 堆肥产品施用原则

（1）根据土壤肥力和目标产量推荐

土壤肥力是一个综合指标，包括土壤有效养分供应量、土壤通气状况、土壤保水、保肥能力、土壤微生物数量等，土壤肥力状况直接决定着作物产量的高低。堆肥产品施用时首先应根据土壤肥力，估算确定适宜的目标产量，一般以某地块前三年作物的平均产量增加 10% 作为目标产量；然后根据土壤肥力和目标产量确定施肥量。对于高肥力地块，土壤有机质含量高，N、P、K 养分含量丰富，土壤供肥能力强，要适当减少底肥所占全生育期肥料用量的比重，增加后期追肥的比重。对于低肥力土壤，土壤养分含量少，应增加底肥的用量，后期合理追肥，充分利用堆肥肥效缓慢的特点，使土壤肥力持久的同时，改善土壤质量。

（2）根据土壤特性推荐

土壤质地不同对有机肥养分的释放转化效率和土壤保肥性能不同，应采取不同的施肥方案。对于沙性或瘠薄土壤，一般基础肥力低，土壤有机质和养分含量少，土壤的保水保肥能力差，养分易流失，因此应多施用以秸秆、反刍动物粪便等为原料的堆肥，增加土壤腐殖质，改善团粒结构，提高保水保肥性，且宜少量多次施肥，即基肥结合追肥施用，以保证养分供应的连续性及有效率，并减少养分的流失；对于黏性土壤，其保水保肥能力强，但通气性差，有机质矿化速率低，故黏性土壤宜多施、早施，只施基肥即可，尽量牛羊粪堆肥或秸秆堆肥与鸡猪粪堆肥混合施用。对于各种类型土壤，增施堆肥均能在一定程度上提高土壤腐殖质含量，改善土壤质量。

（3）根据堆肥产品特性施肥

由于堆肥产品的原料来源不同、组成不同，其养分含量也存在或多或少的差异，加之气候因素的影响，不同有机肥施入土壤中所起的作用也不同，因此施肥量和施肥时期应根据堆肥产品的特性确定。如鸡粪和猪粪的氮素含量较高，需要与其他含碳量较高的有机肥混合施用。有研究者调查分析了我国 20 个省（市）主要畜禽粪便的养分含量，结果显示，鸡粪中 TN、P_2O_5、K_2O、Zn、Cu 平均含量分别为 2.08%、3.53%、2.38%、306.6mg/kg 和 78.2mg/kg；猪粪中这些物质的平均含量分别为 2.28%、3.97%、2.09%、663.3mg/kg 和 488.1mg/kg，氮磷钾养分含量都十分丰富。该类堆肥产品宜与牛羊粪、秸秆堆肥等混合做底肥施用。

有两种堆肥比较特殊，使用时需要特别注意。一种是以榨油残余物为原料制得的饼肥，另一种是以秸秆为主要原料的堆肥。

饼肥堆肥含有丰富的有机氮、有机碳以及矿物质，自古以来，饼肥多用于瓜类和水果的生产，在改善瓜果蔬菜品质、提高甜度和风味方面功能独特，但在发酵过程，有机氮易转化为氨气释放，因此使用时需要注意以下 2 点：

① 饼肥要充分腐熟后再施用，否则生饼肥施入土壤后易生虫，且发酵过程会释放大量氨气，发生黄叶、烧苗等现象。

② 宜采用穴施、沟施等较为集中的施肥方式，且要与田土混匀，避免在根际聚集产生肥害。不宜大面积撒施，会造成浪费。饼肥也可追施，但每次用量要少，也要与田土混匀，施后用田土覆盖。

以秸秆为主要原料的堆肥产品，秸秆堆肥有机物含量较高，但氮含量低，这类肥料对增加土壤有机质含量，缓解盐害、肥害等效果显著，此类堆肥产品适宜作底肥，可多施，但秸秆在土壤中的分解缓慢，C/N 值高，易出现土壤微生物与植物争氮现象，因此施用秸秆需要配施少量尿素、鸡粪等含氮量较高的化肥或粪肥，以平衡营养，提高肥效。

（4）注意堆肥产品的安全风险

堆肥产品虽然有许多优点，但也存在一些不足，如养分含量低，肥效迟缓，一些非商品性堆肥可能还含有致病菌、有害微生物及重金属等，故堆肥的施用量并非越多越好，也要用量适当，适量投入。有机肥的投入虽能增加土壤有机质含量，在一定程度上起到重金属的钝化作用，但过量投入也会发生肥害，或有的堆肥因腐熟不彻底，进入土壤后继续发酵而出现烧苗或抑制根系发育等情况。目前，在猪、鸡等配合饲料中普遍会添加铜、锌、铁、锰等矿质元素，在其粪便中会有这些微量元素的残留，如果粪肥用量过多则会有积累现象，存在一定安全风险。

6.2.2　堆肥产品施用方式

不同的堆肥产品养分成分及含量不同，使用方式有所不同，概括起来包括以下几种。

6.2.2.1　用作基肥

基肥又称为底肥，是在作物播种或移植前施用的肥料。堆肥以做基肥为主，合理施用有改良土壤、培肥地力的作用，可为作物根系的生长发育提供良好的土壤条件，也为植株全生长期所需养分提供有效供给。

堆肥属于迟效性肥料，在土壤中的移动性很小，需要均匀施在耕层才能与作物根系接触发挥肥效。对于种植密度较高的小麦、玉米、花生等作物，一般在旋耕或翻耕前，先将堆肥均匀撒在地表，可以适当添加氮磷钾三元复合肥，然后再耕地。注意撒肥和耕地的时间间隔越短越好，防止营养损失和环境污染。对于种植密度较小的瓜类、果树或需要起垄种植的薯类等宜采用沟施或树冠下环施等施肥方法，以提高肥效，减少浪费。

6.2.2.2　用作追肥

堆肥作追肥主要用于 2 年或多年生的植物，如各种果树、部分中药材、十字花科菜籽等。追施方法有土壤深施和根外施肥两种。土壤深施一般将堆肥施在根系密集层附近，施后覆土，以免造成养分挥发损失。根外施肥是将堆肥用 10 倍以上的清水稀释，静置后取其上清液，借助喷雾器将肥料溶液喷洒在作物叶面，用作叶面肥。

堆肥用作追肥时的注意事项有以下 3 点。

① 有机肥的养分速效性较差，用作追肥一般应比化肥提前几天，以适应植物生长对养分的需求。

② 追肥的目的是满足作物生长的营养需求，但不同堆肥产品的养分组成及含量不同，需要多种堆肥混合施用或交替施用，或有机无机肥混合施用。如鸡粪、猪粪堆肥的 C/N

值较低，应与牛粪、羊粪或秸秆堆肥等 C/N 值较高的堆肥混合施用或交替施用。

③ 应当根据环境的变化调整追肥的施用量。例如地温低时，微生物活动小，有机肥料养分释放慢，可以把施用量的大部分作为基肥，减少追肥的投入；当地温高时，微生物活性增强，如果基肥用量过多，势必造成过量分解而远远超过作物的需求，造成浪费甚至产生烧苗现象，在此种情况下应当增加追肥的用量以满足作物对肥料的需求。

6.2.2.3　用作种肥

种肥是指播种同时施下或与种子拌混的肥料，该种施肥方式可保障作物种子发芽和初根生长时对养分的需求。在幼苗期，植物根系不发达，无法从大范围土壤中吸收养分，因此种肥的施用就显得十分重要。

种肥的施用方法有多种，如拌种、浸种、条施、穴施等。拌种是用少量的清水，将充分腐熟的有机肥溶解，进行适当稀释后喷洒在种子表面，边喷边拌，使肥料溶液均匀地沾在种子表面，阴干后播种。浸种是把肥料溶液溶解或稀释成一定浓度的溶液，按种液 1 : 10 的比例把种子放入溶液中浸泡 12 ～ 24h，使肥料液随水渗入种皮，阴干后随即播种。用作种肥的肥料要求养分释放快慢适中，不能过酸、过碱，肥料本身对种子发芽无毒害作用，用作种肥的有机肥需要充分腐熟。

6.2.2.4　用作育苗肥

目前农业生产中许多作物栽培，均采用先育苗然后再定植的方法。幼苗对养分的需求量虽小，但养分不足不利于育成壮苗，不利于移栽后快速缓苗及后期的健康生长。充分腐熟的有机肥料，养分释放均匀，养分全面，是育苗的理想肥料。一般将 10% 发酵充分的发酵有机肥料再加入一定量的草炭、蛭石或珍珠岩或适量田土，混合均匀后做育苗基质使用。由于各地的育苗基质原料不同，采用的配方也各异，但为了育成壮苗，要求各种养分应丰富平衡，质地疏松，具有吸水、吸热等性能，为幼苗生长发育提供充足的养分及有利于根系发育的环境条件。常规育苗基质的配置有 3 种类型。

① 以田土为主，加入充分腐熟的粪肥，其配比量需根据肥料的质量而定，一般田土与肥料之比为（8 : 2）～（6 : 4），配好的营养土容重约 1g/cm³。

② 在田土中加入草炭和堆肥，配比量为田土 : 草炭 : 堆肥 =6 : 3 : 1，配成的营养土较为疏松，容重约 0.8g/cm³，吸水、吸热、保肥性能好，育成苗茎秆粗壮，根系发达，毛细根多，定植后缓苗快。

③ 不用田土，采用草炭、蛭石、堆肥和适量化肥配置育苗基质，这样可避免使用田土带有的病菌危害。一般草炭与蛭石的配比为 1 : 1，再加入一定量的腐熟有机肥和少量复混肥。这种营养土更加疏松，容重约 0.25kg/m³，吸水、吸热、保肥、通气等性能更好，育出的苗壮，移苗定植时不易松散，更有利于缓苗，新根生长快。

一般掌握得当，这 3 种基质都可以满足育好苗的要求。但随着近年茄果类、瓜果蔬菜栽培面积的增加，育苗需求量增多，近年多采用商品有机肥、磷酸二铵等原料，这类肥料养分含量高，需要使用得当，否则会发生旺长或根系不发育等现象。

6.2.2.5　用作有机营养土

在温室、塑料大棚栽培条件下，多种植蔬菜、瓜果、花卉等经济效益相对较高的植物，为了获得更高的经济收入应充分满足作物生长所需的各种条件，因此常使用无土栽培方法。无土栽培是以草炭或森林腐叶土、蛭石等轻质材料作为育苗基质固定植株，让植物根系直接接触营养液，采用机械化精量播种一次成苗的现代化育苗技术。传统的无土栽培基质通常添加无机肥作为肥源。实验表明，在基质中定期添加堆肥不但可以为植物的生长持续供应养分，而且可以在一定程度上降低生产成本。常用营养土的配方为 0.75m³ 草炭、0.13m³ 蛭石、0.12m³ 珍珠岩、3.00kg 石灰石、1.00kg 过磷酸钙（20% P_2O_5）、1.5kg 复混肥（15∶15∶15）和 10.00kg 腐熟的堆肥。

6.2.2.6 灌溉施肥

灌溉施肥是通过灌溉系统进行施肥，是近年发展起来的新型施肥技术——水肥一体化技术。灌溉施肥的特点是水肥同时供应，可发挥二者的协同作用，肥料随水直接施入根区，降低了肥料与土壤的接触面积，减少了土壤对肥料养分的固定，有利于根系对养分的吸收；灌溉施肥持续时间较长，为根系生长提供了相对稳定的水肥环境；可根据气候、土壤特性、各种作物在不同生长发育阶段的营养需求，灵活地调节供应养分的种类、比例及数量等，达到高产和优质。

滴灌是灌溉施肥常用的一种方法，由于滴灌头的孔径较小，对肥料的质量要求较高，在田间温度下应能完全溶于水，没有沉淀，且溶解迅速，能与其他肥料相容；不会引起灌溉水 pH 值的剧烈变化。如果使用液态有机肥，如由养殖污水、堆肥渗液或沼液等转化而来的液态粪肥，必须经过过滤和较长时间的沉淀处理，避免管道堵塞。

6.2.2.7 集中施肥

堆肥或有机肥主要用作基肥施用，施用方法一般采用两种方式，即全层施入和集中施入。全层施入是在耕地前将有机肥撒在地表，然后采用旋耕和深翻的方式耕地，将堆肥施入全耕层中。集中施入就是通过开沟或穴施方法将堆肥施入作物的根系附近，这种施肥方法适宜在果树施肥或肥料较少或土壤肥力较低的情况下采用。

一般来说，养分含量较高的堆肥，如饼肥、生物有机肥等宜采用穴施或挖沟施肥的方法，既避免堆肥中氨气、臭气的释放，也缩短了肥料与根系的距离，可提高肥效和养分的利用率。

集中施肥在一定程度上可降低肥料的投入量，节省成本，但耗费人力，可选择采用机械化施肥或结合机械深耕施用，深耕可扩大根系活动范围及养分吸收空间，促进扎根、壮苗，同时又能很好地利用深层土壤中的养分，减少养分的损失。

6.3 堆肥产品的施用规范

6.3.1 有机肥施用技术

6.3.1.1 大田作物施用

有机肥料既可为作物提供营养还是良好的土壤改良剂。有机肥施入土壤以后，其中的腐殖质等与土壤矿质黏粒复合，能促进土壤团粒结构的形成，提高土壤的保水、保肥性。有机肥具有一定的酸碱缓冲性，因此也常用作盐碱地、次生盐渍化土壤等土壤的改良。有机肥中含有大量的有机质，虽然养分含量不及化肥，但养分全面，且稳定持久，与化肥的速效有良好的互补性，因此倡导有机无机肥的混合施用。

（1）施用原则

大田作物施用有机肥，以作为基肥施用为主，根据土质和目标产量配施适量三元复混肥。

（2）施用方式

1）全层施肥

在翻地前将普通堆肥或商品有机肥撒在地表，随着翻地将肥料全面翻入土壤中。这种施肥方法简单、省力，肥料施用均匀，但当季的肥料利用率偏低。生物有机肥撒施用量太大，不适宜全层施入。

2）集中施肥

腐熟程度高的有机类肥料，如商品有机肥、生物有机肥一般采用穴施或沟施的方法，将有机肥集中施在作物根系部位，可充分发挥其肥效。腐熟程度高的沼液肥，速效养分含量高，可作追肥施用。

3）有机肥料和无机肥料配合施用

有机肥料与无机肥料优缺点各异，长期的农业生产实践证明，单施有机肥料或无机肥料都不能完全满足作物生长的需要，只有两者配合施用才能充分发挥各自的优点，两者取长补短，互相补充，充分发挥两种肥料的增产潜力，达到高产优质和培肥改良土壤的双重效果。

（3）施用量

大田作物一般施用农家堆肥 2000 ~ 3000kg/ 亩，商品有机肥 150 ~ 250kg/ 亩，生物有机肥 50 ~ 200kg/ 亩。

由于地区不同，土质和耕地地力不同，制作堆肥或有机肥所用的原料不同，因此难以统一说明堆肥或有机肥的具体用量。下文以作物需求为导向，分别介绍堆肥及有机肥的施用方法和适宜用量。

1）在玉米上施用

有研究者进行了牛粪堆肥在青储玉米上的用量试验，设置了每公顷牛粪用量 0、7500kg、15000kg、30000kg 和 45000kg 共 5 个试验条件。结果表明，当牛粪用量为 45000kg/hm^2（1hm^2=10^{4}m^2）时对土壤改良的效果最佳，能够提高 0 ~ 20cm 耕层土壤的 pH 值、有机质、全氮、速效磷、速效钾等。与对照相比，施用牛粪堆肥处理的产量、蛋白质含量、淀粉含量分别提高 29.85%、5.26% 和 33.48%，对青储玉米产量提升、品质改善的效果显著。

2）在冬小麦上施用

有研究者在河南小麦上进行的商品有机肥应用研究表明，施用商品有机肥 50 ~ 150kg/ 亩可降低土壤容重 0.12 ~ 0.15g/cm^3，增产 10 ~ 50.9kg/ 亩，增产率在 2.2% ~ 11.1%，其中以每亩施用 150kg 商品有机肥效果最佳。

3）在水稻上施用

有研究者在豫南稻区进行了化肥减量配施商品有机肥对土壤肥力和水稻产量的影响

试验。在化肥减量 10% 和 20% 的条件下，将商品有机肥设置 750kg/hm²、1125kg/hm² 和 1500kg/hm² 3 个水平，另设全施化肥处理作为对照。结果表明，施用有机肥 1125kg/hm² 时可以减少 10% 的化肥用量且能增加水稻产量，施用有机肥 1500kg/hm² 可以减少 20% 的化肥用量且能增加水稻产量。与对照相比，随着有机肥施用量的增加，土壤中碱解氮含量显著提高，速效磷含量和速效钾含量也均呈增加趋势；而化肥施用量增加，仅增加土壤中碱解氮含量，速效磷含量在 1500kg/hm² 有机肥处理下显著增加，对速效钾含量影响不明显。因此，有机肥与化肥配施可适当减少化肥施用量而有益于土壤质量的改善。

6.3.1.2　果树施用

大量应用表明，果园长期施用化肥会导致土壤板结，果实产量和品质下降，且化肥易随水流失导致水体和土地污染。研究表明，不同有机肥配施肥能提高苹果果实的内外品质，对果形和单果重有明显改善，果实的可溶性多糖含量提高，土壤蔗糖酶和脲酶活性增强。西番莲施用专用有机肥后可显著提高产量，改善果实品质，尤其是"专用有机肥＋微生物菌剂"处理效果最为明显，显著提高了西番莲果实维生素 C 含量，降低了有机酸含量，果实风味和品质均得到明显改善，单株产量显著提高，有机酸总量降低，果实品质提升。有研究者以两年生蜜脆苹果为对象，研究了有机肥配施对土壤性状和苹果品质的影响，结果表明，与单施化肥相比，有机肥配施降低了土壤 pH 值，增加了土壤有机质含量及速效氮、速效磷、速效钾含量，有机肥配施使蜜脆果实增大，可溶性固形物、钙、镁含量提高，可滴定酸含量降低，固酸比增加。

（1）果园施用有机肥的原则

以作为基肥施用为主，一般在秋季落果后根部施肥，适量补充磷肥和三元复混肥，以促进根系发育和树体养分积累，有条件时可配施生物有机肥或微生物菌剂，可提高根际微生物活性，促进养分利用，提高果树免疫力，减少土传病害的发生，为来年的优质高产奠定基础。

（2）施用方式

1）环状沟施肥法

在树冠外围挖宽 30～40cm、深 15～45cm 的环形沟，然后将表土与基肥混合施入。此法适于幼龄树果园。

2）放射沟施肥法

在距树干 1m 远的地方，挖 6～8 条放射状施肥沟，沟宽 30～60cm、深 15～45cm，长度达树冠投影外缘。将肥料施入沟中，肥土混匀后覆土。此法适于成龄果园。

3）条状沟施肥法

在果树行间或株间，挖 1～2 条宽 50cm、深 40～50cm 的长条形沟，施肥覆土。此法适于成龄果园。

4）穴施法

在树干 1m 以外至树冠投影以内，均匀挖 10～20 个深 40～50cm、上口 30cm、底部 10cm 的锥形穴。穴内施用有机肥，肥土混匀后覆土。此法适用于保水保肥力差的沙地果园。

5）土壤打眼施肥法

在树冠下用钻打眼，将稀释好的肥料灌入洞眼内，让肥水慢慢渗透。此法适于密植区果园和干旱区的成龄果园。

6）全园施肥法

将肥料均匀撒施全园，翻肥入土，深度以 20 ～ 30cm 为宜。此法适用于根系满园的成龄树或密植型果园。

7）以水带肥法

在地膜覆盖的幼树园，可选用液态有机肥，随灌溉水一起施入。

（3）施用量

果园一般施用农家堆肥 1500 ～ 3000kg/ 亩或商品有机肥 500 ～ 750kg/ 亩，生物有机肥 80 ～ 200kg/ 亩。

因地域、果树种类和树龄的不同，在肥料用量上差别较大，下文提供了不同果树的用肥方案和效果。

1）在梨树上施用

有研究者在河北省辛集市以 15 年生的皇冠梨为供试对象，每棵树施用商品有机肥 15kg，采用环状沟施肥法，在距树体 80 ～ 120cm 处施肥，使用机器深翻 30cm，在萌芽期施基肥，膨大期追肥，连续施用 5 年。结果表明，施用有机肥后梨树根系发达，根长和毛细根数量增多，地上部叶片和新梢的生长、成熟期单果重和产量均有提高，果实可溶性固形物、糖酸比提高，果实可滴定酸下降，外观和营养品质都有明显改善。

2）在葡萄上施用

与其他果树不同，葡萄的全生育期生长量较大，80% 以上的枝蔓、叶片是在短短几个月内生长完成的，因此葡萄是喜肥植物，需要高水肥管理。对高产葡萄园（亩产量 3000 ～ 4000kg）可选用腐熟的有机肥 3000 ～ 4000kg + 磷肥 100kg + 三元复混肥 30kg + 微生物菌剂 1 ～ 2kg；中低产葡萄园（亩产量 1500 ～ 2000kg）可选用腐熟有机肥 2000 ～ 3000kg + 磷肥 80kg + 复混肥 20kg+ 微生物菌剂 1 ～ 2kg。如果选用商品有机肥，养分较全面，一般亩用量 600 ～ 700kg。此外，要注意中微量元素的补充，如缺硼，可每亩施入 0.5 ～ 1.0kg 硼砂；对于盐碱性土壤，要注意补充铁肥。施肥时结合深耕施用葡萄开沟肥，距离根系 50cm 左右，开沟宽度 30 ～ 50cm，深度在 40 ～ 50cm，做到土肥相融，起到培肥土壤和供给作物所需养分的作用。

3）在苹果树上施用

有研究者以 22 年生乔砧红富士苹果树为试材，设置不同梯度生物有机肥配施减量化肥处理，研究其对苹果外观和内在品质的影响。结果表明，化肥配合施用有机肥 10kg/株，苹果单果质量和果形指数分别比单施化肥提高 4.53%、6.82%，果实硬度、可溶性固形物含量、糖酸比和维生素 C 含量分别比对照处理提高 22.89%、21.74%、40.14% 和 311.36%；有机肥用量为 10kg/ 株，化肥减量 25% 的苹果单果质量、果形指数、果实硬度、可溶性固形物含量、糖酸比、维生素 C 含量与化肥配合施用有机肥 10kg/ 株的处理间差异不显著。株施生物有机肥 10kg+0.21kg N + 0.14kg P_2O_5 + 0.26kg K_2O 能显著改善苹果品质，可作为推荐施肥量。

6.3.1.3　设施蔬菜施用

我国是世界上最大的蔬菜生产国和消费国，播种面积和产量均居世界第一位。然而，蔬菜尤其是设施蔬菜种植过程中的不合理施肥，不仅导致肥料利用率和生产效益降低还使土壤质量退化，重金属积累，蔬菜可食用部分和地下水硝酸盐超标，严重制约了蔬菜产业的可持续发展。

化肥的过量施用一直是学者们关注的焦点，并且在蔬菜化肥减施潜力及化肥减施或推荐施肥方面也取得较多的研究成果。然而，蔬菜种植中有机肥施用的盲目性却不容忽视，研究表明，长期不合理施用有机肥会导致设施菜地土壤次生盐渍化、土壤酸化、养分不平衡等土壤质量的退化，进而出现病虫害加重，产量和品质下降等一系列问题，严重影响设施农业的可持续发展和经济效益。因此，在国家推进"果菜茶有机肥替代化肥"和"化肥农药双减"系列专项行动大背景下，积极开展设施蔬菜有机肥替代化肥行动尤为重要。

（1）施用原则

第一，设施蔬菜不同于露地栽培生产，堆肥或有机肥施用前要充分发酵腐熟，避免施入土壤后发酵生热，释放氨气，烧根伤叶，还招惹地下害虫；第二，根据土壤和种植情况调整施用策略，对于新改造的菜田，土壤有机质和养分含量低，应选择有机质和养分含量高的有机肥，以快速培肥地力，对于长期连作的老菜田，土壤养分含量高，微生物活性低，应选择有机质含量高、养分含量低的秸秆类有机肥，以改善土壤结构；第三，注重配合有机肥、无机肥和菌肥的联合使用，速效、缓效和土壤活性改良结合，以满足农作物快速生长和防控土传病害的需要，实现用地与养地的结合。

（2）施用方式

设施蔬菜有机肥的施用要根据蔬菜种类的不同，有针对性地施用。

1）作基肥

蔬菜定植或播种前，在地表撒施堆肥或商品有机肥，然后进行深翻（黄瓜、番茄等）或浅翻（油菜、小白菜等），肥土混匀后定苗或撒种。

2) 穴施或沟施

在蔬菜定苗时可采用穴施或沟施施肥，一般生物有机肥采用这种施肥方法，用肥量少，集中，离根系近，肥效显著。用肥前先挖穴或开沟，然后施肥，肥土混匀后定植蔬菜幼苗。

3）追施

当番茄、茄子等果菜生长到一定时期，可以追施商品有机肥或生物有机肥。一般在行间挖沟，施入肥料，肥土混匀后覆土。

（3）施用量

有机肥的施用量应根据不同蔬菜的需求和土壤养分状况确定，一般施农家堆肥2000 ～ 4000kg/亩，或商品有机肥200 ～ 750kg / 亩，或生物有机肥80 ～ 150kg / 亩。

1）在番茄上施用

番茄根群较发达，需肥量较大，应选择肥沃，保水、保肥力强的壤质土种植。

① 基肥：移栽前，每亩基施以猪粪、鸡粪、牛粪等为原料经过充分腐熟的优质农家

肥 3000 ～ 4000kg 或商品有机肥（或生物有机肥）350 ～ 400kg，同时基施养分含量 45%（18-18-9 或相近配方）的复混肥 30 ～ 40kg。

② 追肥：每次每亩追施养分含量 45%（15-5-25 或相近配方）的复混肥 6 ～ 10kg，分 7 ～ 10 次随水追施。

③ 追肥时期：苗期、开花坐果期、果实膨大期，根据收获情况，每收获 1 ～ 2 次追施 1 次肥。

设施蔬菜的复种指数较高，易发生土壤盐渍化和土传病害现象，单一种类蔬菜多年连续种植则会发生连作障碍问题，因此施用生物有机肥或微生物菌剂可以缓解上述问题的发生。有研究者在设施番茄连续 4 年施用生物有机肥的试验中表明，与常规施肥相比，土壤有效磷、速效钾、有机质含量分别提高 147.0%、38.8%、35.6%；果实的糖酸比、维生素 C、番茄红素含量分别提高了 11.1%、7.2% 和 12.4%；土壤活力提高，土壤链霉菌属、尿素芽孢杆菌属和芽孢杆菌属等益生菌的丰度显著增多。

2）在茄子上施用

茄子是喜肥作物，土壤状况和施肥水平对茄子的坐果率影响较大。在养分供应充足时，落花少，坐果多。营养不良时短柱花增多，花器发育不良，不宜坐果。

① 基肥：茄子苗移栽前，需每亩施农家堆肥 2000 ～ 3000kg，或施商品有机肥 200 ～ 300kg，配合施过磷酸钙 25 ～ 35kg、硫酸钾 15 ～ 20kg，先撒施在地表，结合翻地，均匀施入耕层土壤。

② 追肥：坐果后进行第 1 次追肥，每亩追施生物有机肥 20 ～ 30kg；在茄子果实膨大时进行第 2 次追肥；当四门斗开始发育时是茄子需肥的高峰，进行第 3 次追肥。以上 3 次的追肥用量相同，以后的追肥量可以减半。

有研究者在茄子上进行的有机肥替代化肥试验表明，用商品有机肥替代 40% 的氮肥效果最佳，较常规施肥增产 5.17%，氮肥利用率提高 10.49%；可溶性糖含量增加 9.09%，维生素 C 含量增加 12.31%，硝酸盐含量减少 7.09%；土壤有机质含量提高 17.06%，土壤 pH 值降低 2.92%。说明增施有机肥可显著改善土壤质量，提高茄子产量，改善品质。

3）在辣椒上施用

在辣椒生长发育的各个时期，应根据植株对养分的要求，施用不同种类和数量的肥料。做到一控、二促、三保、四忌。

一控：在开花期控制施肥，以免落花、落叶、落果。

二促：幼果期和采收期要及时追肥，以促幼果迅速膨大。

三保：保不脱肥、不徒长、不受肥害。

四忌：忌用高浓度肥料，忌湿土追肥，忌高温时追肥，忌过于集中追肥。

① 基肥：移栽前，每亩基施充分腐熟的优质堆肥 2000 ～ 3000kg，或施用商品有机肥（或生物有机肥）300 ～ 350kg，同时基施养分含量 45%（18-18-9 或相近配方）的复混肥 25 ～ 30kg。

② 追肥：每次每亩追施 45%（15-5-25 或相近配方）的复混肥 10 ～ 16kg，分 3 ～ 5 次随水追施。

③ 追肥时期：苗期、开花坐果期、果实膨大期。根据收获情况每收获 1 ～ 2 次追施

1 次肥。

4）在黄瓜上施用

设施黄瓜是我国北方设施大棚种植的主要蔬菜种类，分为秋冬茬和冬春茬栽培。黄瓜的生长周期较长，产量高，对水肥的要求高。

① 基肥：移栽前，每亩基施猪粪、鸡粪、牛粪等腐熟堆肥 4000 ～ 5000kg，或施用商品有机肥 400 ～ 450kg，同时基施 45%（18-18-9 或相近配方）的复混肥 40 ～ 50kg。

② 追肥：每次每亩追施 45%（17-5-23 或相近配方）的复混肥 7 ～ 10kg。

③ 追肥时期：三叶期、初瓜期、盛瓜期，初花期以控为主，根据收获情况每收获 1 ～ 2 次追施 1 次肥。秋冬茬和冬春茬共分 7 ～ 9 次追肥，越冬长茬共分 10 ～ 14 次追肥。

黄瓜为浅根植物，产量高需肥多，也易发生土传病害，因此在施肥时需要兼顾养分供应与土壤改良，宜多施用有机肥、生物有机肥，减施化肥。有研究者在连作黄瓜上进行施用生物有机肥减施化肥的试验表明，在保证产量的同时改土效果也非常明显。试验共设 9 个处理（T1 ～ T9），将 9 个处理分为 3 个处理组：

① 生物有机肥添加量为 0t/hm² 的 CK 处理组（T1 减肥 0%，T2 减肥 10%，T3 减肥 20%）；

② 生物有机肥添加量为 10t/hm² 的 Y1 处理组（T4 减肥 0%，T5 减肥 10%，T6 减肥 20%）；

③ 生物有机肥添加量为 20t/hm² 的 Y2 处理组（T7 减肥 0%，T8 减肥 10%，T9 减肥 20%）。

结果表明，Y1 处理组和 Y2 处理组与 CK 处理组相比，黄瓜产量的提高范围分别为 1.48% ～ 38.88% 和 15.31% ～ 50.91%，氮肥利用率提高 1.51 ～ 10.07 个百分点和 6.41 ～ 18.71 个百分点，磷肥利用率提高 2.07 ～ 5.38 个百分点和 5.67 ～ 8.90 个百分点，钾肥利用率提高 9.50 ～ 16.31 个百分点和 16.95 ～ 28.43 个百分点；在施用相同用量生物有机肥条件下，随着化肥施用量的减少，CK 组内各处理（T1，T2 和 T3）黄瓜产量差异显著，Y1 组内的 T4 和 T5 与 T6 相比黄瓜产量差异明显，Y2 组内 T8 与 T9 相比黄瓜产量差异显著。在 9 个处理中，T8 黄瓜产量最高；Y1 组内各处理（T4，T5 和 T6）和 Y2 组内各处理（T7，T8 和 T9）的氮、磷、钾的利用率均呈上升趋势。

6.3.2　沼肥施用技术

沼肥是畜禽粪便等废弃物在厌氧条件下经微生物发酵制取沼气后的残留物，主要由沼渣和沼液两部分组成。目前，沼肥是一种安全、高效、持久的有机肥料，已广泛应用在粮食作物、蔬菜和水果等各类农作物的种植方面，不仅可以提高农作物产量，还可以改良土壤，减少化肥和农药的使用，降低药物的残留，生产出优质的无公害绿色食品。沼肥同时具有有机肥、化肥和微肥三者的优势，既具有长效性、速效性和增效性，又具有营养全面、作用持久的特点，能改善土壤理化性质，增强土壤肥力，确保农作物生长所需的良好生态环境。沼肥是一种养分速效又全面的优质有机肥，尤其适合作追肥，快速补充植物所需养分。施用沼肥还有利于增强作物抗冻、抗旱能力，减少病虫害。但沼肥中也含有多种重金属，沼肥的不合理使用会使重金属在土壤和农产品中有残留，因此沼肥的施用一定要适量适时。

沼肥是沼液和沼渣的混合物，因此可将二者分离后分别使用。由于沼液中含有大量生长素等物质，沼液是腐熟的速效肥，含有丰富的有机质和 N、P、K 等动植物所需的营养成分，以及腐植酸、氨基酸、维生素、酶等生命活性物质，还有对农作物生长起重要作用的硼、铜、铁、锰、钙、锌等中微量元素，这些营养物质利用率高，能迅速被作物吸收利用。沼液还可以用于浸种，能提高种子的发芽率和生长势。沼液常用作追肥，既可根施亦可喷施。沼渣是厌氧发酵产气后的固体剩余物质，总养分基本达到国家标准要求，其中有机质含量最高，超过国家对有机肥的施用标准。牛羊粪沼渣肥全磷含量低于猪粪沼渣肥，全钾和有机质的含量明显高于猪粪沼渣肥，全氮含量则二者较接近。沼渣营养元素种类与沼液基本相同，其有机质和有效养分含量比沼液高，可作为营养元素种类齐全、肥效速缓兼备的优质有机肥料，常用做基肥。

参照《沼肥施用技术规范》（NY/T 2065—2011）、《沼肥施用技术规范 设施蔬菜》（NY/T 4297—2023）和《沼气工程沼液沼渣后处理技术规范》（NY/T 2374—2013）的有关规定，沼肥施用技术简介如下。

（1）沼肥施用原则

沼肥出池后不能立即施用，一般要在专用贮存池中存放 5～7d，挥发掉残余的甲烷等气体，氧化还原后再施用。为施肥方便，沼肥可进行固液分离制成沼渣、沼液分别施用。沼渣、沼液均可在根外深施，可穴施或沟施，应与根系保持一定距离，以防烧根。沼肥施用后及时覆土，防止肥效损失和空气污染。

若沼渣与磷肥按质量比 10:1 混合堆沤 30～40d 后施用效果更佳。忌与草木灰、石灰等碱性肥料混施，以防氮素损失，降低肥效。

叶面喷施沼液时，必须采用正常产气 3 个月以上的沼液，且需沉淀澄清，并用双层纱布过滤、去杂，放置 2～3d，适当稀释后再用。叶面喷施沼液宜在早晨或傍晚，忌中午特别是晴天施用。应侧重于叶背面喷施。

（2）沼肥施用方式

1）基肥深施

施用时将沼肥撒施在地表，然后深翻，保证沼肥覆盖 10cm 厚度的土层，以减少氨气等养分挥发。

2）穴施和沟施

在大田作物的施肥关键期，宜进行穴施、沟施或注射式施肥，一般稀释 3 倍以上，施肥后覆盖原土，防止氨、残余甲烷挥发。

3）叶面喷施

把握好各种作物不同生长发育期施用的适宜浓度，以防烧坏叶面，一般作物在幼苗期用 1 份新鲜沼液加水 1～1.5 倍、瓜果类作物幼苗期要加水 1.5～2 倍，作物生长的中后期以及果树的施用浓度，一般用 1 份新鲜沼肥加水 0.5～1 倍较为适宜。

6.3.2.1　粮油作物沼肥施用

小麦种植需要播种前施基肥，灌浆期进行追肥。为提高农业废弃物的资源化高效利用，减少环境污染，促进农作物水肥一体化的节本增效和增产提质，实现沼液的科学利用和化肥减量投入。有研究者于 2016～2018 年在郸城试验基地开展了化肥与沼渣沼液配施水肥一体化对小麦生长发育、产量和水分利用的影响施肥研究。实验中设置了全程沼渣沼液、化肥与沼渣沼液配施、单施化肥（对照）三种处理。结果表明，沼渣沼液的应用有利于改善小麦生长发育性状，对株高、穗长、穗数、穗粒数、千粒质量都有不同程度的改善，同时不孕穗下降。与对照相比，株高提高 1.31～15.92cm，穗长增长 0.01～0.60cm，小穗数增加 0.08～2.32 个，穗粒数为 0.87～11.32 粒，千粒质量提高 0.12～5.50g，不孕穗减少 1.89～5.09 穗，小麦产量增加 0.70%～57.58%，水分利用效率提高 57.58%，小麦蛋白质和粗淀粉含量分别提高 0.30～1.00g/100g 和 0.57%～2.22%。总之，底施 450～750kg/hm² 化肥，拔节期和抽穗期配施 2 次沼液或全程沼液的模式，有利于实现氮肥减施、产量和品质的共同提高，同时减少有机废物对环境的污染。

沼肥在玉米种植上的施用多以基肥为主，施用量在 3000kg/ 亩左右。有研究者为探究沼肥和化肥按不同比例配合施用对土壤性质的影响，选择玉米田土壤为试验材料，设置 CK（不施肥）、HF（化肥）、ZH20（20% 沼肥 +80% 化肥）、ZH50（50% 沼肥 +50% 化肥）、ZH80（80% 沼肥 +20% 化肥）和 ZF100（100% 沼肥）六种施肥处理。采用随机区组设计试验，研究其在玉米拔节期、小喇叭口期、大喇叭口期、抽穗吐丝期和收获期 5 个生育时期对土壤容重、pH 值、有机质含量、速效氮含量、磷含量、钾含量的影响。结果表明，小喇叭口期 ZF100 处理土壤有机质的含量显著降低，而收获期时 ZF100 处理土壤有机质的含量显著提高；5 个生育时期各施肥处理均使土壤容重下降，且沼肥浓度越高的施肥处理土壤容重下降越明显；5 个生育时期与 CK 相比，HF 处理均使土壤 pH 值降低，ZH20、ZH50、ZH80、ZF100 处理使土壤 pH 值升高；ZH50 处理提高土壤速效氮含量的效果最显著；ZH80、ZF100 处理提高土壤速效磷含量效果最显著；各处理间对提高土壤速效钾含量的效果差异不显著。在相同栽培管理条件下，施用沼肥能明显改善玉米的各项经济性状，提高玉米的产量。其原因如下所述：

① 沼肥较长时间存放在密池中，肥料成分损失小；

② 生产沼气的原料，通过一系列的发酵反应，有机质分解，N、P、K 等养分的有效性提高，有利于作物吸收利用；

③ 沼肥是速、迟兼用型的有机肥，更能满足农作物生长的需要。玉米施用沼肥增产又增收，经济效益十分明显。

玉米施用沼肥能显著增加收入，使投入产出比提高。在大力发展沼气的同时，有效地利用沼肥，不仅能解决农村能源问题，净化农村环境，而且可以开拓肥源，保持生态良性循环。玉米施用沼气肥有较大的增产潜力，应大力推广应用，提高沼气池的综合利用率，增加玉米产量和农民收入。

（1）沼肥用法用量

① 施用方法：可采用穴施、条施、撒施。施后应充分和土壤混合，并立即覆土，一周后便可播种。

② 施用量：沼渣作基肥，施用量根据作物不同需求进行，具体年施用量参见《沼肥施用技术规范》（NY/T 2065—2011）附录 C，具体指标见表 6-12。

表 6-12　几种主要作物沼渣年参考施用量

作物种类	沼渣施用量 /（kg/hm²）
水稻	22500 ～ 37500
小麦	27000
玉米	27000
棉花	15000 ～ 45000
油菜	30000 ～ 45000
苹果	30000 ～ 45000
番茄	48000
黄瓜	33000

（2）沼渣与沼液配合施用

① 施用量：沼渣年施用量 13500 ～ 27000kg/hm²；沼液年施用量 45000 ～ 100000kg/（d·hm²）。

② 施用方法：沼渣作基肥一次施用。沼液在粮油作物孕穗和抽穗之间采用开沟施用，覆盖 10cm 左右厚的土层。

（3）沼渣与化肥配合施用

沼渣宜作基肥施用，各作物年施用量参见《沼肥施用技术规范》（NY/T 2065—2011）附录 D，具体指标见表 6-13。化肥宜作追肥，在拔节期、孕穗期施用。对于缺磷和缺钾的旱地还可以适当补充磷肥和钾肥。

表 6-13　几种主要作物沼渣与化肥配合年参考施用量

作物种类	沼渣施用量 /（kg/hm²）	尿素施用量 /（kg/hm²）	碳铵施用量 /（kg/hm²）
水稻	11250 ～ 18750	120 ～ 210	345 ～ 585
小麦	13500	150	420
玉米	13500	150	420
棉花	7500 ～ 22500	75 ～ 240	240 ～ 705
油菜	15000 ～ 22500	165 ～ 240	465 ～ 705
苹果	15000 ～ 30000	165 ～ 330	465 ～ 945
番茄	24000	255	750
黄瓜	16500	180	510

注：氮素化肥选用其中一种。

6.3.2.2　果树沼肥施用

在国家减肥减药行动实施以前，农户投入的肥料普遍过量，肥料利用率低下现象突出，尤其氮肥过量施用会导致土壤酸化、板结，严重影响了果实品质和耐贮存性能，还会导致氮素流失，造成环境污染。沼肥营养丰富，养分齐全，缓效速效兼备，符合无公害绿色农产品生产的需要，因此近年来在果树上的应用也越来越多，并且均取得较好的效果。

（1）沼肥在柑橘树上的施用

有研究者在柑橘果园试验了机械化深松结合灌施沼肥对柑橘园土壤水稳定性团聚

体、土壤养分和柑橘产量的影响，结果显示沼肥深施能够改善紫色丘陵区柑橘园土壤团聚体的稳定性，提高整个土层的土壤有机质含量，全氮、全磷和全钾含量。大量沼肥深施处理（T5）土壤团聚体稳定性（MWD）分别较单施化肥（CK）和直灌沼肥（T0）提高了27.6% ~ 29.9%和12.2% ~ 14.2%；土壤有机质、全氮和全磷含量分别提高了2.33 ~ 6.17g/kg、1.73 ~ 4.73g/kg，0.14 ~ 0.23g/kg、0.02 ~ 0.12g/kg、0.15 ~ 0.53g/kg、0.15 ~ 0.43g/kg。沼肥深施对果实产量的影响与施用量密切相关，当施用量为135 t/hm^{2}时其产量与单施化肥处理相当，达到180 t/hm^{2}之后其产量则显著增加。沼肥施用能够提升果实品质，与单施化肥（CK）相比，大量沼肥深施处理（T3、T5）显著提高了柑橘的TSS、固酸比、总糖和维生素C含量，而直灌沼肥（T0）仅柑橘维生素C含量次于单施化肥（CK），其他果实质量指标均高于CK。在荔枝园应用沼液后能显著提高荔枝果园土壤有机质含量，改善土壤理化性质，提高土壤肥力水平；施用沼肥的荔枝单果重、可溶性固形物含量、总糖含量明显增加，可滴定酸含量显著降低，品质得到显著改善。

（2）沼肥在苹果树上的施用

一般是在秋季果实采摘后施入，此时是根系生长高峰，伤根易于愈合，也可春施，一般要掌握"早"，土壤解冻后立即进行。施用量为盛果期株施沼渣50kg或沼液100kg左右；初结果树株施沼渣25kg或沼液30 ~ 50kg，幼树株施沼渣15kg或沼液20 ~ 30kg。施用方法是在树盘外缘附近挖深15 ~ 20cm、宽40 ~ 50cm的环状沟施入，渗干后覆土填平施肥沟。沼肥对苹果园提质增效的试验研究表明：施用沼肥有效提高了苹果树树体的营养水平，增加产量，改善品质；明显提高果实可溶性固形物、硬度、商品率和果实着色度，同时显著提高了树体抗逆性。因此，沼肥对苹果园具有良好的提质增效作用。

（3）沼肥在梨树上的施用

沼肥施用量一般在50 ~ 100kg/棵。为了解沼肥功效，以扩大其在农业生产上的推广应用，有研究者以苏翠1号梨为例，研究了沼肥对梨树产量、品质及其相关性状的影响。结果表明，沼肥对苏翠1号梨枝条生长有明显促进作用；沼肥用量为70kg/株时，产量最高，可达33.18kg/株。同时，施用沼肥使苏翠1号梨果肉中维生素C含量提高5.66% ~ 9.95%；可溶性糖含量提高16.95% ~ 33.18%，可溶性固形物含量提高4.39% ~ 21.30%，并能降低有机酸含量，改善梨口感。同时利用沼肥可以实现节本增效的目的，具有很好的经济效益。有研究者以梨园为研究对象，指出高压节水深施技术能有效提高深层土壤（30 ~ 60cm）氮和磷等养分含量，但对土壤有机质和有效磷影响不大；高压节水深施技术能显著提高浅层（0 ~ 30cm）土壤脲酶、蛋白酶和蔗糖酶活性，但对浅层土壤多酚氧化酶和过氧化氢酶影响不大；节水深施，耕作对表层土壤的影响减少，土壤中菌落分布层次往下推移，出现新的分布形式。

（4）沼肥在猕猴桃树上的施用

有研究者在猕猴桃树上施用沼肥和农家肥的对比试验中指出，在施量相同的条件下，沼肥在产量方面明显要优于农家肥，产量增加1990.5kg/亩，增幅达14.6%。此外，施入沼肥还可改善猕猴桃的外观，提高维生素C、总糖、总酸的含量。

（5）沼肥在枣树上的施用

有研究者使用沼液根施、喷施、涂干及随水滴灌4种施肥方式，比较了对枣树光合特性及产量、品质的影响。结果发现，沼液喷施不仅有利于提高枣树单果质量和产量，改善果形指数，而且还能提高枣树中还原糖、蛋白质、维生素 C 的含量，改善红枣果实品质，建议在红枣种植中大面积推广喷施。

（6）沼肥施用方式

① 作为基肥深施。施用时，将沼肥撒施果树行间，然后深翻，保证沼肥覆盖 10cm 厚度的土层，以减少养分挥发。

② 环状沟施肥法。在树冠外围挖一条 30～40cm 宽、15～45cm 深的环形沟，然后将表土与沼肥混合施入，此法适于幼龄有机果园。

③ 放射状施肥法。在距树干 1m 远的地方，挖 6～8 条放射状沟，沟宽 30～60cm、深 15～45cm，长度达树干外缘。将肥料施入沟中后覆土。此法适于成龄果园。

④ 条状沟施肥法。在有机果树行间或株间，挖 1～2 条宽 50cm、深 40～50cm 的长条形沟，然后施肥覆土。此法适于成龄果园。

⑤ 穴施法。在直径 1m 以外的树下，均匀挖 10～20 个深 40～50cm、上口为 30cm、底部为 10cm 的锥形穴。穴内填枯枝烂叶，用塑料布盖口，追肥、浇水均在穴内。此法适用于保水保肥力差的沙地果园。

⑥ 叶面喷施。沼液沉淀过滤后，稀释 2 倍以上叶背后喷施。

（7）沼肥施用技术

1）沼渣施用技术

① 施用量：沼渣年施用量参见表 6-12。

② 施用方法：一般是在春季 2～3 月和采果结束后，以每棵树冠滴水圈对应挖长 60～80cm、宽 20～30cm、深 30～40cm 的施肥沟进行施用并覆土。

2）沼液施用技术

沼液一般用作果树叶面追肥，施用方法如下所述。

① 喷洒量要根据果树种类、生长时期、生长势及环境条件确定。

② 喷洒时一般宜在晴天的早晨或傍晚进行，忌中午施用，雨后重新喷洒。

③ 气温高以及作物在幼苗、嫩叶期时，用 1 份沼液兑 1 份清水稀释施用，气温较低以及在作物生长的中、后期，可用沼液直接喷施。

④ 喷洒时，宜从叶面背后喷洒。

⑤ 采果前 1 个月停止施用。

6.3.2.3　蔬菜沼肥施用

（1）露地蔬菜

蔬菜露地栽培是利用大自然气候、土地、肥力等条件，通过人工管理，以获得蔬菜产品。在现代农业中，露地蔬菜种植是一种重要的生产方式，尤其在气候适宜、土壤条件良好的地区，展现出了极大的经济价值和市场潜力。近年来，沼肥在蔬菜生产上已广泛应用，可以在很大程度上缓解土壤障碍的发生，降低生产成本，保护环境，节约资源。

有研究者在番茄上进行的沼肥用量试验表明，沼肥能明显促进植株的营养生长，株高和茎粗均比对照增加。沼肥施用量 22500～30000kg/hm² 时番茄产量呈增加趋势，果实维生素 C 含量提高，硝酸盐含量与对照相比差别不大；施用量 75000 ～ 105000kg/hm²，产量则呈降低趋势，果实维生素 C 含量下降，硝酸盐含量高于对照，并达到了显著差异。因此，适量施用沼肥可以改善大棚番茄的品质，尤其是提高番茄中维生素 C 含量，还能有效降低硝酸盐的积累，但对可滴定酸的影响差异不显著。

有研究者以黑霸长茄为试材，在苗期和田间生长期进行了商品沼液叶面肥喷施对比试验。沼液叶面肥养分中 N、P_2O_5、K_2O 含量分别为 11.5%、5.2%、3.6%，Ca、Mg、Fe 和 Zn 含量分别为 2.8%、1.2%、1.4% 和 0.4%，稀释 500 倍喷施。结果表明，喷施叶面肥可提高茄子育苗质量和产量水平，喷施沼液叶面肥的效果优于其他几种叶面肥。秧苗高比对照高 1.82cm，茎粗比对照粗 1.48mm，叶面积增加 2.24cm²，达到壮苗标准；田间生长期喷施沼液叶面肥，与对照相比茄子株高增高 5.1cm，单果增重 10.35g，单株产量增加 0.22kg，产量提高 12.86%，达到显著水平。

甘蓝为喜肥和耐用肥作物，吸肥量较多，在幼苗期和莲座期需氮肥较多，结球期需磷肥、钾肥较多，全生长期吸收氮、磷、钾的比例约为 3:1:4。沼肥的施用量为 45000kg/hm²。每生产 1000kg 叶球吸收氮 4.1 ～ 4.8kg、磷 0.12 ～ 0.13kg 和钾 4.9 ～ 5.4kg。在施足氮肥的基础上，配合施用磷肥、钾肥有明显的增产效果。而沼液中含有丰富的钾及微量元素，甘蓝追施沼肥有明显增产效果，用量为 1250kg/hm²。甘蓝的整个生育期喷 2 ～ 4 次，在结球期浓度可适当加大；一般在早晨 8 ～ 10 时或下午 5 时以后喷施为宜。温度过高不宜喷施，防止灼伤叶片。喷施时应以叶背为主，以叶面布满液珠而不下滴为宜。蔬菜上市 7d 前停止喷施，以免影响农产品的外观品质。以辣椒为例，用量为 1250kg/hm²。甘蓝的整个生育期喷 3 ～ 5 次。沼肥做根际追肥时，应在甘蓝一侧，距离甘蓝根部 15cm 左右顺行开沟施入，沟宽 5 ～ 10cm，深 10 ～ 15cm，不宜过深。因为甘蓝为两年生草本植物，根系主要分布在 30cm 以内土层中。施肥后用土壤覆盖，以利于提高肥效。追肥完成后，可浇水漫灌，追肥一般在定株后和结球期进行，追施量为 30000kg/hm²。沼肥作基肥的不同水平之间差异显著，以 45000kg/hm² 水平产量最高，达到 66.07419 t/hm²，与其他处理差异极显著。

1）沼肥施用方式

① 沼肥作基肥。沼肥中含有丰富的有机质和其他营养成分，长期使用沼肥作基肥可以培肥地力，减少化肥的使用量，减轻农业污染，提高土壤有机质含量，使土壤疏松，结构优化，可解决长期使用无机肥而造成土壤板结的问题。将沼肥取出，搅拌均匀，可立即撒于土壤表面，略微晾晒一下，不黏连后立即深翻，与土壤混合。

② 沼肥沟施。土地平整好，用旋耕机旋耕 25cm 深，以行距 1m 开沟，沟宽 0.3m，沟深 0.1 ～ 0.12m，将沼肥倒入沟内后覆土。封沟后，在施沼肥的沟上封土起垄。

③ 沼肥作为叶面肥。先将水压间的沼液充分搅拌均匀，然后在水压间中部取适量的沼液过滤，静置 12h 以上，按 50% 的比例（沼液和清水比例为 1:1）兑清水，搅拌均匀，用背负式喷雾器喷施植株及叶面。

2）沼肥施用技术

① 沼渣施用技术。

施用量：按每年 2 季计算年施用量，参见表 6-12 和表 6-13。

施用方法：栽植前一周开沟一次性施入。

② 沼液施用技术。

沼液宜作追肥施用。

施用量：按每年 2 季计算年施用量，参见《沼肥施用技术规范》（NY/T 2065—2011）附录 E，具体指标见表 6-14；不足的养分由其他肥料补充。

表 6-14　几种主要蔬菜沼液与化肥配合年参考施用量

蔬菜种类	沼液施用量 / (kg/hm²)	尿素施用量 / (kg/hm²)	过磷酸钙施用量 / (kg/hm²)	氯化钾施用量 / (kg/hm²)
番茄	30000	450	315	645
黄瓜	30000	300	495	360

施用方法：定植 7 ~ 10 d 后，每隔 7 ~ 10 d 施用 1 次，连续 2 ~ 3 次。蔬菜采摘前 1 周停止施用。

（2）设施蔬菜

设施蔬菜是指利用温室、塑料大棚、自动化灌溉系统、温度调控系统等现代农业设施技术，通过人工控制环境，为蔬菜生长创造适宜条件，以实现蔬菜的全年生产。通过现代农业设施，可以在不适宜蔬菜自然生长的季节和地区进行生产，确保蔬菜的供应稳定。与传统的露天种植相比，设施蔬菜的生产更加注重科技的应用和环境的控制。蔬菜设施栽培化肥和农药投入较高，加上复种指数高，设施土壤退化、连作障碍现象逐年加重，严重影响了蔬菜产业的持续发展。近年来，为缓解土壤障碍的发生、降低生产成本、保护环境、节约资源，沼肥等有机肥在设施农业中应用较为广泛，其农产品的品质也得到用户的认可。

1）沼渣施用

沼渣一般作为基肥施用，栽植前一周翻耕时撒入或开沟一次性施入后覆盖 5 ~ 10cm 的原土，定植后立即浇透水分，沼渣施用应符合《沼肥施用技术规范》（NY/T 2065—2011）的规定。设施土壤栽培条件下果菜类（茄果类、瓜类及豆类）蔬菜种植中，沼渣作基肥、沼液作追肥的沼肥推荐施用量参见《沼肥施用技术规范　设施蔬菜》（NY/T 4297—2023）附录 A，具体指标见表 6-15。

2）沼液施用

① 沼液用量。按照肥随水走、少量多次、分阶段拟合的原则，结合果菜类蔬菜不同生长期的需肥特点及生产目标，在果菜类蔬菜生长期分阶段进行合理追肥。根据所用沼液养分含量高低，适当增减每次施肥量。不同类别的果菜类蔬菜在不同生长时期的推荐沼液施用量见 NY/T 4297—2023 附录 A，还应符合 NY/T 3832 标准要求。

② 根施追肥。在定植后 7 ~ 10d 可轻施 1 次催苗肥（沼液与灌溉水按 1∶2 的比例混合），之后看苗情长势可再追施沼液（沼液与灌溉水按 1∶1 的比例混合）1 次。定植后至坐果前肥水管理重在稳，以控为主，防止茎叶徒长。

开花结果初期应重施追肥，以促进果实生长发育，在第 1 台（穗）果膨大时，可追施 1 ~ 2 次沼液（沼液与灌溉水按 1∶1 的比例混合），并按稀释后沼液体积占比的 0.2% ~ 0.5% 加入磷酸二氢钾等其他磷肥、钾肥，促幼果膨大。

表 6-15　果菜类蔬菜沼肥推荐施用量

类别	作物	沼渣基肥	沼液追肥		
			幼苗期	开花结果（结荚）期	结果（结荚）盛期
		施用量 /（kg/hm²）	施用量 /（kg/hm²）	施用量 /（kg/hm²）	施用量 /（kg/hm²）
茄果类	茄子	30000 ～ 45000	16200 ～ 18900	31500 ～ 37500	90000 ～ 99000
	番茄		9750 ～ 15000	31500 ～ 34500	64500 ～ 70500
	辣椒		3750 ～ 4500	7500 ～ 8250	33000 ～ 34500
瓜类	黄瓜	30000 ～ 52500	4500 ～ 6000	6000 ～ 10500	27000 ～ 48000
	苦瓜		7500 ～ 13500	13500 ～ 21000	84000 ～ 97500
	南瓜		12000 ～ 15000	37500 ～ 45000	24000 ～ 27000
豆类	菜豆	30000 ～ 37500	13500 ～ 19500	21000 ～ 30000	15000 ～ 22500
	豇豆		10500 ～ 12000	18000 ～ 25500	10500 ～ 15000

注：1. 沼液施用量为稀释前的质量。

2. 试验用沼液总氮（TN）范围为 5 ～ 8g/kg，干物质浓度（TS）> 20%。

3. 试验用沼液追肥量以沼液总氮（TN）浓度计算，沼液总氮范围为 1000 ～ 1500mg/L，干物质浓度（TS）< 5%。

　　在第 1 台（穗）果采摘后进入开花结果盛期，应每隔 10 ～ 15d 追施沼液 1 次（沼液与灌溉水按 1∶1 的比例混合），并按稀释后沼液体积占比的 0.2% ～ 0.5% 加入磷酸二氢钾等其他磷、钾肥，保证植株不脱肥，以避免植株早衰，影响果实发育。

　　③ 叶面喷施。在作物处于幼苗、嫩叶期时可用沼液与灌溉水按 1∶（10 ～ 20）的比例混合喷施，每 10d 左右喷施 1 次。进入开花结果期后，可用沼液与灌溉水按 1∶（5 ～ 10）的比例混合喷施，并按稀释后沼液体积占比的 0.2% ～ 0.5% 加入磷酸二氢钾等其他磷肥、钾肥，每 7 ～ 10 d 喷施 1 次，直至作物收获完成。叶面喷施宜在晴天的早晨或傍晚进行，从叶片背面喷洒，以叶片布满液珠而不滴水为宜。蔬菜采摘前 1 周停止喷施沼液。

　　沼液水肥一体化施用一般采取"清水→施肥→清水"的步骤进行，每次施肥结束后用清水继续灌溉 15 ～ 20min 冲洗管道，避免堵塞滴孔。

6.3.2.4　沼肥施用的相关标准

　　为规范沼肥的施用，国家和地方出台了一系列的标准，供用户参照使用。沼肥施用的相关标准见表 6-16 和表 6-17。

表 6-16　沼肥施用的相关国家及行业标准

序号	标准号	标准中文名称	发布日期	实施日期
1	GB/T 41249—2021	《产业帮扶"猪-沼-果（粮、菜）"循环农业项目运营管理指南》	2021-12-31	2022-07-01
2	NY/T 4297—2023	《沼肥施用技术规范　设施蔬菜》	2023-02-17	2023-06-01
3	NY/T 2065—2011	《沼肥施用技术规范》	2011-09-01	2011-12-01
4	NB/T 10071—2018	《生物液体燃料副产品沼液沼渣就地消纳技术规范》	2018-10-29	2019-03-01

表 6-17　沼肥施用的相关地方标准

序号	标准号	《标准名称》	省（区、市）	批准日期	实施日期
1	DB3401/T 267—2022	《水稻沼液施肥技术规程》	安徽省合肥市	2022-11-03	2022-11-03
2	DB35/T 2078—2022	《沼液还田土地承载力测算技术规范》	福建省	2022-10-27	2023-01-27
3	DB62/T 2194—2011	《日光温室黄瓜沼肥施用技术规程》	甘肃省	2011-12-07	2012-01-10
4	DB62/T 2278—2012	《沼液沼渣利用技术规程》	甘肃省	2012-09-21	2012-10-20
5	DB13/T 5428—2021	《沼渣资源化利用技术规范》	河北省	2021-07-28	2021-08-28
6	DB4105/T 142—2020	《沼渣沼液小麦玉米农田施用技术规程》	河南省安阳市	2020-10-10	2020-10-25
7	DB4105/T 208—2023	《沼液水肥一体化应用技术规范》	河南省安阳市	2023-05-23	2023-06-30
8	DB1501/T 0040—2023	《沼渣加工牛卧床垫料技术规程》	内蒙古自治区呼和浩特市	2023-07-25	2023-08-25
9	DB1501/T 0053—2024	《沼液处理及玉米种植施用技术规程》	内蒙古自治区呼和浩特市	2024-09-09	2024-10-09
10	DB42/T 1664.1—2021	《利用沼液种植　第 1 部分：沼液种植水稻技术规程》	湖北省	2021-04-01	2021-06-01
11	DB42/T 1664.2—2023	《利用沼液种植　第 2 部分：沼液种植莲藕技术规程》	湖北省	2023-01-06	2023-03-06
12	DB42/T 1664.3—2023	《利用沼液种植　第 3 部分：玉米施用沼液技术规程》	湖北省	2023-11-29	2024-01-29
13	DB42/T 1664.4—2023	《利用沼液种植　第 4 部分：柑橘施用沼液技术规程》	湖北省	2023-12-23	2024-02-23
14	DB4203/T 148—2019	《蔬菜栽培沼液安全利用技术规程》	湖北省十堰市	2019-11-05	2019-11-10
15	DB32/T 2132—2012	《沼渣沼液施用于葡萄生产技术规程》	江苏省	2012-05-31	2012-08-31
16	DB32/T 4726—2024	《畜禽粪污沼液果蔬生产施用技术规范》	江苏省	2024-04-03	2024-05-03
17	DB3208/T 160—2021	《规模猪场沼液在水稻田施用技术规程》	江苏省淮安市	2021-12-16	2021-12-30
18	DB37/T 1949—2011	《设施黄瓜栽培沼渣沼液的应用技术规程》	山东省	2011-10-12	2011-12-01
19	DB37/T 2256—2012	《沼肥在草莓上的应用技术规程》	山东省	2012-12-21	2013-01-15
20	DB37/T 3482—2018	《沼渣沼液在葡萄栽培上的应用技术规程》	山东省	2018-12-29	2019-01-29
21	DB37/T 4072—2020	《沼渣沼液在苹果栽培上的应用技术规程》	山东省	2020-07-16	2020-08-16
22	DB37/T 4173—2020	《沼渣沼液在韭菜生产中的应用技术规程》	山东省	2020-09-30	2020-10-30
23	DB37/T 4174—2020	《沼渣沼液在番茄生产中的应用技术规程》	山东省	2020-09-30	2020-10-30
24	DB37/T 4178—2020	《沼渣沼液在樱桃生产中的应用技术规程》	山东省	2020-09-30	2020-10-30
25	DB14/T 2037—2020	《设施蔬菜畜禽粪污沼渣沼液施用技术规程》	山西省	2020-04-02	2020-06-10

续表

序号	标准号	《标准名称》	省（区、市）	批准日期	实施日期
26	DB14/T 2031—2020	《禾谷作物施用畜禽粪污沼液技术规程》	山西省	2020-04-02	2020-06-10
27	DB14/T 2017—2020	《果园施用畜禽粪污沼液技术规程》	山西省	2020-04-02	2020-06-10
28	DB61/T 1840—2024	《猕猴桃果园沼肥施用技术规程》	陕西省	2024-07-02	2024-08-02
29	DB6106/T167—2020	《苹果园沼肥综合利用技术规程》	陕西省延安市	2020-08-02	2020-08-25
30	DB6111/T 157—2020	《设施瓜菜（西瓜、甜瓜、番茄、黄瓜）沼液水肥一体化技术规程》	陕西省杨陵区	2020-11-26	2021-01-01
31	DB5114/T 59—2023	《沼液肥管网还田技术规范》	四川省眉山市	2023-12-29	2024-01-29
32	DB12/T 1139—2022	《设施黄瓜/芹菜生产施用浓缩沼液肥技术规程》	天津市	2022-09-08	2022-10-14
33	DB65/T 3626—2014	《加工番茄沼肥施用技术规程》	新疆维吾尔自治区	2014-06-22	2014-07-23
34	DB3301/T 1129—2023	《叶菜专用沼液肥配制与安全施用技术规范》	浙江省杭州市	2023-10-30	2023-11-30

6.4　堆肥产品发展前景

人类堆制和施用堆肥的历史已超过 8000 年。尤其是近代以来，有机肥的原料构成和加工技术发生了翻天覆地的变化。有机肥料是绿色农业生产的重要组成部分，与绿色农业生产关系密切。有机肥料可以改善土壤质地，增加土壤有机质含量，提高土壤保水能力和保肥性能，有利于植物根系生长和养分吸收；有机肥料中的有机质能够为土壤微生物提供营养物质，促进土壤微生物活动，增强土壤生态系统的功能；有机肥料可以降低农业生产对化学肥料和农药的依赖，减少土壤环境污染，有利于农产品的质量和安全。

2022 年 9 月中国农业大学卫峰教授团队在 *Nature Food* 发表了题为"A precision compost strategy aligning composts and application methods with target crops and growth environments can increase global food production（将堆肥产品和技术与作物生长环境相匹配的精确施用策略可提高全球粮食生产）"的研究论文，揭示了堆肥产品和技术场景化精准施用对于协同实现作物增产、土壤固碳和环境减排的重要作用，提出了将堆肥产品和技术与作物生长环境相匹配的精确施用策略（precision compost strategy，PCS），并利用随机森林机器学习算法（RF）首次预测并刻画了 PCS 对主要粮食增产和农田耕层固碳的全球模式及潜力。该研究系统阐明了堆肥产品 - 技术 - 应用环境对堆肥施用效应的作用机制，对我国乃至全球有机肥高效应用与定向设计均具有重要的参考价值。可见，堆肥产品在绿色农业中起着不可替代的作用，对于实现农业的可持续发展具有重要意义。

参考文献

[1] 李艳霞，赵莉，陈同斌. 城市污泥堆肥用作草皮基质对草坪草生长的影响 [J]. 生态学报，2002，22（6）：792-801.

[2] 李谦盛，郭世荣，李式军. 利用工农业有机废弃物生产优质无土栽培基质 [J]. 自然资源学报，2002，17（4）：515-519.

[3] 王小波 . 厩肥的主要作用及其高效施用技术 [J]. 中国农资，2011（8）：24-24.

[4] 张辉，王二云，张杰 . 畜禽常见粪便的营养成分及堆肥技术和影响因素 [J]. 畜牧与饲料科学，2014，35（3）：70-71.

[5] 崔明，赵立欣，田宜水，等 . 中国主要农作物秸秆资源能源化利用分析评价 [J]. 农业工程学报，2008，24（12）：291-296.

[6] 戴志刚，鲁剑巍，周先竹，等 . 中国农作物秸秆养分资源现状及利用方式 [J]. 湖北农业科学，2013（1）：27-29.

[7] 李国学，张福锁 . 固体废物堆肥化与有机复混肥生产 [M]. 北京：化学工业出版社，2000.

[8] 吴晓东，邢泽炳，何远灵，等 . 添加生物炭对鸡粪好氧堆肥过程中养分转化的研究 [J]. 中国土壤与肥料，2019（5）：141-146.

[9] 李尚民，范建华，蒋一秀，等 . 不同微生物菌剂对鸡粪堆肥发酵效果的影响 [J]. 中国家禽，2018，40（22）：45-47.

[10] 潘运舟，兰天，赵文，等 . 海南省商品有机肥的组成与养分状况研究 [J]. 西南农业学报，2017，30（4）：853-860.

[11] 李书田，刘荣乐，陕红 . 我国主要畜禽粪便养分含量及变化分析 [J]. 农业环境科学学报，2009，28（1）：179-184.

[12] 贾武霞，文炯，许望龙，等 . 我国部分城市畜禽粪便中重金属含量及形态分布 [J]. 农业环境科学学报，2016，35（4）：764-773.

[13] 李季，彭生平 . 堆肥工程实用手册 [M]. 2 版 . 北京：化学工业出版社，2011.

[14] 曾沐梵 . 长期施肥导致农田土壤酸化的机制及缓解策略 [D]. 北京：中国农业大学，2017.

[15] 杜慧，关舒文，王美艳，等 . 基于文献计量法的土壤退化研究现状及热点分析 [J]. 中国水土保持，2020，3（5）：33-36.

[16] 骆永明，滕应 . 中国土壤污染与修复科技研究进展和展望 [J]. 土壤学报，2020，57（5）：1137-1142.

[17] 刘占伟 . 养殖粪污循环利用对土壤改良和青贮玉米产量品质的影响 [D]. 泰安：山东农业大学，2018.

[18] 谢元梅，张秀志，王洪涛，等 . 有机肥配施土壤调理剂和菌肥对苹果园土壤肥力及蜜脆苹果果实品质的影响 [J]. 中国果树，2022（5）：28-33.

[19] 伍从成 . 连续施用生物有机肥对黄冠梨生长及土壤性状的影响 [D]. 南京：南京农业大学，2016.

[20] 杨岩，肖建军，徐钰，等 . 设施菜地有机肥替代化肥潜力研究 [J]. 山东农业科学，2021，53（7）：77-81.

[21] 陈霞，罗友进，程玥晴，等 . 长期沼肥深施对果园土壤养分和酶活性的影响 [J]. 江西农业学报，2021，33（11）：103-107.

[22] 杨柳，杨召武，闫丰，等 . 浅析沼肥在农业生产中的应用 [J]. 农技服务，2017（11）：59-59.

[23] 张昱，王绍斌 . 玉米应用沼肥效果研究 [J]. 园艺与种苗，2006，26（6）：51-51.

[24] 钟必凤，张全军，李文贵 . 长期高压节水深施肥水技术对梨园土壤养分及酶活性的影响 [J]. 华北农学报，2015，30（增刊）：478-483.

[25] 陈霞，罗友进，吴纯清，等 . 沼肥深施对果园土壤性质及柑橘产量的影响 [J]. 水土保持学报，2016，30（5）：177-183，189.

[26] 赵曙光 . 沼肥在蔬菜上应用效果及施用技术规程研究 [D]. 咸阳：西北农林科技大学，2008.

[27] 陆国弟，杨扶德，陈红刚，等 . 沼液应用的研究进展 [J]. 中国土壤与肥料，2021（1）：339-345.

[28] 吴玉红，郝兴顺，崔平，等 . 沼液浸种对玉米种子萌发及幼苗生长的影响 [J]. 中国沼气，2017，35（5）：70-74.

[29] 祝延立，韩守新，赵新颖 . 沼液叶面肥在茄子苗期及大田生长期应用效果探析 [J]. 农业科技通讯，2020（10）：135-137.

[30] 徐雯琦，李文博，郭清霖，等 . 沼液对葡萄叶蝉及霜霉病的防治效果 [J]. 农业工程，2022，12（5）：126-129.

[31] 陈一良，史浩，戴成，等 . 沼液养鱼对池塘水体环境及鱼品质的影响 [J]. 江苏农业科学，2020，48（15）：212-216.

[32] 张琳，吕玉虎，郭晓彦，等 . 化肥减量配施商品有机肥对土壤肥力及水稻产量的影响 [J]. 湖北农业科学，2021，60（11）：62-65.

[33] 孙蓓蓓，刘研萍，张继方 . 不同种类沼液浸种对生菜种子萌发的影响 [J]. 种子，2021，40（4）：43-50.

[34] 刘发永，胡登举 . 猕猴桃施用沼肥与农家肥的同田对比研究 [J]. 农技服务，2011，28（7）：980，998.

[35] 柴仲平，王雪梅，孙霞，等 . 沼肥不同施用方式对枣树光合特性与产量的影响 [J]. 西北农业学报，2011，20（2）：170-173.

[36] 高红莉，郝民杰，赵风兰 . 沼肥对土壤和作物的影响研究现状 [J]. 安徽农业科学，2009，37（30）：14813-14815.

[37] 郭生虎，张源沛，朱金霞，等．沼液复配杀菌剂防治黄瓜霜霉病效果初报 [J]. 北方园艺，2011（3）：21-23.

[38] 南香菊，张润蓉，段怀明．沼液对小麦赤霉病的防治探索 [J]. 山西农业科学，2008（11）：109-111.

[39] 朱春红．有机肥料在绿色农业中的应用研究 [J]. 河北农机，2024（14）：57-59.

[40] Zhao S X, Schmidt S, Gao H J, et al. A precision compost strategy aligning composts and application methods with target crops and growth environments can increase global food production[J]. Nature Food, 2022 (3): 741-752.

[41] 胡俊梅．农作物秸秆资源化利用分析 [J]. 广东农业科学，2010，37（4）：207-210.

[42] 王世明．生物有机肥配施化肥改善苹果品质 [J]. 中国果业信息，2020，37（9）：58.

[43] 薛玉华．果园高效优质施肥技法 [J]. 果农之友，2013（11）：22.

[44] 李兴敏．果园高效施肥十法 [J]. 农家顾问，2005（9）：41.

[45] 李兴敏．果园高效施肥法 [J]. 西南园艺，2005（3）：55.

[46] 孙永泰．果园高效施肥十法 [J]. 河北果树，2004（5）：54-55.

[47] 张彩霞，张雁．茄果类蔬菜如何正确施用生物有机肥 [J]. 蔬菜，2004（7）：24-25.

[48] 果菜茶有机肥替代化肥技术指导意见（上）[J]. 农机科技推广，2018（10）：47-52.

[49] 张立华．沼肥在蔬菜上的应用 [J]. 农家致富，2010（1）：48-49.

[50] 张昱．辽宁东部山区农村能源与水源基地建设关系的研究 [D]. 沈阳：沈阳农业大学，2007.

[51] 徐明举．果园施肥方法简介 [J]. 中国农业信息，2005（11）：39.

[52] 金建良．果园施肥十法 [J]. 山西果树，1997（1）：43-44.

[53] 李晨．施有机肥，你选对肥用对地了吗？[N]. 中国科学报，2022-09-14（001）.

[54] 何小松，席北斗，单光春．堆肥有机质演化特征及其环境效应 [M]. 北京：科学出版社，2020.

畜禽养殖粪污肥料化工程设计

畜禽养殖粪污肥料化工程是实现畜禽粪便、农作物秸秆等资源化利用的有效途径，对于开发农村可再生资源、防治农业面源污染和大气污染、促进生态循环农业发展、提高农产品质量和品质、巩固生态环境建设成果等具有重要意义。

7.1 概述

7.1.1 一般设计原则

① 严格贯彻执行国家关于城镇基础设施建设、环境保护的有关政策与要求，使工程建设符合国家的有关规定及标准。

② 采用技术先进、经济合理、符合当地需要的高效节能、便于操作管理的堆肥处理工艺，确保堆肥处理效果，尽量减少占地面积，节省工程总投资，降低运行费用。

③ 在总体规划指导下，充分发挥基础设施的效益，使污染治理的整体效益得以发挥。工程选址、规模和工艺技术路线，应根据城市总体规划、环境卫生规划、畜禽粪污产生量与特性和环境保护要求，确定堆肥处理技术。此外，充分考虑当地的经济发展需要，在设计中留有发展余地。

④ 积极稳妥地采用先进、成熟、可靠的技术和设备，合理利用资金，提高行业装备和技术水平，做到安全卫生、控制污染、维修方便、经济合理和管理科学。

⑤ 合理安排建设周期和工程投资计划，以获得最佳的经济效益和社会效益。

⑥ 工程设计、建设和生产运行中，注重保护水源，确保供水水源安全，严格遵守国家有关环境保护的法律法规，确保生态环境不被破坏。

⑦ 认真贯彻节能方针，优先选用价廉、先进、优质、安全、节能的设备，以取得较好的社会效益和经济效益。

⑧ 危险废物严禁进入畜禽粪污堆肥厂。

7.1.2 常用设计标准及规范

常用设计标准及规范有《有机肥料》（NY/T 525）、《生物有机肥》（NY 884）、《绿化用有机基质》（GB/T 33891）、《肥料中有毒有害物质的限量要求》（GB 38400）、《畜禽养殖业污染物排放标准》（GB 18596）、《城镇污水处理厂污染物排放标准》（GB 18918）、《污水综合排放标准》（GB 8978）、《恶臭污染物排放标准》（GB 14554）、《大气污染物综合排放标准》（GB 16297）、《工业企业厂界噪声排放》（GB 12348）、《环境空气质量标准》（GB 3095）、《声环境质量标准》（GB 3096）、《地表水环境质量标准》（GB 3838）、《地下水质量标准》（GB/T 14848）、《污水监测技术规范》（HJ 91.1）、《固定源废气监测技术规范》（HJ/T 397）、《固定污染源排气中颗粒物测定与气态污染物采样方法》（GB/T 16157）、《恶臭污染环境监测技术规范》（HJ 905）、《工业企业土壤和地下水自行监测技术指南（试行）》（HJ 1209）、《工业固体废物采样制样技术规范》（HJ/T 20）、《规模畜禽养殖场污染防治最佳可行技术指南（试行）》（HJ-BAT-10）、《畜禽粪污处理场建设标准》（NY/T 3023）、《密集养殖区畜禽粪便收集站建设技术规范》（NY/T 3670）、《畜禽粪便堆肥技术规范》

（NY/T 3442）、《畜禽粪便无害化处理技术规范》（GBT 36195）、《有机肥工程技术标准》（GB/T 51448）、《有机固体废物堆肥设备通用技术规范》（JB/T 14683）、《生物质废物堆肥污染控制技术规范》（HJ 1266）、《畜禽养殖场（户）粪污处理设施建设技术指南》（农办牧〔2022〕19 号）、《工业企业设计卫生标准》（GBZ1）、《环境卫生设施设置标准》（CJJ 27）、《城市环境卫生设施规划标准》（GB/T 50337）、《3-110kV 高压配电装置设计规范》（GB 50060）、《建筑结构荷载规范》（GB 50009）、《混凝土结构设计规范》（GB 50010）、《建筑抗震设计规范》（GB 50011）、《建筑地基基础设计规范》（GB 50007）、《室外给水排水和燃气热力工程抗震设计规范》（GB 50032）、《砌体结构设计规范》（GB 50003）、《供配电系统设计规范》（GB 50052）、《建筑设计防火规范》（GB 50016）、《室外排水设计标准》（GB 50014）、《生产过程安全卫生要求总则》（GB/T 12801）、《交流电气装置的接地设计规范》（GB/T 50065）、《民用建筑供暖通风与空气调节设计规范》（GB 50736）、《采暖通风与空气调节设计规范》（GB 50019）、《办公建筑设计规范》（JGJ/T 67）、《建筑物防雷设计规范》（GB 50057）。

7.1.3　肥料化处理工程总体设计

7.1.3.1　基本工艺

①　基本工艺流程：包括预处理、主发酵、中间处理、陈化发酵和深加工处理等单元。

②　根据原料性质与工艺特点、设备适用性能和产品要求，可对上述单元进行重复、省略等组合。

7.1.3.2　工程构成

①　主体工程：包括称重计量、预处理、主发酵、中间处理、二次陈化发酵、深加工处理、仓储、除臭除尘等设备设施。

②　辅助工程：包括厂区道路、供配电、给水排水、消防、通信、通风采暖、监测、维修、绿化等设施。

③　管理与生活设施：包括办公用房、食堂、门卫值班室等。

7.1.3.3　工程规模

（1）堆肥工程规模划分

畜禽粪污堆肥厂生产规模宜根据日处理能力确定。在不同行业中堆肥工程规模划分级别有所差异，详见表 7-1。建设单位可根据不同项目所属行业及规模，选取具备相应设计资质等级的设计单位。

表 7-1　不同行业堆肥工程规模划分

序号	所属行业	项目类型	工程规模 /（t/d）		
			大型	中型	小型
1	农林行业	农业废弃物处理工程	≥ 150	＜ 150	—
2	市政行业	堆（制）肥工程	≥ 300	＜ 150	—
3	环境工程行业	固体废物堆肥工程	≥ 300	100 ～ 300	＜ 150

（2）堆肥工程分类

堆肥工程根据额度日处理能力可划分为 4 类，见表 7-2。

表 7-2　堆肥工程分类

序号	规模	额定日处理能力 /（t/d）
1	Ⅰ类	＞ 300
2	Ⅱ类	150 ～ 300
3	Ⅲ类	50 ～ 150
4	Ⅳ类	≤ 50

（3）生产线设置

① Ⅰ类和Ⅱ类堆肥厂，生产线设置不宜少于 2 条。

② 预处理和中间处理生产线额定处理能力按 8 ～ 16h/d 工作时间计算。设备选择时需根据粪污等堆肥原料容重进行处理能力校核。

③ 生产线应按最大月的日平均进厂量设计。

④ 堆肥厂内宜设置 3 ～ 6 个月产品贮存场地。

7.1.3.4　工程设计所需资料

为确保畜禽粪污肥料化工程项目顺利进行，在工程设计前期需准备资料详见表 7-3。

表 7-3　畜禽粪污肥料化工程设计资料清单

主要内容	资料清单
背景条件	1. 项目前期资料（项目建议书、可行性研究报告、初步设计等立项文件、环境影响评价报告文件、相关会议纪要等资料）
	2. 建设单位的概况
	3. 畜禽养殖业存栏量、粪污清运方式及产量、成分说明
	4. 前期调研的相关资料（养殖场分布情况、农作物种植情况、粪污及秸秆收集、运输、处理现状等内容）
规划条件	1. 项目所在地最新的城市总体规划、环卫规划等相关规划文件
	2. 项目厂址规划条件（绿化率、建筑密度、限高、出入口位置、给水、雨污排水、电、蒸汽、燃气等）
	3. 厂址 1：1000 地形图（含标高、用地红线）。本次项目用地边界和预留用地边界
建设条件	1. 供电来源及电压、分界点等
	2. 供水方式、供水位置接口、管道压力、供水量、水质参数
	3. 厂区污水、雨水排放接口、位置、管径、标高
	4. 地勘报告（设计阶段要详勘）
其他要求	1. 本次设计任务内容以及设计分界点或范围说明
	2. 建设方认为重要的其他说明或要求
证明附件	1. 设计委托书
	2. 环评报告及批复
	3. 可行性研究报告及批复

主要内容	资料清单
证明附件	4. 选址意见书
	5. 项目规划许可证明
	6. 土地预审意见
	7. 粪污成分化验报告和秸秆收储证明
	8. 防洪证明
	9. 供水证明
	10. 供电证明
	11. 资金证明

注：未列出证明附件需按当地相关主管部门要求出具。

7.1.4　工程选址

7.1.4.1　工程选址基础资料

① 城市总体规划、选址区域用地规划和环境卫生专业规划等上位规划文件。一般由当地城建规划部门提供。

② 地形、地貌、工程地质和水文地质资料。用地红线一般由自然资源主管部门确定提供。地形、地貌、工程地质与水文资料可委托第三方具有相关资质的单位进行测绘出具。

③ 各季节主导风向、风频、风速和降水量等气象背景资料。一般由当地气象部门提供。

④ 待处理粪污及秸秆辅料产生量、来源、性质、组分。一般由产污单位和农业部门提供产量数据。来源需建设单位自行洽谈。性质、组分可委托第三方具有相关检测资格的检测机构进行评测。

⑤ 待处理粪污及秸秆辅料收运服务范围和收集运输情况。原料运输半径不宜超过20km。

⑥ 供水、供电、排水和交通等基础设施条件一般由当地相应的行业主管部门提供。

7.1.4.2　工程选址程序

（1）厂址初选

根据工程选址基础资料，在全面调查与分析的基础上确定 3 个及以上候选厂址方案。

（2）厂址预选

应通过对候选厂址现场踏勘，对厂址的地形、地貌、工程和水文地质条件、气象、交通运输、供电、给水排水及厂址周围人群居住等情况进行对比分析，推荐 2 个及以上的预选厂址。

（3）厂址确定

应对预选厂址进行技术、经济、环境和社会条件的综合比较，推荐拟定厂址，并应对拟定厂址进行地形测量、初步勘探和工艺方案设计。

7.2 工程设计

7.2.1 工艺设计

7.2.1.1 工艺类型

① 堆肥处理工艺根据物料发酵分段、运动和通风方式及反应器类型进行分类。

② 堆肥处理工艺类型应根据原料组成、当地经济状况、产品要求和处理场地等条件选择确定，应优先比较确定物料运动和堆肥通风方式，再相应选择反应器的类型。常见堆肥工艺分类类型见表7-4。

表7-4 堆肥处理工艺分类类型

分类方式	发酵分段	物料运动	通风方式	反应器类型
工艺类型	一步	静态	自然	条垛式
	二步	间歇动态	强制	槽式
		动态		塔式
				转筒式

7.2.1.2 工艺路线

微生物高温好氧快速堆肥是目前较为成熟可靠的生产工艺，该工艺利用畜禽粪堆腐生产有机肥，多采用好氧堆肥 - 条槽式发酵技术，包括原料预处理、发酵、熟化等工序。即在自然通风条件下，保持一定的水分、C/N 值，为物料添加复合微生物发酵菌剂，平面条垛式地面堆置发酵。根据物料堆内部温度，机械控制适时翻堆，后熟阶段曝气发酵使有机物由不稳定状态转变为稳定的腐殖质，再经过干燥、筛分，生产出颗粒状生物有机肥，或根据市场需求造粒生产颗粒状有机肥（球形颗粒或圆柱状颗粒）。其产品不含病原菌，不含杂草种子，而且无臭无蝇，可以安全处理和保存，是一种良好的土壤改良剂和有机肥料。

典型堆肥工艺流程包括：发酵池投放发酵物→均匀撒入菌剂→混合→发酵→陈化→出池→分筛→粉碎→预混→（造粒）包装→出售。

7.2.1.3 工艺参数

① 堆肥工程年运行时间按 330d 计。

② 含水率宜为 40% ～ 60%。

③ 总有机物含量（以干基计）不宜小于 25%。

④ 堆层各测点温度均应达到 55℃以上，且持续时间不应小于 5d。

⑤ 设计主发酵时间不宜小于 5d。

⑥ 强制通风风量以每立方米物料基准，宜为 0.05 ～ 0.20m³/min，各堆层氧浓度应大于 5%。

⑦ 强制通风堆肥工艺，堆层高度不宜超过 2m。自然通风堆肥工艺，堆层高度宜为 1.2 ～ 1.5m，原料有机物含量或含水率较高时可取下限，反之取上限。

⑧ 配有强制通风设施的机械翻堆间歇动态堆肥，翻堆次数不宜低于 0.5 次 /d；无强制通风设施的机械翻堆间歇动态堆肥，翻堆次数宜为 1 ～ 3 次 /d，气温高时取较大值，气温低时取较小值。二次陈化发酵采用机械翻堆时，宜根据气温调整翻堆次数。

⑨ 二次陈化发酵耗氧速率应小于 0.1 O_2%/min。

⑩ 种子发芽指数不应小于 60%。

7.2.1.4 典型堆肥工艺产污节点及排放限值

（1）典型堆肥工艺及产污节点

典型堆肥工艺及产污节点详见图 7-1。

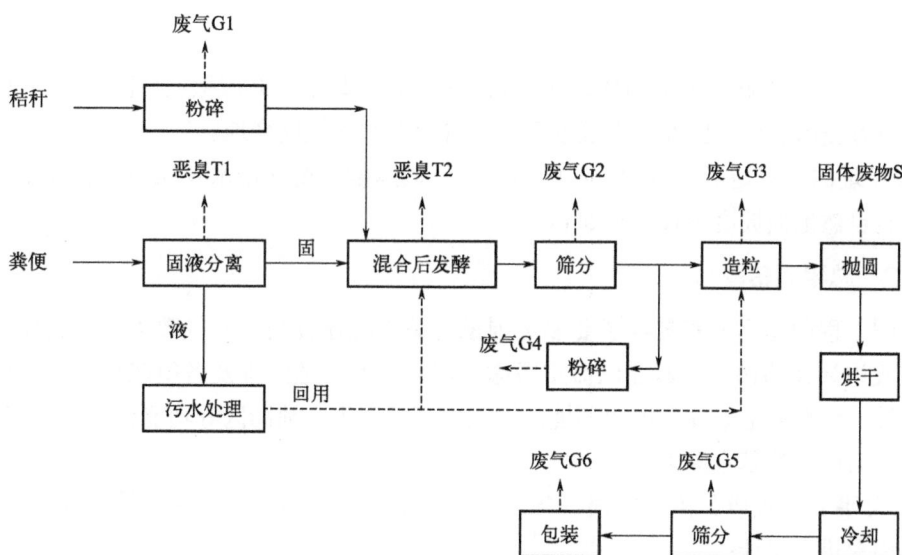

图 7-1　典型堆肥工艺及产污节点

（2）典型堆肥工艺污染物

① 制肥环节热风炉产生的含气态污染物。

② 好氧堆肥系统放散产生的沼气。

③ 秸秆粉碎、堆肥车间粉碎造粒过程中产生的粉尘。

④ 粪污原料预处理暂存过程中调配池、均浆池、固液分离、污水处理、堆肥车间产生的恶臭气体。

⑤ 食堂油烟及厂区其他无组织排放臭气。

⑥ 厂区生活垃圾。

（3）典型堆肥工艺污染物排放限值

① 粉尘按照污染源所在的环境空气质量功能区类别，执行《大气污染物综合排放标准》（GB 16297）表 1 现有污染源大气污染物排放限值或表 2 新污染源大气污染物排放限值中相应级别的污染源排放限值标准及无组织排放监控浓度限值。

② 恶臭气体执行《恶臭污染物排放标准》（GB 14554）表 1 恶臭污染物厂界标准值和表 2 恶臭污染物排放标准值中的标准。

③ 燃气热风炉根据锅炉大小及使用时间，参照执行《锅炉大气污染物排放标准》

（GB 13271）中表 1 在用锅炉大气污染物排放浓度限值、表 2 新建锅炉大气污染物排放浓度限值中燃气锅炉限值、表 3 大气污染物特别排放限值中燃气锅炉限值。

④ 食堂油烟根据基准灶头数划分不同规模执行《饮食业油烟排放标准》（GB 18483）表 2 中相应规模的排放标准。

⑤ 一般固体废物执行《一般工业固体废物贮存和填埋污染控制标准》（GB 18599），危险废物执行《危险废物贮存污染控制标准》（GB 18597），生活垃圾参照执行《生活垃圾填埋场污染控制标准》（GB 16889）。

7.2.2 总图规划设计

7.2.2.1 技术要求

① 厂址应具有建设必需的场地面积和适于建厂的地形，并应根据厂区发展规划需求，合理规划办公区、生产区及生产辅助区，同时留有适当发展余地。

② 厂址的自然地形应有利于厂区布置、厂内运输、场地排水及减少土石方工程量等要求，且自然地面坡度不宜大于 5%。

7.2.2.2 总平面布置

堆肥工程的总平面布置除了要满足国家有关工程建设相关方针政策外，还要结合总平面布置中涉及的诸多因素加以慎重考虑。根据生产工艺流程及各组成部分的生产特点和危险性，结合场地条件和周边环境，按照生产区和生产辅助区等功能分区进行布置。

总平面设计的基本原则为：

① 总平面布置应紧凑，应根据各建（构）筑物功能和工艺要求，结合地形、地质、气象等因素进行设计；

② 建（构）筑物宜紧凑、合理，并应满足各建（构）筑物的施工、设备安装和埋设管道及维护管理的要求；

③ 原料暂存库（池）、预处理设置、堆肥车间、成品库等平面布置应满足现行国家标准《建筑设计防火规范》（GB 50016）的要求；

④ 竖向布置应充分利用原有地形高差，做到工艺能耗低、土方平整和排水畅通。尽量利用自然地势做到土方量基本平衡，减少土方量的开挖回填；

⑤ 主要出入口不应小于 2 个，生产区、辅助区应分别设置出入口；

⑥ 各功能单元区设置消防车道。消防车道的设计应符合现行国家标准《建筑设计防火规范》（GB 50016）的有关规定；

⑦ 场内道路布置应满足交通运输、消防顺畅、车流、人行安全，维护站内的正常生产秩序。

7.2.2.3 竖向布置

竖向设计应充分考虑现状地形，并结合场地周边标高对厂区进行竖向设计和土方工程量计算，使现状道路标高与场地竖向标高充分结合，以减少整个场地的土方填挖。场地道路排水系统宜采用散排的方式对雨水进行系统排放，并采用透水砖广场铺装和透水混凝土道路，对部分雨水进行渗、滞、净等的处理措施，其余雨水沿道路有组织的排入场地外部道路上，通过外部道路的雨水口收集后，统一排入市政管网。

7.2.2.4　道路系统

厂区宜设两个出入口与厂外道路相连接，货运与人员入口有效分离。厂内道路以方便使用为原则，宜设计环形机动车车道，能快捷地通达各个功能分区内。道路宽度不小于 4m，并设有通向各建、构筑物的广场和支路，在满足厂区内部日间行车要求的同时，也保证了消防车辆的通行要求。若厂区内有架空管路，管路距路面净距不应小于 4.5m。道路荷载等级及路面结构应根据运输车辆的型号、吨位等确定。广场和人行道采用花岗岩和透水砖铺装。

7.2.2.5　绿化

宜在厂区主干道两侧及围墙内侧种植行道树，其余以大面积绿地为主，搭配低矮的灌木丛和绿篱，点缀种植观赏性较强的苗木树种，并少量利用人工造景、石子铺砌步行道，使整个厂区园林景观更加丰富、立体。厂区绿化树种的选用强调以"适地适树"为本，优先选择具有污染吸附和噪声隔离功能的物种，同时尽可能采用本地乡土园林树种，不仅可以提高苗木成活率，而且还能大大降低工程投资，实属一举两得。厂区绿地率不宜大于 30%。

7.2.3　土建设计

7.2.3.1　建筑设计

（1）典型堆肥厂建筑物

典型堆肥厂建筑物一览表见表 7-5。

表 7-5　典型堆肥厂建筑物一览表

名称	耐火等级	火灾危险分类
办公楼	二级	—
辅助用房	二级	—
门卫及磅房	二级	—
消防泵房及消防水池	二级	戊类
变配电室	二级	戊类
堆肥车间	二级	丁类
二次陈化车间	二级	丙类
成品库	二级	丙类

每个建筑为一个防火分区。从消防角度考虑，建议秸秆辅料定期外购，不在厂内设置秸秆堆场。

（2）墙体

厂区内建筑物外围护结构采用保温、节能、环保材料。

① 框架结构墙体采用蒸压加气混凝土砌块，±0.000 以下砌 200mm 高 MU15 以上烧结实心砖，砌筑应采用预拌砂浆。

② 砌体结构墙体采用 240mm 以上烧结实心砖，强度应经结构专业计算确定，砌筑应采用预拌砂浆。

③ 门式钢架结构墙体应经过保温节能结算，宜采用复合保温压型钢板墙体或夹层板墙体。

（3）采光设计

设计中在平面布局中使各房间尽量利用自然光，外窗尽可能增大开窗面积，采光不足时采用人工照明。照明灯具采用高效节能灯具。

（4）门窗

① 外窗主要采用塑料型材中空玻璃窗，外门主要采用断桥铝合金框中空玻璃门、钢大门、防火门。

② 内门主要选用成品木门，厨房门、消防泵房门采用钢质乙级防火门。

③ 底层外门窗均作防盗处理。

（5）防水、防潮工程

① 屋面防水：除变配电室外建筑屋面防水等级为Ⅱ级，变配电室防水等级为Ⅰ级。

② 一般部位采用高聚物改性沥青卷材防水层。各种缝的防水采用埋入式橡胶止水带。

设地漏的房间地面向地漏找坡 $i=0.5\%$，地漏周围 1m 范围坡度变为 1%，地漏铁算不得高出楼面。

（6）防腐蚀措施

堆肥车间与二次陈化车间等钢结构厂房应采取防腐措施。

（7）设计使用年限

根据《建筑结构可靠性设计统一标准》（GB 50068），厂区所有建筑物设计使用年限为 50 年。

7.2.3.2 结构设计

（1）结构选型及结构布置

结构设计根据建、构筑物的受力特点，满足工艺设计要求和建筑功能需要；结构设计遵循安全适用、经济合理、结构耐久、受力合理、施工方便的原则。同时优先采用新技术、新材料。

（2）基础选型

框架结构采用独立基础，门式刚架结构采用独立基础，水池采用钢筋混凝土筏板基础。

（3）关键技术问题解决方法

基坑开挖时，根据基坑开挖深度考虑施工顺序，避免对周围拟建建筑物基础的稳定性产生影响，并采取有效的防护和施工措施。场地内基坑距周边建筑物及道路较近，开挖应充分对周围环境的影响采取合适的施工保护措施。基坑开挖过程中不宜长期裸露，应及时进行护坡施工，周边地面硬化，防止周围积水，基坑附近严禁堆载。

（4）常用结构分析软件

PKPM CAD 工程部编制的 PKPM 系列：

① 结构平面计算机辅助设计 PMCAD；

② 结构空间有限元分析设计软件 SATWE；

③ 基础工程计算机辅助设计 JCCAD；

④ 理正结构设计工具箱 7.0PB1。

7.2.4　采暖通风设计

供暖、通风、空调冷热源形式应根据建筑物规模、用途、冷热负荷，以及所在地区气象条件、能源结构、能源政策、能源价格、环保政策等情况，经技术经济比较论证确定。条件允许时，宜优先考虑利用余热，例如发电机的余热和压缩机的余热等。

当工艺生产对冬季室内温度无特殊要求的，且每名操作人员占用的建筑面积＞ $100m^2$ 时，不宜设置全面采暖，但应在固定工作地点设置局部采暖。当工作地点不固定时应设置取暖室。

在供暖、通风与空气调节设计中，对有可能造成人体伤害的设备及管道应采取安全防护措施。

7.2.4.1　采暖设计

建筑物供暖方式主要分为散热器采暖、热水辐射采暖、热风采暖和电采暖。

① 放散粉尘或防尘要求较高的建筑应采用易于打扫的散热器。具有腐蚀性气体的建筑应采用耐腐蚀的散热器。

② 低温热水辐射供暖系统供水温度不应超过 60℃，供回水温差不宜大于 10℃，且不宜小于 5℃。加热管的覆盖层厚度不宜小于 50mm，加热管穿过伸缩缝时宜设置长度不小于 100mm 的柔性套管。

③ 建筑采用热风供暖时，应采取减小沿高度方向的温度梯度的措施，系统或运行装置不宜少于 2 台。

④ 低温加热电缆辐射供暖宜采用地板式，低温电热膜辐射供暖宜采用顶棚式，供暖系统应设置温控装置。加热电缆的线功率不宜大于 17W/m，当地面采用带龙骨的架空木地板时，应采取散热措施，且加热电缆的线功率不应大于 10W/m。

7.2.4.2　通风设计

（1）一般规定

通风是为了防止大量热、蒸汽或有害物质向人员活动区散发，防止有害物质对环境及建筑物产生污染和破坏，必须从总体规划、工艺、建筑和通风等方面采取有效的综合预防和治理措施。

（2）通风和空气调节

① 建筑物采用自然通风时应符合下列规定：a. 消除厂房余热、余湿的通风，宜采用自然通风；b. 厂房内放散的有害气体比空气轻时，宜采用自然通风；c. 无组织排放将造成室外环境空气质量不达标时，不应采用自然通风；d. 周围空气被粉尘或其他有害物质严重污染的生产厂房，不宜采用自然通风。

② 夏季自然通风应采取阻力系数小、便于操作和维修的进排风口和窗扇。夏季自然

通风用的进风口，其下缘距室内地面的高度不大于1.2m；冬季自然通风的进风口，其下缘距室内地面的高度小于4m时，应采取防止冷风吹向工作地点的措施。

③ 当热源靠近建筑的一侧外墙布置，且外墙与热源之间无工作地点时，该侧外墙上的进风口，布置在热源的间断处。

④ 当采用自然通风不能满足室内卫生条件、工艺生产要求或在技术经济上不合理时，如锅炉房、发电机房、净化间等宜设置机械送风系统。（注：设置机械送风系统时，应进行风量平衡及热平衡计算。）

⑤ 机械送风系统的送风方式应符合下列要求：a.放散热或同时放散热、湿和有害气体的工业建筑，当采用上部或上、下部同时全面排风时，宜送至作业地带；b.放散粉尘或密度比空气大的气体和蒸汽，而不同时放散热的工业建筑，当从下部地区排风时，宜送到上部区域；c.当固定工作地点靠近有害物质放散源，且不能安装有效局部排风装置时，应直接向工作地点送风。

⑥ 事故通风

对于可能泄漏某些易燃易爆的建筑应该保持负压，根据工艺要求设置事故通风系统：a.事故通风的通风机应分别在室内及靠近外门的外墙上设置电气开关；b.设置有事故排风的场所不具备自然进风条件时应同时设置补风系统，补风量宜为排风量的80%，补风机应与事故排风机连锁；c.工作场所设置有毒气体或爆炸危险气体监测及报警装置时事故通风装置应与报警装置连锁，空气中含有易燃易爆危险物质的房间，其送风与排风系统应采用防爆型的通风设备，通风设备的防爆等级应根据所排气体的危险等级选型；d.含有燃烧或爆炸危险粉尘厂房中的空气，在循环使用前应经净化处理，并应使空气中的含尘浓度低于其爆炸下限的25%；e.排除、输送有燃烧或爆炸危险气体、粉尘的排风系统，均应设置导除静电的接地装置。

⑦ 排除含有燃烧和爆炸危险粉尘和碎屑的排风系统，应满足以下要求：a.排风机应与其他普通型的风机分开设置；b.排风机宜按单一粉尘分组布置；c.排风应经过不产生火花的除尘设备净化后进入排风机；d.过滤器、管道均应设置泄压装置；e.过滤器应布置在系统的负压段上。

⑧ 为防止爆炸的发生，通风系统设计时应采取以下防爆措施：a.排出有爆炸危险物质的局部排风系统，其风量应按在正常运行和事故情况下，风管内这些物质浓度不大于爆炸下限的50%计算；b.排出、输送有燃烧或爆炸危险混合物通风设备和风管，均应采取防静电接地措施，且不应采用容易积聚静电的绝缘材料制作。

⑨ 排出或输送有燃烧或爆炸危险物质的风管不应穿过防火墙和有爆炸危险的车间隔墙，且不应穿过人员密集或可燃物较多的房间。

7.2.5　电气自控设计

7.2.5.1　供配电设计

（1）负荷分级

① 当中断供电将在经济上造成较大损失或中断供电将影响重要用电单位的正常工作时，供电系统应按二级负荷供电，所以厂区自动化系统、居民供气设备和应急排放火炬应按

二级负荷供电。

② 室外消防用水量大于 30L/s 的厂房和室外消防用水量大于 30L/s 的可燃材料堆场，消防设备应按二级负荷供电。

③ 厂区其余用电设备供电可按三级负荷设计。

（2）供电电源

① 堆肥工程宜采用应急发电机作为自备电源，供给厂区二级负荷使用。堆肥工程中主发酵风机和卸料设备、预处理场所的照明以及消防负荷为二级负荷，其余照明、动力负荷均为三级负荷。备用电源的负荷严禁接入应急供电系统。

② 应急电源与正常电源之间，应采取防止并列运行的措施。当有特殊要求，应急电源向正常电源转换需短暂并列运行时，应采取安全运行的措施。

（3）配电系统

① 正常环境的建筑物内，当大部分用电设备为中小容量且无特殊要求时，宜采用树干式配电，例如照明系统。

② 当用电设备为大容量，或负荷性质重要，或在有特殊要求的建筑物内，宜采用放射式配电，例如动力系统。

③ 当部分用电设备距供电点较远，而彼此相距很近、容量很小的次要用电设备，可采用链式配电，但每一回路环链设备不宜超过 5 台，其总容量不宜超过 10kW。容量较小用电设备的插座采用链式配电时，每一条环链回路的设备数量可适当增加。

（4）配电室设计

① 配电室的位置应靠近负荷中心，设置在尘埃少、腐蚀介质少、周围环境干燥和无剧烈震动的场所，并宜留有发展余地。

② 配电室内除本室需用的管道外，不应有其他的管道通过。室内的水汽管道上不应设置阀门和中间接头；水汽管道和散热器的连接应采用焊接，并应做等电位联结。配电屏上、下方及电缆沟内不应敷设水汽管道。

③ 配电室屋顶承重构件的耐火等级不应低于二级，其他部分不应低于三级。但配电室与其他场所毗邻时，门的耐火等级应按两者中耐火等级高的确定。

④ 配电室长度超过 7m 时应设 2 个出口，并宜布置在配电室两端。配电室的门均应向外开启，但通往高压配电室的门应为双向开启门。

（5）照明系统

① 变配电室、中控室等设正常照明、备用照明、疏散照明和疏散指示标志，其他需要照明的建筑物和构筑物设正常照明和应急疏散照明。应急疏散照明在蓄电池达到使用寿命周期后标称的剩余容量不应小于 0.5h。

工作照明电源引自照明配电箱，供人员疏散用的应急照明灯具选用带镉镍电池的照明灯具，其电源引自专用应急照明配电箱。

② 照度选择。典型堆肥工程中各单元参考照度如下：工作间为 100lx；成品库为 100lx；泵房为 100lx；配电室为 200lx。

（6）防雷接地系统

① 建筑物应根据其重要性、使用性质、发生雷电事故的可能性和后果，按防雷要求

分为三类。

② 堆肥工程中，配电室、堆肥车间、成品库和办公楼等按三类防雷设计。屋顶设避雷带作为防直击雷的接闪器，利用结构柱内主筋做引下线，利用基础钢筋作接地装置。其余建筑物按《建筑物防雷设计规范》进行计算确定防雷类别。

③ 当厂区不同用途的接地共用一个总接地装置时，接地电阻不应大于其中的最小值。

（7）电气工程抗震设计

抗震设防烈度为 6 度及 6 度以上地区的建筑机电工程必须进行抗震设计。内径不小于 60mm 的电气配管及重力不小于 150N/m 的电缆梯架、电缆槽盒、母线槽均应进行抗震设防。

配电箱（柜）、通信设备的安装螺栓或焊接强度应满足抗震要求；当配电柜、通信设备柜等非靠墙落地安装时，根部应采用金属膨胀螺栓或焊接的固定方式。

7.2.5.2　自动化仪表及控制设计

厂区采用自动化控制系统对进料、破碎、预处理、发酵、存储等生产过程实施监测与控制，降低了工人的劳动量，减少了运行成本，提高了项目的管理水平。

（1）基本构成

为了实现自动控制，需要在主要生产设备上安装测量单元（传感器、变送器等），通过下位机（主要是 PLC）、上位计算机、执行机构及设备故障报警设备等构成闭环控制。该系统集计算机技术、传感技术、通信技术和控制技术于一体。主要包括参数显示及控制系统、综合布线系统、室外视频监控系统、可燃气体检测、消防系统。

（2）控制功能

1）显示功能

系统具有多窗口的总貌图、分单元图、光字牌、报警记录、实时趋势、历史趋势、数据报表、系统简介等各种监视画面，所有工艺参数值和设备状态均可在相关画面上显示。现场设有触摸屏可显示当前生产区的生产情况。画面之间的相互切换可在 200ms 内完成，任何人工操作指令均可在 1s 或更短时间内被执行。

2）保护功能

按安全等级划分，系统可设定操作员和系统员口令，以实现不同的控制功能要求。在系统运行状态下，屏蔽所有操作系统快捷键，锁定系统防止其自由进退，系统重新上电后可自动恢复运行状态。控制室内有上位机，对此设定不同的优先级以保证控制室内操作站与现场同时操作的安全性。

3）数据存储

对所有采集到的实时数据和历史数据按客户需求设定间隔存取和连续存取方式，方便用户查看设备当前或历史状态，不断完善工艺，制订更好的生产使用计划。为后续建设提供数据支持。

4）事件记录及打印

事件记录主要由报警事件组成，当被监测的设备或环境超出设定值时将进行报警并对事件进行记录，如温度过高或过低，设备启动异常，出现过流、过载现象，压力过高或过低，检测环境有毒气体超标等都将启动报警并对事件进行记录。

数据记录还可以包含交接班记录、日报和月报等辅助管理工具。所有记录可以按天、月设置为自动打印，也可以根据操作人员指令即时打印。所有报表格均可以电子表格的方式导出，方便非系统用户分析查看。

系统记录操作人员在中控室进行的所有操作指令和时间将被记录，通过查看操作记录可分析出操作人员的操作目的、操作影响，分析事件原因。

5）数据传输与通信

在其中一台操作员站上生成的监控画面、控制程序等，均可通过网络加载到另一台操作员站。PLC 控制程序的编制和修改可在上位机上进行，并通过网络下载到各 PLC 站，也可以在任何一台工程师站上下载系统内任何一个 PLC 控制站的用户程序。

6）操作功能

系统采用自动、远方、就地相结合的组合控制方式。对于电动阀、搅拌机、泵、风机等电气设备，既可以选择在控制室内进行远方操作模式，也可以选择通过现场控制箱或防爆接线柱（防爆按钮盒）就地操作模式。

系统控制可划分为手动、自动、禁操、键操及就地硬手动 5 种操作方式。在硬手动方式下启停电动机、开关阀门及其他设备时，中控室应提供操作指导，如当前处于自动模式，应先切除自动，以确保设备安全操作。

7.2.6　给排水设计

① 堆肥厂厂内给水应符合现行《室外给水设计标准》（GB 50013）和《建筑给水排水设计标准》（GB 50015）的规定。生活用水应符合现行《生活饮用水卫生标准》（GB 5749）的水质要求。用水标准与定额应符合《建筑给水排水设计标准》（GB 50015）的规定。

② 堆肥厂生产用水，包括堆体水分调节用水、车辆冲洗用水、地面及道路冲洗用水、绿化用水及消防用水，各项用水量应根据各工艺要求确定。生产用水水源选择及供水系统设计，应充分考虑节水措施。

③ 用地下水作为供水水源时，应有确切的水文地质资料，取水量必须小于允许开采量，严禁盲目开采；地下水开采后不引起水位持续下降、水质恶化及地面沉降。

④ 生活饮用水必须消毒。消毒剂的使用和消毒方法的选择应依据原水水质、出水水质要求、消毒剂的来源、消毒副产物形成的可能、净水处理工艺等，通过技术经济比较确定。可采用氯消毒、氯胺消毒、二氧化氯消毒、臭氧消毒及紫外线消毒，也可采用上述方法的组合进行消毒。

⑤ 堆肥厂厂内排水应符合现行《室外排水设计标准》（GB 50014）和《建筑给水排水设计标准》（GB 50015）的规定。厂区内应实行雨污分流，雨水宜排入当地排水系统。不含杀菌剂的生活污水宜排入预处理设施。室内给排水管道不得布置在遇水会引起燃烧、爆炸的原料、设备和产品的上面。生产车间内等应设置排除积水的设施。

⑥ 堆肥厂生活污水优先考虑排入城市污水管网；无污水管网的区域应在厂内建设生活污水处理设施，处理后污水的排放指标应符合项目环境影响评价批复的要求。

⑦ 厂区排出的生产污水应集中处理，排放标准应符合《污水排入城镇下水道水质

标准》（GB/T 31962）中相关要求，同时满足下游污水处理厂进水水质要求。

⑧ 设计暴雨强度应按当地或相邻地区暴雨强度公式计算确定。

⑨ 屋面雨水排水管道的排水设计重现期应根据建筑物的重要程度、汇水区域特点、地形特点、气象特征等因素确定，厂内一般性建筑物屋面设计重现期一般为 2～5 年，重要建筑物屋面要大于 10 年。

7.2.7 消防设计

消防系统设计必须贯彻执行国家有关方针政策、规范、规定，消防工作应遵循"防为主，防消结合"的方针。堆肥厂厂区应设消防系统，并按各车间、场所发生火灾的性质和特点选择不同的消防措施，防止火灾危害，以确保厂区的安全经济运行。

（1）厂区同一时间火灾数

厂区的室外消防给水用水量，应按同一时间内的火灾起数和一起火灾灭火所需室外消防给水用水量确定。同一时间内的火灾起数应符合下列规定：a. 厂区占地面积 ≤ 100hm²，同一时间内的火灾起数应按 1 起确定；b. 厂区占地面积 > 100hm²，同一时间内的火灾起数应按 2 起确定。

（2）消防用水量

堆肥厂各建筑物消防水量应根据建筑物本身耐火等级、火灾危险类别、同一时间火灾发生次数、火灾持续时间、消火栓设计秒流量等因素确定。室内消火栓、室外消火栓设置应符合现行国家标准《消防给水及消火栓系统技术规范》的要求。

（3）消防水池

① 堆肥厂消防需求符合下列规定之一的，应设置消防水池：a. 当生产、生活用水量达到最大时，市政给水管道、进水管或天然水源不能满足室内外消防用水量；b. 当采用一路消防供水或只有 1 条人户引人管，且室外消火栓设计流量 > 20L/s；c. 市政消防给水设计流量小于建筑室内外消防给水设计流量。

② 消防水池的容量应按火灾延续时间计算确定：当火灾情况下能保证连续向消防水池补水时，消防水池的容量可减去火灾延续时间内的补水量。

③ 当消防水池采用两路供水且在火灾情况下连续补水能满足消防要求时，消防水池的有效容积应根据计算确定，但不应小于 100m³。当仅设有消火栓系统时不应小于 50m³。

④ 消防水池的总蓄水有效容积 > 500m³ 时，宜设两格能独立使用的消防水池；当有效容积 > 1000m³ 时，应设置能独立使用的 2 座消防水池。每格（或座）消防水池应设置独立的出水管，并应设置满足最低有效水位的连通管，且其管径应能满足消防给水设计流量的要求。

（4）消防水泵

① 消防水泵应采取自灌式吸水。

② 一组消防水泵，吸水管和输水管不应少于 2 条，当 1 条损坏或者需要检修时其余管道仍能通过全部设计流量。

③ 消防水泵应保证在火警后 30 s 内启动。

（5）高位消防水箱

① 当工业建筑室内消防给水设计流量≤ 25 L/s 时，消防水箱有效容积不应小于 12m³。室内消防给水设计流量＞ 25 L/s 时，消防水箱有效容积不应小于 18m³。

② 高位消防水箱位置应高于其所服务的水灭火设施，且最低有效水位应满足水灭火设施最不利点处的静水压力。同时，工业建筑不应低于 0.10 MPa，当建筑体积＜ 20000m³ 时，不宜低于 0.07 MPa。当压力不能满足要求时应设稳压泵。

③ 高位消防水箱其他要求应符合《消防给水及消火栓系统技术规范》（GB 50974）中 5.2 部分相关要求。

7.2.8　劳动安全防护

堆肥厂工程是以产生和制备生物有机肥为核心，添加的秸秆辅料存在燃烧的潜在危害。全厂必须严格防火，全厂禁烟。

（1）危险因素

1）电气伤害

堆肥工程中的各种高、低压电气设备、电动机、电线、电缆等，存在触电、电磁辐射等潜在危害因素。露天配置的高大建、构筑物和电气设备有遭受雷击的危险。

2）机械伤害

各类转动机械、运输机械由于安全防护不完善、紧急拉线开关失灵，起重设备安全设施缺陷、安全管理不到位等，均可能引起机械伤害和起吊物坠落伤人事故发生。

3）高处坠落伤害

在设备运行、维护保养、检查修理中存在大量的高处作业。在这些高处作业中，各类登高固定式钢梯、平台、防护栏杆、脚手架等的设计、制造、安装缺陷以及不良气候条件下防护性能下降、扶手湿滑、照明照度不够、思想麻痹大意、注意力不集中等，都将可能造成高处坠落伤人事故发生。

（2）职业危害因素

1）粉尘

项目运营期产生的粉尘主要来源于辅料加工工序。堆肥车间生产过程时会产生少量粉尘。

2）臭气

项目主要处理堆肥处理间卸料、输送、处理设备因存放或接触垃圾，均会产生臭味；同时卸料及输送过程会有渗滤液产生，既有臭味，又会滋生微生物；生产运行虽属远距离操作，但如果防范措施不当，也会对长期在此工作的人员造成身心损害。

3）腐蚀

生产过程产生的气体、液体，对人和建、构筑物有腐蚀性。

4）噪声

该项目营运过程中各种设施设备的运作会产生噪声，主要噪声源包括风机、粉碎机、输送机等。此外，垃圾运输车辆也会产生一定的交通噪声。

（3）安全防范措施

1）自然灾害防范措施

① 防雷击。堆肥工程防雷与接地系统应符合现行《建筑物防雷设计规范》（GB 50057）中相关要求。

在办公楼、变配电室、堆肥车间等单元设接地装置，采用共用接地系统，接地电阻不大于1.0Ω。电源电缆进入建筑物处均须做重复接地。

各级电箱均加装浪涌过电压防护器，将浪涌过电压限制在相应设备的耐压等级范围内。建构筑物设总等电位联结，所有进出建构筑物的金属管道均应与之联结。所有配电柜（箱）正常工作时不带电的金属外壳、三孔插座的接地触头以及防雷接地均需与PE线可靠连接并保持良好的电气通路。带淋浴的卫生间须设局部等电位联结箱。

② 防震。地震对建筑物的破坏作用明显，作用范围大，进而威胁设备和人员的安全，但是，地震一般出现的概率较小。

2）生产安全措施

① 各生产构筑物均设便于操作和行走的操作平台、走道板及安全护栏、扶手。

② 各种用电设备均按国家的有关标准做好接零接地保护。

③ 电气设备及机械设备的布置注意留有足够的安全操作距离及空间。

④ 生产工艺设计考虑了生产运行过程中的灵活调整，以便使事故造成的影响降低到最小。

⑤ 在有建筑的生产车间设有通风设备，保证工人生产安全。

⑥ 在运行前制定相应的安全规程，操作人员上岗前进行必要的专业技术培训，以确保厂内正常运转。

⑦ 厂内供水系统考虑消防要求，按规范要求设置足够的消火栓。

⑧ 开放式水池、设备基坑、高平台均设栏杆及必要的救生设施，并设置醒目提示牌。

⑨ 设置一定程度的自动控制，降低劳动强度，尽量避免直接接触有害、有毒液体和气体。

⑩ 根据《工业企业设计卫生标准》（GB Z1—2010）等有关规定进行设计，创造良好的劳动环境，保护职工身体健康。

⑪ 建筑物的设计均考虑给排水、采暖通风、采光照明等卫生要求。

⑫ 预处理车间工人作业时以巡检为主，必须为供热配发噪声防护用品。

3）其他安全措施

堆肥厂内的卫生防护措施主要采取以下几条：

① 厂内洒水降尘。

② 设置专职消杀队伍，站区内定期喷洒药剂，除臭，灭蝇、鼠等。

③ 厂内作业人员配备必要的劳保用品，包括工作服和防尘口罩等。

④ 设置浴室、更衣室、休息室等。

⑤ 加强环境监测，定期检查厂区 NH_3 和 H_2S 浓度。

⑥ 定期检测厂区饮水水质。

⑦ 配置一定数量的消防灭火器及防雷装置等。

⑧ 对厂内作业人员定期进行体格检查和预防接种。

⑨ 对职工进行安全教育和个人卫生教育。

⑩ 检验安全卫生措施实施效果，建立安全档案，以便及时发现安全卫生的薄弱环节。

⑪ 由工程建设单位委托有关部门进行环境卫生本底调查研究。

7.3　典型应用案例

7.3.1　某畜禽粪污及秸秆综合利用项目

我国华北地区某县为农业大县，其畜牧养殖业较为发达，县域范围内小型养殖场分散广，遍布全县，管理水平低。粪便未得到有效处理，给当地环境带来诸多不利因素。同时，该县每年产生大量的农作物秸秆，主要利用手段是还田处理，虽然暂时解决了焚烧秸秆的问题，但是秸秆还田只是个简单的、低层次的生物质利用，缺乏有效利用。为此，该县采用畜禽粪便和秸秆为原料生产有机肥，将农业、畜禽养殖有机废物、环境保护有机结合起来。实现了农业有机废物经济、安全、环保的综合利用。

某畜禽粪污及秸秆综合利用项目鸟瞰图如图 7-2 所示。

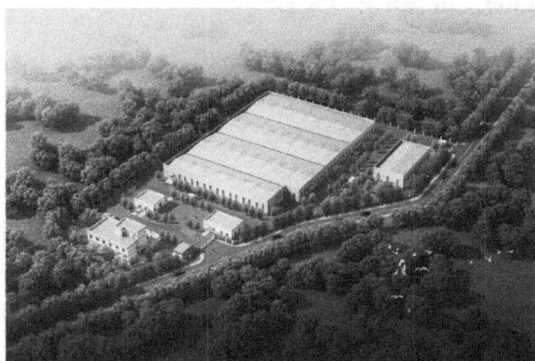

图 7-2　某畜禽粪污及秸秆综合利用项目鸟瞰图

（1）建设规模

该项目占地 26.9 亩。通过调查走访并结合该县实际情况，该县养殖行业日产畜禽粪污约 2400t，粪便收集率约为 7.5%，日处理畜禽粪污 181t，约为 6 万吨 / 年。通过投加秸秆调节发酵物料含固率及碳氮比，通过作物产量结合不同作物草谷比，该县年产秸秆约为 6.9 万吨，可满足项目日消耗秸秆 18.1t 需求。

（2）处理工艺

入厂的畜禽粪污含水率约在 63%，此时可以加入部分粉碎好的秸秆粉末，将物料含水率调节到约 60%。调节好的物料在发酵菌种的好氧分解作用下，释放出大量能量，可将料堆内部温度提升至 70 ～ 80℃，此时通过翻堆机对内部高温物料进行翻堆发酵，此时水分则以水蒸气的形式挥发掉，发酵好的物料含水量在 40% 左右，在制成颗粒的过程中，物料会摩擦发热，水分降低至 35%，挤压成型的颗粒有裙边，不利于机播，同时影响美观，需进行抛圆机整形，此时需要喷洒入适量水分，此时颗粒水分达到 40% ～ 50%，随后进入烘干机，颗粒水分降低至 30% 以下，产品满足《有机肥料》（NY/T 525）、《生物有机肥》（NY 884）标准要求。

堆肥生产工艺流程如图 7-3 所示。

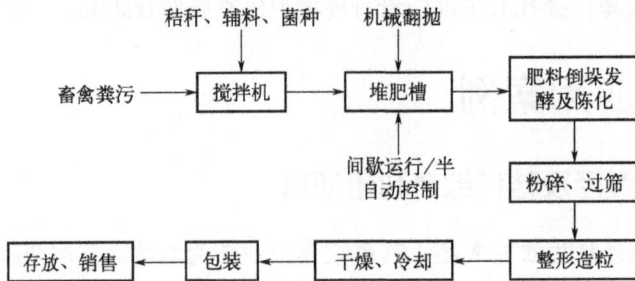

图 7-3　堆肥生产工艺流程

（3）原料消耗及产能

粪污处理量 181.82t/d，含水率 63%；秸秆处理量 18.18t/d，含水率 30%；混合物处理量为 200t/d，混合物含水率 60%；混合物相对密度为 0.8，混合物体积约为 250m³/d。

日产营养土 102.86t，混配有机质（氮、磷、钾元素，腐植酸），日产生物有机肥 105.95 t，年运行时间 330d，折合年产 3.5 万吨。

（4）工艺设计参数

该工程好氧堆肥、陈化发酵及有机肥生产均设于堆肥车间内，堆肥车间建筑面积为 6690m²。好氧堆肥槽宽 3.7m，堆肥高 1.8m，槽长 25m，共计 32 条堆肥槽；堆肥时间 20d。

一次发酵堆肥时原料由一端进入，经翻抛机翻抛充氧并向另一端移动，一次发酵结束时由另一端出料，一次发酵周期为 11d。

二次陈化发酵周期为 9d。控制温度：55℃以上维持 4 ～ 6d（最高温度 ≤ 75℃，最佳温度 60℃左右），剩余时间维持在 35 ～ 38℃。

发酵终止指标：容积减量 15% ～ 20%；水分控制在 30% 左右；碳氮比低于 20：1，发酵物达到无害化标准。

（5）工程投资及生产成本

该项目工程总投资 4004 万元，有机肥生产成本约为 38 元 /t。

（6）技术特点分析

该项目采用了槽式好氧堆肥工艺，该工艺各阶段物料比较均匀，堆肥效果好，堆肥周期一般 3 周左右即可完成，温度和氧含量通过仪表检测，自动控制风机的运转。堆肥车间采用门式钢架厂房，并设置臭气处理系统，有效控制了粪污恶臭气味的挥发，避免大气环境的污染。

（7）建议

对于养殖户较为分散的地区，大型畜禽养殖粪污肥料化工程的建设应结合各地农业产业结构因地制宜，合理设置物料收运范围。建议与当地农村合作社签订长期秸秆收储协议，节省了秸秆存储设施投资并有效降低秸秆贮存风险。

7.3.2　某大型畜禽粪便及秸秆沼气工程

我国华北地区某县级市精心培育了畜禽饲养加工、果品加工、板栗加工、主食副食加工、食用菌种植加工、酒类酿造加工等产业。其中某大型肉鸡养殖集团拥有现代化肉鸡场 12 个，年出栏肉鸡 1000 万只。为解决养殖过程中鸡粪产生的大量恶臭气体对周边环境的影响，该企业依托自身养鸡场所产粪污，利用生物质产生沼气及生物有机肥，变废为宝，为周边地区提供清洁能源，实现经济与环境的和谐发展。

（1）建设规模

该项目总占地面积 150 亩，所在地核心区 10km 范围内的 11 个肉鸡养殖场每年可产生 12.79 万吨鸡粪，其中 9.78 万吨鸡粪进入厌氧系统生产生物天然气，2.96 万吨鸡粪与厌氧后沼渣共同进行好氧堆肥处理。

该项目投产可产沼气 1002.61 万立方米/年（用于附近村镇集中供气、车用生物天然气、厂区以及发电）。沼肥工程建设规模为年产生物有机肥 6.6 万吨、年产沼液肥 23.89 万吨（见图 7-4）。

图 7-4　某大型畜禽粪便及秸秆沼气工程鸟瞰图

（2）处理工艺

鸡粪通过封闭式运输车输送至厂区水解池中，物料在水解池内停留 24h 后进入 CSTR 完全混合式中温厌氧发酵系统。有机废物经厌氧发酵后，发酵完的物料经出料泵输送至出料池，进行固液分离。分离后的沼液暂存在沼液池中，沼液通过沼液池出料泵输送至场外沼液池，经封闭式运输车输送至各需求点用于自有林果地及周边种植合作社的灌溉施肥。鸡粪及秸秆沼气工程总体工艺流程见图 7-5。

沼渣经固液分离后浓度约为 30%，通过铲车送至堆肥车间配料区与鸡粪、生物菌剂等混合调配，调配后通过铲车端至堆肥区进行条垛好氧堆肥。

该项目好氧堆肥采用条垛堆肥工艺，堆肥及陈化发酵在堆肥车间完成。每个条垛的容量为 1d 的沼渣及配套鸡粪、生物菌剂等的总量，每天通过自行走翻抛机（见图 7-6）对条垛内的有机肥原料进行好氧处理。好氧堆肥周期为 10～15d，堆肥温度可以上升至 60～70℃。每个好氧堆肥条均设置恒温发酵控制系统，保障堆肥过程的温度控制。经过一个周期的堆肥发酵后含水率大幅度降低（一般＜40%），然后进入陈化发酵阶段。

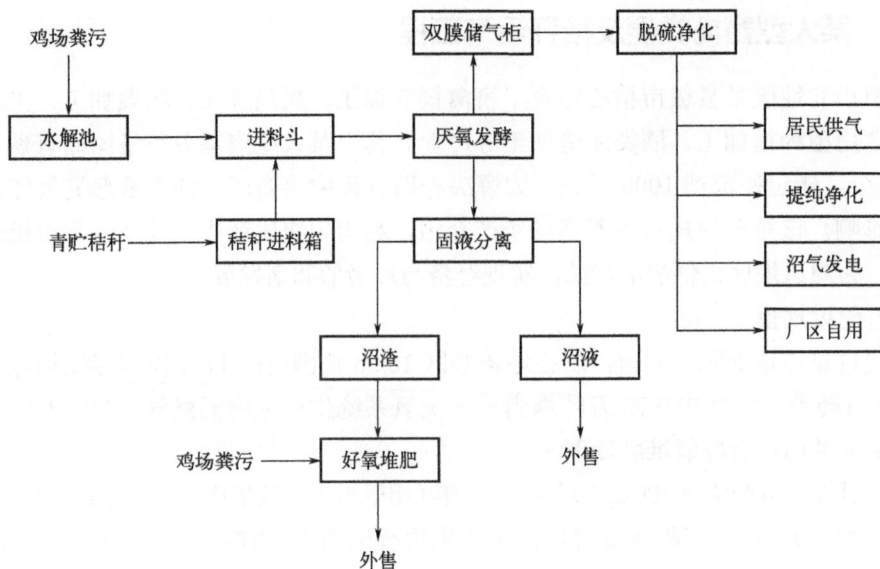

图 7-5　鸡粪及秸秆沼气工程总体工艺流程

图 7-6　自行走翻抛机

经过好氧堆肥发酵后的有机固体废物尚未达到腐熟，需要继续进行二次发酵，即陈化。陈化的目的是将有机物中剩余的大分子有机物被进一步分解、稳定、干燥，以满足后续制肥工艺的要求。堆肥工艺流程见图 7-7。陈化周期为 15 ～ 20d，陈化发酵过程中，堆肥的温度逐渐下降，稳定在 40℃时堆肥腐熟，形成腐殖质。腐熟的有机肥经铲车输送至有机肥生产车间，进行生物有机肥的生产，产品满足《有机肥料》（NY/T 525）、《生物有机肥》（NY 884）标准要求。

（3）原料消耗及产能

沼渣处理量 88.3t/d，含水率 70%；鸡粪投加量 71.1 t/d，含水率 75%；混配有机质（氮、磷、钾元素、腐植酸及生物菌剂）约 19.6t。日产生物有机肥 200t，年运行时间 330d，折合年产 6.63 万吨。

（4）工艺设计参数

该工程采用了自行走翻抛机对条垛进行翻抛。堆肥工程部分建有 2 座堆肥车间，1 座用于好氧堆肥及陈化发酵，另 1 座用于进行深加工制备生物有机肥。2 座堆肥车间均为

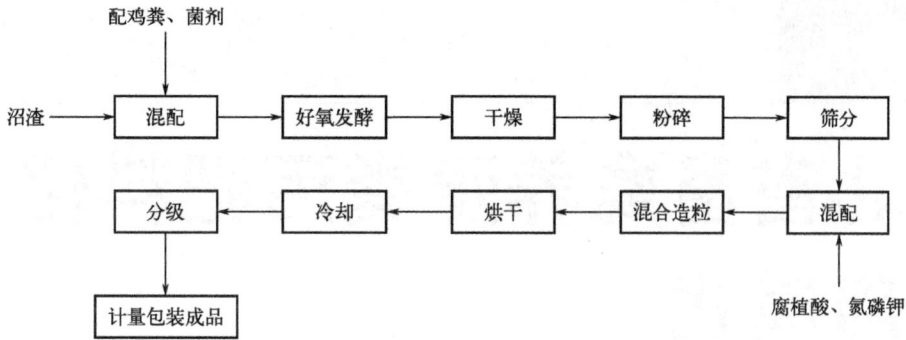

图 7-7　堆肥工艺流程

门式钢架结构厂房，建筑面积分别为 2850m² 与 7180m²，火灾危险性类别均为丁类。

一次发酵堆肥时原料混合后，自行走翻抛机对条垛内的有机肥原料进行翻抛充氧，一次发酵周期为 10d，堆肥温度控制在 60 ~ 70℃之间。

二次陈化发酵周期为 15d。控制温度：55℃以上维持 4 ~ 6d（最高温度≤75℃，最佳温度 60℃左右），剩余时间温度逐步下降，最终维持在 40℃左右。

发酵终止指标：容积减量 15% ~ 20%；水分控制在 30% 左右；碳氮比低于 20∶1，发酵物达到无害化标准。

（5）工程投资及成本核算

该项目工程总投资 1.95 亿元，正常生产年总成本为 3657 万元，经营成本为 1860 万元。

（6）技术特点分析

该项目是一个农业废弃物资源化循环利用项目，以养殖业粪污为原料，在解决环境污染问题的同时，增加了生物天然气这种可再生清洁能源的供应。同时沼渣及沼液也作为肥料反哺回农业生产中去，打造了一个养殖、种植、环保、新能源四位一体的农业循环经济模式，在保护与治理生态环境、提高能效、开发新能源等方面具有一定示范意义。

（7）建议

此类项目是基于该地区拥有集中的大型养殖企业的先天优势，对于养殖规模较小的养殖企业建设堆肥厂时堆肥工艺可选择占地面积较小的立式堆肥装置，其他设计要点可参照本书第 7 章中相关设计要求进行设计。

参考文献

[1] 牛俊玲，李彦明，陈清 . 固体有机废物肥料化利用技术 [M]. 北京：化学工业出版社，2010.

[2] 王月明，魏祥法 . 畜禽养殖污染防治新技术 [M]. 北京：机械工业出版社，2017.

[3] 余亮彬，周国乔，刘卫军 . 畜禽粪便资源化利用技术 [M]. 北京：中国农业大学出版社，2018.

[4] 边炳鑫，赵由才，乔艳云 . 农业固体废物的处理与综合利用 . 2 版 [M]. 北京：化学工业出版社，2018.

[5] 李季，彭生平 . 堆肥工程实用手册 . 2 版 [M]. 北京：化学工业出版社，2011.

[6] 聂永丰 . 固体废物处理工程技术手册 [M]. 北京：化学工业出版社，2013.

第8章

河北省畜禽养殖粪污肥料化利用模式

自 2017 年国务院办公厅发布《关于加快推进畜禽养殖废弃物资源化利用的意见》（国办发〔2017〕48 号）和农业部发布《畜禽粪污资源化利用行动方案（2017—2020 年）》以来，各地均积极响应，各省市都制定了各自的行动方案，开展了规模养殖废弃物资源化利用专项行动。历经 3 年多的努力取得了显著成效，统计表明，到 2022 年底全国基本形成了以粪污肥料化、沼气化为主的养殖废弃物资源化利用格局，种养循环链基本形成，全国规模养殖场粪污处理设施设备配建率达到 97% 以上，粪污资源化利用达到 78%，规模养殖环境污染问题基本得到控制。

在养殖废弃物资源化利用专项工作中，河北省走在了全国前列。在连续 3 年的全国规模养殖粪污资源化利用专项考核工作中，河北省获优秀等级 2 次，成绩突出 1 次。到 2022 年底，河北省规模养殖场粪污处理设施设备配建率达到了 100%，粪污资源化利用水平达到了 81% 以上。能取得这样的成绩，河北省主要在组织领导、模式创建、科技支持和示范推广等方面都做了大量工作并取得了成效，特别是在解决粪污还田"最后一公里"这一关键问题上成效显著。根据河北省农业生产实际，构建了多样化的种养循环模式，打通了粪污还田通道。2017 年 4 月，国家农业废弃物资源化利用创新联盟在河北省安平县召开了京津冀养殖粪污资源化利用观摩会，河北省培育的河北津龙农业开发有限公司（简称津龙公司）、京安新能源科技股份有限公司（简称京安公司）、石家庄金太阳生物有机肥有限公司（简称金太阳公司）和河北优净生物科技有限公司（简称优净公司）4 个种养循环典型企业，被确定为国家级示范基地（见图 8-1 ～图 8-3）。

图 8-1　河北 4 家典型企业与国家联盟签约为国家级示范基地

图 8-2　国家联盟组织观摩京安公司

图 8-3　国家联盟组织观摩优净公司

8.1 河北省畜禽养殖粪污资源化利用取得的成效

8.1.1 专项行动之前的状况

在专项行动之前，尽管省市县各级政府都高度重视农畜废弃物的治理工作，一些社会资源也进入了该领域，但规模养殖畜禽废弃物的资源化处理利用率不足60%，大部分养殖场的粪污处理能力与产出不匹配或没有配备，畜禽粪污污染环境问题严重，解决养殖环境污染问题迫在眉睫。经调研发现，畜禽粪污难以还田利用的症结主要源自以下4个方面。

（1）养殖规模大且集中，产出的粪污超过了区域承载能力

2015年统计，全省规模猪场（年出栏＞500头）存栏量占总量的72.0%，规模牛场（存栏量＞100头）存栏占总量的85.5%，规模蛋鸡场（存栏量＞10000只）存栏占总量的60.7%。据测算，一个年出栏10000头的猪场，每年约产生2500t固体粪便和5400m³尿液，按每亩农田的安全用量2t（干重）计约需耕地面积1000亩。而万头猪当量的规模牛场、鸡场大部分有区域集中特点，如藁城、正定、永年等县（市）是蛋鸡养殖集中区，行唐县为奶牛养殖集中区等，并且粪肥主要用于蔬菜和果园等经济作物上，大田作物用量很少或不用，这一现象更加剧了畜禽粪污区域过剩问题的发生。调整养殖结构，"适度规模养殖"势在必行。

（2）种养两业分离，农业生产系统中的物能循环链断裂

养殖业和种植业大都相对独立运营，属于"种或养殖业→产品→废弃物"的单程生产架构，而非"养殖业→产品→废弃物→种植业→产品→养殖业"的循环型生产架构，因此，农业生产过程产生的大量养殖粪污、作物秸秆等只能作为废弃物堆置，即便在养殖场实现了无害化处理也只能堆放，难以用到农田。因此，必须改变种养两业分离的农业生产局面，闭合种养循环链，突破生产机制障碍。

（3）粪污处理利用技术和设备落后、起步低

普通发酵有机肥技术含量低，产品质量参差不齐，价格低廉，运输半径不超过50km。以前推广的畜禽粪便露天条垛式发酵模式，由于效率低、能耗高、占地多已基本被淘汰，采用的槽式发酵方式因缺乏标准化管理，时常出现发酵不彻底、臭味大、肥料烧苗等现象。沼气发展则经历了从户用型向大中型的转变，但由于沼气设备管理不到位，存在产气率不高、沼气深度开发利用不够、沼渣沼液二次污染等诸多问题，阻碍了沼气设施的正常运转。此外，在专项行动之前还缺乏养殖粪便干清施设备、粪污固液高效分离与废水循环利用技术与设备，缺乏高效自动化粪便和病死畜禽快速发酵工艺与设备，缺乏粪污高值化开发和合理还田利用技术，缺乏养殖粪污的环境承载核算与安全评估技术等。

（4）政策支持和资助力度不够，政策连续性不足

尽管从中央到地方采用疏堵结合的方式推进养殖粪污的资源化利用，并且发布了一系列的法律法规，投入大量资金予以扶持，但还存在重建设轻管理现象，缺乏长期稳定的政策支持。例如，沼气工程、沃土工程计划，虽然在建设阶段给予了政策和资金支持，促进了沼气产业的发展，但在发电并网、生物天然气入市、沼气工程技术服务等后续优惠

政策方面没有跟上，影响了在沼气高效运营、设备和技术提升等方面投入的积极性。

8.1.2　采取的对策和取得的成效

（1）问题导向，制定全省工作方案

根据调研发现存在的问题，河北省农业农村厅组织起草了《河北省畜禽养殖废弃物资源化利用工作方案》（冀政办字〔2017〕119 号），历经多次论证和讨论于 2017 年 9 月定稿并向社会发布，是全国发布省级方案最早的省份之一。

在该方案实施过程中，省委、省政府高度重视，专门成立了"河北省畜禽养殖废弃物资源化利用工作领导小组"，组长由主管农业的副省长担任，小组办公室设在农业农村厅，同时成立项目执行小组和 3 个专家小组。2017～2019 年，经有效组织、反复论证和积极努力，河北省的 34 个规模养殖大县都先后获得了全国畜禽养殖粪污资源化利用整县推进项目的支持。在省委、省政府的坚强领导下，在科技、企业以及养殖、种植、环保管理等社会各界的共同努力下，到 2020 年底河北省基本形成了"规模适度，种养循环"养殖废弃物资源化利用的格局。

（2）构建种养循环模式，研发关键技术和装备

针对各地不同种植和养殖规模现状，建立了"种养一体园区小循环""种养肥（沼）三产融合中循环"和"第三方肥料化利用大循环" 3 种以种养联结机制为核心的循环模式，培育了京安公司、津龙公司、金太阳公司、优净公司 4 个典型企业并成为国家级示范地，将河北省在畜禽养殖废弃物资源化利用方面的经验推向了全国，其中京安公司建立的"养殖→能源→肥料→种植"多产联合整县推进模式，受到了时任国务院副总理汪洋和多个部委领导人的肯定和公开表扬。在技术创新方面，则建立了具有国际先进水平的地上槽式规模发酵、密闭生物发酵反应器等新工艺和新设备，研发了低温启动高温好氧发酵菌剂、有机肥转化土壤修复生物肥料、沼气发电和沼肥合理还田、牛粪垫料化利用等多项先进适用技术，为规模养殖场和有机肥企业提供了先进技术支持。

（3）培育循环农业典型企业，引领行业发展

尽管种养结合在我国传统农业上属于主流生产方式，但如今如何让大规模的养殖场与种植业融合，形成循环产业共同体，存在着意识、机制、技术、设备、耕地承载等诸多问题，需要开展多方位的探索性工作。为提高从业人员对循环农业的认知和接受度，培育典型企业，开展示范、观摩和宣传是最直接最有效的办法。在 20 世纪 90 年代，以河北省农林科学院、河北省畜牧总站为主的专家技术团队就尝试开展了相关工作，在不同规模养殖区，建立了多种种养循环模式，建立了近 20 家典型企业。针对种养两业分离现象建立了种养一体园区循环、种养肥（沼）三产融合模式，培育了河北津龙公司、河北京安公司、河北优净公司、武安智寿源林牧公司、廊坊欧华农牧公司等典型企业。针对畜禽粪污区域超载现象则建立了第三方肥料化循环模式，即有机肥企业将周边养殖场的畜禽粪便收集起来，通过发酵腐熟转化为精制有机肥或生物有机肥等高值产品，先后培育了石家庄金太阳生物肥有限公司（可处理各种粪污）、河北赛元肥业有限公司（以处理牛粪为主）、河北润农欣生物科技有限公司（处理鸡粪、牛粪等）、河北沣田宝公司（处理各种粪污）等在国内具有影响力的一大批有机肥类龙头企业或优势企业。目前全省新

建有机肥企业达 300 多家，产能达到 1500 万吨。组织召开了多次不同规模的观摩会，其中国家级 2 次、省级 3 次，并通过电视、网络、自媒体等途径，对先进典型和优良技术成果进行宣传报道，提高了影响力，加大了模式、技术等的辐射推广范围，引领全省粪污资源化利用向种养循环方向发展。

自 2017 年全国集中开展养殖废弃物资源化利用专项行动以来，各地养殖环境污染问题都基本得到了解决，之所以能取得这样的成就，首先得益于国家制度的优势和各级管理层高度重视和企业的积极参与，全国一盘棋，统一政令、法规疏导、财政支持。其次，在落实政策层面，准确把握住了两个关键问题：一是将畜禽养殖废弃物作为资源对待，没有像以前只当作问题进行"治理"；二是抓住了种养两业分离是阻碍粪污还田的这一关键症结，构建了多个种养循环模式并进行推广，引导建立了农业系统中物质和能量的闭合循环。从更长远的角度看，发展种养循环农业不只是解决了养殖废弃物还田难的问题，实质上是对我国种养两业分离生产方式的重大变革，使农业生产系统更符合自然生态规律，大大提高了资源利用率，减少了环境污染，其长期的生态效益、经济效益和社会效益相当可观。主要表现在：

① 大量有机肥还田，可缓解土壤有机质欠缺问题，提高农田地力，提高作物产量和抗病性，既保障了粮食安全，又减少了化肥农药的使用；

② 养殖污水处理后还田，提高了水资源的利用率；

③ 有机肥替代部分化肥，减少了化石能源、矿物资源的消耗；

④ 农产品质量和品质得到提升，提高了人们的生活质量和健康水平。

以上效果已在示范区显现，并大大提高了直接参与和所见企业经理人、合作组织及广大农民等对种养循环农业的认识，提高了农田施用有机肥的积极性。

下面简要介绍 3 种循环模式和典型企业情况。

8.2 种养一体园区小循环模式及案例

8.2.1 种养一体园区小循环模式

顾名思义，种养一体园区模式是指园区内既有种植又有养殖，且养殖规模与耕地面积相配套，种养两业为一有机整体（见图 8-4）。在园区内部，根据种植结构的不同，产生的畜禽粪便、作物秸秆、蔬菜藤蔓、果树枝条等废弃物资源，经堆肥腐熟、沼气发酵等处理后即可就地还田，不存在还田障碍问题。园区生产的牧草、玉米籽粒和农产品加工下脚料等都可作为饲料资源，降低饲料原料成本。园区内部即形成作物生产、动物消耗、微生物分解转化的循环体系。由于物能循环是通过内部运营实现的，因此整个农场不存在有机肥、秸秆和饲料粮等资源的购销贸易行为，实现了资源和经济的自我互补，所以这种种养一体的运行机制是最有前途的农业生产经营方式，也是最为理想的种养循环模式。

① 主要优点：完全实现废弃物的内部无障碍循环利用；种养两业一体，统一管理，统一经营；饲料、肥料等以内部自行消纳为主，生产成本大幅度下降，市场竞争力提高，

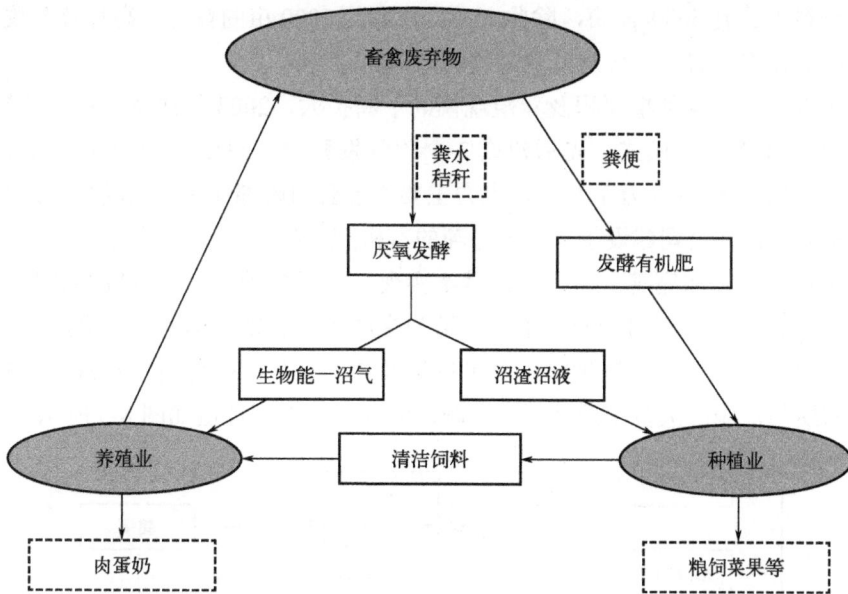

图 8-4　种养一体园区循环模式

经济效益和生态效益均十分显著。

　　② 主要不足：种养规模不宜太大，需要种养两方面的专业技术依托。

　　③ 适宜范围：自有耕地面积充足，能满足畜禽粪污承载需要，或通过土地流转、托管、租赁等方式拥有土地使用权。

　　④ 注意事项：种养规模要适度，规模太大会增大管理难度和运营成本，加大运行风险，一般 10000 亩耕地以下较为理想。

8.2.2　典型案例：河北津龙模式

　　河北津龙农业开发有限公司（以下简称"津龙公司"）位于河北省景县龙华镇，地处华北平原黑龙港流域中部，海河低平原区。年平均降雨量 544mm，平均气温 13.1℃。景县是全国商品粮基地县、优质棉基地县、秸秆氨化养牛示范县、节水灌溉示范县和平原绿化达标县。农业生产条件较好，土壤、气候、光照、气温、降水等方面比较适宜农作物生长。交通便利，公司距衡德高速公路仅 5km。

　　津龙公司由 1998 年建立的景县津龙养殖场发展而来。经过多年努力发展成为集种植、养殖、沼气发电、有机肥加工、饲料加工等多项产业于一体的国家级农业产业化龙头企业。该公司采用土地流转方式与周边村农户签订土地使用协议，占地总面积最高时达到 2.2 万亩，其中养殖业占地 680 亩，主要养殖生猪、奶牛、肉牛、肉驴、肉羊、蛋鸡等，并依托养殖业发展了饲料加工和肉食加工等产业。生猪存栏 6 万头，年销售额 1.6 亿元人民币；肉牛年销售额 900 万元人民币。奶牛养殖占地 155 亩，日产奶量 3t，年销售额 1300 万元。

　　可利用的耕地中，约 10000 亩种植冬小麦和夏玉米等粮食作物，温室蔬菜种植面积约 300 亩，主要种植番茄、茄子、辣椒、黄瓜、豆角等蔬菜。粮食产量较高，玉米平均产量 600kg/ 亩，小麦 500kg / 亩。玉米籽粒和秸秆主要为养殖业提供饲料，每年的青储玉米秸秆饲料可达到 5000kg/ 亩，除此之外，还有约 1000 亩的苜蓿、高丹草等牧草种植，主要作为奶牛和肉牛的青饲料及青储饲料。

随着小麦、玉米等种植面积及养殖规模的不断扩大，2003 年津龙公司开始探索畜禽养殖业的循环经济发展模式，先后建成 2 个沼气发酵池，总池容 8000m³，年处理粪污 16.2 万吨，沼气发电 2628 万千瓦时，电力主要用于公司内部使用。为转化沼渣和过剩的固体废物资源，津龙公司建设了年产 5 万吨的有机肥生产线。

历经多年的建设和完善，津龙公司基本实现了园区内种植、养殖废弃物和沼渣沼液的无害化和资源化循环利用，形成了以种植为生产者，养殖为消费者，微生物为分解者的园区物能循环生态系统。这种能量多级传递及物质资源的循环再生模式，很好地解决了系统内物质与能源的浪费和循环不畅问题。园区的物能循环链如图 8-5 所示。

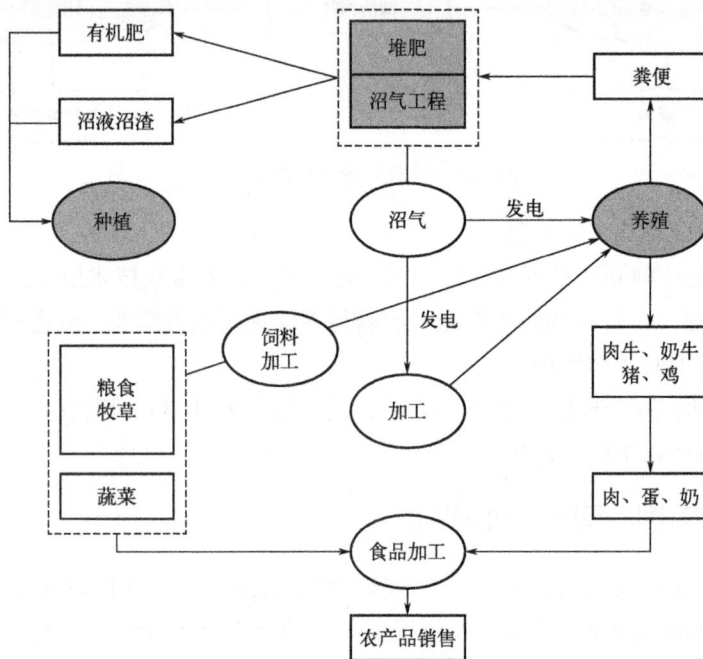

图 8-5　津龙公司种养一体园区循环模式构成

目前，种植、养殖、沼气和有机肥产业已经成为津龙公司产业园区农业循环体系的基础和核心（见图 8-6、图 8-7）。除向市场出售的肉、蛋、奶及少部分杂粮产品外，其他副产物均在整个体系内部循环利用。种植系统是循环的基础，生产的籽粒、秸秆、牧草等为养殖业提供饲料；养殖过程产生的粪便一部分进入沼气池进行沼气发酵，一部分通过堆肥施入农田。沼气发酵和有机肥生产是连接种植和养殖的纽带，产生的沼气主要用于发电，供公司内部使用，发酵产生的沼液沼渣及有机肥返回到种植业系统，为种植业提供作物生长所需的养分和土壤培肥有机质等。园区产生的废弃物实现了资源化、无害化和再利用，基本形成物质和能量循环链。

历经近 20 年的探索与实践，津龙公司建立的种养循环体系日渐完善，产生了显著的综合效益。测算表明，采用种养循环，津龙公司每年平均减少化肥施用量 25%，节约用水 15%，耕地质量明显提升，土壤有机质提高了 30%，小麦产量从最初的平均每亩

图 8-6　津龙公司沼气发电站

图 8-7　津龙公司肉驴养殖场

350kg，上升到如今的 400 ～ 500kg，同时安排就业 1500 人，带动村民脱贫近万人，产生了十分显著的生态环境效益、社会效益和经济效益。津龙公司的社会影响力逐年扩大，每年都会有多批参观考察团组来访，2017 年津龙公司被国家农业废弃物循环利用创新联盟确定为全国示范基地。

河北省其他企业如武安智寿源林牧公司、廊坊欧华农牧公司等企业也都通过种养结合一体化园区的建设，实现了养殖粪污的自我循环利用。

8.3　种养肥（沼）三产融合中循环模式及案例

8.3.1　种养肥（沼）三产融合中循环模式

该模式适于在既有规模养殖也有规模种植的一定区域内应用，区域大小可以覆盖一个或多个乡镇或整个县。一般由地方的龙头种植或养殖企业或第三方组织机构在适宜地点建立有机肥生产厂（或粪污处理中心、沼气站），形成养殖业、种植业和有机肥料（沼气）三大经济实体，三者通过契约结盟偶联形成种养循环利益共同体。采用该模式可以实现乡镇或县域内农畜废弃物资源化循环利用。在该模式中，肥料或沼气企业是链接种养两业的桥梁，其主要任务为：一方面收集养殖业产生的粪污，通过加工处理和生物发酵，转化为有机肥或沼气，或通过深加工生产出具有土壤改良等功能的生物肥或有机无机复混肥；另一方面，把转化的肥料产品提供给周边的规模种植农场。这样种养两业可以专心进行各自的生产经营活动，不用再分心粪污和秸秆处理问题以及有机肥的来源问题。三方联结成为既有分工又有合作的利益共同体，通过各自的产业化和品牌化经营，服务于社会，实现共赢发展，绿色发展。该模式的典型企业有河北京安生物能源科技股份有限公司（安平县）和河北优净生物技术有限公司（威县）。

① 主要优点

通过建立第三方有机肥（沼气）产业，可将规模种植和规模养殖两业联结起来，形成物质循环链，互相满足彼此需要。相较于普通有机肥企业，可大幅度降低销售成本甚至形成零成本销售。

② 主要不足

需要种、养、肥（沼）三方达成共识方能形成利益共同体；运行过程三方需要信守承诺，诚信经营才能持续运转。

③ 适宜范围

该模式需要同时具备两个条件：一是有规模的养殖场或有一定规模的集中养殖区，且都愿将粪污处理任务转移给他人；二是有相应承载面积的规模种植区，可以是水果、蔬菜、中药材，也可以是大田作物。

④ 注意事项

有机肥料厂（沼气站）的建设规模要根据原料和需肥情况测算，建设地点要满足地方环保要求。

8.3.2　典型案例：河北京安模式

河北京安生物能源科技股份有限公司（以下简称"京安公司"），始创于 2013 年 5 月，总资产近 3 亿元，于 2017 年 8 月 8 日在全国中小企业股份转让系统（简称"新三板"）挂牌上市。京安公司是高新技术企业、国家农业废弃物循环利用创新联盟常务理事单位、国家畜禽养殖废弃物资源化利用科技创新联盟副理事长单位、农业农村部畜禽养殖废弃物资源化利用技术指导委员会单位、河北省沼气循环生态农业工程技术中心发起单位、河北有机与生物肥料产业技术创新战略联盟副理事长单位、河北特色产业协会副会长单位。

历经多年建设和探索，京安公司基本形成了以利用畜禽粪便和农作物秸秆发酵制沼气、沼气发电、生物天然气提纯、生物质热电联产、生物有机肥等产业构成为主的农业循环经济实体，将周边规模养殖企业和县域内的规模种植业有机联结起来，形成了"种植、养殖、沼气、发电、热能、肥料"联产的生态循环"京安模式"。具体产业构成如下所述。

（1）2MW 沼气与发电产业

2013 年 11 月，京安公司承担的河北省第一家利用畜禽粪污沼气发电并网项目开工建设，2015 年 3 月竣工并发电并网。项目总投资 9600 万元，建有粪污预处理系统、CSTR 中温厌氧发酵罐 4 套、脱硫系统、双膜储气柜、德国进口 1MW 发电机组 2 套。年利用畜禽粪污 30 万吨，年产沼气 657 万平方米，发电并网 1512 万千瓦时，沼渣沼液用于制作有机肥。

（2）生物天然气产业

京安公司承担了"安平县利用世行贷款建设农村新能源项目"，总投资 2 亿元，建有厌氧发酵罐 6 座，总池容 3 万立方米。主要利用畜禽粪污和秸秆进行混合厌氧发酵，生产的沼气提纯成生物天然气，年产 636 万立方米，可供周边居民炊用取暖和工商业用气。结合安平县 2017 年实施的"煤改气"工程，建设完成中压天然气管道 29.6km，低压支管线 152.6km，入户管网 360km，建立起生物燃气入户通道。公司目前已取得河北省住建厅颁发的《燃气经营许可证》，已为区域内的 8500 多户居民及部分工商业用户供应生物天然气。目前，京安公司拟在安平县杨屯村和小辛庄村建设的近零碳村镇项目已通过农业农村部的审批。项目完成后，京安公司生产的生物天然气可通过燃气微管网，为居民提供清洁取暖、炊用等生物用能，将彻底改善农村人居环境，形成零碳发展理念，引领农业农村绿色发展。

（3）生物质热电联产产业

该项目与中电系统合资建设，于 2017 年 8 月份投产运行。热电联产系统以废弃秸秆、废弃果树枝等为原料，年发电并网 2.4 亿千瓦时，发电机余热用于县城居民集中供暖，供应面积 130 万平方米，年耗秸秆 28 万吨，替代标煤 10 万吨，全年减少 CO_2 排放约 26 万吨。直燃发电产生的草木灰作为肥料还田利用。

（4）有机肥产业

2016 年建设完成有机肥厂，总产能 25 万吨，其中固体肥 5 万吨，液体肥 20 万吨。主要利用沼气产生的沼渣沼液，制备生产多种配方的有机肥和生物有机肥。

（5）碳资产开发产业

2017 年开展了温室气体自愿减排项目，年核定减排二氧化碳当量 10.8 万吨。

以上产业的形成使京安公司建立了两种可复制推广的技术模式。

① 畜禽养殖废弃物的资源化利用。京安公司广泛开展产学研合作，与第一沼气国际有限公司、北方工程设计研究院、中国农科院、中国农业大学、河北省农林科学院、河北科技大学等科研院所合作，开展科研攻关和成果转化。围绕低浓度有机废水高效厌氧发酵制取沼气技术创新，完成涉及生产、维护、肥料制作等专利技术 30 多项，解决了沼气生产波动大的难题，实现了全天候持续稳定产气。历经多年努力，以畜禽粪污生产沼气，沼气提纯制备生物天然气，燃气入户入企，沼渣沼液生产有机肥等为核心的循环产业链基本形成，京安公司成为河北省第一家利用畜禽粪污发电并网且持续运行的沼气发电企业。此外，创新了粪污收储运机制，与全县养殖场户达成粪污收购意向，建立粪污储运团队，保障了沼气发酵原料来源的稳定，推动了县域范围内养殖粪污的资源化利用。

② 农林废弃物的能源化利用。京安公司的生物质热电项目引进了世界先进的热电联产技术，通过农作物秸秆等生物质燃烧发电并网，发电机余热为周边居民提供冬季取暖热能。为保障系统的稳定运行，还探索建立了"公司＋合作社"秸秆机械化收集体系，带动 5000 户农民参与秸秆收集、加工、贮存、运输、销售网络。目前，全县秸秆综合利用率达到 96% 以上，年新增产值 1.2 亿元，成为农民收入新的增长点。

京安公司建立的农业废弃物多级资源化利用系统，产生了十分显著的经济效益、社会效益和生态环境效益。

① 经济效益方面，所用的废弃物原材料以畜禽粪便、厕所粪污、玉米秸秆及屠宰厂废弃物为主。畜禽粪污为免费处理，人居环境厕污收费 80 元 /t，屠宰厂废弃物收费 100 ～ 200 元 /t，秸秆付费 150 元 /t，沼气发电上网电价 0.75 元 /（kW·h），生物天然气平均售价 2.93 元 /m^3，沼渣沼液制有机肥 650 ～ 6000 元 /t。碳减排指标交易每年 300 万～ 500 万元。年综合收益达 6000 多万元。

② 社会效益方面，随着项目的实施，粪污、秸秆等农牧业废弃物得到有效治理和利用，农村环境卫生得到很大程度提高。直接为社会提供就业岗位 500 个，通过粪污、秸秆收储运体系带动专业合作社及农户 6000 多户。转化生产的系列有机类肥料具有显著的土壤培肥功能，可明显改善土壤团粒结构，提高土壤肥力，增加农作物产量，改善农产品品质。

③ 生态环境效益方面，项目注重与当地农民生产生活的对接。目前年产沼气 1800 万立

方米，其中年发电并网 1512 万千瓦时，年提纯生物天然气 636 万立方米用于附近 8500 多户居民炊用取暖，有效缓解了农村能源供需矛盾。项目利用沼渣沼液年产有机肥 25 万吨，可替代部分化肥，培肥地力。通过项目实施，可为养殖场每年减少粪便排放 40 万吨、利用秸秆 35 万吨、二氧化碳减排 36.8 万吨、COD 减排 8.48 万吨、氨氮减排 0.53 万吨、节约标准煤约 10.5 万吨。

京安公司将产业发展和环境保护有机结合，探索建立了以县域循环为特征的种养循环新模式，突破了多项关键技术，建立了"气、电、热、肥"联产的生态循环"京安模式"（见图 8-8～图 8-13），不仅解决了种养废弃物污染难题，还提高了公司的经济效益，为当地生态环境治理闯出了一条新路。2017 年 4 月国家农业废弃物循环利用创新联盟在京安召开了全国现场会，并推荐成为国家级示范基地向全国推广。2017 年 6 月 27 日，时任国务院副总理汪洋同志在全国畜禽养殖废弃物资源化利用工作会上对"京安

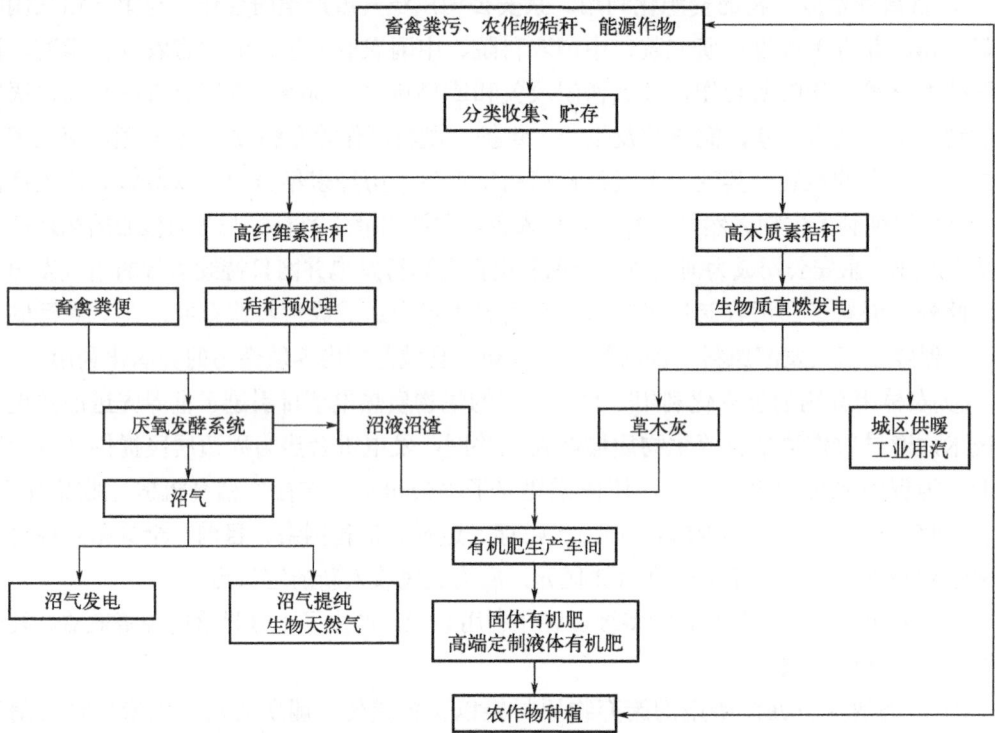

图 8-8　京安公司以农牧废弃物利用为核心的"气、电、热、肥"联产模式

图 8-9　京安公司生物天然气提纯项目

图 8-10 京安公司有机肥料厂

图 8-11 京安公司高端液体有机肥产品

图 8-12 京安公司生物质热电联产项目

图 8-13 京安公司肥沼电产业

模式"给予充分肯定，提出除了华北，还可以在东北以及西北条件适宜地区进行推广。2021 年"养出新能源，种出天然气"的京安经验，被中组部"共产党员网"作为培训教材线上播放。

种养肥三产融合模式非常适于种养两业都较为发达的地区，通过第三方服务组织或企业的链接作用，可以较好地实现粪污的无害化处理和还田利用。地处晋州市的韩庄巨农现代农业科技有限公司通过承担政府购买服务，逐渐建立形成了种养肥三产利益共享机制。该公司以液体有机肥处理和还田利用为主要业务，在运行模式上，一方面收购养殖场产生的畜禽粪污以及周边厕所粪污，然后采用国际先进的有机液体肥处理技术转化为液态有机肥；另一方面与农户签订粪肥施用协议，根据种植的作物种类和土壤情况调节微量元素和微生物菌剂，采用液肥专用运输车运送至农田精准施用。该公司共引进 $10m^3$ 的不锈钢储肥罐 1150 个，分别安置在协议农田机井旁，形成液肥消纳网。为实现灌溉智能化，引入了"水肥一体"自动化控制系统，农民只需通过电子设备远程操控即可实现地下水与肥料自动配比施肥。采用该方式，公司每年处理畜禽粪污 12 万吨，生产有机肥 15 万吨。2023 年 12 月，全国畜禽养殖废弃物资源化利用推进观摩会在晋州市召开，京安公司的做法受到了与会领导和专家们的肯定。

8.4 第三方肥料化大循环模式及典型案例

8.4.1 第三方肥料化大循环模式

第三方肥料化大循环模式又称"第三方处理利用模式"，适于在养殖较为集中的区域应用，特别是在养殖专业村或养殖专业镇应用。在规模养殖集中区，选择建设专业化的有机肥料厂或养殖废弃物处理中心，将周边养殖户（场）产生的畜禽粪便和部分作物秸秆进行发酵处理，转化为商品有机肥，发酵有机肥还可以增值转化为生物有机肥、有机无机复混肥等种植业需要的高价值产品，以突破普通有机肥运输半径小的限制，提高经济效益。该模式是解决养殖集中区缺乏粪污处理专业设施或区域土地超载问题的有效途径。运营较为成功的典型企业有石家庄金太阳生物有机肥有限公司、河北省润农欣生物科技有限公司、河北沣田宝有限公司等。

① 主要优点：可实现养殖粪污的专业化收储和加工，集中解决多家养殖场产生的粪污。若能进行高值化深加工，可以实现异地消纳，突破运输半径的限制。

② 主要不足：需要通过市场流通渠道销售生产的有机肥，产品销售难是制约有机肥企业的瓶颈。

③ 适宜范围：养殖较为集中或有较大规模养殖场的区域。

④ 注意事项：有机肥料厂（沼气站）的选址要考虑畜禽粪便运输的方便和二次污染问题。要远离村庄、公共场所、水源地等，符合环保要求。

8.4.2　典型案例：石家庄金太阳模式

石家庄金太阳生物有机肥有限公司（以下简称"金太阳公司"）成立于2003年，注册资金3810万元，年产销有机肥、生物有机肥、复合微生物肥料等各种肥料25万吨以上，处理养殖废弃物120万吨，为社会提供工作岗位200多个。目前金太阳公司已成为集团型企业，由一个有机肥增值加工总厂和7个原料分厂组成。增值加工厂主要进行发酵有机肥的深加工，产品包括颗粒有机肥、有机无机复混肥、生物有机肥、复合生物肥料四大类。原料分厂的主要任务则是收集当地的畜禽粪便进行堆肥发酵，转化的发酵有机肥作为总厂的深加工原料。目前下辖的7个分厂主要分布在周边各县（市）的蛋鸡、生猪规模养殖区，其中藁城区4个、辛集市2个、无极县1个，每年处理粪污120万吨，占所辖县（市）养殖粪便总产量的37%。

金太阳公司成立之初以生产有机肥为主，年产能不足2万吨，至今已达到年产销25万吨的规模；生产工艺也由露天条垛式堆肥发酵模式发展为如今的智能化全封闭无尘生产线；通过营销创新，突破了有机肥销售难的行业困境，产品远销福建省、云南省、东北三省等特色农业产区，成为行业的佼佼者。金太阳公司能取得如此骄人成绩，主要历经了如下创新历程。

（1）持续开展技术和产品创新，提高竞争力

2003年，在政策支持下，石家庄市所辖县市兴建有机肥厂达50多家，有力促进了鸡粪的无害化和资源化利用的进程，大大改善了养殖专业村的生态环境，但大多企业在运转2～3年后，由于市场竞争、产品销售不畅，大部分被迫停产或转产。主要原因是畜禽粪便经过发酵处理后，虽然实现了无害化，达到了脱臭、腐熟、杀灭病原菌和虫卵的目的，肥效也远高于自然堆沤的有机肥，但每吨有机肥的成本增加了100元左右，肥料售价比鲜粪高30%左右，由于有机肥为微利产品，难以远途运输，只能就地销售，而当地农民大多有自行采购鲜粪、堆沤后还田的习惯，所以大多不屑使用商品有机肥，出现销售难也在情理之中。面对困境，金太阳公司进行了大量的市场调研和论证，果断投

资开发颗粒型有机肥和颗粒型有机无机复混肥，满足了农田机械化施肥的需要。产品曾一度供不应求，利润率大幅度提升，产品远销到福建省、黑龙江省等地，为金太阳公司的飞速发展奠定了基础。之后，大力开展技术和产品创新，相继开发出了具有退化土壤修复功能的生物有机肥、复合微生物肥料等新产品，提升了产品使用价值和商品价值。

值得一提的是，金太阳公司针对生物有机肥造粒难问题，组织力量攻关，实现了一系列创新性突破，克服了生物有机肥造粒难、干燥难、活菌保存难、颗粒易吸潮等行业共性难题。发明了圆盘造粒设备和多圆盘组合造粒生产线，创新完善了"双向低温干燥"系统，使肥料颗粒的成粒率从60%提升到了90%、活菌存活率达到90%以上、节能30%；创建了颗粒包膜工艺，发明了营养型包膜剂，克服了化肥与其混合易吸湿的难题；发明了颗粒冷包膜生产线，肥料颗粒的均匀度大幅度提高，亮度提高30%，商品性大大改善。

在产品创新方面，在国内率先发明了"四合一"生物复混肥，将有机肥、功能菌、大量元素、中微量元素等有机结合在一起，减少了施肥次数，提高了肥效。大量田间试验和应用证明，四合一复混肥在大田作物、蔬菜、果树上的应用效果十分显著，棉花增产28.7%、大豆增产9.8%、大白菜增产36%、黄瓜增产11.8%。

总之，金太阳公司针对市场和农业生产的需要，研制开发出一系列适销对路的新产品，并通过生产工艺和设备的创新，提升了产品质量，大幅度降低了生产成本，提高了市场竞争力。

（2）创新市场运作模式，做亮"地欣"品牌，连年实现零库存

历经多年的运营实践和思考，金太阳公司突破传统渠道销售模式，主动融入从农产品生产到销售链条中，建立了"养殖废弃物—肥料生产—农产品种植—农产品营销—餐桌"的全产业链运营模式。目标是满足种植户的高质低价肥料、种植服务和农产品销售三大需求，提高金太阳产品的接受度和用户忠诚度。为此，金太阳集团成立了石家庄自院田农业科技有限公司，专门开展肥料、农产品销售和农技服务。建立了金太阳肥料和果蔬农产品可溯源系统；建立了用肥会员制，对会员开展"五统一服务"，即统一技术管理、套餐有机肥、农产品回收、农产品溯源、农产品销售。在全国特色农产品产区，建立了14个销售分公司，"地欣"牌系列肥料已广泛应用于盘锦大米、山东大姜、烟台苹果、福州芦柑、云南烟草、广西甘蔗等区域品牌农产品生产。"地欣"品牌逐渐成为生物肥、有机肥行业的名牌产品。2009年，"地欣"牌肥料被评为"河北省名牌产品"和"河北省著名商标"，2012年"地欣"商标被国家工商总局认定为中国驰名商标。

（3）注重产学研合作，借智发展

金太阳公司先后与中国农业科学院、河北省农林科学院建立了密切合作关系，通过企业定位咨询、技术人员培训、联合承担科技项目等方式，大幅度提升了企业的科技实力和创新能力。融入全国和地方产业联盟，先后成为国家"生物肥料产业技术创新联盟""有机（类）肥料产业技术创新战略联盟"的理事单位，"河北省有机与生物肥料产业创新战略联盟"副理事长单位。与中国农业科学院、河北农业科学院联合承担了国家"十二五""十三五"科技支撑计划项目，成为国家"十三五"循环农业工程示范企业。获授权专利12件，其中发明专利5件；获科技奖5项，其中河北省农业推广一等奖1项、河北省科技进步二等奖2项。

本着"发展绿色生态产业,共建富饶幸福家园"的理念,金太阳公司通过多年的奋斗和探索,成功闯出了一条特色鲜明的循环农业新兴产业之路。开发的"地欣"牌生物有机肥通过了"中国有机产品认证"和"农业部绿色产品认证"。2012 年被评为"河北省农业产业化重点龙头企业"。自 2011 年以来,多次接受并顺利通过国家和地方政府有关环境保护、清洁生产的考核与评审,成为河北省石家庄市和晋州市的减排示范标杆企业。2023 年 12 月全国畜禽废弃物资源化利用推进观摩会在晋州市召开,金太阳模式受到了与会领导和专家们的肯定。

为了实现更好发展,满足市场需要,为循环农业的建设和生态环境的改善做出更大贡献,自 2015 年以来,金太阳公司斥资 6000 万元,进行了生产系统的改造、升级和扩能,改扩建成 3 条年产 10 万吨级全自动颗粒生物有机肥无尘生产线。新建生产线采用国内领先的生产工艺和设备,造粒、干燥、包膜等关键设备均为自主研发,特点是全自动、全封闭、清洁化、高效率、低能耗、高品质。至 2021 年底金太阳的总体产销能力突破 30 万吨,年处理畜禽粪便 120 万吨、减排 COD 27600 吨、减排氨氮 840 吨,直接为养殖户创收 9000 万元,同时为 180 万亩耕地提供高品质的生物有机肥,金太阳公司为改善农业和农村环境,降低农业面源污染,促进养殖业、种植业的健康发展做出了巨大的贡献。金太阳公司运行模式如图 8-14 所示。

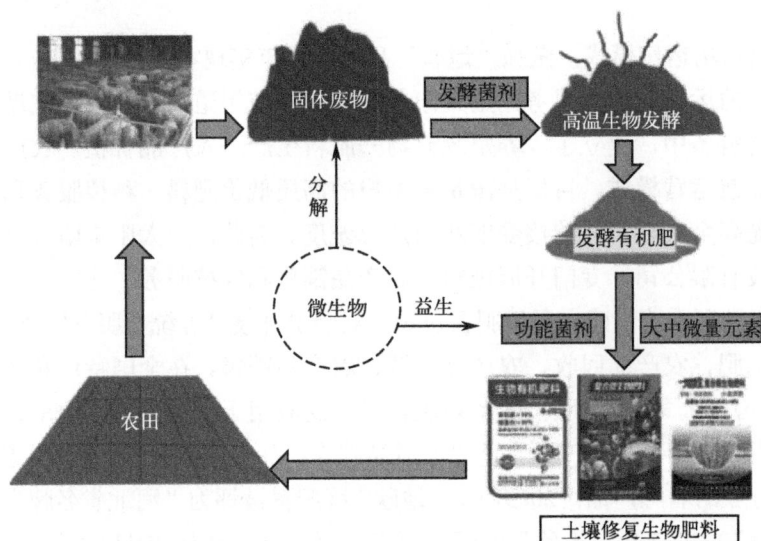

图 8-14 金太阳公司运行模式

8.5 存在的不足及解决途径

8.5.1 存在的不足

自养殖废弃物资源化利用专项行动启动以来,在中央政策引导、省市县各级政府和社会各界的共同努力下,河北省取得了重要进展,基本遏制了养殖粪污环境污染问题,种养循环格局基本形成,但依然存在一些问题待解决完善。

① 实现养殖粪污的全量还田目标任重道远。目前，全省养殖粪污利用率达到了 78%，离实现全量还田还有较大差距，依然存在环境污染安全隐患，其中规模养殖场的液态粪污和中小散养殖户粪污的资源化利用是亟待解决的重点。

② 种养两业深度融合机制待形成。目前种养两业分离的局面还未从根本上改变，养殖场的粪污大多靠与种植户之间的契约关系实施，调查发现该种机制并不稳定，存在粪污还田不畅的风险，需要探索建立种养两业深度融合的运行机制，提高还田利用率和稳定性。

③ 粪污处理设施设备待提档升级。特别是初期建设的粪污处理设施设备大都功能简单、自动化智能化程度不高，有的设备已磨损或腐蚀严重，亟待提档升级。

④ 液态粪污还田利用适用技术和设备缺失。主要是液态粪污的处理大部分以沉淀池陈化后还田方式为主，田间施用则以表面漫灌为主，缺乏液态粪污高效转化和深层施肥先进技术和设备。

⑤ 大部分养殖场及周边环境臭味较大，扰民问题突出，待整治解决。

总体上，粪污还田的"最后一公里"障碍和养殖场臭气污染是亟待解决的重中之重，是实现养殖废弃物就地就近全量还田和清洁化生产的堵点，需要在种养两业深度融合和先进技术上取得突破。

8.5.2　解决途径

上述问题的解决需要以种养两业的深度融合、闭合种养循环链为目标，以科技进步为抓手，才能实现养殖粪污的全量科学还田和清洁化生产。总体上需重点开展如下工作。

（1）构建政策和法律保障体系

需要疏堵结合，完善政策法规，筑牢环境污染防控法律底线。一方面激励种养两业一体化农场的建设，在用地、资金、信贷等方面给予政策支持；另一方面严格执法，对未配套粪污设施和全量还田的养殖场（户）要零容忍。

（2）建立多样化种养循环产业模式和运行机制

激励社会力量的参与，大力扶持以养殖粪污、农村废弃物等资源化利用为主的社会化服务组织，搭建种养两业结合的桥梁，闭合物质和能量循环链；鼓励通过土地流转、土地托管等方式，建设种养两业一体化农业园区，有机融合新品种、新机具、新肥药、新管理技术等成果，向农业现代化迈进。

（3）开展技术和设备创新，提高粪污利用效率

① 创新源头减排和粪污就地无害化技术。创制高转化率配合饲料及其添加剂，如消化酶制剂、益生菌制剂等，提高饲料转化率，减少粪污的产生量，降低粪尿中氮磷的残留；创制适于养殖场需要的粪污清理和无害化配套处理设施，集合粪污源头减排技术、固液高效分离技术、废液快速无害化和合理还田技术等，建设形成养殖粪污就地无害转化和科学还田技术体系。

② 沼气高效生产和持续发展技术。针对北方冬季产气效率低的问题，研制周年产气关键技术和发酵设施；研制沼渣沼液高效分离，沼液无害化、商品化技术等。针对沼气设备维护难、发电转化率不高、联户供应难管理等问题，创新沼气服务机制、高效发电

技术和联户服务管理体制。

③ 固态有机肥高值转化技术和设备。针对普通有机肥技术含量低、运输半径小等问题，创制种植业急需的高价值新型肥料，如具有地力修复、养分高效利用、盐碱地利用等功能的复混肥、生物肥等；研究突破有机类肥料造粒难和商品性差等问题，提高生产效率，降低生产成本。

④ 环境安全评价技术。加强有机肥、沼渣沼液等质量检测、合理使用和安全评价技术的研究，指导安全应用；对土壤生态进行长期的检测与评估，构建风险评估模型和测评技术体系，实现种养生态系统的安全、高效和可控。

（4）循环农业的管理与长效机制创新。

创新循环农业高效管理和持续支持政策，解放生产力，提高生产效率。

① 研究制定以合理承载为前提的养殖产业规划。依托农业农村部推荐的畜禽养殖粪污土地承载测算技术，结合当地耕地资源、环境承载力和功能区等实际情况，合理布局养殖的种类、规模和地点，避免土地超载。

② 加强生态养殖宣传，增强责任意识。构建生产、生活、生态"三生"平衡的美丽家园是每个公民的向往，需要共同努力共同打造。养殖企业在向社会提供畜禽产品，换取经济效益的同时也产生了大量畜禽粪污，因此必须承担起环境安全的责任，对产生的粪污进行及时的处理义不容辞。

③ 加大科技的有效供给。需要围绕循环农业发展理论、模式、运行机制、关键技术与设备、典型示范与推广等开展广泛研究；加大资金支持力度，建立产学研合作激励政策，有效整合现有科技资源，促进理论和关键技术的创新，缩短科技成果转化进程，促进循环农业的健康持续发展。

参考文献

[1] 韩长赋. 大力发展生态循环农业 [N]. 农民日报，2015-11-26（001）.

[2] 尹昌斌，周颖，刘利花. 我国循环农业发展理论与实践 [J]. 中国生态农业学报，2013，21（1）：47-53.

[3] 许捷，吕迎. 循环农业经济发展模式和问题研究 [J]. 陇东学院学报，2023，34（3）82-854.

[4] 赵立欣，孟海波，沈玉君，等. 中国北方平原地区种养循环农业现状调研与发展分析 [J]. 农业工程学报，2017，33（18）：1-10.

[5] 何恬. 京津冀循环农业生态产业链构建的理论与实证研究 [D]. 石家庄：河北经贸大学，2014.

[6] 赵吉祥. 河北省循环农业发展实证研究 以河北景县津龙公司为例 [D]. 保定：河北农业大学，2014.

[7] 曹俊杰，高峰，孙智勇. 农业多功能性视域下发展生态和循环农业问题研究——以黄河三角洲为例 [J]. 生态经济，2014，30（6）：117-121.

[8] 李金才，邱建军，任天志，等. 北方"四位一体"生态农业模式功能与效益分析研究 [J]. 中国农业资源与区划，2009，30（3）：46-50.

[9] 辛潇静，韩云清，郭欣. 加速畜禽粪污资源化利用助推河北邯郸乡村振兴 [J]. 养殖与饲料，2024（1）：107-110.

[10] 陈明喜. 畜禽粪污资源化利用现状及绿色发展对策 [J]. 现代农业科技，2021（7）：180-182

[11] 栗萍，程瑞，李玉玲，等. 河北省邯郸市畜禽养殖场周边土壤重金属含量调查及污染评价 [J]. 中国猪业，2016（1）：67-70.

[12] 孟靖凯. 河北不同规模养殖场粪污管理差异及其 COD、全氮、全磷排放规律 [D]. 保定：河北农业大学，2019.

[13] 王冰. 邯郸市平原区蛋鸡养殖现状调查与分析 [D]. 邯郸：河北工程大学，2018.

[14] 刘冬蕾，焦孟宁. 河北省化肥减量增效实施现状及建议 [J]. 南方农业，2023，17（23）：56-60，67.

[15] 陈儒，姜志德，姚顺波 . 低碳农业联合生产的绩效评估及其影响因素分析 [J]. 华中农业大学学报（社会科学版），2018（3）：44-55.

[16] 齐海云，刘圣阳，安晓涌 . 畜禽粪便碳排放核算与低碳处理分析 [J]. 世界环境，2024（4）：58-60.

[17] 赵瑞东，张昱 . 河北省畜禽养殖废弃物处理研究 [J]. 合作经济与科技，2018（5）：41-43.

[18] 曹凯云，萧木 .　树立大农业理念，统筹种养结构是解决畜禽粪污问题的根本——专访河北省生猪产业创新技术体系粪污处理与利用岗位专家王占武 [J]. 北方牧业，2017（13）：6-7.

[19] 石鹏飞，赵平，赵吉祥，等 . 种养一体化循环农业园区的接口技术及其生态经济效益分析 [J] 中国农业资源与区划，2016，37（12）：167-172.

[20] 赵吉祥 . 河北省循环农业发展实证研究 [D]. 保定：河北农业大学，2014.

[21] 赵瑞东 . 河北省生猪养殖废弃物治理及资源化利用研究 [D]. 保定：河北农业大学，2018.

[22] 朱满兴，杨军香 . 畜禽粪便资源化利用技术：集中处理模式 [M]. 北京：中国农业科学技术出版社，2016.

[23] 余亮彬，周国乔，刘卫军 . 畜禽粪便资源化利用技术 [M]. 北京：中国农业大学出版社，2018.

第 9 章

结论及趋势分析

9.1 成就与创新

近年来，在党中央的正确领导，在各级政府、涉农企业和新型农业组织的共同努力下，我国养殖废弃物资源化利用制度不断完善，以种养循环为导向的农业生产格局基本形成，各地因地制宜，建设形成了各具特色的种养循环模式，建立了多种运行机制，有力促进了我国养殖废弃物的资源化利用进程和绿色生态循环农业的发展。

（1）建立形成了畜禽粪污资源化利用管理体系

针对养殖粪污问题，国务院办公厅印发了《关于加快推进畜禽养殖废弃物资源化利用的意见》，农业农村部联合有关部门强化政策引导，逐步构建起以地方政府属地管理责任制度、养殖场主体责任制度、环境影响评价制度、污染物排放许可制度、绩效评价制度和种养循环发展机制"5 项制度＋1 项机制"为主体的制度框架体系，为畜禽废弃物资源化利用行动提供了政策和制度保障。

（2）建立了多样化循环技术模式和市场运行机制

农业农村部组织筛选了全国各地的种养循环模式，编印了《畜禽粪肥还田利用典型案例》和《规模以下养殖场（户）畜禽粪污资源化利用实用技术与典型案例》，形成了一批可复制、可推广的绿色种养循环技术模式，打通种养循环堵点，促进粪肥就地就近还田利用。同时，加大资金投入，启动实施畜禽粪污资源化利用整县推进项目，支持建设畜禽粪污处理利用设施设备，探索市场化运行机制，整县域提升畜禽粪污资源化利用水平。联合生态环境部印发《关于进一步明确畜禽粪污还田利用要求强化养殖污染监管的通知》，鼓励畜禽粪污还田利用，加强事中事后监管，加快构建种养结合农牧循环的可持续发展新格局。

（3）畜牧业绿色发展实现历史性跨越

通过专项行动，有效解决了畜禽粪污直排问题，畜禽养殖环境明显改善，清洁养殖模式逐渐普及。到 2022 年全国畜禽粪污综合利用率达到 78%，规模养殖场粪污处理设施装备配套率稳定在 97% 以上。与第一次全国污染普查相比，我国畜禽养殖污染物排放总量和强度实现双下降，根据第二次全国污染普查结果，全国畜禽养殖化学需氧量、总氮和总磷排放量分别为 100053 万吨、5963 万吨和 1197 万吨，分别下降了 21.1%、41.8% 和 25.4%；化学需氧量、总氮和总磷排放强度分别为 11.56kg/头、0.69kg/头和 0.14kg/头，分别降低了 55.5%、67.2% 和 57.9%。

（4）粪肥增施促进了耕地质量的有效提升

粪肥就地就近利用逐渐成为主渠道，广泛应用与果菜茶等经济作物，全国年使用面积超过 4 亿亩，为耕地提供有机质 5500 万吨，与 2015 年相比新增粪污还田利用 16 亿猪当量，减少化肥（折纯）用量 120 万吨，以畜禽粪污为主要原料的商品有机肥产量达到 3300 万吨，占全国商品有机肥产量的 70%。有机肥替代化肥试点深入推进，项目区有机肥使用量提高 20%。

（5）粪污能源化利用取得积极进展

截至 2020 年底，以畜禽粪污为主要原料的专业化大中型沼气工程 3084 个，年产气量达到 11.4 亿立方米，大幅度提升了畜禽粪污集中处理水平和清洁能源集中供应能力。

探索形成了"果（菜茶）沼畜"种养循环模式和沼气集中供气、发电并网等可持续盈利运营模式。沼气工程实现年处理畜禽粪污 2 亿亩，可替代 180 万吨标准煤、减排 CO_2 当量 486 万吨，为优化农村能源结构、促进可持续农业发展以及减排温室气体、应对气候变化发挥了积极作用。

9.2　发展趋势

为进一步推进我国农业绿色发展，加快畜禽粪肥还田利用进程，改善农业生态环境，国家六部委联合发布了《"十四五"全国农业绿色发展规划》（农规发〔2021〕8 号），农业农村部与国家发展改革委联合发布了《"十四五"全国畜禽粪肥利用种养结合建设规划》（农计财发〔2021〕33 号）。两个规划均明确提出，到 2025 年全国畜禽粪污的综合利用率要达到 80%，到 2035 年全国畜禽粪污基本实现资源化利用，设施装备达到发达国家水平，种养结合农牧循环格局全面形成。为了精准落实建设方案，《"十四五"全国畜禽粪肥利用种养结合建设规划》还提供了适于我国东北区、黄淮海区、西北区、西南区、长江中下游平原和成都平原区、南方丘陵区和华南区 7 个不同类型区的工作重点，推荐了主推技术模式，这为下一步更准、更好地开展畜禽粪污还田利用工作，尽快实现预期目标，指明了方向，提供了抓手。

毋庸置疑，在农业和养殖规模化不断发展的大趋势下，在区域层面上实现种养结合将变得极其重要。未来养殖业的发展需要遵循"以地定养"的基本准则，同时通过土地流转制度或土地权属制度改革等政策调控，以及确定最佳农场规模、饲养场和作物结构分布的技术手段，促进区域范围内的畜牧业和农田再耦合。综合国内外生态农业的发展历程与实践表明，在农业生产系统中建立物质和能量的高效循环体系，是实现农业持续发展、绿色高效发展的根本出路，是解决种养两业分离，突破养殖废弃物还田瓶颈的有力抓手，也是我国实现低碳经济，节约资源，减少肥药投入，提高农业生产质量和效益的重要途径。

循环农业的建设是一项系统工程，需要长期的坚持和探索，不可能一蹴而就，种养循环不是技术复古，而是要用现代科学技术、现代化发展理念，发展以资源高效利用，环境友好，实现生产、生活和生态"三生"高度统一的现代化生态循环农业。这一发展过程会是曲折的，已经发展起来的循环农业也并不十全十美，需要在实践过程中不断更新和完善，需要社会各界的积极参与，通过理念创新和科技进步减少或弥补存在的不足。

从我国农业目前发展的急迫需求来看，循环农业必须从理念设计和概念讨论迅速转向生产实际，应用于农业产业发展。我们既要借鉴国外关于循环经济、低碳经济的理论和技术，同时也要从我国国情和地方农业实际出发，走中国特色的、多样化的、适于不同地区需求的循环农业科技发展之路。笔者认为，在未来一段时间需要加强如下研究与实践。

（1）制定绿色循环农业发展规划

需要立足当前，着眼长远，以绿色低碳、循环高效为核心，科学规划发展目标、发展重点、发展步骤和发展措施，确保循环农业建设有序运行。各地需要根据各自的资源禀赋、产业结构特点等，将当地农村发展进行分类，因地制宜制定出循环农业发展规划，明确发展模式和目标，制定实现途径，提出保障措施，以农村循环经济的整合发展促进农业循环经济的快速健康发展。

（2）加强农业循环理论研究，提高理论指导能力

遵循植物生产、动物消耗、微生物分解这一自然生态圈运行规律，根据区域资源与环境禀赋，研究建立适于不同区域的种养循环模型，完善细化不同耕地类型、不同有机肥和不同作物耕地承载测算标准，为循环产业规划设计提供依据；建立不同种类粪污养分及安全指标、不同作物养分需求等数据库，建立专家测算系统；建立耕地质量安全、健康诊断技术体系与规范，为循环系统运行、诊断和评价提供科技支持。

（3）构建特色鲜明、多样化的循环模式，树立示范典型

进行广泛调研，对已经建立并运行较为成熟的循环模式进行整理完善，树立典型样板，实施宣传和示范推广；进行更广泛的调查研究，探索建立多样化、适于不同生态和种养结构区的种养循环技术模式；建立物能循环、生态平衡和效益评价体系，提高科学合理性。对种养两业严重分离的区域，开展种养循环机制创新，鼓励通过土地流转、托管等方式构建种养一体园区，着重培育社会化服务组织，以实现物能循环为目标，建立多样化种养两业深度融合、闭合种养循环链、利益共享机制，突破养殖粪污就地就近还田难、作物秸秆利用难的问题。

（4）加强科技攻关和技术推广，突破瓶颈技术

围绕源头减排、过程控制和废弃物利用，开展如下科技创新工作。

① 畜禽粪污减量化技术。重点研究现代化畜舍新模式，实现节地、节能、节水、洁净和自动化与智能化的统一；研究畜禽规模养殖自动化干清粪技术和配套设施与设备，实现养殖舍少用或免水冲洗；发挥微生物的物质分解与保健功能，研究微生物生态养殖新技术和配套设施，建立从饲料、环境净化到畜禽粪污持续分解的生态养殖体系；研究饲料营养平衡技术、低蛋白饲料技术和高效绿色添加剂，提高饲料转化率，减少粪便中氮磷残留，提高动物免疫力，减少抗生素投入。据报道，通过饲料营养平衡，使用消化酶、微生态制剂等高效生物添加剂，可减少粪便排出 20% 以上，减少氮磷残留 30% 以上，病害降低 30% 以上。

② 粪污处理过程减排技术。畜禽养殖是农业温室气体排放的重要来源，据联合国粮食及农业组织（FAO）报道，畜禽粪便处理所产生的氧化亚氮（N_2O）占畜牧业 N_2O 总排放量的 65%。我国畜禽养殖种类多、规模大，在畜禽粪便处理过程中会产生甲烷（CH_4）、N_2O 等温室气体，会给自然环境以及人类健康带来巨大危害。需要重点研发粪污堆肥发酵处理过程的固碳、固氮技术，减少温室气体产生和排放，研发堆肥发酵过程尾气高效收集、吸附与转化技术及设备。

③ 固态有机肥高值转化技术和设备。目的在于为种植业提供高价值有机肥类产品，提高有机肥企业效益。重点研制具有土壤修复、盐碱地改良和病害预防功能的生物有机肥、水产养殖生态肥、利于机械施肥的颗粒有机肥等。创新颗粒型有机类肥料高效生产、低温干燥和产品均一化新工艺、新设备，提升行业技术水平。

④ 液态粪污无害化和资源化利用新技术和新设备。围绕粪污厌氧快速发酵新技术，重点研制沼气周年产气关键技术和沼气发酵新设施；研制沼渣沼液高效分离，沼液无害

化和商品化利用技术。围绕沼气设备维护难、联户供气管理难、发电转化率低等问题，创新沼气生产服务机制和联户供气服务管理体制，引进或研制高效发电技术与设备。

⑤ 病死畜禽无害化与资源化利用新技术与新设备。创新病死畜禽常压催化水解和综合利用新工艺和新设备；研究病死畜禽生物快速发酵和增值加工利用技术和设备。

⑥ 适于不同场景的粪肥高效还田技术和设备。重点研发适于平原、山地丘陵，以及设施大棚、果园等多种地形和不同规模的有机肥撒肥机，以及管式、注射式液态肥施肥机。有机融入自动控制和信息化技术，实现设备的标准化、自动化和智能化。

⑦ 环境安全评价技术。研究有机肥料、沼渣沼液等转化产品的质量检测、合理使用、脱害和安全评价技术；研究长期使用有机肥对土壤生态的影响，构建风险评估模型和测评技术体系，实现种养生态系统的安全、高效和可控。

（5）加大对循环农业发展的政策支持

主要是提供政策和领导保障，在省市县三级政府成立循环农业推进领导小组，由专人负责规划的制定、组织协调、技术培训等工作。从实际出发，对循环经济示范村（镇）给予必要的政策和财力支持；整合资源，对循环农业示范园区、重点示范工程、重点建设项目等予以重点支持；对发展农业循环经济的企业依法给予税收等优惠政策；对能够延长产业链、促进循环农业发展的农业产业化龙头企业给予重点扶持；对在研究开发和推广等方面有突出贡献的单位和个人给予表彰奖励。

参考文献

[1] 赵立欣，孟海波，沈玉君，等. 中国北方平原地区种养循环农业现状调研与发展分析 [J]. 农业工程学报，2017，33（18）：1-10.

[2] 袁翔宇. 低碳可持续发展背景下畜禽粪污资源化利用 [J]. 畜牧兽医信息，2024（6）：37-40.

[3] 韩玉，隋鹏，顾时贵，等. 河北平原区发展循环农业的需求与技术重点 [J]. 山西农业科学，2013，41（9）：999-1002.

[4] 董姗姗，隋斌，赵立欣，等. 基于能值分析的奶牛产业园区循环发展模式评价 [J]. 农业工程学报，2020，36（17）：227-233.

[5] 郭玉倩. 农业环境保护中循环农业的应用 [J]. 乡村科技，2021（11）：115-117.

[6] 许捷，吕迎. 循环农业经济发展模式和问题研究 [J]. 陇东学院学报 2023，34（3）：82-85.

[7] 陈珊，韩辉. 种养结合的农业生态循环模式探析 [J]. 国土与自然资源研究，2020（2）：63-65.

[8] 李海鸥，郑引妹，王发国. 种养结合生态循环农业模式初探 [J]. 农业与技术，2019，39（18）：96-97.

[9] 梁爽. 关于农业循环经济发展模式创新及推广对策研究 [J]. 中国集体经济，2016（7）：25-26.

[10] 李艳玲. 中国循环农业经济的困境与发展路径 [J]. 中国外资，2021（1）：73-75.

[11] 刘玉婷，陈泮江，宋淑玲，等. 生态循环农业技术模式探究以山东省淄博市为例 [J]. 农业与技术，2020，40（17）：96-101.

[12] 齐海云，刘圣阳，安晓涌. 畜禽粪便碳排放核算与低碳处理分析 [J]. 世界环境，2024（4）：58-60.

[13] 赵瑞东. 河北省生猪养殖废弃物治理及资源化利用研究 [D]. 保定：河北农业大学，2018.

[14] 赵瑞东，张昱. 河北省畜禽养殖废弃物处理研究 [J]. 合作经济与科技，2018（5）：41-43.

[15] 曹凯云，萧木. 树立大农业理念，统筹种养结构是解决畜禽粪污问题的根本——专访河北省生猪产业创新技术体系粪污处理与利用岗位专家王占武 [J]. 北方牧业，2017（13）：6-7.

[16] 边继云，陈建伟. 河北省农业循环经济发展的技术支撑及研发重点 [J]. 生态经济（学术版），2012（1）：181-183.

[17] 高旺盛. 坚持走中国特色的循环农业科技创新之路 [J]. 农业现代化研究，2010，31（2）：129-133.

[18] 郑久坤，杨军香. 粪污处理主推技术 [M]. 北京：中国农业科学技术出版社，2013.

畜禽养殖粪污肥料化利用相关标准规范

附录1 畜禽粪便堆肥技术规范（NY/T 3442—2019）

农业农村部发布　2019-01-17 发布　2019-09-01 实施

1 范围

本标准规定了畜禽粪便堆肥的场地要求、堆肥工艺、设施设备、堆肥质量评价和检测方法。

本标准适用于规模化养殖场和集中处理中心的畜禽粪便及养殖垫料堆肥。

2 规范性引用文件

下列文件对于本文件的应用是必不可少的。凡是注日期的引用文件，仅注日期的版本适用于本文件。凡是不注日期的引用文件，其最新版本（包括所有的修改单）适用于本文件。

GB/T 8576　复混肥料中游离水含量的测定　真空烘箱法

GB/T 17767.1　有机 - 无机复混肥料的测定方法　第 1 部分：总氮含量

GB 18596　畜禽养殖业污染物排放标准

GB/T 19524.1　肥料中粪大肠菌群的测定

GB/T 19524.2　肥料中蛔虫卵死亡率的测定

GB/T 23349　肥料中砷、镉、铅、铬、汞生态指标

GB/T 25169—2010　畜禽粪便监测技术规范

GB/T 36195　畜禽粪便无害化处理技术规范

3 术语和定义

下列术语和定义适用于本文件。

3.1

堆肥　composting

在人工控制条件下（水分、碳氮比和通风等），通过微生物的发酵，使有机物被降解，并生产出一种适宜于土地利用的产物的过程。

3.2

辅料　auxiliary material

用于调节堆肥原料含水率、碳氮比、通透性等的物料。

注：常用辅料有农作物秸秆、锯末、稻壳、蘑菇渣等

3.3

条垛式堆肥　pile composting

将混合好的物料堆成条垛进行好氧发酵的堆肥工艺。

注：条垛式堆肥包括动态条垛式堆肥、静态条垛式堆肥等。

3.4

槽式堆肥　bed composting

将混合好的物料置于槽式结构中进行好氧发酵的堆肥工艺。

注：槽式堆肥包括连续动态槽式堆肥、序批式动态槽式堆肥和静态槽式堆肥等。

3.5

反应器堆肥　reactor composting

将混合好的物料置于密闭容器中进行好氧发酵的堆肥工艺。

注：反应器堆肥包括筒仓式反应器堆肥、滚筒式反应器堆肥和箱式反应器堆肥等。

3.6

种子发芽指数　germination index

以黄瓜或萝卜种子为试验材料，堆肥浸提液的种子发芽率和种子平均根长的乘积与去离子水种子发芽率和种子平均根长的乘积的比值，用于评价堆肥腐熟度。

4　场地要求

4.1　畜禽粪便堆肥场选址及布局应符合 GB/T 36195 的规定。

4.2　原料存放区应防雨防水防火。畜禽粪便等主要原料应尽快预处理并输送至发酵区，存放时间不宜超过 1d。

4.3　发酵场地应配备防雨和排水设施。堆肥过程中产生的渗滤液应收集储存，防止渗滤液渗漏。

4.4　堆肥成品存储区应干燥、通风、防晒、防破裂、防雨淋。

5　堆肥工艺

5.1　工艺流程

畜禽粪便堆肥工艺流程包括物料预处理、一次发酵、二次发酵和臭气处理等环节，见图 1。

注：实线表示必需步骤，虚线表示可选步骤。

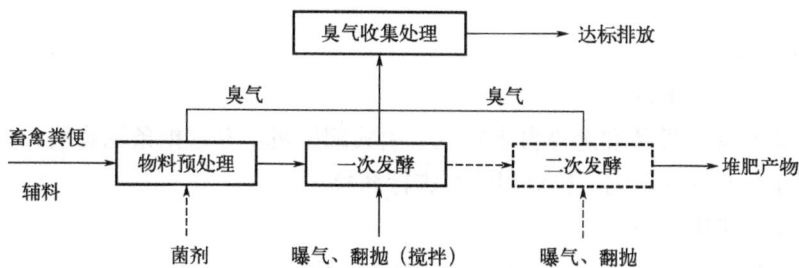

图 1　畜禽粪便堆肥工艺流程

5.2　物料预处理

5.2.1　将畜禽粪便和辅料混合均匀，混合后的物料含水率宜为 45%～65%，碳氮比（C/N）为（20:1）～（40:1），粒径不大于 5cm，pH 5.5～9.0。

5.2.2　堆肥过程中可添加有机物料腐熟剂，接种量宜为堆肥物料质量的 0.1%～0.2%。腐熟剂应获得管理部门产品登记。

5.3　一次发酵

5.3.1　通过堆体曝气或翻堆，使堆体温度达到 55℃以上，条垛式堆肥维持时间不得少于 15d、槽式堆肥维持时间不少于 7d、反应器堆肥维持时间不少于 5d。堆体温度高于65℃时，应通过翻堆、搅拌、曝气降低温度。堆体温度测定方法见附录 A。

5.3.2　堆体内部氧气浓度宜不小于 5%，曝气风量宜为 0.05m³/min～0.2m³/min（以每立方米物料为基准）。

5.3.3　条垛式堆肥和槽式堆肥的翻堆次数宜为每天 1 次；反应器堆肥宜采取间歇搅

拌方式（如：开 30min 停 30min）。实际运行中可根据堆体温度和出料情况调整搅拌频率。

5.4 二次发酵

堆肥产物作为商品有机肥料或栽培基质时应进行二次发酵，堆体温度接近环境温度时终止发酵过程。

5.5 臭气控制

堆肥过程中产生的臭气应进行有效收集和处理，经处理后的恶臭气体浓度符合 GB 18596 的规定。臭气控制可采用如下方法：

a）工艺优化法：通过添加辅料或调理剂，调节碳氮比（C/N）、含水率和堆体孔隙度等，确保堆体处于好氧状态，减少臭气产生；

b）微生物处理法：通过在发酵前期和发酵过程中添加微生物除臭菌剂，控制和减少臭气产生；

c）收集处理法：通过在原料预处理区和发酵区设置臭气收集装置，将堆肥过程中产生的臭气进行有效收集并集中处理。

6 设施设备

6.1 堆肥设备选择原则

堆肥设备应根据堆肥工艺确定，分为预处理设备、发酵设备和后处理设备。

6.2 预处理设备

预处理设备主要包括粉碎设备和混料设备，混料方式可选择简易铲车混料或专用混料机混料。

6.3 发酵设备

6.3.1 条垛式堆肥设备

条垛式堆肥翻抛设备宜选择自走式或牵引式翻抛机，并根据条垛宽度和处理量选择翻抛机。对于简易垛式堆肥，也可用铲车进行翻抛。

6.3.2 槽式堆肥设备

6.3.2.1 槽式堆肥成套设备包括进出料设备、发酵设备和自控设备等。

6.3.2.2 发酵设备主要包括翻堆设备和通风设备，要求如下：

a）物料翻堆设备应使用翻堆机，并配备移行车实现翻堆机的换槽功能；

b）堆体通风设备应使用风机，并根据风压和风量要求，选择单槽单台或多槽分段多台风机。

6.3.3 反应器堆肥设备

6.3.3.1 反应器堆肥设备按进出料方式分为动态反应器和静态反应器。

6.3.3.2 动态反应器主要包括筒仓式、滚筒式和箱式等类型，设备系统特性如下：

a）筒仓式堆肥反应器是一种立式堆肥设备，从顶部进料底部出料，应配置上料、搅拌、通风、出料、除臭和自控等系统；

b）滚筒式堆肥反应器是一种卧式堆肥设备，使用滚筒抄板混合和移动物料，应配置上料、通风、出料、除臭和自控等系统；

c）箱式堆肥反应器是一种卧式堆肥设备，使用箱体内部输送带承载、移动和混合物料，应配置上料、通风、出料、除臭和自控等系统。

6.3.3.3　静态反应器主要包括箱式和隧道式等类型。

6.4　后处理设备

后处理设备主要包括筛分机和包装机等。

7　堆肥质量评价

7.1　堆肥产物质量要求

堆肥产物应符合表 1 的要求。

表 1　堆肥产物质量要求

项目	指标
有机质含量（以干基计），%	≥ 30
水分含量，%	≤ 45
种子发芽指数（GI），%	≥ 70
蛔虫卵死亡率，%	≥ 95
粪大肠菌群数，个 /g	≤ 100
总砷（As）（以干基计），mg/kg	≤ 15
总汞（Hg）（以干基计），mg/kg	≤ 2
总铅（Pb）（以干基计），mg/kg	≤ 50
总镉（Cd）（以干基计），mg/kg	≤ 3
总铬（Cr）（以干基计），mg/kg	≤ 150

7.2　采样

堆肥产物样品采样方法、样品记录和标识按照 GB/T 25169—2010 中第 5 章的规定执行，其中采样过程按照 5.3.2 的规定执行。样品的保存按照 GB/T 25169—2010 中第 8 章的规定执行。

8　检测方法

8.1　水分含量的测定

按照 GB/T 8576 的规定执行。

8.2　酸碱度的测定

按照附录 B 的规定执行。

8.3　有机质含量的测定

按照附录 C 的规定执行。

8.4　总氮的测定

按照 GB/T 17767.1 的规定执行。

8.5　种子发芽指数的测定

按照附录 D 的规定执行。

8.6　粪大肠菌群数的测定

按照 GB/T 19524.1 的规定执行。

8.7　蛔虫卵死亡率的测定

按照 GB/T 19524.2 的规定执行。

8.8 砷的测定

按照 GB/T 23349 的规定执行。

8.9 汞的测定

按照 GB/T 23349 的规定执行。

8.10 铅的测定

按照 GB/T 23349 的规定执行。

8.11 镉的测定

按照 GB/T 23349 的规定执行。

8.12 铬的测定

按照 GB/T 23349 的规定执行。

附录 A

（规范性附录）

堆体温度测定方法

A.1 适用范围

适用于高温堆肥堆体内温度的测定。

A.2 仪器

选择金属套筒温度计或热敏数显测温装置。

A.3 测定

A.3.1 将堆体自顶层到底层分成 4 段，自上而下测量每一段中心的温度，取最高温度。测温点示意图见图 A.1a) 和图 A.2a)。

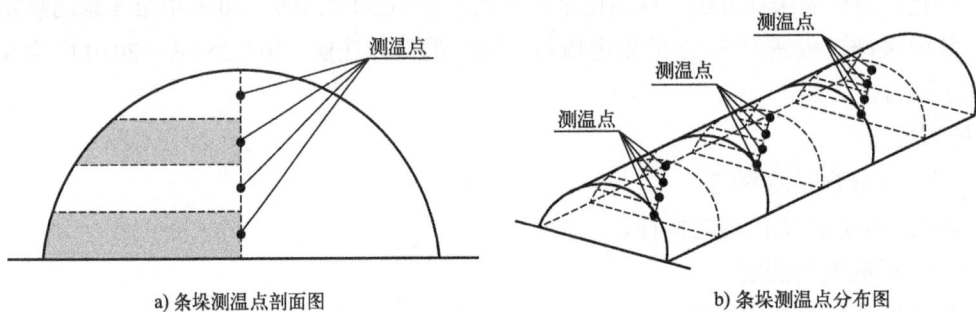

a) 条垛测温点剖面图　　b) 条垛测温点分布图

图 A.1　条垛堆肥测温示意图

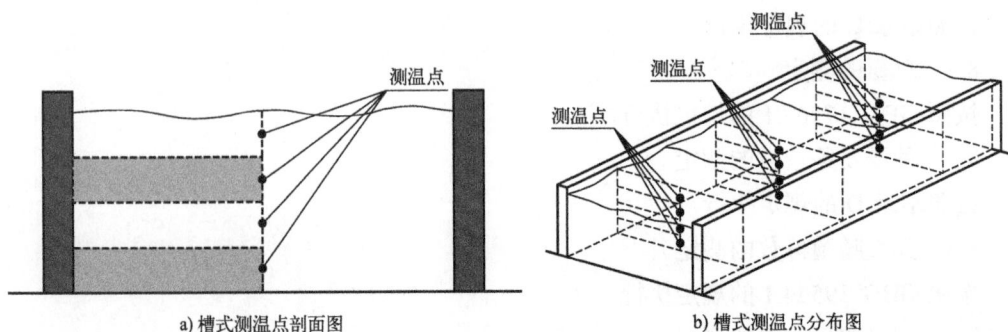

a) 槽式测温点剖面图　　b) 槽式测温点分布图

图 A.2　槽式堆肥测温示意图

A.3.2　在整个堆体上至少选择 3 个位置，按 A.3.1 测出每一部位的最高温度，分布用 T_1、T_2、T_3 等表示。测温点示意图见图 A.1b）和图 A.2b）。

A.3.3　堆体温度取 T_1、T_2、T_3 等测得温度值的平均值。

A.3.4　在堆肥周期内应每天测试温度。

附录 B

（规范性附录）

酸碱度的测定方法　pH 计法

B.1　方法原理

试样经水浸泡平衡，直接用 pH 酸度计测定。

B.2　仪器

pH 酸度计；玻璃电极或饱和甘汞电极，或 pH 复合电极；振荡机或搅拌器。

B.3　试剂和溶液

B.3.1　pH 4.01 标准缓冲液：称取经 110℃烘 1h 的邻苯二钾酸氢钾（$KHC_8H_4O_4$）10.21g，用水溶解，稀释定容至 1L。

B.3.2　pH 6.87 标准缓冲液：称取经 120℃烘 2h 的磷酸二氢钾（KH_2PO_4）3.398g 和经 120～130℃烘 2h 的无水磷酸氢二钠（Na_2HPO_4）3.53g，用水溶解，稀释定容至 1L。

B.3.3　pH 9.18 标准缓冲液：称取硼砂（$Na_2B_4O_7 \cdot 10H_2O$）（在盛有蔗糖和食盐饱和溶液的干燥器中平衡一周）3.81g，用水溶解，稀释定容至 1L。

B.4　pH 计的校正

B.4.1　依照仪器说明书，至少使用 2 种 pH 标准缓冲溶液（B.3.1、B.3.2、B.3.3）进行 pH 计的校正。

B.4.2　将盛有缓冲溶液并内置搅拌子的烧杯置于磁力搅拌器上，开启磁力搅拌器。

B.4.3　用温度计测量缓冲溶液的温度，并将 pH 计的温度补偿旋钮调节到该温度上。有自动温度补偿功能的仪器，此步骤可省略。

B.4.4　搅拌平稳后将电极插入缓冲溶液中，待读数稳定后读取 pH。

B.5　试样溶液 pH 的测定

称取过 Φ1mm 筛的风干样 5.0g 于 100mL 烧杯中，加 50mL 水（经煮沸驱除二氧化碳），搅动 15min，静置 30min，用 pH 酸度计测定。

注：测量时，试样溶液的温度与标准缓冲溶液的温度之差不应超过 1℃。

B.6　允许差

取平行测定结果的算术平均值为最终分析结果，保留 1 位小数。平行分析结果的绝对差值不大于 0.2pH 单位。

附录 C

（规范性附录）

有机质含量的测定　重铬酸钾容量法

C.1　方法原理

用定量的重铬酸钾 - 硫酸溶液，在加热条件下，使有机肥料中的有机碳氧化，多余的重铬酸钾用硫酸亚铁标准溶液滴定，同时以二氧化硅为添加物做空白试验。根据氧化前后氧化剂消耗量，计算有机碳含量，乘以系数 1.724，为有机质含量。

C.2 仪器、设备

水浴锅；分析天平（感量为 0.0001g）。

C.3 试剂和材料

除非另有说明，在分析中仅使用确认为分析纯的试剂。

C.3.1 二氧化硅：粉末状。

C.3.2 浓硫酸（ρ=1.84g/cm³）。

C.3.3 重铬酸钾（$K_2Cr_2O_7$）标准溶液：$c(1/6\ K_2Cr_2O_7)$=0.1mol/L。

称取经过 130℃烘 3～4h 的重铬酸钾（基准试剂）4.9031g，先用少量水溶解，然后转移入 1L 容量瓶中，用水稀释至刻度，摇匀备用。

C.3.4 重铬酸钾溶液：$c(1/6\ K_2Cr_2O_7)$=0.8mol/L。

称取重铬酸钾 39.23g，先用少量水溶解，然后转移入 1L 容量瓶中，稀释至刻度，摇匀备用。

C.3.5 硫酸亚铁（$FeSO_4$）标准溶液：$c(FeSO_4)$=0.2mol/L。

称取（$FeSO_4 \cdot 7H_2O$）55.6g，溶于 900mL 水中，加硫酸（C.3.2）20mL 溶解，稀释定容至 1L，摇匀备用（必要时过滤）。此溶液的准确浓度以 0.1mol/L 重铬酸钾标准溶液（C.3.3）标定，现用现标定。

$c(FeSO_4)$=0.2mol/L 标准溶液的标定：吸取重铬酸钾标准溶液（C.3.3）20.00mL 加入 150mL 三角瓶中，加硫酸（C.3.2）3～5mL 和 2～3 滴邻啡啰啉指示剂（C.3.6），用硫酸亚铁标准溶液（C.3.5）滴定。根据硫酸亚铁标准溶液滴定时的消耗量按式（C.1）计算其准确浓度 c。

$$c = \frac{c_1 \times V_1}{V_2} \tag{C.1}$$

式中：

c_1——重铬酸钾标准溶液的浓度，单位为摩尔每升（mol/L）；

V_1——吸取重铬酸钾标准溶液的体积，单位为毫升（mL）；

V_2——滴定时消耗硫酸亚铁标准溶液的体积，单位为毫升（mL）。

C.3.6 邻啡啰啉指示剂

称取硫酸亚铁 0.695g 和邻啡啰啉 1.485g 溶于 100mL 水，摇匀备用。此指示剂易变质，应密闭保存于棕色瓶中。

C.4 试验步骤

称取过 Φ1mm 筛的风干试样 0.2～0.5g（精确至 0.0001g），置于 500mL 的三角瓶中，准确加入 0.8mol/L 重铬酸钾溶液（C.3.4）50.0mL，再加入 50.0mL 浓硫酸（C.3.2），加一弯颈小漏斗，置于沸水中，待水沸腾后保持 30min。取出冷却至室温，用水冲洗小漏斗，洗液承接于三角瓶中。取下三角瓶，将反应物无损转入 250mL 容量瓶中，冷却至室温，定容，吸取 50.0mL 溶液于 250mL 三角瓶内，加水约至 100mL，加 2～3 滴邻啡啰啉指示剂（C.3.6），用 0.2mol/L 硫酸亚铁标准溶液（C.3.5）滴定近终点时，溶液由绿色变成暗绿色，再逐滴加入硫酸亚铁标准溶液直至生成砖红色为止。同时，称取 0.2g

（精确至 0.001g）二氧化硅（C.3.1）代替试样，按照相同分析步骤，使用同样的试剂，进行空白试验。

如果滴定试样所用硫酸亚铁标准溶液的用量不到空白试验所用硫酸亚铁标准溶液用量的 1/3 时，则应减少称样量，重新测定

C.5　分析结果的表述

有机质含量以肥料的质量分数表示（ω），单位为百分率（%），按式（C.2）计算。

$$\omega = \frac{c(V_0 - V) \times 0.003 \times 100 \times 1.5 \times 1.724 \times D}{m(1 - X_0)} \tag{C.2}$$

式中：

c——标定标准溶液的摩尔浓度，单位为摩尔每升（mol/L）；

V_0——空白试验时，消耗标定标准溶液的体积，单位为毫升（mL）；

V——样品测定时，消耗标定标准溶液的体积，单位为毫升（mL）；

0.003——1/4 碳原子的摩尔质量，单位为克每摩尔（g/mol）；

1.724——由有机碳换算为有机质的系数；

1.5——氧化校正系数；

m——风干样质量，单位为克（g）；

X_0——风干样含水量；

D——分取倍数，定容体积 / 分取体积，250/50。

C.6　允许差

取平行分析结果的算术平均值为测定结果。平行测定结果的绝对差值应符合如下要求：

a）平行测定结果的绝对差值应符合表 C.1 的要求。

表 C.1

有机质（ω），%	绝对差值，%
$\omega \leqslant 40$	0.6
$40 < \omega < 55$	0.8
$\omega \geqslant 55$	1.0

b）不同实验室测定结果的绝对差值应符合表 C.2 的要求。

表 C.2

有机质（ω），%	绝对差值，%
$\omega \leqslant 40$	1.0
$40 < \omega < 55$	1.5
$\omega \geqslant 55$	2.0

附录 D

（规范性附录）

种子发芽指数（GI）的测定方法

D.1　主要仪器和试剂

培养皿、滤纸、去离子水（或蒸馏水）、往复式水平振荡机、恒温培养箱。

D.2 试验步骤

D.2.1 称取堆肥样品 10.0g，置于 250mL 锥形瓶中，按固液比（质量/体积）1∶10 加入 100mL 的去离子水或蒸馏水，盖紧瓶盖后垂直固定于往复式水平振荡机上，调节频率不小于 100 次/min，振幅不小于 40mm，在室温下振荡浸提 1h，取下静置 0.5h 后，取上清液于预先安装好滤纸的过滤装置上过滤，收集过滤后的浸提液，摇匀后供分析用。

D.2.2 在 9cm 培养皿中垫上 2 张滤纸，均匀放入 10 粒大小基本一致、饱满的黄瓜（或萝卜）种子，加入堆肥浸提液 5mL，盖上皿盖，在 25℃的培养箱中避光培养 48h，统计发芽率和测量根长。每个样品做 3 个重复，以去离子水或蒸馏水作对照。

D.3 计算

种子发芽指数（GI）按式（D.1）计算。

$$GI = \frac{A_1 \times A_2}{B_1 \times B_2} \times 100 \qquad\qquad (D.1)$$

式中：

A_1——堆肥浸提液的种子发芽率，单位为百分率（%）；

A_2——堆肥浸提液培养种子的平均根长，单位为毫米（mm）；

B_1——去离子水的种子发芽率，单位为百分率（%）；

B_2——去离子水培养种子的平均根长，单位为毫米（mm）。

附录2 畜禽粪便无害化处理技术规范（GB/T 36195—2018）

国家市场监督管理总局　中国国家标准化管理委员会发布

2018-05-14 发布　2018-12-01 实施

1 范围

本标准规定了畜禽粪便无害化处理的基本要求、粪便处理场选址及布局、粪便收集、贮存和运输、粪便处理及粪便处理后利用等内容。

本标准适用于畜禽养殖场所的粪便无害化处理。

2 规范性引用文件

下列文件对于本文件的应用是必不可少的。凡是注日期的引用文件，仅注日期的版本适用于本文件。凡是不注日期的引用文件，其最新版本（包括所有的修改单）适用于本文件。

GB 7959　粪便无害化卫生要求

GB 18596　畜禽养殖业污染物排放标准

GB/T 18877　有机 - 无机复混肥料

GB/T 19524.1　肥料中粪大肠菌群的测定

GB/T 19524.2　肥料中蛔虫卵死亡率的测定

GB/T 25246　畜禽粪便还田技术规范

GB/T 26624　畜禽养殖污水贮存设施设计要求

GB/T 27622　畜禽粪便贮存设施设计要求

NY 525　有机肥料

NY/T 682　畜禽场场区设计技术规范

NY/T 1220.1　沼气工程技术规范　第 1 部分：工艺设计

NY/T 1222　规模化畜禽养殖场沼气工程设计规范

3　术语和定义

下列术语和定义适用于本文本。

3.1　无害化处理　sanitation treatment

利用高温、好氧、厌氧发酵或消毒等技术使畜禽粪便达到卫生学要求的过程。

4　基本要求

4.1　新建、扩建和改建畜禽养殖场和养殖小区应设置粪污处理区，建设畜禽粪便处理设施；没有粪污处理设施的应补建。

4.2　畜禽养殖场、养殖小区的粪污处理区布局应按照 NY/T 682 的规定执行。

4.3　畜禽粪便处理应坚持减量化、资源化和无害化的原则。

4.4　畜禽粪便处理过程应满足安全和卫生要求，避免二次污染发生。

4.5　发生重大疫情时应按照国家兽医防疫有关规定处置。

5　粪便处理场选址及布局

5.1　不应在下列区域内建设畜禽粪便处理场：

a）生活饮用水水源保护区、风景名胜区、自然保护区的核心区及缓冲区；

b）城市和城镇居民区，包括文教科研、医疗、商业和工业等人口集中地区；

c）县级及县级以上人民政府依法划定的禁养区域；

d）国家或地方法律、法规规定需特殊保护的其他区域。

5.2　在禁建区域附近建设畜禽粪便处理场，应设在 5.1 规定的禁建区域常年主导风向的下风向或侧下风向处，场界与禁建区域边界的最小距离不应小于 3km。

5.3　集中建立的畜禽粪便处理场与畜禽养殖区域的最小距离应大于 2km。

5.4　畜禽粪便处理场地应距离功能地表水体 400m 以上。

5.5　畜禽粪便处理场区应采取地面硬化、防渗漏、防径流和雨污分流等措施。

6　粪便收集、贮存和运输

6.1　畜禽生产过程宜采用干清粪工艺，实施雨污分流，减少污染物排放量。

6.2　畜禽粪便贮存设施应符合 GB/T 27622 的规定。

6.3　畜禽养殖污水贮存设施应符合 GB/T 26624 的规定。

6.4　畜禽粪便收集、运输过程中，应采取防遗洒、防渗漏等措施。

7　粪便处理

7.1　固态

7.1.1　宜采用反应器、静态垛式等好氧堆肥技术进行无害化处理，其堆体温度维持 50℃以上的时间不少于 7d，或 45℃以上不少于 14d。

7.1.2　固体畜禽粪便经过堆肥处理后应符合表 1 的卫生学要求。

表 1　固体畜禽粪便堆肥处理卫生学要求

项目	卫生学要求
蛔虫卵	死亡率≥ 95%
粪大肠菌群数	≤ 10^5 个 /kg
苍蝇	堆体周围不应有活的蛆、蛹或新羽化的成蝇

7.2　液态

7.2.1　液态畜禽粪便宜采用氧化塘贮存后进行农田利用，或采用固液分离、厌氧发酵、好氧或其他生物处理等单一或组合技术进行无害化处理。

7.2.2　厌氧发酵可采用常温、中温或高温处理工艺，常温厌氧发酵处理水力停留时间不应少于 30d，中温厌氧发酵不应少于 7d，高温厌氧发酵温度维持（53±2）℃时间应不少于 2d。厌氧发酵工艺设计应符合 NY/T 1220.1 的规定，工程设计应符合 NY/T 1222 的规定。

7.2.3　经过处理后需要排放的液态部分应符合 GB 18596 的规定。

7.2.4　处理后的液体畜禽粪便，其卫生学指标应符合表 2 的卫生学要求。

表 2　液体畜禽粪便厌氧处理卫生学要求

项目	卫生学要求
蛔虫卵	死亡率≥ 95%
钩虫卵	在使用粪液中不应检出活的钩虫卵
粪大肠菌群数	常温沼气发酵≤ 10^5 个 /L，高温沼气发酵≤ 100 个 /L
蚊子、苍蝇	粪液中不应有蚊蝇幼虫，池的周围不应有活的蛆、蛹或新羽化的成蝇
沼气池粪渣	达到表 1 要求后方可用作农肥

7.3　卫生学指标检验方法

7.3.1　粪大肠菌群

按 GB/T 19524.1 的规定执行。

7.3.2　蛔虫卵

按 GB/T 19524.2 的规定执行。

7.3.3　钩虫卵

按 GB 7959 的规定执行。

8　粪便处理后利用

畜禽粪便经无害化处理后直接还田利用的，应符合 GB/T 25246 的规定。生产有机肥料的，应符合 NY 525 的规定。生产有机 - 无机复混肥的，应符合 GB/T 18877 的规定。

附录 3　有机肥料（NY/T 525—2021）

农业农村部发布　2021-05-07 发布　2021-06-01 实施

1　范围

本文件规定了有机肥料的范围、术语和定义、要求、检验规则、包装、标识、运输和储存。

本文件适用于以畜禽粪便、秸秆等有机废弃物为原料，经发酵腐熟后制成的商品化有机肥料。

本文件不适用于绿肥、农家肥和其他由农民自积自造的有机粪肥。

2　规范性引用文件

下列文件中的内容通过文中的规范性引用而构成本文件必不可少的条款。其中，注日期的引用文件，仅该日期对应的版本适用于本文件；不注日期的引用文件，其最新版本（包括所有的修改单）适用于本文件。

GB/T 6682　分析实验室用水规格和试验方法

GB/T 8170—2008　数值修约规则与极限数值的表示和判定

GB/T 8576　复混肥料中游离水含量的测定　真空烘箱法

GB/T 15063—2020　复合肥料

CB 18382　肥料标识　内容和要求

GB/T 19524.1　肥料中粪大肠菌群的测定

GB/T 19524.2　肥料中蛔虫卵死亡率的测定

HG/T 2843　化肥产品化学分析常用标准滴定济液、标准溶液、试剂溶液和指示剂溶液

NY/T 1978　肥料　汞、砷、镉、铅、铬含量的测定

NY/T 2540—2014　肥料　钾含量的测定

NY/T 2541—2014　肥料　磷含量的测定

NY/T 3442—2019　畜禽粪便堆肥技术规范

3　术语和定义

下列术语和定义适用于本文件。

3.1

有机肥料　organic fertilizer

主要来源于植物和 / 或动物，经过发酵腐熟的含碳有机物料，其功能是改善土壤肥力、提供植物营养、提高作物品质。

3.2

鲜样　fresh sample

现场采集的有机肥料样品。

3.3

腐熟度　maturity

腐熟度即腐熟的程度，指堆肥中有机物经过矿化、腐殖化过程后达到稳定的程度。

3.4

种子发芽指数　germination index

以黄瓜或萝卜（未包衣）种子为试验材料，在有机肥料浸提液中培养，其种子发芽率和种子平均根长的乘积与在水中培养的种子发芽率和种子平均根长的乘积的比值。用于评价有机肥料的腐熟度。

［来源：NY/T 3442—2019，3.6，有修改］

4 要求

4.1 原料

有机肥料生产原料应遵循"安全、卫生、稳定、有效"的基本原则，原料按目录分类管理，分为适用类、评估类和禁用类。优先选用附录 A 中的适用类原料；禁止选用粉煤灰、钢渣、污泥、生活垃圾（经分类陈化后的厨余废弃物除外）、含有外来入侵物种的物料和法律法规禁止的物料等存在安全隐患的禁用类原料；其余为评估类原料。如选择附录 B 中的评估类原料，须进行安全评估并通过安全性评价后才能用于有机肥料生产。

4.2 产品

4.2.1 外观

外观均匀，粉状或颗粒状，无恶臭。目视、鼻嗅测定。

4.2.2 技术指标

有机肥料的技术指标应符合表 1 的要求。

表 1　有机肥料技术指标要求及检测方法

项目	指标	检测方法
有机质的质量分数（以烘干基计），%	≥ 30	按照附录 C 的规定执行
总养分（$N+P_2O_5+K_2O$）的质量分数（以烘干基计），%	≥ 4.0	按照附录 D 的规定执行
水分（鲜样）的质量分数，%	≤ 30	按照 GB/T 8576 的规定执行
酸碱度（pH）	5.5 ～ 8.5	按照附录 E 的规定执行
种子发芽指数（GI），%	≥ 70	按照附录 F 的规定执行
机械杂质的质量分数，%	≤ 0.5	按照附录 G 的规定执行

4.2.3 限量指标

有机肥料限量指标应符合表 2 的要求。

表 2　有机肥料限量指标要求及检测方法

项目	指标	检测方法
总砷（As），mg/kg	≤ 15	按照 NY/T 1978 的规定执行。以烘干基计算
总汞（Hg），mg/kg	≤ 2	
总铅（Pb），mg/kg	≤ 50	
总镉（Cd），mg/kg	≤ 3	
总铬（Cr），mg/kg	≤ 150	
粪大肠菌群数，个 /g	≤ 100	按照 GB/T 19524.1 的规定执行
蛔虫卵死亡率，%	≥ 95	按照 GB/T 19524.2 的规定执行
氯离子的质量分数，%	—	按照 GB/T 15063—2020 附录 B 的规定执行
杂草种子活性，株 /kg	—	按照附录 H 的规定执行

5 检验规则

5.1 检验类别及检验项目

产品检验分为出厂检验和型式检验。出厂检验应由生产企业质量监督部门进行检验，出厂检验项目包括有机质的质量分数、总养分、水分（鲜样）的质量分数、酸碱度、种子发芽指数、机械杂质的质量分数和氯离子的质量分数。型式检验项目包括第 4 章的全部项目。在有下列情况之一时进行型式检验：

a）正式生产时，原料、工艺发生变化；

b）正常生产时，定期或积累到一定量后，每半年至少进行一次检验；

c）停产再复产时；

d）国家质量监管部门提出型式检验的要求时；

e）出现重大争议或双方认为有必要进行检验的时候。

5.2　组批

有机肥料按批检验，以 1d 或 2d 的产量为一批，最大批量为 500t。

5.3　采样

5.3.1　采样方法

5.3.1.1　袋装产品

采取随机抽样的方法，有机肥料产品总袋数与最少采样袋数见表 3。将抽出的样品袋平放，每袋从最长对角线插入取样器，从包装物的表面、中间和底部 3 个水平取样，每袋取出不少于 200g 样品，每批产品采取的样品总量不少于 4000g。或拆包用取样铲或勺取样。用于杂草种子活性测定时，应另取一份不少于 6000g 的样品，装入干净的采样袋中备用。总袋数超过 512 袋时，最少采样袋数（n）按公式（1）计算。如遇小数，则进为整数。

$$n = 3 \times \sqrt[3]{N} \tag{1}$$

式中：

N——每批采样总袋数。

表 3　有机肥料产品最小采样袋数要求

单位为袋

总袋数	最少采样袋数	总袋数	最少采样袋数
1～10	全部袋数	182～216	18
11～49	11	217～254	19
50～64	12	255～296	20
65～81	13	297～343	21
82～101	14	344～394	22
102～125	15	395～450	23
126～151	16	451～512	24
152～181	17		

5.3.1.2　散装产品

从堆状等散装样品中采样时，从同一批次的样品堆中用勺、铲或取样器采集适量的样品混合均匀，随机选取的采集点不少于 7 个，从样品堆的表面及内部抽取的样品总量不少于 4000g。从产品流水线上采样时，根据物料流动的速度，每 10 袋或间隔 2min，用取样器取出所需的样品，抽取的样品总量不少于4000g。用于杂草种子活性测定时，应另取一份不少于6000g的样品，装入干净的采样袋中备用。

5.3.2 样品缩分

将选取的样品迅速混匀，用四分法或缩分器将样品缩分至约2000g，分装于3个干净的聚乙烯或玻璃材质的广口瓶中，每份样品重量不少于600g，密封并贴上标签，注明生产企业名称、产品名称、批号、原料、采样日期，采样人姓名。其中，一瓶用于鲜样水分和种子发芽指数的测定，一瓶风干用于产品成分分析，一瓶保存至少6个月，以备查用。

5.4 试样制备

将5.3.2中一瓶风干后的样品，经多次缩分后取出约100g样品，迅速研磨至全部通过Φ1mm尼龙筛，混匀，收集于干净的样品瓶或自封袋中，作成分分析用。余下的样品供机械杂质的测定用。

5.5 结果判定

5.5.1 本文件中质量指标合格判断，按照GB/T 8170—2008中"4.3.3修约值比较法"的规定执行。

5.5.2 生产企业应按本文件要求进行出厂检验和型式检验。出厂检验项目和型式检验项目全部符合本文件要求时，判该批产品合格。每批检验合格出厂的产品应附有质量证明书，其内容包括，生产企业名称、地址、产品名称、批号或生产日期、原料名称、产品净含量、有机质含量、总养分含量、pH及本文件编号。

5.5.3 产品出厂检验时，如果检验结果中有指标不符合本文件要求时，应重新自同批次二倍量的包装袋中选取有机肥料样品进行复检；重新检验结果中有指标不符合本文件要求时，则整批肥料判为不合格。

5.5.4 当供需双方对产品质量发生异议需仲裁时，按有关规定执行。

6 包装、标识、运输和储存

6.1 有机肥料应用覆膜编织袋或塑料编织袋衬聚乙烯内袋包装。每袋净含量50kg、40kg、25kg、10kg，平均每袋净含量不得低于50.0kg、40.0kg、25.0kg、10.0kg。产品包装规格也可由供需双方协商，按双方合同规定执行。

6.2 有机肥料包装袋上应注明产品通用名称、商标、包装规格、净含量、主要原料名称（质量分数≥5%，以鲜基计）、有机质含量、总养分含量及单一养分含量、企业名称、生产地址、联系方式、批号或生产日期、肥料登记证号、执行标准号等，建议标注二维码。其余按照GB 18382的规定执行。

6.3 氯离子的质量分数的标明值。当产品中氯离子的质量分数≥2.0%时进行标注。

6.4 杂草种子活性的标明值。应注明产品中杂草种子活性的标明值。

6.5 产品不得含有国家明令禁止的添加物或添加成分。

6.6 若加入或标示含有其他添加物，生产者应有足够的证据，证明添加物安全有效。应标明添加物的名称和含量，不得将添加物的含量与养分相加。

6.7 有机肥料应储存于阴凉、通风干燥处，在运输过程中应防潮、防晒、防破裂。

附录 A

（规范性）

有机肥料生产原料适用类目录

有机肥料生产原料适用类目录见表 A.1。

表 A.1　有机肥料生产原料适用类目录

原料种类	原料名称
种植业废弃物	谷、麦及薯类等作物秸秆
	豆类作物秸秆
	油料作物秸秆
	园艺及其他作物秸秆
	林草废弃物
养殖业废弃物	畜禽粪尿及畜禽圈舍垫料（植物类）
	废饲料
加工业废弃物	麸皮、稻壳、菜籽饼、大豆饼、花生饼、芝麻饼、油葵饼、棉籽饼、茶籽饼等种植业加工过程中的副产物
天然原料	草炭、泥炭、含腐殖酸的褐煤等

附录 B

（规范性）

评估类原料安全性评价要求

有机肥料生产评估类原料安全性评价要求见表 B.1。

表 B.1　有机肥料生产评估类原料安全性评价要求

序号	原料名称	安全性评价指标	佐证材料
1	植物源性中药渣	重金属、抗生素、所用有机浸提剂含量等	有机浸提剂说明、检测报告等
2	厨余废弃物（经分类和陈化）	盐分、油脂、蛋白质代谢产物（胺类）、黄曲霉素、种子发芽指数等	处理工艺（脱盐、脱油、固液分离等）说明、检测报告等
3	骨胶提取后剩余的骨粉	化学萃取剂品种和含量等	化学萃取剂说明、检测报告等
4	蚯蚓粪	重金属含量等	养殖原料说明、检测报告等
5	食品及饮料加工有机废弃物（酒糟、酱油糟、醋糟、味精渣、酱糟、酵母渣、薯渣、玉米渣、糖渣、果渣、食用菌渣等）	盐分、重金属含量等	生产工艺（包括化学添加剂的种类和含量）说明、检测报告等
6	糠醛渣	持久性有机污染物等	检测报告等
7	水产养殖废弃物（鱼杂类、蛏子、鱼类、贝杂类、海藻类、海松、海带、蛤蜊皮、海草、海绵、蕴草、苔条等）	盐分、重金属含量等	生产工艺说明、检测报告等
8	沼渣/液（限种植业、养殖业、食品及饮料加工业）	盐分、重金属含量等	生产工艺说明、检测报告等

注 1：佐证材料包括但不限于原料、成品全项检测报告，产品对土壤、作物、生物、微生物、地下水、地表水等农业生态环境的安全性影响评价资料，原料无害化处理、生产工艺措施及认证等。

注 2：生产抗生素的植物源性中药渣、未经分类和陈化处理的厨余废弃物、以污泥为饵料的蚯蚓粪、以污泥为原料的沼渣沼液不属于评估类原料，属于禁用类原料。

附录 C

（规范性）

有机质含量测定（重铬酸钾容量法）

本文件方法中所用水应符合 GB/T 6682 中三级水的规定。所列试剂，除注明外，均指分析纯试剂。本文件中所用的标准滴定溶液、标准溶液、试剂溶液和指示剂溶液，在未说明配制方法时，均按照 HG/T 2843 的规定配制。

C.1 方法原理

用定量的重铬酸钾 - 硫酸溶液，在加热条件下，使有机肥料中的有机碳氧化，多余的重铬酸钾溶液用硫酸亚铁标准溶液滴定，同时以二氧化硅为添加物做空白试验。根据氧化前后氧化剂消耗量，计算有机碳含量，乘以系数 1.724，为有机质含量。

C.2 试剂及制备

C.2.1 二氧化硅：粉末状。

C.2.2 硫酸（ρ=1.84g/mL）。

C.2.3 重铬酸钾（$K_2Cr_2O_7$）标准溶液：$c(1/6\ K_2Cr_2O_7)$=0.1mol/L。

称取经过 130℃烘干至恒重（3～4h）的重铬酸钾（基准试剂）4.9031g，先用少量水溶解，然后转移入 1L 容量瓶中，用水定容至刻度，摇匀备用。

C.2.4 重铬酸钾溶液（$K_2Cr_2O_7$）：$c(1/6\ K_2Cr_2O_7)$=0.8mol/L。

称取重铬酸钾（分析纯）39.23g，溶于 600～800mL 水中（必要时可加热溶解），冷却后转移入 1L 容量瓶中，稀释至刻度，摇匀备用。

C.2.5 邻啡啰啉指示剂。

称取硫酸亚铁（$FeSO_4 \cdot 7H_2O$，分析纯）0.695g 和邻啡啰啉（$C_{12}H_8N_2 \cdot H_2O$，分析纯）1.485g 溶于 100mL 水，摇匀备用。此指示剂易变质，应密闭保存于棕色瓶中。

C.2.6 硫酸亚铁（$FeSO_4$）标准溶液：$c(FeSO_4)$=0.2mol/L。

称取（$FeSO_4 \cdot 7H_2O$）（分析纯）55.6g，溶于 900mL 水中，加硫酸（C.2.2）20mL 溶解，稀释定容至 1L，摇匀备用（必要时过滤）。储于棕色瓶中，硫酸亚铁溶液在空气中易被氧化，使用时应标定其浓度。

$c(FeSO_4)$=0.2mol/L 标准溶液的标定：吸取重铬酸钾标准溶液（C.2.3）20.00mL 加入 150mL 三角瓶中，加硫酸（C.2.2）3～5mL 和 2～3 滴邻啡啰啉指示剂（C.2.5），用硫酸亚铁标准溶液（C.2.6）滴定。根据硫酸亚铁标准溶液滴定时的消耗量，按公式（C.1）计算其准确浓度 c。

$$c = \frac{c_1 \times v_1}{v_2} \qquad (C.1)$$

式中：

c_1——重铬酸钾标准溶液的浓度数值，单位为摩尔每升（mol/L）；

v_1——吸取重铬酸钾标准溶液的体积数值，单位为毫升（mL）；

v_2——滴定时消耗硫酸亚铁标准溶液的体积数值，单位为毫升（mL）。

C.3 仪器、设备

C.3.1 水浴锅。

C.3.2 天平等实验室常用仪器设备。

C.4 测定步骤

称取过 Φ1mm 筛的风干试样 0.2 ～ 0.5g（精确至 0.0001g，含有机碳不大于 15mg），置于 500mL 的三角瓶中，准确加入 0.8mol/L 重铬酸钾溶液（C.2.4）50.0mL，再加入 50.0mL 硫酸（C.2.2），加一弯颈小漏斗，置于沸水中，待水沸腾后计时，保持 30min。取出冷却至室温，用少量水冲洗小漏斗，洗液承接于三角瓶中。将三角瓶内反应物无损转入 250mL 容量瓶中，冷却至室温，定容摇匀，吸取 50.0mL 溶液于 250mL 三角瓶内，加水至 100mL 左右，加 2 ～ 3 滴邻啡啰啉指示剂（C.2.5），用硫酸亚铁标准溶液（C.2.6）滴定近终点时，溶液由绿色变成暗绿色，再逐滴加入硫酸亚铁标准溶液（C.2.6）直至生成砖红色为止。同时，称取 0.2g（精确至 0.0001g）二氧化硅（C.2.1）代替试样，按照相同分析步骤，使用同样的试剂，进行空白试验。

如果滴定试样所用硫酸亚铁标准溶液的用量不到空白试验所用硫酸亚铁标准溶液用量的 1/3 时，则应减少称样量，重新测定。

C.5 分析结果的表述

有机质含量以肥料的质量分数 ω(%) 表示，按公式（C.2）计算。

$$\omega = \frac{c(V_0 - V) \times 3 \times 1.724 \times D}{m(1 - X_0) \times 1000} \times 100 \qquad (C.2)$$

式中：

c——硫酸亚铁标准溶液的浓度数值，单位为摩尔每升（mol/L）；

V_0——空白试验时，消耗硫酸亚铁标准溶液的体积数值，单位为毫升（mL）；

V——样品测定时，消耗硫酸亚铁标准溶液的体积数值，单位为毫升（mL）；

3——四分之一碳原子的摩尔质量数值，单位为克每摩尔（g/mol）；

1.724——由有机碳换算为有机质的系数；

m——风干试样质量的数值，单位为克（g）；

X_0——风干试样含水量的数值，单位为百分号（%）；

D——分取倍数，定容体积 / 分取体积，250/50。

C.6 允许差

C.6.1 计算结果保留到小数点后 1 位，取平行测定结果的算术平均值为测定结果。

C.6.2 平行测定结果的绝对差值应符合表 C.1 的要求。

表 C.1 平行测定结果的绝对差值要求

有机质的质量分数（ω），%	绝对差值，%
$\omega \leq 20$	0.6
$20 < \omega < 30$	0.8
$\omega \geq 30$	1.0

不同实验室测定结果的绝对差值应符合表 C.2 要求。

表 C.2　不同实验室测定结果的绝对差值要求

有机质的质量分数（ω），%	绝对差值，%
$\omega \leqslant 20$	1.0
$20 < \omega < 30$	1.5
$\omega \geqslant 30$	2.0

附录 D
（规范性）
总养分含量测定

本文件方法中所用水应符合 GB/T 6682 中三级水的规定。所列试剂，除注明外，均指分析纯试剂。本文件中所用的标准滴定溶液、标准溶液、试剂溶液和指示剂溶液，在未说明配制方法时，均按照 HG/T 2843 的规定配制。

D.1　总氮含量测定

D.1.1　方法原理

有机肥料中的有机氮经硫酸 - 过氧化氢消煮，转化为铵态氮。碱化后蒸馏出来的氮用硼酸溶液吸收，以标准酸溶液滴定，计算样品中的总氮含量。

D.1.2　试剂与制备

D.1.2.1　硫酸（ρ=1.84g/mL）。

D.1.2.2　30% 过氧化氢。

D.1.2.3　氢氧化钠溶液：质量浓度为 40% 的溶液。称取 40g 氢氧化钠（化学纯）溶于 100mL 水中。

D.1.2.4　硼酸溶液（2%，m/V）：称取 20g 硼酸溶于水中，稀释至 1L。

D.1.2.5　定氮混合指示剂：称取 0.5g 溴甲酚绿和 0.1g 甲基红溶于 100mL 95% 乙醇中。

D.1.2.6　硼酸 - 指示剂混合液：每升 2% 硼酸（D.1.2.4）溶液中加入 20mL 定氮混合指示剂（D.1.2.5）并用稀碱或稀酸调至紫红色（pH 约为 4.5）。此溶液放置时间不宜过长，如在使用过程中 pH 有变化，需随时用稀碱或稀酸调节。

D.1.2.7　硫酸 $c(1/2H_2SO_4=0.05mol/L)$ 或盐酸 $c(HCl)=0.05mol/L$ 标准滴定溶液。

D.1.3　仪器、设备

D.1.3.1　实验室常用仪器设备。

D.1.3.2　消煮仪。

D.1.3.3　全自动定氮仪、定氮蒸馏仪或具有相同功效的蒸馏装置。

D.1.4　分析步骤

D.1.4.1　试样溶液制备。

称取过 Φ1mm 筛的风干试样 0.5 ～ 1.0g（精确至 0.0001g），置于 250mL 锥形瓶底部或体积适量的消煮管底部，用少量水冲洗黏附在瓶 / 管壁上的试样，加 5mL 硫酸（D.1.2.1）和 1.5mL 过氧化氢（D.1.2.2），小心摇匀，瓶口放一弯颈小漏斗，放置过夜。缓慢加热至硫酸冒烟，取下，稍冷加 15 滴过氧化氢，轻轻摇动锥形瓶或消煮管，加热 10min，取下，稍冷后再加 5 ～ 10 滴过氧化氢并分次消煮，直至溶液呈无色或淡黄色清液后，继续加热 10min，除尽剩余的过氧化氢。

取下冷却，小心加水至 20 ～ 30mL，轻轻摇动锥形瓶或消化管，用少量水冲洗弯颈小漏斗，洗液收入锥形瓶或消煮管中。将消煮液移入 100mL 容量瓶中，冷却至室温，加水定容至刻度。静置澄清或用无磷滤纸干过滤到具塞三角瓶中，备用。

D.1.4.2　空白试验

除不加试样外，试剂用量和操作同 D.1.4.1。

D.1.4.3　测定

于锥形瓶中加入 10.0mL 硼酸 - 指示剂混合液（D.1.2.6），放置锥形瓶于蒸馏仪器氨液接收托盘上，冷凝管管口插入硼酸液面中。吸取消煮清液 50.00mL 于蒸馏瓶内，加入 200mL 水（视蒸馏装置定补水量）。将蒸馏管与定氮仪器蒸馏头相连接，加入 15mL 氢氧化钠溶液（D.1.2.3），蒸馏。当蒸馏液体达到约 100mL 时，即可停止蒸馏。

用硫酸标准溶液或盐酸标准溶液（D.1.2.7）直接滴定馏出液，由蓝色刚变至紫红色为终点。记录消耗酸标准溶液的体积。

D.1.5　分析结果的表述

肥料的总氮含量以肥料的质量分数（%）表示，按公式（D.1）计算，所得结果应保留到小数点后 2 位。

$$N = \frac{c(V - V_0) \times 14 \times D}{m(1 - X_0) \times 1000} \times 100 \tag{D.1}$$

式中：

c——标定标准溶液的摩尔浓度，单位为摩尔每升（mol/L）；

V_0——空白试验时，消耗标定标准溶液的体积，单位为毫升（mL）；

V——样品测定时，消耗标定标准溶液的体积，单位为毫升（mL）；

14——氮的摩尔质量，单位为克每摩尔（g/mol）；

m——风干试样质量的数值，单位为克（g）；

X_0——风干试样含水量的数值；

D——分取倍数，定容体积 / 分取体积，100/50。

D.1.6　允许差

取平行测定结果的算术平均值为测定结果。平行测定结果允许绝对差应符合表 D.1 的要求。

表 D.1　总氮含量平行测定结果允许绝对差值

总氮（N），%	允许差，%
$N \leqslant 0.50$	< 0.02
$0.50 < N < 1.00$	< 0.04
$N \geqslant 1.00$	< 0.06

D.2　总磷含量测定

D.2.1　试样溶液制备

按照 D.1.4.1 操作制备。

D.2.2　空白溶液制备

除不加试样外，应用的试剂和操作同 D.2.1。

D.2.3　分析步骤与结果表述

吸取试样溶液 5.00～10.00mL 于 50mL 容量瓶中，按照 NY/T 2541—2014 规定的"5.2　等离子体发射光谱法"或"5.3　分光光度法"执行，以烘干基计。其中"分光光度法"为仲裁法。

D.3　总钾含量测定

D.3.1　试样溶液制备

按照 D.1.4.1 操作制备。

D.3.2　空白溶液制备

除不加试样外，应用的试剂和操作同 D.3.1。

D.3.3　分析步骤与结果表述

吸取 5.00mL 试样溶液于 50mL 容量瓶中，按照 NY/T 2540—2014 规定的"5.2　火焰光度法"或"5.3　等离子体发射光谱法"执行，以烘干基计。其中"火焰光度法"为仲裁法。

附录 E

（规范性）

酸碱度的测定（pH 计法）

本文件方法中所用水应符合 GB/T 6682 中三级水的规定。所列试剂，除注明外，均指分析纯试剂。本文件中所用的标准滴定溶液、标准溶液、试剂溶液和指示剂溶液，在未说明配制方法时，均按照 HG/T 2843 的规定配制。

E.1　方法原理

当以 pH 计的玻璃电极为指示电极，甘汞电极为参比电极，插入试样溶液中时，两者之间产生一个电位差。该电位差的大小取决于试样溶液中的氢离子活度，氢离子活度的负对数即为 pH，由 pH 计直接读出。

E.2　仪器

实验室常用仪器及 pH 酸度计（灵敏度为 0.01pH 单位，带有温度补偿功能）。

E.3　试剂和溶液

E.3.1　pH 4.00 标准缓冲液：称取经 120℃烘 1h 的邻苯二钾酸氢钾（$KHC_8H_4O_4$）10.21g，用水溶解，稀释定容至 1L。可购置有国家标准物质证书的标准缓冲液。

E.3.2　pH 6.86 标准缓冲液：称取经 120℃烘 2h 的磷酸二氢钾（KH_2PO_4）3.398g 和经 120℃～130℃烘 2h 的无水磷酸氢二钠（Na_2HPO_4）3.53g，用水溶解，稀释定容至 1L。可购置有国家标准物质证书的标准缓冲液。

E.3.3　pH 9.18 标准缓冲液：称取硼砂（$Na_2B_4O_7 \cdot 10H_2O$）（在盛有蔗糖和食盐饱和溶液的干燥器中平衡 1 周）3.81g，用水溶解，稀释定容至 1L。可购置有国家标准物质证书的标准缓冲液。

E.4　操作步骤

称取过 Φ1mm 筛的风干样 5.00g 于 100mL 烧杯中，加 50.0mL 不含二氧化碳的水

（经煮沸 10min 驱除二氧化碳），人工或使用磁力搅拌器搅动 3min，静置 30min，用 pH 酸度计测定。测定前，用标准缓冲溶液对酸度计进行校验（温度补偿设为 25℃）。

E.5　允许差

取平行测定结果的算术平均值为最终分析结果，保留到小数点后 1 位。平行分析结果的绝对差值不大于 0.20pH 单位。

附录 F

（规范性）

种子发芽指数（*GI*）的测定

F.1　主要仪器和试剂

培养皿、定性滤纸、水（应符合 GB/T 6682 中三级水的规定）、往复式水平振荡机、恒温培养箱、游标卡尺。

F.2　试验步骤

称取试样（鲜样）10.00g，置于 250mL 锥形瓶中，将样品含水率折算后，按照固液比（质量 / 体积）1∶10 加入相应质量的水，盖紧瓶盖后垂直固定于往复式水平振荡机上，调节频率 100 次 /min，振幅不小于 40mm，在 25℃下振荡浸提 1h，取下静置 0.5h 后，取上清液于预先安装好滤纸的过滤装置上过滤，收集过滤后的浸提液，摇匀后供分析用。滤液当天使用，或在 0 ～ 4℃环境中保存不超过 48h。

在 9cm 培养皿中放置 1 张或 2 张定性滤纸，其上均匀放入 10 粒大小基本一致、饱满的黄瓜（或萝卜，未包衣）种子，加入供试样浸提液 10mL，盖上培养皿盖，在（25±2）℃的培养箱中避光培养 48h，统计发芽种子的粒数，并用游标卡尺逐一测量主根长。

以水作对照，做空白试验。

注：评估类原料可依据专家评估结果确定固液比。

F.3　分析结果的表述

种子发芽指数（*GI*），以 % 表示，按公式（F.1）计算。

$$GI = \frac{A_1 \times A_2}{B_1 \times B_2} \times 100 \qquad (\text{F.1})$$

式中：

A_1——有机肥料的浸提液培养的种子中发芽粒数占放入总粒数的百分比，单位为百分号（%）；

A_2——有机肥料的浸提液培养的全部种子的平均根长数值，单位为毫米（mm）；

B_1——水培养的种子中发芽粒数占放入总粒数的百分比，单位为百分号（%）；

B_2——水培养的全部种子的平均根长数值，单位为毫米（mm）。

F.4　允许差

取平行测定结果的算术平均值为最终测定结果，计算结果保留到小数点后 1 位。

平行分析结果的绝对差值不大于 5.0%。

附录 G

（规范性）

机械杂质的质量分数的测定

G.1 主要仪器

天平、试验筛（孔径 4mm）等。

G.2 分析步骤

取风干试样 500g（精确到 0.1g），记录样品总重 m_1，过 4mm 筛子，将筛上物用目选法挑出其中的石块、塑料、玻璃、金属等机械杂质并称重，记录为 m_2，计算样品中机械杂质的质量分数 ω（%）。

G.3 分析结果的表述

机械杂质含量以质量分数 ω（%）表示，按公式（G.1）计算。

$$\omega = \frac{m_2}{m_1} \times 100 \tag{G.1}$$

式中：

ω——有机肥料中机械杂质的质量分数；

m_2——有机肥料中机械杂质的质量数值，单位为克（g）；

m_1——风干试样的总质量数值，单位为克（g）。

计算结果保留到小数点后 1 位。

附录 H

（规范性）

杂草种子活性的测定

H.1 主要仪器和试剂

光照培养箱、托盘、纱布、水（应符合 GB/T 6682 中三级水的规定）。

H.2 试验步骤

称取有机肥料样品（鲜样）3000g（精确至 0.1g），记录样品总重 m，均匀地铺在托盘中，厚度约为 20mm，在 30℃条件下的光照培养箱（光照强度和湿度适中）中培养 21d。在试验期间，每 2 ～ 3d 补充水分一次，以保持样品潮湿，补水采用喷壶喷水方式，将样品表面喷湿即可。为避免托盘中样品被污染，可以在样品上覆盖纱布。每次补水时，观察是否有种子发芽并做记录，21d 后统计试验期间发芽种子总株数 N。

H.3 分析结果的表述

杂草种子活性以 ω 表示，按公式（H.1）计算。

$$\omega = \frac{N}{m \times 10^{-3}} \tag{H.1}$$

式中：

ω——有机肥料中杂草种子活性数值，单位为株每千克（株 /kg）；

N——有机肥料中发芽种子总株数数值，单位为株；

m——称取的有机肥料质量数值，单位为克（g）。

取平行测定结果的算术平均值为最终测定结果，保留到小数点后 1 位。

附录 4 畜禽粪便土地承载力测算方法（NY/T 3877—2021）

农业农村部发布 2021-05-07 发布 2021-11-01 实施

1 范围

本文件给出了畜禽粪便土地承载力的测算原理、边界确定、信息收集和测算方法。

本文件适用于区域农田、人工林地、人工草地等种植用地的畜禽粪便承载力和畜禽规模养殖场粪便消纳配套土地面积的测算。

2 术语和定义

下列术语和定义适用于本文件。

2.1 畜禽粪便 animal manure

畜禽养殖过程中产生的粪便、尿液的总称。

2.2 猪当量 pig equivalent

用于衡量畜禽氮或磷排泄量的度量单位。

注：1 头 70kg 体重猪 1d 的粪尿中氮和磷的排泄量乘以 365 为 1 个猪当量，以氮排泄量 11kg、磷排泄量 1.65kg 计，其他畜禽按氮或磷的排泄量折算。

2.3 畜禽粪便土地承载力 animal manure land bearing capacity

在土地生态系统可持续运行的条件下，一定边界内农田、人工林地和人工草地等种植用地所能承载的最大畜禽存栏量下所产生的氮或磷排泄量，以猪当量计。

3 测算原理

畜禽粪便土地承载力及规模养殖场配套土地面积的测算，以植物养分需求和粪便处理成粪肥后其养分供给的氮平衡为基础测算；对于设施蔬菜等作物为主或土壤本底值磷含量较高的特殊区域、农用地，宜以磷平衡为基础。植物的粪肥养分可施用量根据土壤肥力、作物类型和产量、粪肥施用比例等确定。畜禽粪肥养分供给量根据畜禽种类、养殖量、粪便收集和处理方式等确定。

4 边界确定

区域畜禽粪便土地承载力测算以县、乡镇、村等行政区域内的种植用地为边界；规模养殖场粪便消纳配套土地面积测算以养殖场可实施畜禽粪便还田利用的种植用地（包括自有土地和流转土地）为边界。

5 信息收集

5.1 种植信息收集

应收集的信息包括：

a）主要农作物种类、种植制度、种植面积和产量；

b）人工草地或人工林地类型、面积和产量；

c）种植用地的土壤质地、土壤中氮磷含量等特性参数；

d）边界内主要植物的氮磷施用量。

5.2 养殖信息收集

应收集的信息包括：

a）畜禽种类及其存栏量、出栏量；

b) 畜禽粪便的清粪方式及占比；

c) 畜禽粪便的处理方式及占比。

6 测算方法

6.1 区域畜禽粪便土地承载力测算

6.1.1 植物养分需求量

根据 5.1 获得的信息，计算边界内植物总氮（磷）养分需求量 $NU_{r,n}$，单位为千克每年（kg/年），按公式（1）计算。

$$NU_{r,n} = \sum(P_{r,i} \times Q_i \times 10) + \sum(A_{t,j} \times AA_{t,j} \times Q_j) \tag{1}$$

式中：

$P_{r,i}$——边界内第 i 种作物（或人工牧草）总产量的数值，单位为吨每年（t/年）；

Q_i——边界内第 i 种作物形成 100kg 产量所需要吸收的氮（磷）养分量的数值，单位为千克每 100 千克（kg/100kg），主要植物生长养分需求量推荐值见附录 A 中的表 A.1；

10——换算系数，将 kg/100kg 换算为 kg/t；

$A_{t,j}$——边界内第 j 种人工林地总的种植面积的数值，单位为公顷（hm²）；

$AA_{t,j}$——边界内第 j 种人工林地单位面积年生长量的数值，单位为立方米每年每公顷 [m³/（年·hm²）]；主要人工林地单位面积年生长量推荐值见表 A.6；

Q_j——边界内第 j 种人工林地的单位体积的生长量所需要吸收的氮（磷）养分量的数值，单位为千克每立方米（kg/m³）；主要人工林地生长养分需求量推荐值见表 A.1。

6.1.2 粪便养分可施用量

粪便氮（磷）养分可施用量以 $NU_{r,m}$ 表示，单位为千克每年（kg/年），按公式（2）计算。

$$NU_{r,m} = \frac{NU_{r,n} \times FP \times MP}{MR} \tag{2}$$

式中：

$NU_{r,n}$——边界内植物氮（磷）养分需求量的数值，单位为千克每年（kg/年）；

FP——作物总养分需求中施肥供给养分占比，单位为百分号（%）；不同土壤肥力下作物总养分需求中施肥供给养分占比推荐值见表 A.2；

MP——土地施肥管理中，畜禽粪便养分可施用量占施肥养分总量的比例，单位为百分号（%），该值根据当地实际情况确定，推荐值为 50% ~ 100%；

MR——粪便当季利用率，单位为百分号（%）；粪便氮素单季利用率取值范围推荐为 25% ~ 30%，磷素单季利用率推荐为 30% ~ 35%。

6.1.3 畜禽粪便养分总量

根据 5.2 收集的信息，计算畜禽粪便总氮（磷）养分供给量 $Q_{r,p}$，单位为吨每年（t/年），按公式（3）计算。

$$Q_{r,p} = \sum AP_{r,i} \times MP_{r,i} \times 365 \times 10^{-6} \tag{3}$$

式中：

　　$AP_{r,i}$——边界内第 i 种动物年均存栏量的数值，单位为头或只；

　　$MP_{r,i}$——第 i 种动物粪便中氮（磷）日排泄量，单位为克每天每头或每只；主要畜禽氮（磷）排泄量推荐值见表 A.3；

　　365——一年的天数，单位为天每年（d/ 年）；

　　10^{-6}——单位换算值，单位为吨每克（t/g）。

6.1.4　畜禽粪便养分可收集量

　　畜禽粪便氮（磷）养分可收集量以 $Q_{r,C,i}$ 表示，单位为吨每年（t/ 年），单个畜种的粪便养分可收集量按公式（4）计算，边界内所有畜种的粪便养分可收集量按公式（5）计算。

$$Q_{r,C,i}=\sum Q_{r,p,i}\times PC_{i,j}\times PL_j \tag{4}$$

$$Q_{r,c}=\sum Q_{r,C,i} \tag{5}$$

式中：

　　$Q_{r,C,i}$——边界内第 i 种畜禽粪便养分可收集量的数值，单位为吨每年（t/ 年）；

　　$Q_{r,p,i}$——边界内第 i 种畜禽粪便养分产生量的数值，单位为吨每年（t/ 年）；

　　$PC_{i,j}$——边界内第 i 种动物在第 j 种清粪方式所占比例，单位为百分号（%），该比例根据调研实际获得；

　　PL_j——第 j 种清粪方式氮（磷）养分收集率，单位为百分号（%）；主要清粪方式粪便养分收集率推荐值见表 A.4。

6.1.5　畜禽粪便养分可供给量

　　畜禽粪便氮（磷）养分可供给量以 $Q_{r,Tr,i}$ 表示，单位为吨每年（t/ 年），单个畜种的粪便养分可供给量按公式（6）计算，边界内所有畜种的粪便养分可供给量按公式（7）计算。

$$Q_{r,Tr,i}=\sum Q_{r,C,i}\times PT_{i,k}\times PL_k \tag{6}$$

$$Q_{r,Tr}=\sum Q_{r,Tr,i} \tag{7}$$

式中：

　　$Q_{r,Tr,i}$——边界内第 i 种畜禽粪便处理后养分可供给量的数值，单位为吨每年（t/ 年）；

　　$Q_{r,C,i}$——边界内第 i 种畜禽粪便养分可收集量的数值，单位为吨每年（t/ 年）；

　　$PT_{i,k}$——边界内第 i 种畜禽的粪便在第 k 种处理方式所占比例，单位为以百分号（%），该比例根据调研实际获得；

　　PL_k——第 k 种粪便处理方式下氮（磷）养分留存率，单位为百分号（%）；主要粪便处理方式氮（磷）养分留存率推荐值见表 A.5。

6.1.6　猪当量粪便养分可供给量

　　猪当量粪便养分可供给量以 $NS_{r,a}$ 表示，单位为千克每猪当量每年 [kg/（猪当量·年）]，按公式（8）计算。

$$NS_{r,a}=\frac{Q_{r,Tr}\times 1000}{A} \tag{8}$$

式中：

$Q_{r,Tr}$——边界内畜禽粪便养分可供给量的数值，单位为吨每年（t/年）；

1000——单位换算值，单位为千克每吨（kg/t）；

A——边界内饲养的各种畜禽折算成猪当量的饲养总量，单位为猪当量，按式（9）计算。

$$A=\sum AP_{r,i}\times MP_{r,i}\div MP_{r,p} \tag{9}$$

式中：

$AP_{r,i}$——边界内第 i 种畜禽年均存栏量的数值，单位为头或只；

$MP_{r,i}$——第 i 种畜禽粪便中氮（磷）日排泄量的数值，单位为克每天每头或只；主要畜禽氮（磷）排泄量推荐值见表 A.3；

$MP_{r,p}$——猪排泄粪便中氮（磷）的日产生量的数值，单位为克每天每头；推荐值见表 A.3。

6.1.7　区域畜禽粪便土地承载力

区域畜禽粪便土地承载力以 R 表示，单位为猪当量，按公式（10）计算。

$$R=\frac{NU_{r,m}}{NS_{r,a}} \tag{10}$$

式中：

$NU_{r,m}$——粪便养分可施用量的数值，单位为千克每年（kg/年）；

$NS_{r,a}$——猪当量粪便养分可供给量的数值，单位为千克每猪当量每年［kg/（猪当量·年）］。

6.1.8　区域畜禽粪便土地承载力比较

基于 6.1.6 和 6.1.7 计算获得区域的实际养殖量（A）和区域畜禽粪便土地承载力（R）进行比较，当 $R>A$ 时，表明该区域畜禽养殖不超载，反之超载，需要调减养殖量。

6.2　畜禽规模养殖场配套土地面积测算

6.2.1　畜禽粪便养分产生量

根据 5.2 收集的信息计算规模化养殖场粪便养分产生量，以 $Q_{r,p}$ 表示，单位为吨每年（t/年），按公式（3）计算。

6.2.2　畜禽粪便养分可收集量

规模化养殖场粪便养分可收集量以 $Q_{r,C,i}$ 表示，单位为吨每年（t/年），按公式（4）计算。

6.2.3　畜禽粪便养分可供给量

规模化养殖场畜禽粪便养分可供给量以 $Q_{r,Tr,i}$ 表示，单位为吨每年（t/年），按公式（6）计算。

6.2.4　畜禽粪便养分就地利用量

规模化养殖场粪便养分就地利用量以 $Q_{r,u,i}$ 表示，单位为吨每年（t/年），按公式（11）计算。

$$Q_{r,u,i}=Q_{r,Tr,i}\times PU_i \tag{11}$$

式中：

$Q_{r,Tr,i}$——规模养殖场内第 i 种畜禽粪便养分可供给量的数值，单位为吨每年（t/ 年）；

PU_i——规模养殖场内畜禽粪便就地利用比例，单位为百分号（%），根据养殖场实际情况确定。

6.2.5　单位土地植物养分需求量

根据 5.1 获得的信息，计算规模养殖场边界内单位土地在一个年度内种植的植物总氮（磷）养分需求量 $NA_{r,n}$，单位为千克每年每公顷 [kg/（年·hm²）]，作物和人工牧草按公式（12）计算，人工林地按公式（13）计算。

$$NA_{r,n}= \sum (AP_{r,i} \times Q_i \times 10) \tag{12}$$

$$NA_{r,n}= \sum (AA_{t,j} \times Q_j) \tag{13}$$

式中：

$AP_{r,i}$——边界内第 i 种作物（或人工牧草）单位面积产量的数值，单位为吨每年每公顷 [t/（年·hm²）]，主要作物和人工牧草单位面积产量推荐值见表 A.6；

Q_i——边界内第 i 种作物形成 100kg 产量吸收的氮（磷）养分量的数值，单位为千克每 100 千克（kg/100kg）；主要作物和人工牧草生长养分需求量推荐值见表 A.1；

10——换算系数，将 kg/100kg 换算为 kg/t；

$AA_{t,j}$——边界内第 j 种人工林地单位面积年生长量的数值，单位为立方米每年每公顷 [m³/（年·hm²）]，主要人工林地单位面积年生长量推荐值见表 A.6；

Q_j——边界内第 j 种人工林地的单位体积的生长量所需要吸收的氮（磷）养分量的数值，单位为千克每立方米（kg/m³）；主要人工林地生长养分需求量推荐值见表 A.1。

6.2.6　单位土地粪便养分可施用量

单位土地植物粪便养分可施用量以 $NA_{r,m}$ 表示，单位为千克每年每公顷 [kg/（年·hm²）]，按公式（14）计算。

$$NA_{r,m}=\frac{NA_{r,n} \times FP \times MP}{MR} \tag{14}$$

式中：

$NA_{r,m}$——边界内单位土地植物氮（磷）养分需求量的数值，单位为千克每年每公顷 [kg/（年·hm²）]；

FP——作物总养分需求中施肥供给养分占比，单位为百分号（%）；不同土壤肥力下作物总养分需求中施肥供给养分占比见表 A.2；

MP——土地施肥管理中，畜禽粪便养分可施用量占施肥养分总量的比例，单位为百分号（%），该值根据当地实际情况确定，推荐值为 50% ～ 100%；

MR——粪便当季利用率，单位为百分号（%）；粪便氮素当季利用率取值范围推荐为 25% ～ 30%，磷素当季利用率推荐为 30% ～ 35%。

6.2.7　养殖场配套土地面积

养殖场配套土地面积以 A_r 表示，单位为公顷（hm²），按公式（15）计算。

$$A_r = \frac{Q_{r,u,i} \times 1000}{NA_{r,m}}$$ (15)

式中：

$Q_{r,u,i}$——边界内第 i 种畜禽粪便养分就地利用量，单位为吨每年（t/年）；

1000——单位换算值，单位为千克每吨（kg/t）；

$NA_{r,m}$——边界内单位耕地植物氮（磷）粪便养分可施用量，单位为千克每年每公顷 [kg/（年·hm²）]。

7 典型条件下不同作物土地承载力推荐值

畜禽粪便作为粪肥施用受植物类型、产量、种植制度和土壤养分含量等诸多因素影响，土地承载力存在一定的变化范围，典型条件下的以氮或磷为养分测算的单位面积单季植物在不同产量范围的土地承载力推荐值范围见表 A.6 和表 A.7。

附录 A

（资料性）

相关参数推荐值

A.1 主要不同作物形成 100kg 产量需要吸收氮磷量推荐值

见表 A.1。

表 A.1 主要不同作物形成 100kg 产量需要吸收氮磷量推荐值

单位为千克

作物种类		氮（N）	磷（P）
大田作物	小麦	3	1
	水稻	2.2	0.8
	玉米	2.3	0.3
	谷子	3.8	0.44
	大豆	7.2	0.748
	棉花	11.7	3.04
	马铃薯	0.5	0.088
蔬菜	黄瓜	0.28	0.09
	番茄	0.33	0.1
	青椒	0.51	0.107
	茄子	0.34	0.1
	大白菜	0.15	0.07
	萝卜	0.28	0.057
	大葱	0.19	0.036
果树	桃	0.21	0.033
	葡萄	0.74	0.512
	香蕉	0.73	0.216

作物种类		氮（N）	磷（P）
果树	苹果	0.3	0.08
	梨	0.47	0.23
	柑橘	0.6	0.11
经济作物	油料	7.19	0.887
	甘蔗	0.18	0.016
	甜菜	0.48	0.062
	烟叶	3.85	0.532
	茶叶	6.40	0.88
人工草地	苜蓿	0.2	0.2
	饲用燕麦	2.5	0.8
人工林地 a	桉树	3.3	3.3
	杨树	2.5	2.5

注：a 人工林地单位为每立方米生物量所需氮磷养分量（kg/m³）。

A.2 土壤不同氮磷养分水平下施肥供给养分占比推荐值

见表 A.2。

表 A.2　土壤不同氮磷养分水平下施肥供给养分占比推荐值

土壤氮磷养分等级		Ⅰ	Ⅱ	Ⅲ
土壤全氮含量，g/kg	旱地（大田作物）	＞1.0	0.8～1.0	＜0.8
	水田	＞1.2	1.0～1.2	＜1.0
	菜地	＞1.2	1.0～1.2	＜1.0
	果园	＞1.0	0.8～1.0	＜0.8
土壤有效磷含量，mg/kg		＞40	20～40	＜20
施肥供给占比，%		35	45	55

A.3 不同畜禽氮磷排泄量推荐值

见表 A.3。

表 A.3　不同畜禽氮磷排泄量推荐值

单位为克每头（只）每天

畜禽	参考体重 a，kg	氮（N）	磷（P）
猪	70	30.0	4.5
奶牛	550	196.0	32.0
肉牛	400	109.0	14.0
家禽	1.3	1.2	0.18
山羊	35	11.3	2.35
绵羊	40	12.2	0.92

a 不同畜禽的氮磷养分排泄量推荐值基于参考体重，其他体重的氮磷排泄量按照如下公式折算：$MP_{site}=MP_r \times W_{site}^{0.75} \div W_{default}^{0.75}$，式中：$MP_{site}$ 需要计算的畜禽氮磷排泄量；MP_r 本表中给出的不同畜禽氮磷排泄量推荐值；W_{site} 需要计算畜禽的平均体重；$W_{default}$ 本表列出的不同畜禽的参考体重。

A.4 主要清粪方式粪便养分收集率推荐值

见表 A.4。

表 A.4 主要清粪方式粪便养分收集率推荐值

清粪方式	氮收集率，%	磷收集率，%
干清粪	88.0	95.0
水冲清粪	87.0	95.0
水泡粪	89.0	95.0
垫料	84.5	95.0

A.5 主要粪便处理方式养分留存率推荐值

见表 A.5。

表 A.5 主要粪便处理方式养分留存率推荐值

粪便处理方式	氮留存率，%	磷留存率，%
堆肥	68.5	76.5
固体储存	63.5	80.0
厌氧发酵	95.0	75.0
氧化塘	75.0	75.0
沼液储存	75.0	90.0

A.6 以氮为基础的单位面积畜禽粪便土地承载力推荐值

见表 A.6。

表 A.6 以氮为基础的单位面积畜禽粪便土地承载力推荐值

作物种类		产量水平 t/hm^2	单位面积土地承载力[b]，猪当量 /hm^2	
			粪便全部就地利用	固体粪便堆肥外供 + 肥水就地利用
大田作物	小麦	4.5 ～ 9.0	18.0 ～ 36.0	34.5 ～ 69.0
	水稻	4.5 ～ 10.5	12.4 ～ 28.9	25.9 ～ 60.4
	玉米	6.0 ～ 10.5	18.0 ～ 31.5	36.0 ～ 63.0
	谷子	3.0 ～ 6.0	15.0 ～ 30.0	29.0 ～ 58.0
	大豆	2.3 ～ 3.8	21.9 ～ 36.1	42.6 ～ 70.3
	棉花	1.8 ～ 3.3	27.0 ～ 49.5	54.0 ～ 99.0
	马铃薯	15 ～ 30	10.1 ～ 20.3	19.1 ～ 38.3
蔬菜	黄瓜	40 ～ 200	14.4 ～ 72.0	28.8 ～ 144.0
	番茄	50 ～ 200	21.0 ～ 84.0	42.0 ～ 168.0
	青椒	30 ～ 60	20.0 ～ 40.0	39.0 ～ 78.0
	茄子	45 ～ 120	20.0 ～ 53.3	39.0 ～ 104.0
	大白菜	80 ～ 150	16.0 ～ 30.0	30.7 ～ 57.5
	萝卜	25 ～ 75	9.2 ～ 27.5	18.3 ～ 55.0
	大葱	45 ～ 65	11.0 ～ 16.0	22.1 ～ 31.9

续表

作物种类		产量水平 t/hm²	单位面积土地承载力 b，猪当量 /hm²	
			粪便全部就地利用	固体粪便堆肥外供 + 肥水就地利用
果树	桃	20 ～ 60	5.0 ～ 15.0	11.0 ～ 33.0
	葡萄	10 ～ 45	9.6 ～ 43.2	19.2 ～ 86.4
	香蕉	37 ～ 97	35.2 ～ 92.2	69.4 ～ 181.9
	苹果	30 ～ 75	12.0 ～ 30.0	22.5 ～ 56.3
	梨	5 ～ 30.5	3.0 ～ 18.3	6.0 ～ 36.6
	柑橘	22 ～ 45	17.6 ～ 36.0	33.7 ～ 69.0
经济作物	油料	1.3 ～ 4.4	11.7 ～ 39.6	24.4 ～ 82.5
	甘蔗	45 ～ 120	10.5 ～ 28.0	21.0 ～ 56.0
	甜菜	6.4 ～ 73.4	3.9 ～ 45.1	7.9 ～ 90.2
	烟叶	1.1 ～ 4.6	5.3 ～ 22.1	10.6 ～ 44.2
	茶叶	0.1 ～ 1.9	0.8 ～ 15.0	1.6 ～ 31.2
人工草地	苜蓿	5.0 ～ 20	1.1 ～ 4.5	2.6 ～ 10.5
	饲用燕麦	4.0 ～ 10	30.0 ～ 75.0	60.0 ～ 150.0
人工林地 a	桉树	10 ～ 40	7.5 ～ 30.0	15.0 ～ 60.0
	杨树	12 ～ 20	15.0 ～ 25.0	30.0 ～ 50.0

注：表中所列单位面积土地承载力值为当季作物的推荐值。

a 按树和杨树等人工林地的产量水平单位为立方米每公顷每年 [m³/(hm² · 年)]。

b 以土壤氮养分水平Ⅱ级，粪肥施用比例 MP 50%，粪便氮当季利用率 MR 25% 为基础计算。

A.7　以磷为基础的单位面积畜禽粪便土地承载力推荐值

见表 A.7。

表 A.7　以磷为基础的单位面积畜禽粪便土地承载力推荐值

作物种类		产量水平 t/hm²	单位面积土地承载力 b，猪当量 /hm²	
			粪便全部就地利用	固体粪便堆肥外供 + 肥水就地利用
大田作物	小麦	4.5 ～ 9.0	28.5 ～ 57.0	70.5 ～ 141.0
	水稻	4.5 ～ 10.5	22.5 ～ 52.5	56.3 ～ 131.3
	玉米	6.0 ～ 10.5	12.0 ～ 21.0	28.5 ～ 49.9
	谷子	3.0 ～ 6.0	8.0 ～ 16.0	21.0 ～ 42.0
	大豆	2.3 ～ 3.8	10.4 ～ 17.1	26.5 ～ 43.7
	棉花	1.8 ～ 3.3	34.4 ～ 63.0	85.9 ～ 157.5
	马铃薯	15 ～ 30	7.9 ～ 15.8	20.3 ～ 40.5
蔬菜	黄瓜	40 ～ 200	22.4 ～ 112.0	56.0 ～ 280.0
	番茄	50 ～ 200	31.0 ～ 124.0	78.0 ～ 312.0
	青椒	30 ～ 60	20.0 ～ 40.0	50.0 ～ 100.0
	茄子	45 ～ 120	28.0 ～ 74.7	70.0 ～ 186.7
	大白菜	80 ～ 150	34.7 ～ 65	88.0 ～ 165.0

作物种类		产量水平 t/hm²	单位面积土地承载力 b，猪当量 /hm²	
			粪便全部就地利用	固体粪便堆肥外供 + 肥水就地利用
蔬菜	萝卜	25 ～ 75	9.2 ～ 27.5	22.5 ～ 67.5
	大葱	45 ～ 65	9.8 ～ 14.2	25.8 ～ 37.2
果树	桃	20 ～ 60	4.0 ～ 12.0	10.0 ～ 30.0
	葡萄	10 ～ 45	31.8 ～ 143.1	79.8 ～ 359.1
	香蕉	37 ～ 97	50.0 ～~ 131.0	124.9 ～ 327.4
	苹果	30 ～ 75	15.0 ～ 37.5	37.5 ～ 93.8
	梨	5 ～ 30.5	7.3 ～ 44.7	18.0 ～ 109.8
	柑橘	22 ～ 45	14.7 ～ 30.0	38.1 ～ 78.0
经济作物	油料	1.3 ～ 4.4	6.8 ～ 23.1	17.6 ～ 59.4
	甘蔗	45 ～ 120	4.5 ～ 12.0	11.3 ～ 30.0
	甜菜	6.4 ～ 73.4	2.5 ～ 28.9	6.2 ～ 71.3
	烟叶	1.1 ～ 4.6	3.2 ～ 13.3	9.5 ～ 39.8
	茶叶	0.1 ～ 1.9	0.6 ～ 10.6	1.4 ～ 25.8
人工草地	苜蓿	5.0 ～ 20	6.4 ～ 25.5	15.8 ～ 63.0
	饲用燕麦	4.0 ～ 10	9.8 ～ 24.4	24.8 ～ 61.9
人工林地 a	桉树	10 ～ 40	31.5 ～ 126.0	78.0 ～ 312.0
	杨树	12 ～ 20	18.9 ～ 31.5	46.8 ～ 78.0

注：表中所列单位面积土地承载力值为当季作物的推荐值。

a 桉树和杨树等人工林地的产量水平单位为立方米每公顷每年 [m³/(hm²·年)]。

b 以土壤磷养分水平Ⅱ级，粪肥施用比例 MP 50%，粪便磷当季利用率 MR 30% 为基础计算。

参考文献

[1] GB/T 25246—2010　畜禽粪便还田技术规范 [S].

[2] LY/T 1775—2008　桉树速生丰产林生产技术规程 [S].

[3] LY/T 1895—2010　杨树速生丰产用材林定向培育技术规程 [S]

[4] NY/T 2700—2015　草地测土施肥技术规程紫花苜蓿 [S].

[5] 中华人民共和国农业部 . 农业部办公厅关于印发《畜禽粪污土地承载力测算技术指南》的通知（农办牧〔2018〕1 号）[Z]. 2018-1-15.

[6] 董红敏 . 畜禽养殖业粪便污染监测核算方法与产排污系数手册 [M]. 北京：科学出版社，2019.

[7] 董红敏，杨军香，土地承载力测算技术指南 [M]. 北京：中国农业出版社，2017.

[8] 张福锁，陈新平，陈清 . 中国主要作物施肥指南 [M]. 北京：中国农业大学出版社，2009.

[9] 李书田，金继运 . 中国不同区域农田养分输入、输出与平衡 [J]. 中国农业科学，2011，44(20)：4207-4229.

[10] 常志州，靳红梅，黄红英，等，畜禽养殖场粪便清扫、堆积及处理单元氮损失率研究 [J]. 农业环境科学学报，2013，32(5)：1068-1077.

[11] 田永雷，张玉霞，朱爱民，等 . 施氮对科尔沁沙地饲用燕麦产量及氮肥利用率的影响 [J]. 草原与草坪，2018，38(5):54-58.

[12] 国家统计局农村社会经济调查司 . 中国农村统计年鉴 [M]. 北京：中国统计出版社，2018.

[13] 国家统计局 . 中国统计年鉴 [M]. 北京：中国统计出版社，2018.